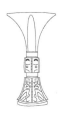

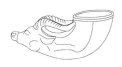

千年酒风

中国
古代文人
与酒

王红波／著

河南大学出版社
HENAN UNIVERSITY PRESS

图书在版编目(CIP)数据

千年酒风:中国古代文人与酒/王红波著.－郑州：河南大学出版社,2019.7(2020.9 重印)

ISBN 978-7-5649-3830-7

Ⅰ.①千… Ⅱ.①王… Ⅲ.①酒文化－中国－文集 Ⅳ.①TS971.22－53

中国版本图书馆 CIP 数据核字(2019)第 152612 号

责任编辑	杨风华
责任校对	马　聪
封面设计	马宗育
出版发行	河南大学出版社
	地址:郑州市郑东新区商务外环中华大厦 2401 号
	邮编:450046　　　　电话:0371-86059701(营销部)
	网址:hupress.henu.edu.cn
排　版	河南大学出版社设计排版部
印　刷	河南瑞之光印刷股份有限公司
版　次	2019 年 8 月第 1 版
印　次	2020 年 9 月第 2 次印刷
开　本	890mm×1240mm　1/32
印　张	14.25
字　数	370 千字
定　价	69.00 元

目　　录

序

钟　杰

对多数人来说,酒是熟悉的陌生朋友,时常接触却又难以说清酒为何物? 不过,我们可以逐层递进对酒进行定位:酒是食品;酒是传统发酵风味食品;酒是传统发酵具有嗜好性的风味食品。所以,酒是粮谷的极致转化,是天人共酿、温暖人心的一杯"热饮"。这既点明了酒的属性,也指出了酒的与众不同。也正是如此,酒成为人类饮食的重要组成部分,增添了人们的生活情趣,慰藉了人类的心灵,并衍生出众多与酒相关的名人轶事、酒风酒俗,以及多姿多彩的中国酒文化。

酒文化是酒在生产、销售、消费过程中所产生的物质文化和精神文化的总和,包括粮谷种植文化,酿造工艺文化,储存收藏文化,品鉴品饮文化,酒的诗词、歌赋,酒器、酒具、酒令等植根于人们生活的生动内容。如此多的文化内涵,其核心都在于人,酒因人而生动,人因酒而鲜活。然而,当前社会,谈及饮酒活动,联想到的不是"斗酒诗百篇"的灵感,抑或"把酒祝东风"的意气,而更多的是酗酒、酒驾等不良的社会现象,甚至影响了我们年轻一代对饮酒的正确认识。更突显的问题是:酒文化的势弱,人们离传统酒文化蕴含的酒礼、酒德、酒趣已相去甚远。

幸而,还有如红波一样喜酒、爱酒,主动担当传播酒文化责任的青年一代。红波不是学酒相关专业的,是中国艺术研究院、故宫博物院文物鉴定专业的研究生,看似和酒毫不相干的他与我相识于白酒品鉴的课堂,而后他不远千里来到成都参加我创立的源坤所组织的

· 1 ·

白酒深度学习。学习中有很多酿酒生产实践的环节,诸如拌粮、下窖、上甑等,他都一丝不苟地跟着工人师傅一一做来,我想他是深切理解"纸上得来终觉浅,绝知此事要躬行"的。他对酒的痴迷、书画艺术的不凡造诣,以及求知如渴的精神给我留下深刻的印象。2018年,源坤教育科技受中国酒业协会委托编写中国酒文化教材,红波负责"酒与文学艺术"等章节。没曾想,一年之后,他就挖掘出了更多酒人、酒事、酒风和酒俗,完成这部著作,可见是早有准备,也足见其用功之深和对酒所爱之切。

酒文化的专著不少,多数是理性分析和综合描述,动感情的少。而《千年酒风》则从"人为酒文化的核心"这个视角为读者献上了一份酒文化的大餐。上篇"酒人酒事"沿着历史人物出场的先后顺序,从公元前的商纣王写至清朝乾嘉时期大才子袁枚,七八十位历史人物在酒的衬托下,铺设了一条与当代读者心灵交流的桥梁,我们可以通过酒感知他们的喜怒哀乐、人生起伏和处世哲学。这样看来,与其说写的是人与酒的故事,倒不如说是以酒为线索串联起众多历史人物,丰盈他们的人生,滋润我们的心灵。下篇"酒风酒俗"则从多个方面呈现酒与生活的关联,既有从《诗经》、《水浒传》等文学作品中勾勒杯酒中的人间故事;也有因酒而起的酒旗、酒戏、酒令、酒菜等生活点滴;再到不同节气所饮酒种及饮酒礼仪,无一不是对传统酒文化的清晰再现,恍若回到过去尊崇酒礼、酒德和酒趣的时代。

将视线从历史拉回现在,拼酒之风盛行,酒礼酒德没落,酒趣酒兴遗失,如何扭转大众对酒的正确认识和消费的误区是当前中国酒行业的重要课题。我想需要更多地从历史中汲取营养来充实当前的酒文化及其传播,同时要以科学且现代的方式讲好中国酒的美好:品质之美,文化之美。近年,源坤教育科技及其他业界同人一直在大力倡导重构中国酒文化,倡导"美好生活,传播品味","明白喝酒,喝明白酒"的品鉴理念,努力推动白酒的国际化传播,力图从品类、品质、品味促进酒文化回归正道。红波这本书的出版,不仅给了消费者了解酒文化的渠道,还为扭转不良酒风增加了一分力量。很欣慰,近年逐渐看到了我们努力传播所带来的改变!

酒中有故事,酒中有态度,酒中有人生。从书中的很多章节看得出,作者确实是由真情实感而发。能打动自己才能打动别人,这些话虽经作者之口说出,恰恰是说出了我们共同的心声。不论你是喜欢酒,还是喜欢古代文学,或是想了解历史文人的内心世界,此书都是一部值得阅读的佳作。读《千年酒风》,品百味人生!

是为序。

钟杰:著名白酒专家,两届中国酒业风云榜年度人物,被誉为"中国白酒品鉴普及推广第一人"。

商纣与酒

以酒为池，悬肉为林，使男女倮相逐其间，为长夜之饮。

——司马迁《史记·殷本纪》

《诗经·商颂》说："天命玄鸟，降而生商。"和一切古老的文明一样，殷商的文化传统重视图腾信仰和神灵祭祀，《礼记·表记》说"殷人尊神，率民以事神"，是说在殷商时代从国君到普通民众人人敬神，而在敬神的过程中需要向神灵奉献出自己认为最珍贵的东西，观其祭祀用具，便能体现出不同朝代不同的文化体征。在夏、商、周三代同属青铜时期的王朝中，按出土的祭祀器具来看，大体是"夏人重食器、商人重酒器、周人重礼器"的格局。

以酒作为祭祀用具，对于嗜酒的商代人而言是寻常的举措。占卜的言辞中常有"百鬯、百羌、三百牢"（酒与牛羊一样都是最为重要的祭祀品）或者"贞王侑百鬯"的说法。商周两代均有鬯酒流行，鬯是一种特殊的酒，用郁金草和黑黍酿造，有香气，为祭祀所用。百鬯可以说是极为可观的。

虽然相传夏朝大禹时期，仪狄便能"作酒而美"，但不知是因为禹对仪狄的疏远，还是夏朝农耕生产力尚不足以支撑大量的酿酒，因此夏朝出土的器皿中酒器不多而食器较多，可以说夏朝还是一个农业生产较为原始的朝代，即使是贵族也依旧以"食"为贵。到了商代，青铜器的发达不仅令贵族足以收获足够的粮食用以酿酒，更能够创造种类繁多、花样精美的酒器，使得饮酒成为一种全民性的狂欢。《尚

书》中记载商代"若作酒醴,尔惟曲蘗",可见商代已经有非常成熟的
以酒曲酿酒的方法。

商代酿酒的发达、祭酒的频繁以及全民的嗜酒,导致了"酒池"的
出现。所谓"酒池"者,通常与"肉林"相对应,构成史书中对末代君王
批评的常用陈词。其实对于古人而言,"酒池肉林"倒未必就一定是
个贬义词,至少在汉代,这个词的贬义色彩还不占上风。《汉书》中写
张骞通达西域之后,有外国使节前来觐见天朝,于是宫内"行赏赐,酒
池肉林,令外国客遍观各仓库府臧之积",这里酒池肉林是一种国家
仓廪丰足的象征。无独有偶,《汉书·西域传》中又提到"设酒池肉林
以飨四夷之客"。

其实"酒池肉林"这个词,仔细想来也并没有那么可怕:肉林者,
悬肉为林——其实也不过是类同我们现在过年家家户户晒香肠、腊
肉的盛况而已;酒池听上去仿佛骇人一些,不过对于商代人而言,酒
池只是一种饮酒的方式而已。河南偃师商城内,曾被发现规模庞大
的古老石砌水池遗迹,据推测考证可能是"酒池"的原型。商代人在
酒池边聚饮的状态,很可能是源于"和水而饮"的传统,即将酒兑入水
池中令众人同饮,酒味自然极为淡薄了,但取其意而已,主要是图一
个相聚欢宴的气氛。

真正对"酒"和"酒池"抱以如临大敌的态度的,实际上主要是源
于周代。在最早的时候,周朝将商的灭亡归结为商人举国嗜酒的民
风,因此在《酒诰》中引以为戒:"庶群自酒,腥闻在上,故天降丧于
殷。"所谓"庶群自酒",是说商代普通庶人都极为嗜酒,导致整个国家
乌烟瘴气。与此同时期的青铜礼器大盂鼎上有周代铭文说:"我闻殷
坠命,唯殷边侯甸越殷正百辟率肆于酒,故丧师已。"也是说商代的诸
侯各国都竞相纵酒,以至于亡国。因此在周代,其禁酒的律法中对聚
众饮酒的态度格外坚决,周公虽然提倡仁和礼,但提到"群饮"一事的
时候却非常严格,"厥或诰曰'群饮',汝勿佚,尽执拘以归于周,予其

杀"。聚众饮酒是要被判处死刑的,可见当时周代对百姓聚饮如临大敌的态度。

武王伐纣时战于牧野,誓师时作《牧誓》,阐明伐纣的理由,其中提到纣王"惟妇言是用"、"俾暴虐于百姓"等罪责,但并没有提及纣王的酗酒。也许是因为商人都有饮酒的风尚,因此即使纣王真的建酒池肉林纵情宴饮,依旧算不上受讨伐的主要罪责。最早提及纣王纵酒的是周公的《酒诰》,为了颁布周代严格的禁酒令,周公便以前朝为例,不仅提到殷商民众的嗜酒,更明确点出了"嗣王酗身,厥命罔显于民",这里的"嗣王"特指被天命弃绝的商纣王。到了《史记》中,司马迁便增加了"大冣乐戏于沙丘,以酒为池,悬肉为林,使男女倮相逐其间,为长夜之饮"的细节,以男女裸身相逐的淫乱场景来增添纣王酒池宴饮的荒淫程度。后世之人便在《史记》的基础上逐步增添夸张的内容,例如《晋书·食货志》中除了援引《史记》的说法以外,还增加了"伏诣酒池中牛饮者三千余人",实际上如果仔细看《牧誓》就会发现,武王伐纣的时候也不过虎贲三百、战车三百而已,而纣王能以三千人聚饮,显然不符合当时的情境。

更有甚者,因为对商纣沉湎酒池而亡国的刻板印象过于强烈,导致了后代史书中将"酒池"与亡国直接画上了等号;而对商纣酒池的描述,也被附会到了更古老的"夏桀"身上。作为夏朝的亡国之君,夏桀也被认为是因酒而亡国的。这种说法大概来源于赵整的《酒德歌》中,"纣丧殷邦,桀倾夏国",亡国都是因为缺乏酒德而导致的。至于如何以酒而亡国,最为生动形象又骇人听闻的自然是"酒池"之说,于是商纣的酒池又成了夏桀的酒池;张守节在《史记正义》中将商纣的酒池娱乐项目中增添了"纣为酒池,回船糟丘"的说法,即在酒池中行船;《韩诗外传》中这项娱乐项目就成了夏桀灭国的原因:"桀为酒池,可以运舟,糟丘足以望十里。"愈到后来,商纣与夏桀"酒池肉林"的形象就越根深蒂固,乃至商纣与夏桀的形象仿佛类同一人——其实夏桀的故事,本身就是从商纣的传说中再复制和增减而构成的。

子贡说:"纣之不善,不如是之甚也。是以君子恶居下流,天下之恶皆归焉。"商纣王最初的形象,还被史书较为公正地记载下来,直到《史记》中还认为他是"资辨捷疾,闻见甚敏,材力过人,手格猛兽",可以算是一个文武双全的帝王形象,正如子贡所言,相比纣王等而下之的人多了去了;但是由于商纣王的亡国,使得他成为一个反面素材的典型,但凡人们告诫或者劝谏的时候,都将纣拉出来作为错误的模板,因此"天下之恶皆归焉"——最后各种恶行都被归结到纣的亡国理由之上。而在这一切"诸恶"之中,对"酒池肉林"的着重强调与详细描述,更展现着周代以来人们对"礼"的诉求:由于有"礼"的规范,纵酒被认为是不当的行为,是纣王因之而亡国的行为;所以商纣以酒亡国的说法,其实是"以酒为商纣亡国之罪"的反推。

孔 子 与 酒

觚不觚，觚哉！觚哉！

——《论语·雍也》

中国历史上有个有趣的习惯：倘若谁在某方面颇有盛名、传扬天下，则他的其他行为，包括生活的方方面面，都会逐渐被附会为"有特别的能力"，越是远古的，这种附会就越离奇。就拿饮酒一道来说，东汉王充在《论衡·语增》中说："文王饮酒千钟，孔子百觚。"据说文王饮酒千杯不醉，孔子可以饮百觚不醉——如此酒量，就算喝的是当时酿造技术简单而生产出的薄酒，也可以算得上是不小的酒量了。

对文王和孔子饮酒海量的说法，其实早就有了。《孔丛子》记载平原君在劝酒时说："尧舜千钟，孔子百觚，子路嗑嗑，尚饮十榼。"按平原君的说法，这句话在当时就已经是一句平日常用的谚语。孔子的酒量到底怎么样倒实在是难以考证，不过孔子海量的传说，大约来自于对《论语·乡党》中一句话的误读，或者说过分解读。

孔子是一个"食不厌精、脍不厌细"的人，倒不是说他在平日生活的饮食上一定有多矫情——毕竟周游列国之时，生活条件的艰苦是难以避免的，很多时候堂堂圣人竟然"惶惶如丧家之犬"，饮食精细的保证肯定是无从谈起。其实孔子在《论语·乡党》中对酒食做出的品评和规定，实际上是一种礼仪制度的标准，而不是无可变通的定律。在这段话中提到酒的说法是："唯酒无量，不及乱。沽酒市脯不食。"后半句很好理解：市售的酒、肉，因为不保证质量，因此不要吃，大概是要注意卫生这么个意思。但是"唯酒无量,不及乱"的说法就比较难以界定了,也就是后人附会认为孔子饮酒海量的一个源头。

后人在文学创作中更爱夸张附会,在魏晋一代,人们称清酒为"圣人",浊酒为"贤人",其中的"圣人"即是孔子,是因为鲁国出祭祀用的清酒,孔子所饮用的也是符合礼仪的清酒,故而借此为名。就连孔子自己的后人孔融都沿用"孔子百觚"的说法反驳曹操的禁酒令,说"孔非百觚,无以堪上圣"。明代的《楚州酒人歌》中干脆说:"请与酒人构一凌云烁日之高堂,以尧舜为酒帝,羲农为酒皇,淳于为酒霸,仲尼为酒王,陶潜、李白坐两庑,糟坛余子蹲其傍。"将尧舜、羲农、淳于、孔子、陶潜、李白全部尊为酒中之圣。到了"公安派"的袁宏道笔下,孔子直接被尊为了饮酒的祖宗,他的《觞政·八之祭》中写道:"凡饮必祭所始,礼也。今祀宣父曰酒圣。'夫无量不及乱',觞之祖也,是为饮宗",即说酒最早是作为祭祀礼仪的,孔子在讨论祭祀礼仪的时候说过"唯酒无量,不及乱",故而可以被称为饮酒的"宗祖之源"。

如果不是文人太过一厢情愿地想将孔子视为酒圣的话,孔子这句话还是很好理解的。这句话的前一句是"肉虽多,不使胜食气",是规定饭桌上就算呈上来的肉食很多,也不能贪吃无厌,因而规定了一个"度"。但对于饮酒这件事情,孔子认为是很难划分出一个人人都适用的定量的。我们自己在生活中对照一下即可知道,有的人的确是在酒桌上千杯不醉,但有些人却是半杯啤酒就钻到桌底下了。将这两类人给予同样的饮酒数量的规定既不合适也不合理。因此孔子对饮酒的建议是:饮酒没有一个规定的量,但是要注意不能喝到乱性,这就是符合礼仪的了。这个说法实际上与《小雅·宾之初筵》的"醉而不出,是谓伐德。饮酒孔嘉,维其令仪"异曲同工,都是提醒和建议饮酒不要乱性的说法。

纵观《论语》,会发现孔子实在不是一个好酒之人:他虽然多次提到"酒",但大部分都是关注"酒"所代表的礼仪制度,而不是关注酒本身的味道或者质量。从历史上来说,周礼中对酒的饮用规定是极为严格的,鲁国又正是颁布《酒诰》的周公的封地,对周代礼法保存极好,乃至于晋国的韩宣子不得不赞叹道"周礼尽在鲁矣"。《酒诰》中就明确说"德将无醉",饮酒是不应当喝醉的。因此对于孔子来说,饮酒不醉是一个基础的要求:"出则事公卿,入则事父兄,丧事不敢不勉,不为酒困,何有于我哉?"这些都是寻常生活中必须遵守的基本道德标准。事实上,孔子的酒量未必多高。孔子嫡孙子思说过"夫子一饮,不能一升",可见孔子并不算善饮之人。因此孔子饮酒不醉,显然不是量高的缘故,而是自我约束的结果。

在生活中,孔子则更注重饮酒中人与人之间的礼貌,例如《为政篇》所说的"有酒食,先生馔"——宴席上要让长者先动筷子,饮酒也是如此。退席的规矩也是一样的,要"乡人饮酒,杖者出,斯出矣"——老人先行,年轻的人跟在后面。这些都是平时酒宴中的规矩,既不夸张又表示了尊敬,至今仍然合理而适用。至于朋友之间,饮酒则表现出一种相互的友爱,例如射礼之后要"下而饮",采用相互敬酒的方式来表示"友谊第一、比赛第二"的态度。

孔子时代的酒礼虽然已经开始崩坏,但一些基础的礼仪还未彻底消失,因而《礼记》中记载孔子规定和强调酒和酒器的使用和放置规矩,是十分详细的:"玄酒在室,醴醆在户,粢醍在堂,澄酒在下。陈其牺牲,备其鼎俎,列其琴瑟管磬钟鼓,修其祝嘏,以降上神与其先祖。"各种不同的酒用于祭祀中不同的礼仪环节,酒或酒器使用或者形制的混乱及错误会被认为是对礼仪的挑战。因此当孔子发现祭祀用的酒杯"觚"的形制发生了改变的时候,不由地叹息说:"觚不觚,觚哉!觚哉!"觚本是一种上圆下方中间有棱的酒器,实际上这种形制规定不是为了好看,而是代表了一种"天圆地方"的祭祀观念;后来制作者已经忽略了觚的礼器作用,认为能装酒就行,觚就变得上下都是圆形了。

　　孔子所叹息的,恐怕不只是觚的形状发生了变化,更重要的是人们在生活中逐渐淡忘了质朴而原始的祭祀态度,忘记了天圆地方的理念,既然如此,即使再勉强遵循祭祀的流程和安排,也不过是流于形式而已,却不能像孔子期待的那样,通过复兴礼乐的形式来重新振兴礼乐内核的辉煌。今日令小学生着宽袍大袖、乱戴儒冠,在烈日下坐于夫子庙前学《弟子规》,宣称是"复兴中华之礼乐"的方法,倘若孔夫子得见,必然又会叹息:"觚不觚,觚哉!觚哉!"

庄 子 与 酒

夫醉者之坠车，虽疾不死。骨节与人同而犯害与人异，其神全也，乘亦不知也，坠亦不知也。死生惊惧不入乎其胸中……彼得全于酒而犹若是，而况得全于天乎？

——《庄子·达生》

许慎的《说文解字》中说"酒"是"就也，所以就人性之善恶"。是说酒本身没有善恶可言，但是它俯就于人性本身的善恶，于是善者尤善，恶者愈恶。也有的人说，酒是缔造吉凶的源头：吉庆的事情也许发端于酒，凶恶的事情也可能发端于酒。

尽管这是一个看上去很中立的说法，但在儒家主导的"礼"的思想中，酒通常并不占据美好的含义。儒家虽然以酒作为仪礼的一个部分，包括祭天、宴饮都需要酒的参与，但对于"人"而言，酒的威胁似乎总是大于它带来的好处。故而在《礼记》中便规定了酒不过三爵："君子之饮酒也，受一爵而色酒如也，二爵而言言斯，礼已三爵而油油以退。"对有酒德、酒品的人的评价通常是"不乱"、"温克"，也就是说，在饮酒的过程中需要克制住自己的本性。

但如果退回先秦时期，在那个思想萌芽多端、尚未被统一规划的时代，庄子对酒的态度却与儒家截然不同。在道家看来，儒家对"克己复礼"的要求违背了人最重要的自然天性。庄子嘲笑儒家饮酒的礼节，在《人间世》中言："以礼饮酒者，始乎治，常卒乎乱，泰至则多奇乐。"在庄子看来，饮酒的礼节实际上都是虚的，就算一开始以礼饮酒,到后面自然就乱了套了,因为酒纵容人性中随心所欲的一面,而礼却强调克己,实际上是相反的。后世考证说《渔父》不是庄子所作,而是后人委托的,但在编排的时候仍然认为是《庄子》杂篇,正是因为《渔父》处处体现了庄子的人生态度。《庄子·渔父》中有一段话是:"饮酒以乐为主……饮酒以乐,不选其具矣",是说饮酒主要是寻求乐趣,既然是寻求乐趣,就没有必要太拘束于礼仪规矩,或者太过注重器皿。如果心有愉悦,饮酒便达到了"乐"的效果,此时不论是用手捧着喝还是用金杯盛酒都是一样的;反之,即使金樽玉卮,又有什么意趣呢?这个道理看上去很简单,但即使到了今天,尚有不少人颠倒主次,酒席极尽华美富贵,却论资排辈、各具心思,令人味同嚼蜡、索然无趣。如此之酒,恐怕庄子是没什么兴趣的。

对庄子而言,酒不仅是人随心随性态度的体现,更是抵达物我两忘的方法。正如老子以"婴儿"为人返璞归真的最高境界,庄子则以"逍遥"为人最为旷达的态度。庄生梦蝶的故事被传为千古的浪漫佳话,更体现了道家神游天地间、物我两忘的状态。诗云"庄生晓梦迷蝴蝶",然而白日怎么会好好地做起梦来呢?庄子虽不常提自己好酒,却常称自己的言辞为"卮言",所谓"卮"正是盛酒的器具,卮言则指无心之言,类似于酒后吐真言的说法。能以酒蕴喻劝诫的道理、微言大义,说庄子不是爱酒之人都很难令人信服。庄生梦蝶,或许正是庄生醉眼蒙眬中与梦中蝴蝶相望,忽然不知自己身为庄周还是身为蝴蝶,正如醉中感受到天地交融、天人合一的真正境界。

至于对饮酒祸福的态度,庄子说了一个听上去很无厘头的故事。《庄子·达生》讨论的是如何通达生命的道理,其中描述了列子与关尹讨论"至人"时的一段对话:列子问关尹,"至人"即使在水下行走也不会窒息,踩在火上也不会感到灼热,走在万物之上都不会感到战栗,请问他是如何做到这样的呢?关尹的回答也十分巧妙。他借用了一个醉酒之人的例子来说明道理:一个醉汉从车上滚落下来,就算车行驶很快醉汉也不会死。醉汉的骨骼身体与常人无异,但是生死却不同,正是因为他的精神能够完整地凝聚。因为喝了酒,他既不知道自己在乘车,也不知道自己落在地上,无论是生死都不能令他感到惊慌惧怕,因此即使遇到危险也不会受伤。

就像庄子很多无厘头的故事一样,无论是北冥有鱼也好还是列子御风而行也好,庄子在说这个故事的时候并不是把它作为一个事实来讲述的,因此如果计较"醉汉从车上落下为什么不会受伤"就未免显得太胶柱鼓瑟了。庄子想说的无非是一种逍遥的境界:在醉中既然不受外物影响,自然也就心聚神凝,抱元归一,从而也就不受外物的伤害了。

如果说跌落马车不受伤害有些无稽之谈,但从借酒浇愁这个角度来看,却别有道理:所谓愁苦悲伤,实际上多半是太在意外物评判,倘若酒入愁肠、恍惚天地间并无纷杂喧扰,忧愁自然也就如同云烟散去。古往今来,饮酒而刀枪不入的尚未听过,但借酒浇愁的却源源不绝。

对于艺术创作者而言,饮酒反而常常能激发灵感。庄子"醉者神全"的说法,其实在艺术创作中能够得到特别的展现,正如杜甫写《饮中八仙歌》,写八位旷世奇才饮酒之后的醉态,特别是"李白斗酒诗百篇"、"张旭三杯草圣传",都是醉酒之后灵感迸发、比清醒的时候更得真意。传说王羲之醉后草书写《兰亭集序》,连同落款二十一个"之"字,各个不同;但等他酒醒之后,再去重写《兰亭集序》,反而不能那样神采俊秀、落笔如云了。

庄子此言虽不如儒家以礼饮酒为后代"正道"相传,但在独尊儒术的汉代以后,魏晋诗词重兴、唐代儒释道三教并重,使得道家思想再次成为社会主流文化追寻的态度,尤其是庄子的"逍遥"人生的说法,更为文人名士所推崇。苏东坡曾在酒后戏作《和饮酒五首》,其中一首云:

我梦入小学,自谓总角时。不记有白发,犹诵论语辞。人间本儿戏,颠倒略似兹。惟有醉时真,空洞了无疑。坠车终无伤,庄叟不吾欺。呼儿具纸笔,醉语辄录之。

这首诗说的正是《庄子》中醉汉坠车的故事。苏轼醉中梦见童年,恰与庄生梦蝶相似。苏轼一生历经坎坷多矣,却始终能保持一颗赤子之心,各种原因,不外乎庄子所提倡的逍遥精神。苏子年过半生,醉中却仿佛回到了幼年读书开蒙的时候,仔细想想却又此身已老,恍惚间不知今夕何夕,不知身在何处。正是这种醉中的空洞感反而带来了对人生最真切的领悟,醉中的颠倒反而比平日清醒中正叙的时间更接近时间的真相:人世间种种不过弹指一挥间,譬如昨日生、譬如今日死。庄生如梦苏子,恐怕当为千年后的知己浮一大白吧!

屈 原 与 酒

举世皆浊我独清，众人皆醉我独醒。

——屈原《渔父》

以凤为图腾、以祝融为神明的古楚国，在春秋时期虽然曾经位列五霸主之一，但仍然被当时的主流文化视为"蛮夷"。西周初年，楚国先祖为周武王伐纣有功，"举文、武勤劳之后嗣，而封熊绎于楚蛮，封以子男之田，姓芈氏，居丹阳。"所谓"楚蛮"，即是说楚地相对于富庶丰饶的中原而言，可以说就是蛮荒之地了。

被封在蛮荒之地的楚国诸侯，自然也不是地位高的贵族。又由于楚地地处荒僻，楚国贡给周王室的贡品中便主要是楚国的特产，其中一种便是"苞茅"——杜预注《左传》说："包，裹束也；茅，菁茅也。束茅而灌之以酒为缩酒。"这种茅草叶相当于滤酒的滤纸，在祭祀或者宴饮的时候将一束香茅草捆起来，然后用来滤酒，这种仪式被称为"缩酒"。除了进贡苞茅以外，还要在诸侯会盟中担任管理祭酒的任务，相当于一个秘书长的职务：在岐阳会盟上，楚国公熊绎管理"置茅缩酒"，基本上就是负责整个酒会的酒水供给和歌舞表演。

楚国所处之地遍布江河，且位处南方，酿酒的自然条件非常充分，时至今日，仍是出产美酒的地方。故而楚国从王室而下均嗜酒爱酒，也就不是一件令人奇怪的事情了。楚国甚至因为酒而发动过战争——《庄子·胠箧》记载说："鲁酒薄而邯郸围"。根据成玄英的注疏，这是记载了春秋时期楚宣王由于鲁恭公所献酒淡薄，觉得受到了

15

轻慢，因此准备讨伐鲁国；这一行为间接导致了梁惠王攻打赵国、包围赵都邯郸，以及一系列连锁反应式的混战。虽然酒味淡薄可能只是一个借口，但是能找出这种借口来发动国家之间的战争，楚国贵族的好酒也是可见一斑了。

楚国大夫屈原承担着祭祀宗庙神祇的任务而作《天问》、《九章》、《九歌》等篇章，将诗、歌、辞、赋融合为一唱三叹的曲调，是而为"楚辞"。楚国好酒之风盛行，因此"楚辞"中也免不了诸多以酒祭祀的文辞场景。《九歌·东皇太一》辞曰："瑶席兮玉瑱，盍将把兮琼芳。蕙肴蒸兮兰藉，奠桂酒兮椒浆。"《九歌·东君》则曰："操余弧兮反沦降，援北斗兮酌桂浆。"桂酒、桂浆通常被认为是桂花酒的简称，但王逸注说是"切桂置酒中也"，似乎又值得疑惑，桂花如何切呢？况乎在春秋时期，桂主要还是指出产桂皮的肉桂树；直到宋代陆佃的《埤雅》还说"桂犹圭也"，是说肉桂树叶的叶脉形似玉圭，因此而得名。除此之外，肉桂泡酒也和"椒浆"更相得益彰：椒浆是将花椒放进酒中炮制而成的，与肉桂酒同为香料的鼻祖。王逸《离骚序》中所言楚辞多"香草"，即是说这些古老的香辛料。

荆楚之地远离中原而又相隔大江，在西周后期逐渐壮大为地方势力，加之物产丰富，楚国的国力愈加强大，以至于"苞茅不进"，与周王室分庭抗礼。后来汉代司马相如作《子虚赋》所盛赞物产极为丰饶的"云梦"，就是在荆楚一带。除了祭祀之外，一般宴饮上的酒乐也是必不可缺的：《招魂》中有"瑶浆蜜勺，实羽觞些。挫糟冻饮，酎清凉些。华酌既陈，有琼浆些"；《大招》中说"四酎并孰，不涩嗌只。清馨冻饮，不歠役只。吴醴白蘗，和楚沥只"，虽然都是招魂时（也有类似祭祀的场景）的用语，但确实是用人间的欢乐宴饮来召回四散的魂魄，让魂归故里，于是在其中颇展现了楚地饮酒和酿酒的风俗。"挫糟冻饮，酎清凉些"、"清馨冻饮，不歠役只"，都是将酒冰冻后再饮用的方法。在习惯于温酒、煮酒而饮的中原习俗来看是很奇特的，大约是因为楚地夏日炎热的缘故。王逸注说"酎,醇酒也。言盛夏则为覆蹙干酿,提去其糟,但取清醇,居之冰上,然后饮之。酒寒凉,又长味,好饮也。"看其描述,很像滤去米糟的冰镇酒酿,在夏日确实是解暑的好味道。1978年湖北随州曾侯乙墓中出土的青铜酒器中有一个"方形铜鉴缶",设计非常精巧,底部有弯钩套合的方孔,其中一个活动倒栓固定方缶,方缶盛酒,底部空隙置冰,故而又称"冰鉴",或许这便是屈原辞中所写"冻饮"的由来了。

"吴醴白蘖"中的"醴"是当时比较常见的米酒,汉代郑玄注《周礼·酒正》的时候说:"醴,犹体也。成而汁滓相将如今恬酒矣。"后来《渔父》中与屈原对话的老渔翁说:"何不哺其糟而歠其醨"的"醨"也是与此类似的。比较特别的是"和楚沥只"中的"沥",后人(王逸)注说是"清酒也",今人有考证说"楚沥是一种含酒精度较高的酒",另外"华酌既陈"中的"酌"也即是滋味醇厚的酒。由于当时尚未有蒸馏技术,故而酒精度数高只能是相较于当时的普通酒度数而言。

楚文化嗜酒,而《楚辞》中也多有描述酒的文辞,因此郭沫若在《屈原研究》中认定屈原肯定也是嗜酒的,甚至认为在楚辞中很多飘忽梦境、恍如醉后幻觉的文辞,也都是饮酒过量之后飘飘欲仙的缘故,其中的例证有如《九章·惜诵》中所说"昔余梦登天兮,魂中道而无杭",实际上是醉后梦境。又说屈原"终长夜之曼曼兮"和"魂一夕而九逝",都是因为常常饮酒的人,如果不饮酒便难以入梦了。屈原是否饮酒固无明确史料,但如此"科学诊断"屈原的嗜酒,似乎实在是太过于主观了,仿佛不饮酒便不能写饮酒,或不能记梦——如此说法,岂不太过荒唐?又有研究者持相反态度,从《渔父》的"众人皆醉我独醒"中推论,屈原既然有爱国情操,又保持政治上的清醒,自然也是摈弃饮酒的——这样的说法是相反的观点,却是相同的主观论证。其实今人又何必汲汲于屈原是否饮酒?《世说新语·任诞》中王恭说:"痛饮酒,熟读《离骚》,便可称名士"——在风流名士心中,酒与《离骚》齐名,也许这才是屈原与酒永不绝断的联结吧!

汉高祖与酒

为泗水亭长,廷中吏无所不狎侮,好酒及色。

——《史记·高祖本纪》

在宣讲历史故事的时候,项羽和刘邦的楚汉相争,通常被作为最终失败的悲剧英雄和获得胜利的卑劣小人之间的对比。脸谱化的区分固然有利于说故事的人慷慨激昂、听故事的人热泪盈眶,但历史的实际情况却未必如此戏剧化。项羽的失败主要归咎于他的残暴和坏脾气,对部下不能听取劝诫,该铲除对手时偏偏优柔寡断,最终兵败垓下的时候又不够能屈能伸。相对而言,刘邦的"恶名",往往被认为是司马迁在《史记》中暗地报复对他施以宫刑的汉武帝,因而将汉高祖的形象塑造得宛如流氓。且不说司马迁作为董狐直书式的史官是否会因为一己之私去丑化汉代的开国先祖,就单单想一个问题便知真假:如果是蓄意诋毁的史书,即使被偷偷写了下来,又如何能作为正史被皇家认可而传之后世?

说到史书中所记载刘邦的"丑闻",其中一点就是刘邦年轻的时候游手好闲、自命不凡,并且"好酒及色",基本上就是一个小混混的形象。其实如果再向后看就会发现,"好酒及色"并不是一个完整的判断,而是为了引出后文而埋下的伏笔:正因为刘邦喜欢喝酒又喜欢美色,所以时常去两位女老板的酒店喝酒,"常从王媪、武负贳酒,醉卧,武负、王媪见其上常有龙,怪之。高祖每酤留饮,酒雠数倍。及见怪,岁竟,此两家常折券弃责。"刘邦每次在酒店喝多了睡觉,身上有龙盘卧；每次他来酒店喝酒的时候，就像招财猫一样，酒店里的生意就比平时好很多倍，因此到年底，酒家往往不向他讨要赊欠的酒资。古人常常相信一些天命所归的人有"神异"之像，即使在草莽之中也能显示出不平凡来。这与《高祖本纪》中老妇人的"今为赤帝子斩之"，吕后的"季所居上常有云气，故从往常得季"的作用一样，不过都是为了突出刘邦在还是一个年轻小混混的时候就有天赋异禀的不凡之处罢了。

刘邦固然好酒，但是有些酒局就连堂堂汉高祖也消受不起。历史上著名的鸿门宴，就是这样一个明知险恶、却又不得不硬着头皮去赴的酒宴。在鸿门宴上，范增为了尽快除掉刘邦以免养虎为患，在项羽开始动摇的时候自己走出去叫来项庄，让他进入军帐向刘邦敬酒，并且以"君王与沛公饮，军中无以为乐"为理由，舞剑助兴，试图找机会杀掉刘邦。鸿门宴的酒大约是刘邦这个酒徒喝过的最心惊胆战的一场酒：虽然已经有了项伯的通风报信、刘邦与手下也做了各种准备，但小命毕竟捏在喜怒无常、脾气暴躁的项王手上。幸而樊哙闯进军帐护主，项羽又对是否杀掉刘邦几番犹豫，这才使得沛公在这场不亚于战场的酒局上获得一线生机。

不过在平时，刘邦不仅爱酒，甚至爱屋及乌，对其他酒徒也颇有好感。刘邦行军路过陈留的时候，郦食其前去拜访他，要"口画天下便事"，希望为刘邦谋事。刘邦正在洗脚，也没当回事，就问通报的士兵外面那个求见的人是什么模样，士兵回答说，样子像个儒生，穿着儒生的衣服，戴着帽子。汉代虽然是个儒学昌盛的朝代，但那是在董仲舒"罢黜百家、独尊儒术"之后的事情了；刘邦本人可是不吃这一套的。他一听说是个儒生，便直接挥手赶人："为我谢之，言我方以天下为事，未暇见儒人也。"好在郦食其了解刘邦的性格，便对回复的士兵怒斥道，回去，告诉你家主人，老子不是什么儒生，老子是高阳酒徒！沛公听了急忙请对方进来，而这位酒徒便成了刘邦举事最早的谋士之一。对儒生不屑一顾,却对酒徒礼遇有加,正是刘邦的个性所在。

刘邦素来就爱和自己的部下,其实也就是共同举事的朋友一起饮酒取乐,即使当了皇帝也没有什么变化。《史记·高祖本纪》中记载:"未央宫成,高祖大朝诸侯群臣,置酒未央前殿。高祖奉玉卮,起为太上皇寿,曰:始大人常以臣无赖,不能治产业,不如仲力。今某之业所就孰与仲多?殿上群臣皆呼万岁,大笑为乐。"未央宫建成之后,刘邦就带着群臣饮酒取乐,这时候,刘邦的小混混习气又冒了出来,于是他举杯向当时已经被封为太上皇的父亲祝寿,然后故意搞怪地问道:老爹你当年说我是个无赖混混,估计以后是挣不下什么家业的,不如我哥哥;现在我和哥哥的家业谁多一些呢?群臣都大笑起来。看来这个"别的孩子"的阴影,不仅现在的孩子有,就连刘邦小时候也免不了要受到这种责备。正因如此,这个家伙便特地在酒宴上以"成功者"的姿态戏弄了一下自己的父亲,这哪像一个一国之君。

其实仔细想来,刘邦的爱酒、无赖和搞笑,实际上是一脉相承的。他厌恶儒家的繁文缛节,喜欢自由自在,又有天生的聪明,故而年轻的时候不仅爱喝酒闹事,而且喜欢开同事的玩笑,"廷中吏无所不狎侮"。他有胆小逃跑、弃妻子儿女于不顾的时候,也有溺于冠中、对下属极为不尊敬的时候,但毫无疑问的,他也是一个性情中人,是个不爱受拘束的人。然而儒家的礼仪制度最终占了上风:在建成长乐宫之后,儒生叔孙通为刘邦制定了一次完全符合帝王规格的朝拜仪式,典礼的恢宏盛大、臣子的毕恭毕敬令刘邦欣喜万分,赏赐叔孙通五百金,并且感慨地说:"我今天才体会到了做皇帝的尊贵。"

礼仪制度建立,天子威严得享,离孤家寡人的孤寂也就近了。在短暂的威风过去之后,汉高祖真的快乐吗?没有人问过这个问题,或者说,这是个刘邦自己也说不清的问题。《西京杂记》倒是杜撰了一个汉高祖父亲的故事,说封了太上皇之后,太上皇住在长安宫里,心情非常沮丧,汉高祖问他为什么。太上皇回答道:"以平生所好皆屠贩少年,酤酒卖饼,斗鸡蹴鞠,以此为欢,今皆无此,故以不乐。"汉高祖于是设了了新丰县,让父亲和过去的故老乡亲住在一起,太上皇这才开心了起来。历史上并没有任何关于刘邦父亲喜欢饮酒斗鸡、和小混混们游手好闲地嬉戏的记录,倒是刘邦本人比较符合这样的形象。一个喜欢到处喝酒取乐的年轻人成了寂寞深宫中的帝王,昔日的朋友成了俯首称臣的部下,他会是快乐的吗?

高祖十二年(公元前 195),刘邦率兵平定国内叛乱,大败英布,凯旋的路上经过沛县,刘邦令众人停下,"置酒沛宫,悉召故人父老子弟纵酒,发沛中儿得百二十人,教之歌。酒酣,高祖击筑,自为歌诗曰:大风起兮云飞扬,威加海内兮归故乡,安得猛士兮守四方!令儿皆和习之。高祖乃起舞,慷慨伤怀,泣数行下。"回到故乡,再置酒高歌,刘邦思念的不只是这块土地,更是自己无拘无束的少年时代——彼时他不是帝王,而是个游手好闲的酒徒。

几个月之后,汉高祖于长乐宫去世。

卓文君与酒

落魄西州泥酒杯,酒酣几度上琴台。青鞋自笑无羁束,又向
文君井畔来。

——陆游《文君井》

卓文君的故事,前有《凤求凰》,中有当垆卖酒,后有《白头吟》。
历史所载,不过尔尔。司马迁应当是史家中距离卓文君生平最近的
一位,在《司马相如列传》中,司马迁为卓文君与司马相如的故事写了
极为详细的一段,后世对卓文君生平故事的猜测、改写,甚至戏剧性
的改编,几乎都是从这一段中衍生出来的。

卓文君的父亲是蜀地临邛的富人,《史记》中载"临邛中多富人,
而卓王孙家僮八百人",在当时可以算得上富甲一方;而司马相如则
是一个家徒四壁、满腹才华的年轻人。卓文君"新寡",大约是没有生
育的缘故,没有留在夫家,而是在守寡之后回到父亲家生活。一个热
爱音乐、年纪尚轻的新寡富家女子,在父亲的宴会上听见了当时声名
最盛的才子司马相如弹琴。于是有了《凤求凰》的故事:卓文君半夜
从家中私奔而出,随着司马相如到了成都。

当卓文君随着司马相如来到成都家里时,司马相如家却是"家居
徒四壁立"。卓文君从临邛最富有人家的女儿,一下沦为了一个一无
所有的年轻人的妻子,而她的父亲也断绝了对她的经济支援。卓文
君看到司马相如家一贫如洗的境况,并没有安贫乐道、过起荆钗布裙
的日子。《史记》中描述得十分形象:"文君久之不乐,曰:长卿第俱如

临邛,从昆弟假贷犹足为生,何至自苦如此!"卓文君是富商的女儿,在她看来,甘于贫穷是毫无道理的:致富的方法实在是太多了,随便向自己的兄弟借一笔钱作为启动资金,便能做起小生意,何必守着穷日子不知变通?卓文君对生活的态度与经商的头脑,是许多现代人都难以比拟的。

临邛,即现在的四川邛崃,自古便是产酒的地方。目前邛崃遗留的古代酒厂遗址据说是明代的,西汉时期临邛的酒事大约只能在《史记》中略窥一二了。酿酒讲究"水、土、气、气、生",生即生态环境,临邛自古土地肥沃、稻禾丰产,加之水质甘洌,气候温润,出产美酒也在情理之中。

卓文君回到临邛,卖掉车马,买了一间酒舍开始卖酒。《史记》中对司马相如家境的记载,似乎是有些矛盾的。记载中说司马相如"之临邛,从车骑,雍容闲雅甚都",他来临邛的时候当是带了许多车马,有车马必然有车夫随从,且能走得优雅雍容,大约车马也不会过于寒酸;后来卓文君与司马相如回到临邛开酒铺的时候,又是卖掉车马换了一笔钱买下了酒舍,这便又一次坐实了司马相如那队车马绝不是租来撑撑场面的。既然如此,司马相如的家里又何至于一贫如洗、家徒四壁呢?斯人已逝,无处问询了,但多少可以予以猜测:当时的士族,即使家徒四壁,出行的时候也需要拾掇得光鲜亮丽、整整齐齐。论做文章,司马相如能写出《子虚赋》这样珠联玉缀的文字;但论做买卖,出身富商之家的卓文君却精明强干得多。于是卓文君当垆卖酒,司马相如则穿着一条雇工杂役穿的"犊鼻裈",和其他雇工一起洗涤酒器。

卓文君的酒味道怎样、销售如何、其利几许?司马迁没有交代。《史记》中只是说,卓文君的父亲实在看不下去自己的女儿和私奔的人一起在家门口的市集上卖酒为生,最后还是把卓文君应有的嫁妆给了她,"僮百人,钱百万,及其嫁时衣被财物",于是卓文君和司马相如回到成都、置了田产家业,过上了富人的生活。

司马迁作《史记》是要"藏之名山、传之后世"的;却在《史记·司马相如列传》中如同浪漫主义小说那样记下卓文君与司马相如私奔卖酒的故事,在诸多本纪列传中显得有些突兀。有人认为是"史公欲为古今女子开一奇局,使皆能自拔耳",也有认为"疑相如文君事不可入国史,推司马意,盖取其开择婿一法耳",总而言之,传统的学者都认为卓文君的故事虽然感人真切,却尚不足以记入《史记》这样严肃的正史中。

更奇怪的是,在《司马相如列传》的后半部分,写司马相如因病辞官回乡,居住茂陵。天子怕他病故后所著失传,遣人去司马相如家取书,使者到的时候司马相如已经病故了,于是,"问其妻,对曰:长卿固未尝有书也。时时著书,人又取去,即空居。"这里只说是司马相如的妻子,连姓名都不曾提及,致使后人猜测彼时卓文君已经同司马相如两相决绝,当垆卖酒的美好故事早已破灭了。

在后人附会卓文君所做的许多诗作中,《白头吟》的争议最大。诗歌曰:"皑如山上雪,皎若云间月。闻君有两意,故来相决绝。今日斗酒会,明旦沟水头。躞蹀御沟上,沟水东西流。凄凄复凄凄,嫁娶不须啼。愿得一心人,白头不相离。竹竿何袅袅,鱼尾何簁簁!男儿重意气,何用钱刀为!"有人从五言诗发展的程度上来说,西汉之初的卓文君不会写出这样的五言诗;尽管如此,几乎所有后世的戏曲曲文都认为卓文君写下了《白头吟》:宋代的周南写《卓文君》是"古来应有白头吟,谁念妾身今再辱",赵蕃写《卓文君》则是"重聘茂陵今已晚,不须多赋白头吟",说来说去,都是认为卓文君写下《白头吟》,是为了用离开的姿态挽留移情别恋的丈夫。

倘若司马迁在《史记》中所记载的当垆卖酒的故事有些真实性可言的话,卓文君有很大几率不会说出"男儿重意气,何用钱刀为"这样的话。卓文君嫁给司马相如的时候,并不是后世曲文中所描绘的天真懵懂、不知世事的少女,仅仅因为一首曲子便对相如一见倾心、不顾贫困也要追随他而去,甚至愿意为了他抛头露面、卖酒为生。事实却恰好相反:卓文君嫁给司马相如的时候已经是第二次出嫁,她已经历了一次门当户对的婚姻,这一次她追随的只是自己喜欢的生活。当发现司马相如家贫的境况后,她虽然有所不悦,但并不认为这是不可以克服的困难,正是卓文君说服司马相如去临邛开了小酒馆,而不是卓文君为了司马相如去当垆卖酒。这种思维方式的差异,恰巧证明了数千年后的许多人,依旧不比卓文君更明白什么是女性的独立精神。

因为卓文君当垆卖酒的故事,临邛便一直有"文君井"的传说。大约一千年后,陆游来到文君井,喝着当地的"文君酒",写下了"落魄西州泥酒杯,酒酣几度上琴台。青鞋自笑无羁束,又向文君井畔来"。当时陆游正是人生不得志的时候,细雨骑驴入剑门,来到了蜀地,却看到了一片自由的山水,在重诉文君故事的诗人中,陆游是唯一一个不提及那首未知真伪的《白头吟》的。文君若泉下有知,大约会感谢这位一千年后来临邛喝酒的知己——陆先生。

东方朔与酒

时坐席中,酒酣,据地歌曰:"陆沈于俗,避世金马门。宫殿中可以避世全身,何必深山之中,蒿庐之下。"

——《史记·滑稽列传》

汉武帝时期,正是董仲舒提倡"罢黜百家、独尊儒术"的时候,因儒生上能立王道之礼仪,下能令庶民知天命,因此武帝十分尊崇董仲舒的儒家理论,朝中之人多为儒生。然而在守道尊礼、规规矩矩的朝廷中,偏偏有一个异端之人高居庙堂之上,这个人便是东方朔。

为什么说东方朔是一个异端呢?《汉书·东方朔传》记载了一个关于东方朔的小故事。有一次盛夏之时,宫中赐肉给诸位大臣。按礼仪来说,是要等太官丞来分肉,而东方朔却说,天太热了,应该早点回家,于是自己拔剑砍了一块肉就走。第二天东方朔上朝,武帝问他:"你昨天怎么不懂礼节,不等诏令,自己拿了肉就走?"让他自己做个检讨。东方朔点点头,煞有介事地检讨说:"东方朔啊东方朔,你这个人,拿朝廷的赏赐却不等诏令,真是没礼貌! 拿剑割肉,实在是位壮士! 割的肉不多,真的是清正廉洁! 回去把肉交给老婆,真是好男人!"汉武帝一听得了,这是检讨还是夸自己呢? 索性再赐他酒一石,肉百斤,拿回家交给老婆,让东方朔当他的好男人去吧!

东方朔就是这样一个敢在朝堂上随意要宝的人。他喜好喝酒,喝醉了便举止荒疏,那些受儒家礼仪教导的官员都看不惯他,称他为"狂生"。东方朔却淡淡一笑说:"如朔等,所谓避世于朝廷间者也。

古之人,乃避世于深山中。"所谓小隐隐于野,中隐隐于市,大隐隐于朝,东方朔这个人,便是要隐于朝堂之上的。

汉武帝刚刚即位的时候,向天下广征有才华的贤德之士。汉代尚没有完善的科举制度,普通有才华的人必须受到别人的举荐,或是自己上书诉说自己的才华和志向,方能得到朝廷的录用。儒家文化认为一个人应当温文尔雅、谦卑谨慎,这一点一直到现在都影响着中国人对自己的认知和对他人的态度。但东方朔偏偏不吃这一套,既然要上书表达自己的才华,他便毫不谦虚:"朔文辞不逊,高自称誉。"偏偏他这一番自夸,令汉武帝觉得此人很有志向,便让他做了个公车令。后来又因为他的机敏博学逐渐脱颖而出,又被提升为常侍郎,行走于宫廷之中。

东方朔的博学,不仅令汉武帝对他十分青睐,而且也令他的同僚不得不叹服。后世之人因为觉得东方朔实在太有意思了,简直是古往今来从未有过的一个奇人,因此,常常把一些奇谈怪论都附会到他身上去,乃至于东方朔几乎成了一个奇谈怪论的百科全书。《太平广记》中有一个关于东方朔的小故事,说汉武帝在去甘泉宫的路上,遇到一种红色的小虫,头眼齿耳鼻都有,很是奇怪,没有人认识这种虫。东方朔说他认识,这种虫是秦朝时期受到冤屈的人的怨愤之气变成的,名叫"怪哉",放在酒里就会消失。汉武帝问他为什么怪哉遇到酒就消失了,东方朔便说:"凡忧者,得酒而解,以酒灌之当消。"

怪哉这种虫显然是没有的,但以酒解忧的法子,确实是东方朔曾经对汉武帝献上的良方。武帝曾经有一个外甥昭平君,是隆虑公主临终前托付给他的。这个昭平君脾气骄纵,杀了人,按律当斩。武帝虽然忍痛按法令办事,心里却觉得愧对自己的承诺,因而十分悲痛。东方朔却在这个时候举杯酒为汉武帝祝寿,汉武帝十分生气,拂袖而去;过了一会儿,想想觉得奇怪,又召东方朔来问:"你这人说话怎么都不看情况的,我这么伤心难过的时候,适合举杯祝寿吗?"东方朔这时才正色劝说道:"销忧者莫若酒,臣朔所以上寿者,明陛下正而不阿,因以止哀也。"正因您是刚正不阿的明君,我才故意打个岔,让您不要沉溺于悲伤之中,并能以酒解愁——东方朔看似无礼而滑稽的举动下,却有着一颗洞若观火的心。

但是东方朔这个人,不讲礼节实在也是到了夸张的地步。有一次竟然喝醉了走入宫廷大殿之上,随地小解,因而被弹劾罢官。古往今来,酒客狂生不少,荒唐到喝醉了跑到金銮殿上撒泡尿,还被载入史册的,东方朔老先生可真是独一无二了。

东方朔自己喜欢饮酒,但对于他而言,酒只不过是消愁解闷的东西,或者是平时喝来取乐罢了,至于所谓的喝了能长生不老的仙酒仙丹,他可是不相信的。《鹤林玉露》中便记载东方朔偷喝汉武帝长生不老酒一事。自上古后羿求长生不老药、周穆王像西王母求长生不老的方子、秦始皇命徐福寻海上仙山以期长生不老;后世更有唐代、明代诸位帝王痴迷炼丹之术,祈求长生不老的丹药……自古为帝王者,已经极尽天下的荣华富贵,唯有生老病死之天理是他们无法破解的,因此越是帝王,越痴迷于所谓的"长生不老"的秘方。传言"有酒香山,相传古有仙酒,饮者不死"。汉武帝自然是要千方百计得到的。谁知道上供的酒还没到汉武帝手上,就被东方朔一把抢走喝了。汉武帝顿时大怒:我身为帝王,想要长生不老,你区区一个小官就敢偷我的仙酒?于是命人将东方朔处死。没想到东方朔不紧不慢地说:"圣上啊,我喝了这杯仙酒,如果这是真的仙酒,你想杀我我也死不了;如果你能杀得了我,那就意味着世界上并没有什么仙酒,我不过喝了您一杯普通的酒而已,那又有什么必要杀我呢?"汉武帝听了竟然无言以对。百姓为了供奉"仙酒"劳民伤财,朝廷上下多少人的忠告劝说竟然被东方朔的寥寥数语顿时解决:所谓的长生不老,只不过是个虚无缥缈的事情罢了。

东方朔的耍宝背后是其正直的用心,他醉酒无度、滑稽可笑的外表下,隐藏着一个极为聪明而又圆转的内心。他太明白,帝王既需要建议,又要保全天子的尊严;因此他装疯卖傻,甘愿做个弄臣,只要他能用喜剧的方法规劝帝王的行动举止,那便是大隐隐于朝廷的意义所在。班固说东方朔是"滑稽之雄","诙达多端,不名一行,应谐似优,不穷似智,正谏似直,秽德似隐",真是知音之语。东方朔年老去世之前,劝谏汉武帝"远巧佞,退谗言"。

后世《列仙传》中说,东方朔偷了三次王母的仙桃,从而位列仙班、成了寿星。汉武帝没有因仙酒而成仙,东方朔却因为偷酒而阻止了汉武帝继续以自己的荒唐欲望令百姓辛劳贡酒。编出东方朔偷桃终成寿星这样的故事,大约是人们给这位善良而又可爱、睿智而又亲切的东方朔,安排的最好的归宿吧! 不知能否弥补他生前不受重用的遗憾。

蔡 邕 与 酒

中郎蔡邕饮至一石,常醉在路上卧,人名曰醉龙。

——夏树芳《酒颠》

东汉末年,汉灵帝驾崩之后,董卓出任司空把持朝政,甚至能以自己喜好废立天子。此时各路诸侯对董卓入主朝政都十分不满,继而烽烟四起;董卓为了证明自己主持朝政的合法性,便笼络天下名士,令他们前来为官,而蔡邕便在董卓力图笼络之列。

蔡邕字伯喈,今河南开封人。他善通经史,在汉灵帝的时候曾任郎中、议郎的职位,熹平四年(175)受命将儒家七经校正勘误之后抄刻成石书,即是后来的"熹平石经"。汉代本以儒术为尊,而蔡邕能勘正儒家七经,这在当时是震动天下文运的大事,蔡邕也由此名动天下。

当董卓闻名去请蔡邕出仕的时候,蔡邕一开始并不乐意。谁都知道董卓的行为是挟天子以令诸侯,在儒家礼数看来是大逆不道的行径,在他的朝廷中做官,未免也会污了清名,于是蔡邕便称病不去。董卓对蔡邕的推脱十分不满,先是威胁说不遵命令便诛其九族,又让地方官员亲自去蔡邕府上"请"人,这样一来,本来想躲开这场政治漩涡的蔡邕便不得不受命北上了。

乍一看来,董卓"请"蔡邕任职,仿佛是很无礼而又粗暴的;但事实上,董卓在威胁蔡邕达到目的之后,却对蔡邕颇有知遇之恩。在《后汉书》的记载中,董卓废立天子,最终被诛杀弃市,可以说是绝对的反派;但在对待蔡邕的态度上,董卓却"署祭酒,甚见敬重",十分礼遇。董卓请蔡邕做祭酒,不仅仅是给个闲散官职来假充门面,而是真正地愿意听从蔡邕的劝谏;而蔡邕也有心为朝廷效力、在大小诸事上规劝董卓。初平元年(190)的时候,董卓以功高盖主,试图自称"尚父",而蔡邕则劝诫他说:"旧日太公辅佐周王伐纣灭杀,有这样大的功绩,才被尊称为尚父,你虽然平叛有功,但比起太公的功劳来说还不足以尚父自称。"蔡邕此言有理有据,因此董卓也欣然听从。

蔡邕曾作《酒樽铭》说:"酒以成礼,弗继以淫,德将以荒,过则荒沉,盈而不冲,古人所箴,尚鉴兹器,茂勖厥心。"酒樽铭是铭刻在酒杯上的文字,通常这种铭刻文字的酒杯是作为祭祀用的礼器的;由于铭文刻在酒杯上,因此通常与对饮酒的劝诫有一定关系,例如《觞铭》中说:"乐极则悲,沉湎致非,社稷为危",意思是说过于放纵快乐就会导致悲剧,过于沉湎酒色就会导致是非,这样的话国家就危险了。所以这一类的铭辞都是劝诫人饮酒应当有度。按儒家的礼节来看,酒是用以构成礼仪的一个部分,不应过度淫浸其中,谨遵道德不能荒淫无度。这些都是古人的箴言,刻在酒杯上,是为了警示自己的内心。

酒杯上的铭刻像是公共领域的宣言,一副恪守儒家仪礼的样子,但到了私人饮酒的时候,蔡邕却早把酒杯上的小字忘得一干二净。蔡邕非常爱饮酒,董卓每次宴请诸臣宾客的时候,都请他来弹琴,他也欣然前往。后人有记蔡邕逸事,"饮至一石,常醉在路上卧,人名曰醉龙。"一代儒学大师喝醉到在大街上横卧如龙,实在是令人绝倒。其实魏晋正是这样一个开放而不拘泥的时代,所谓"盖魏晋人一切风气,无不自后汉开之",魏晋时期那些名士纵情肆意、潇洒不拘的行为,正是自东汉末年时的名士所率先作为的。顾炎武说:"东京之末,节义衰而文章盛,自蔡邕始",作为一代儒学宗师却从不拘泥于礼法,纵酒任情而飘逸如龙,蔡邕可以说开拓了一个思想通达的魏晋之始。

因为蔡邕嗜酒,他的朋友也时常请他去饮酒。《后汉书》为蔡邕作传,说"邕在陈留也,其邻人有以酒食召邕者,比往而酒以酣焉。"蔡邕常去邻人家饮酒以致酣沉,但有一天,邻人又请他去饮酒的时候,蔡邕到了门口,听见客人在屏风后弹琴,他便在门口细听;因主人的琴声中透露出一丝杀意,蔡邕惊愕之下,酒宴也不赴,改道回家去了。主人等不到蔡邕来,便询问门童,门童说了蔡邕刚刚到了门口又回家去的事情。蔡邕本是天下儒学之宗,在乡间更是德高望重之人,邻人不知为何见罪于蔡邕,便急忙上门去询问。蔡邕问他为何琴声中有杀意,邻人茫然不知,细想来,弹琴之时见螳螂捕蝉、黄雀在后,因担心螳螂捕不到鸣蝉或为黄雀所食,心中悚然,因而在琴声中有所表现,蔡邕于是笑言:"这便就是琴声中杀意的由来了。"

如此闻弦歌而能知雅意的蔡邕,却偏偏在士林中揣摩不透官场的规矩。当时司徒王允以貂蝉离间吕布和董卓,诛国贼董卓并弃于市,消息传来的时候,蔡邕正与王允等众人对坐饮酒,听到董卓已死的消息,蔡邕不由地叹了口气,神色哀伤。尽管董卓有挟持朝纲、废立天子之恶行,但董卓对蔡邕可以说也有几分知遇之恩,如今尸体被遗弃在道路之上,蔡邕听来未免有所伤感,这完全是人之常情。但在王允看来,政治上不能明确听闻董卓已死而欢欣鼓舞的人,都是自己的敌人。蔡邕为董卓叹息伤悲,意味着政治上站队的不坚定,因此而被下狱。当时的士人都以他是天下文宗而试图请王允宽宥,但王允却畏惧蔡邕会直笔书史记载自己将他下狱的事件而拒不听从。蔡邕病死狱中后,天下"搢绅诸儒莫不流涕",王允也因此尽失士林之心。

蔡邕虽已故去,但旧日的故交却并未全然忘却他。史载曹操曾与蔡邕有管鲍之交,在蔡邕去世后,曹操听闻蔡文姬在战乱中流离匈奴,不惜遣使者以重金赎回文姬。后蔡文姬丈夫董祀犯法,依律当斩,蔡文姬向曹操求情,曹操念在她是蔡邕之女,便宽宥了她的丈夫。虽已无史料记载曹操年轻时是否与蔡邕举杯共饮,然而以蔡邕的豪情与文采,想来必能与曹操这样的豪雄之人相交结,乃至念念不忘。有诗说:"谁是蔡邕琴酒客,魏公怀旧嫁文姬。"如若二人泉下相见,蔡邕也当备下杯酒,再与曹操共饮一杯。

曹操与酒

何以解忧,唯有杜康。

——曹操《短歌行》

中国自开始饮酒的时候,便同时有了"禁酒"的态度。按《战国策》的说法,帝女仪狄作酒,禹品尝之后觉得非常美味,但又担忧"后世必有以酒亡其国者",因此诏令仪狄不得再酿酒。然而于此之后,夏桀和商纣王相继纵酒亡国——或者至少说,在亡国的罪名中有纵酒这一条罪状——夏桀"为酒池糟",商纣王"以酒为池",两者的亡国原因之一都是极为不节制的饮酒。现代人看来可能难以理解,就算建造了酒池,也不至于成为亡国的罪状吧?但在粮食生产力非常原始的时代,利用极为珍贵的粮食肆意酿酒而不顾百姓的死活,这种行为本身不仅是不道德的,甚至可能会是危害到国家政权稳定性的。

正因如此,周朝建立之后,在周公的引导下颁布了第一个成文的禁酒令——《酒诰》,其中明确规定"无彝酒",违者甚至会被处以死刑。但酒除了可以作为醉人的饮料之外,它还承担着祭祀仪礼的重要任务,在这一点上,即使是"史上最严禁酒令"的《酒诰》也不能不网开一面,提出"饮惟祀,德将无醉"和"厥父母庆,自洗腆,致用酒",就是说在祭祀中饮酒和为父母祝寿的饮酒都是符合仪礼的,因而不在禁酒的范围内。及至汉初时分,由于施用儒家仁政,一切刑法都较秦代的酷刑有所减轻,因此在禁酒一道上,所颁布的惩罚也轻了很多,《汉律》规定"三人以上无故群饮酒,罚金四两",其中"无故"二字大约类似"原则上"这种说法,便给"有故"或者"原则下"的说法以较为宽松的通融空间,并且,罚金的惩戒制度当然也比动辄判处死刑要轻得多。

从夏朝到清代,历代颁布的禁酒令花样繁多,惩罚也各有轻重,但基本都体现了统治者因为担忧粮食问题或者民风问题而下令整改的决心。但曹操作为禁酒令的颁布者,却有些显得自相矛盾,无论是从诗歌中还是从史料中来看,曹操自己本来就是一个爱酒之人,但他却颁布了十分严格的禁酒令,甚至把反对他禁酒的孔融处死,这不能不说是有些过于严苛了。

曹操与酒的暧昧关系,其实可以从他的家乡说起——安徽亳州自古便有酒乡之称。曹操不仅进献贡酒,还附赠献上了酿造的方法,有《奏上九酝酒法》,其文曰:"臣县故令南阳郭芝,有九酝春酒。法用曲三十斤,流水五石,腊月二日清曲,正月冻解,用好稻米,漉去曲滓,……若以九酝苦难饮,增为十酿,差甘易饮,不病。今谨上献。"曹操不仅尝试用故乡的古法酿酒,还自己改进了方法,将九酝改为十酿,使得酿出来的美酒更为甘甜。可见曹操本人不仅善于饮酒,而且非常善于酿酒。

曹操与酒之间的故事,最著名的莫过于《三国演义》中描绘的"青梅煮酒论英雄"。有人理解为曹操煮的是梅子酒,实际上书中描绘是"盘置青梅,一樽煮酒",青梅是下酒物而已。不过《三国演义》毕竟不是正史,在《三国志·蜀书》中只提到"曹公从容谓先主曰:今天下英雄,唯使君与操耳。本初之徒,不足数也。先主方食,失匕箸",并没有提到青梅煮酒。不过曹操确实经常以酒宴款待部下,《短歌行》便是曹操在与部下聚会饮酒时依据乐府曲调唱作的,开头便是"对酒当歌,人生几何",又说"何以解忧,唯有杜康",可见至少在创作《短歌行》的时候,曹操不仅没有禁酒,而且对酒还是十分偏爱的。

曹操的禁酒令原文现在已经难以考证,反而是孔融与曹操禁酒令发生争执的《与曹丞相论酒禁书》因文采斐然、讽喻精妙而广为流传。根据《后汉书》记载："操表制酒禁,融频书争之,多侮慢之辞。"曹操本身自己就是个善饮善酿的酒徒,却突然颁布一个禁酒令出来,实在难以令他人服气。孔融本来就是个写起文章天马行空的人,为了讥讽曹操的禁酒令,他反驳说"天垂酒星之耀,地列酒泉之郡,人著旨酒之德",意思是饮酒本身就是天时地利人和都符合的事情,根本没有理由去禁酒。后来又说:"徐偃王行仁义而亡,今令不绝仁义;燕哙以让失社稷,今令不禁谦退;鲁因儒而损,今令不弃文学;夏商亦以妇人失天下,今令不断婚姻。而将酒独急者,疑但惜谷耳,非以亡王为戒也。"这段话说得够狠的:禁酒可以说是因噎废食的典范了,亡国的理由多了去了,仁义、谦让、儒学、宠爱妇人都能导致亡国,难道都要禁绝吗?我看你禁酒不是为了以亡国为警戒,而是怕浪费粮食而已。

孔融所说的是否有道理呢? 其实可以说,孔融算是部分道出了真相。对于曹操而言,禁酒的两个主要目的,一是为了在战乱年间节约粮食,二是为了严明军纪,避免因为饮酒闹事而在关键时候乱了阵脚。但是被别人嘲笑打着救亡图存的大旗号禁酒,实际原因却是军粮短缺,对于曹操而言显然不是件有面子的事情。也有人说孔融此举无疑泄露了曹操的真实意图:节集粮食用于战争。对于孔融而言,曹操的禁酒显得自相矛盾;但对于曹操而言,禁酒却是不得不进行的。鲁迅在《魏晋风度及文章与药及酒之关系》中说曹操爱酒而又禁酒的原因,分析得十分合乎情理:"为什么他的行为会和议论矛盾呢?此无他,因曹操是个办事人,所以不得不这样做;孔融是旁观的人,所以容易说些自由话。曹操见他屡屡反对自己,后来借故把他杀了。"

但曹操的禁酒说实话也并非严格,只要不像孔融这样专门冷嘲热讽地唱反调,单是破了禁令喝点酒,有时候也未必会被追责。《魏书》里记载有一次徐邈在当尚书郎的时候,曹操已经开始禁酒了,但徐邈却偷偷饮酒以致沉醉不醒,以至于赵达替曹操传话询问事务的时候他回答说"中圣人",曹操大怒。还是鲜于辅开解说:"平日醉客谓酒清者为圣人,浊者为贤人,邈性修慎,偶醉言耳。"曹操听了便作罢了,而徐邈被免于刑罚。可见曹操倒不是禁酒有多严格的人,之所以杀孔融,实际上还是容不得身边有持反对意见的贵族罢了。正因如此,鲁迅挖苦曹操说,"事实上纵使曹操再生,也没人敢问他,我们倘若去问他,恐怕他把我们也杀了!"

孙 权 与 酒

吴酒一杯春竹叶，吴娃双舞醉芙蓉。

——白居易《忆江南》

先秦时期，术士常说东南有天子气，所指之处，便是金陵。为了这个说辞，楚威王曾埋黄金镇压王气，而秦始皇则干脆挖了一条秦淮河，想阻断金陵的帝王气运。三百年后，紫髯碧眼的少年面向长江，惊异于此地龙盘虎踞，从京口迁至此地，建立了金陵历史上第一个王朝——东吴。

相比于沉稳老辣的刘备和奸猾枭雄的曹操，孙权在吴地建都之时，只能算一个政治和军事上的黄口小儿。曹操曾戏言"生子当如孙仲谋"，后人传为美言，其实纵使曹操的年纪辈分确实够做孙权的父辈，但作为三分天下、平起平坐的对手，这样的"称赞"未免令人感觉矮了三分。

虽然身负一国之主的责任，但孙权骨子里还是个有点孩子气的少年。孙权喜欢宴饮，隔三岔五就找个由头，把大家聚拢在一起饮酒作乐。到了武昌的时候，登临钓鱼台，孙权凭栏览大江东去，意气风发，在酒宴上不知不觉多喝了几杯。平时还能够摆出君主模样的孙权喝醉了，顿时恢复了小孩子任性爱玩的脾性，让人拿水酒向聚饮的群臣说："今日酣饮，惟醉堕台中，乃当止耳。"也就是说今天大家不醉不归，至于什么是醉呢，至少要喝到从这个台子上掉下去才算。

其实这本不是什么大事，然而饮酒取乐最怕的就是遇到严肃的家长。张昭就是这样一个家长——虽然孙权的父亲长兄都已去世，但哥哥孙策死前曾向老臣张昭托孤一样交代过，请他匡正辅佐自己的弟弟，因此张昭对于孙权而言大约也就是家长一样的存在。看到少主这样醉酒胡为，张昭很不高兴，于是直接拂袖而去，走到外面的车里坐下。孙权觉得不对，于是急忙请人去劝张昭回来，然后嬉皮笑脸道："我就是让大家多喝点酒取乐而已，没什么别的意思，您怎么就生气了！"张昭则认真地回答说："过去纣王作糟丘酒池，整夜整夜地喝酒，难道不也是为了取乐而已，并没有觉得自己做了一件恶事。"被这样严肃地教训了一通，孙权也只得偃旗息鼓、解散了酒宴。

因为好酒好宴，孙权没少受老臣的批评，除了张昭之外，顾雍也是一个自己滴酒不沾，而且非常反感别人醉饮的人，连孙权都有点怕他，有一次对旁人说起"顾公在席，使人不乐。"尽管有张昭管着、顾雍劝着，孙权却依旧好酒，更喜好经常与众臣酒宴，既然大家都坐在一起喝酒取乐，孙权本身又很年轻，一来二去，君臣之分就不那么明显。再加上孙权这个人挺有幽默感，爱开玩笑，有时候手下也就没大没小，拿他开起玩笑来。《吴录》里说，有一次孙权为朱桓办酒宴壮行。酒过三巡，朱桓便举起酒杯向孙权敬酒，并且笑着说："我这就要去远方了，要是去之前能摸摸你的胡子，我就没有遗憾了。"这要求提得既促狭又不过分，而孙权则很开心地靠着桌子把脸伸过去让他摸胡子玩，两个人在酒席上就像朋友一样玩笑，众人也都很开心。

不过玩笑归玩笑，该收买人心的时候，孙权也绝不含糊。孙权手下将士老臣中，有很多最早是跟着孙策打江山的，那个时候的孙权还是个需要被人保护的小孩子，在这些老将、老臣面前，孙权有时要说服他们，还必须有点艺术性。周泰出生寒门，但一直是孙权的随身侍卫，多次为了救孙权的性命而身受重伤，最严重的一次若非正好遇上神医华佗在东吴，周泰的性命恐怕就难保了。对于这样一个忠心赤诚的手下，孙权有心拜他为平虏将军，但周泰的出身微薄、也说不上有多么显赫的战功,老将朱然、徐盛这些人根本就不服这个决定。孙权想来想去,就安排了一场酒宴。席间众人都在饮酒,孙权便让周泰脱去外衣,指着他身上的每一处伤疤,让周泰说出这一处伤疤的来由;每说一处便亲自敬酒一杯,直到周泰酩酊大醉。一场酒宴后,原先对周泰不服气的老将们也不得不心悦诚服于周泰的忠诚和勇敢,同时又为孙权如此爱护忠心耿耿的部下而感到欣慰。一场酒宴将老将们喝得心悦诚服,不得不说孙权的政治手腕在酒局上体现得淋漓尽致。

孙权虽然是一国之主,但孙策留下的老将、老臣,有些是当地的望族,有些是重臣,还有些是当时的名士,这些人看待孙权,总觉得他还是个小孩子,因此常常不把他作为国君一样尊敬。孙权虽然喝酒的时候也乐意和大家一起嘻嘻哈哈、开开玩笑,但不代表他不希望被这些人尊重对待。江东名士虞翻,孙策在的时候极为赏识他,甚至说"今日之事,当与卿共之"。虞翻本身是个爱喝酒的人,但爱喝酒不代表谁的酒都喝,尤其是名士,一旦心情不好,皇帝的面子也不会给。某日孙权宴请众臣,又亲自为大家斟酒。到了虞翻这里,恰好虞翻正因为孙权重用于禁、不听自己劝告的事情生气呢,于是根本不给孙权面子,直接往地上一躺假装自己醉倒了。孙权一看虞翻喝多了,那就算了,准备给下一个人敬酒去,结果才一转身,虞翻就自己爬起来坐好了,分明就是摆脸色给孙权看。当众被耍弄得下不了台阶的孙权气得拔剑就要杀虞翻,幸亏大司农刘基起来抱着孙权拉架说,你这样把名士杀掉,还要不要自己的名声了? 孙权气急败坏之下口不择言:"名士有什么了不起,孔融是名士吧,曹操还不是该杀就杀?"这句话恰好给刘基找了漏洞,于是劝说道:"曹操是什么人? 奸雄而已,没什么好名声,你怎么和他相比呢!"孙权当然也知道拿曹操这个政敌来做榜样的确不合适,于是找台阶下,说:"自今酒后言杀,皆不得杀。"这个闹剧就被作为酒后胡闹掩盖过去了。然而过了段时间,孙权到底寻了个不是,将虞翻贬去了交州。

对老将和名士的猜疑并没有随着孙权的年岁增长而消减,反而愈演愈烈。暮年的孙权不仅在政事上缺乏英明的决断,甚至在家事上也反复不定,性格也越来越暴躁。那个在酒宴上让朱桓"捋虎须"的明主,逐渐在人生的暮年走向了反复无常、脾气古怪的"老悖昏惑"之君。也许在那个时候,"王浚楼船下益州,金陵王气黯然收",就已经注定写在东吴悲剧的落幕上了。

曹丕与酒

何尝快，独无忧。但当饮醇酒，炙肥牛。

——曹丕《艳歌何尝行》

魏晋时期，无论官员、武将，还是文人、名士，大多好酒之人。鲁迅说魏晋的文章乃至整个朝代的气魄，都有"慷慨"而"华丽"的气质，与当时人服药求仙、饮酒违礼的行为有关，为了反对到汉代末期过于拘泥死板的礼教，魏晋之人对礼教的叛逆，就借酒而体现了出来。因此，从颁布禁酒令的曹操本人，到因为反对禁酒令而死的孔融，彼时竟可以说"无一名士不饮酒"的。

曹丕作为建安七子的好友，曹操的儿子，自然也免不了对酒的热爱。不过从历史角度来看，在"三曹"之中，相对于曹操的武略和曹植的文才，曹丕似乎总是最没有存在感的那一个。就连在立继承人的时候，曹操也在曹植和曹丕间犹豫了很久，曹丕作为年龄较长的儿子这一点似乎并没有带来什么优势。加上后世往往强调曹丕继位前灌醉曹植使他失去曹操的欢心、继位后又逼迫曹植作"七步诗"的故事，导致曹丕无论是在历史上还是文化史上，仿佛都是有"污点"的。

不过倘若把曹丕的政治手段放下不提，就从饮酒来看，曹丕不失为一个有趣的人。他写的自传《典论·自叙》中有个故事，是说曹丕在军中与几位将军共饮，当时同饮的有平虏将军刘勋、奋威将军邓展几人，曹丕说自己以前听说邓展的武功特别高，善于兵器手法，不仅通晓各类兵器，而且还能空手夺白刃。曹丕跟随曹操从小征战，也是通晓剑法的人，于是两人便论道起来，"时酒酣耳热，方食芋蔗，便以为杖，下殿数交，三中其臂，左右大笑"。喝多了和邓将军两人拿甘蔗比比画画、打赢了便颇为得意的曹丕，似乎也有几分可爱的孩童心性。

不过曹丕在军中宴饮的时候，曹操应当还没有颁布禁酒令，否则以曹丕的性格，不会公然在军中违背命令大肆酒宴的。曹操本身也是爱酒之人，其禁酒并非因为对饮酒本身的反感，一方面是因为乱世中对粮食匮乏的不得已的应对，另一方面也是对军纪和朝廷风气的整肃。面对曹操的禁酒令，曹植既以为然又不当回事，甚至公然纵酒延误军令，终于令曹操感到失望；而曹丕则恭敬守法，终于得到曹操的青睐。后来曹丕作《酒诲》，实际上就是承袭了曹操禁酒的要求，但主要是从饮酒过度的伤风败俗来批评的。所谓"酒以成礼，过则败德，而流俗荒沈"，实际上就是沿袭周礼所说的酒是作为仪礼的参与，过度就会伤风败俗的说法。不过仔细看来，曹丕所批评的"流俗荒沈"，主要是批评刘表的好酒："荆州牧刘表，跨有南土，子弟骄贵，并好酒"，并且说在刘表处饮酒时，会将大针放在木棍的一端，如果有人喝醉了倒在地上，刘表就会拿棍子上的针扎他，来检验此人是真醉了还是佯醉避饮，残酷的程度比起"赵敬侯以筒酒灌人"的事情有过之而无不及。其实刘表是否真的在酒宴上有此荒唐行为，又或者这是偶然现象还是常见的情况，已经不可得而知了；但在魏晋时期普遍纵酒荒唐的时代，单单挑出刘表宴饮的家事来批判饮酒失德，实际上更多是一种政治性的指责，酒不过是枉担一个虚名而已。

不过虽然作有《酒诲》，曹丕自己依旧不失为一个爱酒之人。在诸酒之中，曹丕最爱的，还要数当时十分珍贵的葡萄酒。葡萄自汉代传入中原，同时也带来了葡萄酒。但当时中国并没有葡萄酒的酿造方法，因此即使北方有些地方已经可以种植葡萄，但葡萄酒主要还是依赖西域的进贡或者贸易。曹丕在《诏群臣》中，先说珍果葡萄："朱夏涉秋,尚有余暑,醉酒宿醒,掩露而食。甘而不饴,脆而不酸,冷而不寒,味长汁多,除烦解渴。"对于醉酒刚刚睡醒的人而言,又正逢暑热未消,此时倘若有一串甘美多汁的葡萄,简直是天赐的美食。但曹丕最爱的还不是他所盛赞的葡萄,而是葡萄酿成的酒:"当其又酿以为酒,甘于鞠糵,善醉而易醒。道之固已流涎咽唾,况亲食之邪。"葡萄酿成的酒比普通米酒要甜,这是必然的,因为米酒的甜味全依赖从淀粉分解出的糖分,而葡萄自己本身就含有大量的果糖。所谓"善醉而易醒",正是道出了葡萄酒的特点:比米酒更容易令人饮醉,但喝醉了也比较容易醒酒,能总结出这样的经验,可见曹丕所饮葡萄酒也实在不少。不过最可爱的还要数最后两句:"我谈到葡萄酒的时候就已经垂涎欲滴了,更何况真的喝到呢!"一代帝王在诏书中说自己馋酒垂涎欲滴,令人忍俊不禁。

有学者从曹丕之诗读出曹丕是一个感情很丰富的人。曹操的诗文中有很雄壮的力量,曹植的文风非常华丽优美,而曹丕则用一种非常柔顺的力量慢慢去感动人。事实也正是如此,曹丕不仅抚养幼弟、照顾妹妹对婚姻的感受,即使对与自己曾经争夺过继承人地位的曹植也时常增加封地,对自己的亲人实际上报以非常温柔的态度;他对朋友的情感也极为深重。曹丕与建安七子都是好友,然而在建安二十二年(217),一场大型的瘟疫横行中原,建安七子中,徐干、陈琳、应场、刘桢都染病去世。曹丕得知消息时痛哭不已,大呼"我知音断矣",其凄清哀伤,令人闻之断肠。后来曹丕在写给友人吴质的信中追思旧日与建安七子宴游时说:"昔日游处,行则连舆,止则接席,何尝须臾相失!每至觞酌流行,丝竹并奏,酒酣耳热,仰而赋诗,当此之时,忽然不自知乐也。"想旧日风华,意气风发的曹丕与年轻的建安七子相约游玩,坐则同席,曲水流觞,等喝到酒酣耳热的时候,便相对赋诗,不可谓不是当时一大盛事。谁知一场疫病夺走了其中的四位,乃至当曹丕为友人整理文集时,"观其姓名,已为鬼录"。当时的同饮之人,如今已阴阳两隔,真可谓"痛可言邪"!

　　战乱、疫病,在曹丕的一生中,有太多譬如朝露的短暂生命,令他总有一种难言的悲恸与忧患。"忧来无方,人莫之知。人生如寄,多忧何为?"谁也不明白一代帝王忧虑的真正原因,而他也不免自嘲:人生仿佛一场羁旅,这么多忧虑又能有什么帮助呢?于是不如"酌桂酒,脍鲤鲂。与佳人期为乐康。前奉玉卮,为我行觞"。但在这样繁华的宴饮之乐中,在不断地对自己说"今日乐,不可忘,乐未央"的时候,曹丕的内心中依旧有一种无法排遣的悲哀。这是对生命本身脆弱的悲悼,是对世事无常无法避免的悲愁。正因如此,在曹丕的杯酒之中,最能传递出魏晋时期饮酒之风的真正原因:在这样一个朝不保夕的乱世之中,无论是王侯将相、还是普通百姓,生命的无常都是永远悬在头上的无形之剑。在这样不免惶惑的对生命本质的问询中,一杯酒,也许是对生命最好的回答。

曹植与酒

乐饮过三爵,绶带倾庶羞,主称千金寿,宾奉万年酬。

——曹植《箜篌引》

建安十五年（210），曹操在邺城建铜雀台，十九岁的曹植挥毫作《登台赋》，才思惊艳四座，深得曹操赏识。在卞夫人与曹操的四个孩子中，曹植的文才毫无疑问当属头筹，而深爱其才的曹操，几次想将太子的位置交给这个文采飞扬的孩子。

十五岁到二十三岁，正是曹植一生中最鼎盛的年华。他随父亲东征西战，东临沧海，北出玄塞。《白马篇》是少年曹植春风得意的写照："白马饰金羁，连翩西北驰。借问谁家子，幽并游侠儿。"白马少年手提长剑，十七岁随军与刘表战于新野，十八岁历经赤壁之战。尚未及冠的曹植文才名动天下，而将才亦颇令曹操赏识。

最完美的白璧，总免不了有些微的瑕疵。曹植对酒的嗜好，作为名士的风流潇洒自然是锦上添花，但作为乱世枭雄的世子，却不免是一个令人忧心的举止。时值战乱，战火所燃之地荒草遍野、粮食匮乏，爱酒爱到击节唱"何以解忧，唯有杜康"的曹操不得不颁发了禁酒令，以保证粮食的供给。

而曹植，却沉迷于年少轻狂的欢乐中。后来李太白曾慨叹："陈王昔时宴平乐，斗酒十千恣欢谑"，正是来源于曹植年少时写下的《名都篇》："归来宴平乐，美酒斗十千。"饮酒宴乐本不是大过，但在曹操颁布禁酒令的时候大肆歌咏饮酒取乐，就成为"政治不正确"的问题，

45

而对太子之位用心甚重的曹丕,恰恰盯上了曹植的"政治不正确"。

建安十六年(211),曹植随曹操西征,兵至洛阳。洛阳本是繁华宫室,却在汉末诸侯纷战中毁作烟尘。"洛阳何寂寞,宫室尽烧焚。""天地无终极,人命若朝霜。"曹植写诗赠友,洛阳的破败令他感受到亘古不变的天地之间,人的生命是渺小而短暂的。这种挥之不去的悲哀感令他更珍惜能把酒相交的朋友:"亲昵并集送,置酒此河阳。中馈岂独薄?宾饮不尽觞。"

曹植是多情公子,不是枭雄,然而乱世容不下多情,也容不下一个率性而为的世子。二十岁的曹植因连年随曹操出战有功,被封为平原侯,又三年,改封临淄侯。时值北方局势少定,而曹操最为钟爱的长子曹昂又在张绣之战中为保护曹操而死,太子之位传给谁便成了值得商榷的问题。曹操是个精明强干的人,深知在乱世中挣下的基业必须立贤不立长,而曹植的聪慧和才俊则令曹操青眼相加。因为曹植本人的聪慧,他的身边也有诸位名士情愿辅佐。曹操对曹植的才干非常满意,有几次甚至想要决定立曹植为太子,因此也曾以自己的故事来勉励他说:"你爹我二十三岁的时候做了顿邱令,现在回想起来,在大好年华里一言一行都没有浪费,因此不至于使自己后悔。你现在也二十三岁了,不能不努力呀!"

但才子词人,并非都恰好擅长权柄谋划,曹植的才华一点也没有体现在政治觉悟上。曹操为了保证战乱期间的粮食安全而颁布禁酒令,这一禁令本身执行起来就很艰难,曹操自己本来也爱喝酒,现在也不得不以身作则严格禁酒。孔融作为一方诸侯,文人表率,却作表奏为酒辩护,在文中对曹操的禁酒令大肆嘲笑,最终被曹操寻了个不是斩首抄家。在这样的风气下,即使偷偷饮酒的人也谨小慎微,害怕被抓到违反禁令的罪状。偏偏曹植从来不将规矩放在眼里,这里禁酒令才颁布不久,他就堂而皇之地大写《酒赋》,说"献酬交错,宴笑无方。于是饮者并醉,纵横喧哗。或扬袂屡舞,或扣剑清歌,或鼙蹴辞觞，或奋爵横飞，或叹骊驹既驾，或称朝露未晞。于斯时也，质者或文，刚者或仁，卑者忘贱，窭者忘贫。"名士纵酒固然风流潇洒，但此时正值曹操苦于禁酒令难以推行、士阀诸侯也对国家禁令缺乏尊重，杀孔融本来就是杀一儆百，而曹植作为世子却公然作《酒赋》，对于曹操而言，这种难堪简直形同打脸。

长兄曹丕谨小慎微，谋划如何靠近太子之位的时候，曹植却依仗父亲的宠爱，依旧我行我素、纵酒任性。"置酒高殿上，亲交从我游。中厨办丰膳，烹羊宰肥牛。""乐饮过三爵，缓带倾庶羞。"曹植耽于宴饮的时候，曹丕却刻意礼贤下士、广罗人才，笼络重臣在曹操面前为自己美言。相比之下，曹植的举动则令曹操大为失望。这个他认为聪慧灵巧、丰神俊秀的孩子，却总还是一个长不大的任性的孩子。有一日曹植喝得醉醺醺的，竟然彻底忘记了国家的法度，擅自乘车在帝王典礼专用的大道上奔驰，而且私自随意打开了王宫的正门司马门，彻底破坏了一切宫闱的禁令。盛怒的曹操下令杀死了允许曹植纵马奔驰的公车令，并且加重了对宫内法规禁令的处罚力度，而这一切的始作俑者曹植，则逐渐被失望透顶的父亲冷落了下来。

《三国志》说，"植任性而行，不自雕励，饮酒不节。"后人有传言说，曹丕知道父亲更宠爱曹植，因此为了争取父亲的喜爱，故意阴谋令人引诱曹植喝酒，使得他在父亲面前失宠。以曹丕的心性计谋，做出这样的事是在意料之中的；然而也正是曹植的天真、任性和好酒给了曹丕可乘之机。

夺嗣之争后的曹植，在政治谋略上却并未成熟起来。建安二十四年（219），正值曹仁被关羽围困在樊城，曹操本拟任命曹植率兵去援救——对于这个才气过人的儿子，曹操虽然有些不满于他的任性放纵，认为他担当不起国君的重任，但并未放弃对他的重用。但这一次，曹植又栽在了曹丕的手上。《魏氏春秋》中说"植将行，太子饮焉，逼而醉之"，这里的"逼"恐怕有些言过其实。作为储君的曹丕，在曹操给曹植下达军令的时候，绝不敢直接灌醉曹植，何况此时曹操尚在，曹植倘若抬出父亲的军令来拒绝曹丕，对方也必然是无话可说。或有可能的是，曹丕比曹植更先知道了军令，因此特别设宴诱惑曹植来饮酒，而曹植并未发现其中的阴谋，开怀畅饮，乃至曹操的军令到达的时候，曹植醉得不能起而受命。因醉酒而贻误军令，这对于任何一个君王来说都是决不可忍受的，何况改令于禁、庞德去解救曹仁的行为又以被关羽水淹七军结束，曹操对曹植的失望，可以说是彻底冷了培养他的心了。

被父亲冷落的曹植，在曹操去世、曹丕称帝之后，靠母亲卞氏说情才勉强苟全性命。后来曹植再上书呈奏，期待为国效力，而本来就对他十分猜忌的曹丕恨不得将他封得远远的、眼不见为净才好，于是将他封为陈王，再未召他回到京城。昔时斗酒十千的岁月，那些年少轻狂的时光，只有在梦中才能再现。但陈王植，从未以片言只语写过对纵酒的后悔，是时不我与，是事非我取，但以饮者留名青史，亦不失为后世知己遥相追思，也许这才是他真正感到宽慰的吧！

刘伶与酒

止则操卮执觚,动则挈榼提壶,唯酒是务,焉知其余。

——刘伶《酒德颂》

生前布衣,死后封侯的,在中国历史上不少。有一些是源于君王对有功之臣的忌惮和愧疚感的混合,发展出寒食节的介子推便可以归于此列;另一些则是源于后代君王因为政治需要而对先贤的加封,儒家诸圣多半都是如此。然而有一人跳出三界外,不在五行中,不入正史,不在三教九流之列,却在文人传奇小说中独树一帜;除了《酒德颂》以外文章传世无多,却能位列竹林七贤之一,生前一介布衣,死后被尊为侯:他便是酒中圣贤,醉侯刘伶。

刘伶,魏晋乱世年间人也,不详其生卒年岁,据说曾在建威将军王戎幕府下做一个小小参军,又因为无所作为罢官归乡。据说次年朝廷又派人来请他入朝为官,闻此消息,刘伶一言不发,喝了个酩酊大醉,当着朝廷使者的面在村子里裸奔——大概是被刘伶的行为艺术震撼到了,使者去后再也没有回来过。刘伶于是在酒乡找到了最后的安宁,老死家中,恰好成为乱世中竹林七贤里为数不多能够寿终正寝的人。

《庄子·人间世》中言:"不材之木也,无所可用,故能若是之寿。"刘伶性好老庄,一生可以说都在实践庄子的人生哲学。在魏晋这样的乱世中,即使像竹林七贤这样避世高才,也免不了刀斧手下,广陵散绝的宿命。刘伶之好酒,其中很大程度上是为了装疯卖傻,避免卷入政治漩涡。

中国古代的文人，对政治大多有一种围城心态：围城里的人想要出去，围城外的人想要进来。郁郁不得志于有司的，大多思慕着能被贤德的君王委以重任；而位居高堂之上的，则又不免有莼鲈之思，总之是合儒道的出世入世于一体，因而总在自我约束中寻找纵情的瞬间。像刘伶这样，彻底放飞自我的，少，而且总被"正经文人"目为"痴狂"状：一方面羡慕他的潇洒，另一方面自己却又放不开偶像包袱。久而久之，在文人笔记小说、诗词歌赋中，刘伶虽然是竹林七贤中社会地位最为卑微的一个人，却成了故事里最有趣的一个主角。

《世说新语·任诞》中，记载魏晋名士风流不羁的行为，当然主要围绕竹林七贤，竹林七贤中名声最大、最有文人气息的，当属阮籍。但《世说新语》写阮籍，也不过是母丧不避酒肉，看似无礼罢了，说到底，不过是对当时假正人、伪君子的非暴力不合作的反抗态度，态度有余而有趣不足。但说到刘伶，则都是生活琐事中的奇怪形状，于文字间便能看到说书人神采飞扬、听者捧腹大笑的模样。

历史中记载刘伶为了避免做官，当着朝廷使者的面纵酒裸奔，很多人也许会觉得，那是为了保命，不得不豁出脸皮、借酒盖脸撒个泼。但事实上，对于刘伶这位仁兄而言，裸奔根本就不是个事儿，他本身就特别喜欢赤身裸体到处晃荡：大概是喝多了酒身上燥热，脱掉衣服会凉爽很多。在外面裸奔固然影响市容，在家里裸体最多只是私事，只要老婆孩子没意见，别人是插不上嘴的。然而偏偏就有人跑来做客，看见一个纯天然无污染的醉汉，免不了讽刺他几句。刘伶不以为然，反过来讥讽道："天地是我的屋子，房屋是我的内裤，你们跑我内裤里来干嘛？"想来他本来就烦这些无聊的正经八百的家伙，每天自己闲着没事儿，喜欢拿道德标准去要求别人，恨不得大家都活成一本教科书。对于刘伶而言，你插手管我的私生活，就跟把手伸进我裤裆里一样，恶心人的是你而不是我。走入他人内裤而不自知、还能大放厌词的人,现在也不少,大约都需要被刘伶这样的伶牙俐齿教训一下。

刘伶的另一件故事则牵涉到家庭矛盾了,因而似乎不那么光彩。酒鬼自己固然潇洒,家人却要跟着收拾烂摊子,并担心他的身体,可以说是非常辛苦了。刘伶的妻子也是如此。据说一日刘伶醉酒醒来口渴,让老婆倒点酒来喝——以酒治酒,几乎是每个酒鬼的通病。妻子气得摔盆砸碗,哭着说:"你喝这么多酒对身体不好,以后不许喝了!"一听这声气,便是个委委屈屈的小家碧玉的模样。刘伶倒并不是一个粗暴的酒鬼,他没有对妻子拳脚相加或者大吼大叫,而是耍了个小心机:他对妻子说,戒酒这种事情太难了,他自己做不到,得向天祭祀发誓才行。妻子听得他愿意改邪归正,喜出望外,急忙准备祭祀的酒肉。这边祭品才摆上,刘伶就急急忙忙跑过去对天祝祷道:"天生我刘伶就是个酒鬼,酒就是我的名字;喝酒是一斛,解酒要五斗。我老婆刚刚跟老天爷你说我要戒酒,你听听就好了,别当真。"然后把祭祀的酒肉自己干掉了。他的老婆是哭笑不得呢?还是又生一场气呢?故事便没有再说了,但刘伶作为一个温和派的狡猾酒鬼,也算是较有酒德的了。

《晋书》中记载刘伶的一个段子则是非常经典的了:有一次刘伶喝多了(这似乎是常态,没必要说有一次了),和别人发生了争执,对方扯住他的衣袖想要揍他。历史虽然没有细致到记录到底发生了什么,但是根据刘伶的风格,大概能猜出来他是在嘴皮子上占了别人便宜。面对一个气呼呼要挥拳的醉汉,刘伶却说道:"你打我做什么呢?我这么瘦,你打起来硌得慌。"要宝要到这个份儿上,对方顿时笑得打不动了。

至此,我们大概在心中会有一个插科打诨、潇洒爱酒又善于自黑自嘲的刘伶的形象了。但如果刘伶只是一个段子手,大约不会得到后代文人几乎一致的崇敬:几乎所有会喝酒的、爱喝酒的、想喝酒的文人,都在诗歌中将刘伶称为"醉侯"。刘伶的醉酒不仅是有趣的,也是真正潇洒的。文人饮酒,时常是在自己太过小心在意的世界中寻找一丝放松洒脱的感觉;礼法要求肉割不正不食,仿佛猪也要长得符合礼法标准才有资格被吃一样。在这样太多的条条框框中,有一个人可以笑着说"我就是这样",这本身就是一种可嘉的勇气。

刘伶活着的时候不在意别人的眼光,也不在意社会的评价,他活得很自我、很自由,而且还很快乐,不是那种苦哈哈的有操守有坚持的隐者——这在数千年的历史中都是罕见的。他对死亡的态度同样也是嬉笑的。《晋书》中说他时常乘着鹿车带着酒,让随同的人带着一把铲子,并且嘱咐道:"我在哪儿死了,麻烦就地埋掉。"生对他而言不是一种束缚,死对他而言也不是一种恐惧。

竹林七贤与酒（上）

酒中念幽人，守故弥终始。但当体七弦，寄心在知己。

——嵇康《酒会诗》

一旦提起"名士"这个词，首先令人想到魏晋。在魏晋之前的秦汉，人们似乎通常还是比较朴实的，也比较遵循礼法；而在魏晋之后的人们，行为举止偶有放纵任诞的时候，便称自己是追溯"魏晋风骨"了。鲁迅先生在任中山大学教授的时候做过一篇演讲，叫《魏晋风度及文章与药及酒之关系》，他说魏晋的名士之所以与后来的不同，盖因"嵇康阮籍的纵酒，是也能做文章的，后来到东晋，空谈和饮酒的遗风还在，而万言的大文如嵇阮之作，却没有了。"因此大约可以认为，魏晋名士先是"名士"，然后才是"饮酒的名士"。

而魏晋名士之中，首先令人想到的便是"竹林七贤"。《世说新语·任诞》中记载了许多竹林七贤的逸事，有些是来源于历史的，有些也许是来源于野史，虽然看上去行为奇怪，但仔细想来，确乎是这几位先生能做出来的事情。"竹林七贤"的称呼，最早见于《晋书·嵇康传》，是说当时同嵇康交游的几位朋友："所与神交者惟陈留阮籍、河内山涛，豫其流者河内向秀、沛国刘伶、籍兄子咸、琅琊王戎，遂为竹林之游，世所谓竹林七贤也。"有好事者考证说当时交游的人不止七位，所交游的地方也不是竹林，而是墓砖壁画上的树林——这未免就有些过分拘泥了。

嵇康可以说是竹林七贤的精神领袖、活动组织者，或者说是"竹林七贤"成为一个概括称呼的缘由。嵇康不是竹林七贤中酒名最胜的名士,但他也作过《酒赋》,虽然文章已经亡佚了,仅存名目流传下来。现在能看到的"嵇康《酒赋》",是以孤鸿子与客人对饮讨论酒史与酒名为主题的一篇文章,从文风和内容上来推测,无疑是后人伪作。嵇康写饮酒而流传下来的文字,有一篇《酒会诗》:"临川献清酤,微歌发皓齿。素琴挥雅操,清声随风起。斯会岂不乐,恨无东野子。酒中念幽人,守故弥终始。但当体七弦,寄心在知己。"这是嵇康与友人宴饮时的记述,清新高雅,不是俗世的烂醉无益。历史上记载嵇康酒后形容、体量十分优雅,《世说新语》中说嵇康醉后"傀俄若玉山之将崩",即使醉酒也保持着一种巍峨的气势与风度。

嵇康同余下六位友人交游,主要是在山林泉水之间吟唱、弹琴、饮酒。在当时,名士的隐逸还不像后来唐代的孟浩然那样,是为了"终南捷径";也不像宋代的隐士林逋那样,纯粹是心如止水、无意红尘。魏晋名士的隐逸,其主要目的是避祸。在魏晋易代的时候,诸侯门阀混战无休,就连最高统治者也是你方唱罢我登场,随时随地就易帜换朝,倘若一个不慎、投错了门路,必然就会落得被下一位夺权者清洗的下场。世事无常,因此名士唯有啸聚山林饮酒谈诗,寻一个世外桃源隐遁避世,才能暂全此身。但很不幸的是,嵇康的运气非常不好:他早年求仙问道不成,又被钟会嫉恨,最终被听信谗言的文帝杀害;他所寄托知己之心的七弦琴,也落得了一个"广陵散于今绝矣"的悲凉结局。

而在竹林七贤中,最富酒名的莫过于刘伶与阮籍。历史上记载刘伶"身长六尺,容貌甚陋",又矮又丑,与风度翩翩的"名士"看上去似乎沾不上边;但他"虽陶兀昏放,而机应不差",尽管喝起酒来放纵不羁,但实际上是一个颇有高才的人。刘伶对饮酒的态度是连生死都可以置之度外的,他坐在车上饮酒,就让一个侍从在后面拿着铲子跟着,吩咐说:"死便埋我"——倘若是饮酒而死,那这一生也就算活够本了。刘伶为酒写过《酒德颂》,将饮酒之人称为顶天立地的"大人先生",与俗世之间的"贵介公子、缙绅处士"之流可以说有天壤之别。刘伶说饮酒可以使人无思无虑,其乐陶陶,因而从世俗的生活中升华出来,看到宇宙万物的真理。《世说新语》中写刘伶放荡不羁的事情很多,大部分是根据《晋书》的记载来写的。刘伶这个人,即使不做任何的艺术加工,也足以成为一个特立独行的艺术形象了。

而阮籍与刘伶的好酒又略有不同。刘伶出生平民,而阮籍出身在没落的贵族世家,这在现代社会看上去似乎没什么差别,但在魏晋时期则是相当不同的。因此阮籍在年轻的时候,颇有一番济世的宏图志向,而且他也的确两次出仕做了官;只是因为在仕途中看到太多无力改变的丑恶,才不得已转向了辞官归隐、饮酒谈诗以求自保的退路。《晋书》中说"籍本有济世志,属魏、晋之际,天下多故,名士少有全者,籍由是不与世事,遂酣饮为常",一句"名士少有全者",包含了多少名动天下的才能之人死在乱世之中的血泪,而阮籍不幸生于此时,他的才华便不可避免地要被埋没了。阮籍是一个志气宏放、任性不羁,又喜怒不形于色的人,他有《咏怀》八十余首,时人都称赞他的文才;而他又非常高傲,对于看不上的人绝不惮于翻白眼。他喝了酒以后时常独自驾车出行,走到山林之间人迹罕至、无路可走的时候,便痛哭流涕、赶车回家。世间行路的艰难,对于阮籍而言是一种深切的痛苦;所以《世说新语》中讲"阮籍胸中垒块,故须酒浇之",是非常了解阮籍的。

阮籍有才华而又出身贵族,因此帝王、门阀都很重视他,纷纷试图拉拢。但阮籍自保的方法便是饮酒。先是晋文帝想要与阮籍结为亲家,让太子娶阮籍的女儿,阮籍当然知道与帝王家联姻不啻是羊入虎口,于是"醉六十日,不得言而止"——每天喝得醉醺醺的,求亲的人连开口的机会都没有,一连拖了两个月,这事儿自然也就黄了。至于那个嫉妒嵇康才华、进谗言令嵇康被斩于东市的钟会,自然也不会放过阮籍;他几次打着询问时事的旗号来找阮籍说话的错处,好去搬弄是非,然而阮籍早看透了他的居心,每次钟会来就先喝得不省人事,对方自然只能空手而返,阮籍也就能"以酣醉获免"。

在生活中,阮籍是一个不拘礼法的人,虽然不至于像刘伶那样喝了酒在屋子里裸奔,但他的行为在当时那种过于拘泥于"仪式感"的社会看来,未免常常令人感到不合理。譬如当时居丧必须身着孝衣哀哀哭泣,而阮籍则照常饮酒吃肉,就算客人来了也是"散发箕踞,醉而直视"。但他并非没有情感,正相反,他有过于强烈的情感,只是放在内心深处,母亲去世,他虽然没有像寻常孝子那样哭给客人看,但却"吐血数升,毁瘠骨立,殆致灭性"——他的痛苦是沉默而深重的。像男女授受不亲这样的事情,阮籍更是毫不在意的,他自言说:"礼岂为我设邪",礼教这种东西,对于阮籍这样聪明而又真诚的灵魂而言,本质上不过是一层无聊的遮羞布罢了。

竹林七贤与酒(下)

临觞多哀楚,思我故时人。对酒不能言,凄怆怀酸辛。

——阮籍《咏怀》

阮籍的性格中有高远、旷达的一面,又有任性、不羁的一面,喜怒不形于色,文才受人称颂,有《咏怀》诗存世。他高傲,话不投机之人便冷眼相待。阮籍也并不是像有些自诩清高之人一样坚决不做官:有段时间步兵校尉缺人充任,他听说那里后厨有藏酒"数百斛",于是便毛遂自荐去做那个小官,并且在饮酒之余将事务处理得非常好。

但阮籍的才华与门第,却令他不可能简简单单地做一个小小的步兵校尉。当时司马氏胁迫魏元帝退位,让出象征国家权力的"九锡",并且需要一个"公卿劝进"的仪式,于是令阮籍写帝王禅位的文书。这样重要的事情,不知是有意还是无意,阮籍居然"沈醉忘作",等到使者来拿文章的时候,只见"籍方据案醉眠",还在睡着呢。使者催促阮籍写文章,他拿过笔来随手书写,一字不改,写出来的文章便"辞甚清壮,为时所重"。要知道,这可是一篇为篡位者所作的文章,无论怎么写似乎都逃不掉恶名,而阮籍却能写得既令晋文帝满意,又令天下世人称赞,足见其才华之高,已经到了可以收放自如的境地:对于他而言,做官或者不做官、写文章或者不写文章,都只是"愿不愿意"的事情,而不是"能不能完成"的事情。

竹林七贤中,阮咸是阮籍的侄子。阮咸没有留下多少诗文,但他精通律令,擅弹琵琶,有一种琵琶便以阮咸命名。《世说新语》中说

"诸阮皆能饮酒",大约是阮籍一族人酒量都不错。不过阮咸与阮籍相比,治世之心淡薄而放纵之情更甚。比起阮籍的穷途之哭,阮咸从根本上便不在乎仕途之事,虽然山涛曾举荐他为官,但晋武帝认为阮咸"耽酒浮虚",并没有委以重任。

晋武帝认为阮咸"耽酒浮虚",还真不是偏见。阮咸平日交游的朋友,有王澄、胡毋辅之等人,都是出了名的不拘小节。据说这些人都是"以任放为达,至于醉狂裸体,不以为非",喝多了便赤身裸体,完全不在乎自己的形象。《世说新语》里说阮咸和朋友聚会饮酒,不拿杯盏,拿大瓮盛酒,几个人围坐在瓮边,直接拿瓢纵饮。一次有一群猪不知从哪里跑出来,闻到酒香,也来饮酒;猪嘴泥泞,一进酒坛,酒当然就被污染了。但是阮咸毫不在意地把酒瓮上面漂着的猪食渣滓撇掉,剩下的酒大家继续痛饮。与猪共饮也无可无不可的态度,可以说已经超出了"潇洒"的范围,近乎彻底地放纵无度了。世人都说阮咸很像阮籍,但阮籍对阮咸的行为实际上并不那么赞许;当然也许他对自己的行为也充满着矛盾与疑惑。所以当阮籍的儿子逐渐长大、越来越像阮咸那样放达的时候,阮籍则"弗之许"——作为一家之长,阮籍对晚辈的教育还是倾向于不能放纵无度的。

那位曾经举荐阮咸的山涛山巨源,正是嵇康的好友。山涛年轻时常与嵇康、阮籍等人在山林中清游,后来却出仕辅佐了司马氏,甚至向司马氏举荐原先交游的好友,这便有了嵇康愤然写下《与山巨源绝交书》的故事。为司马氏出谋划策是否是衡量一个人贤德与否的标准,这只能说是一个见仁见智的说法,但山涛本人始终秉持中正的人品态度,因此嵇康虽然因拒绝做官而写信与他绝交,但在被处斩前却只放心将年幼的儿子托付给山涛抚养;而山涛也的确没有辜负他的托付。

在竹林七贤中,山涛的饮酒是最有自制力的,他清正孤高,但并不像其他名士一样行为放诞不拘。《晋书》中说他"饮酒至八斗方醉",酒量应当是不小的。不过酒量大并不出奇,奇特的是山涛每次饮酒,都会恰好在八斗的时候停下来,也就是每次饮酒都正好控制住分量,从不至于酩酊大醉。晋武帝听说了山涛饮酒止于八斗的说法,觉得很好奇,于是请他赴宴饮酒,说是上八斗酒,但又命人暗地里多添一些。山涛坐下来饮酒,恰好喝到八斗的时候,杯中还有酒便也不喝了。后来山涛一直被晋武帝委任重要的职位,直到七八十岁时数次想要隐退而不可得,最终位列三司,这不得不说与他精准自持的自控力有很大的关系。山涛气度恢弘,格局庞大,识人荐人眼光独到,平衡之术炉火纯青,硬是在"无常"的魏晋走出了"有常"的通天大道。

向秀在竹林七贤中,名声没有其他几位那么响亮,他性好老庄,为人平和,很少有刘伶、阮咸这样特别出格的行为,自然也就少了几分后人可以言说的故事。向秀家与嵇康家靠得很近,嵇康因为不愿为官,所以平日靠打铁为生;而向秀则与另一位朋友吕安一起灌溉田园、自耕自种,"收其余利,以供酒食之费"。向秀和嵇康虽然经常同游,意见却时常不一致,譬如嵇康写了一篇《养生论》,教人如何怡情养性、调理饮食,于是向秀就写了一篇《难嵇叔夜养生论》来反驳他。在向秀看来,人的天命自有定数,如果放弃生活的乐趣去符合"养生"的道理,实际上是浪费了生活本身。《晋书》中说嵇康被杀之后,向秀不再隐逸、出山为官,晋文帝问他:"你不是素来有隐逸的志向吗,为什么会出仕呢?"向秀回答说他并无意模仿许由这样的隐士,于是晋文帝很高兴,让他做了散骑侍郎。

至于王戎这个人,他生性勇敢聪明,却又吝啬到了极致,可以说是一个非常复杂的人。阮籍很喜欢王戎,大约是因为王戎很聪明,同他聊天就很愉快。王戎曾经给过钟会"为而不恃"的建议,又曾经为司马繇提醒过做事情前要深思熟虑,事实证明他的建议很对,只可惜钟会与司马繇都没有听从。不过王戎不是阮籍那种会穷途而哭的人,倘若他给的建议别人不听,他也不会在意;面对政局的混乱,他也乐得随波逐流,并没有所谓文人的傲气与风骨。很多人好奇阮籍怎么会看重这样一个汲汲于利益而缺乏名士风度的人,甚至认为与阮籍的交游是王戎为了抬高自己的身价而附会的,但这样的猜测并没有什么凭据。不过也许正因为王戎太过聪明,所以他已经预知到这个乱世根本不可能靠人力来扭转,为之痛苦或者愤怒都是毫无意义的事情,所以他索性活得怡然自得,也不管什么清名与否。

竹林七贤虽然交游一时,但实际上却有着各自不同的性格,故而也逐渐形成截然不同的命运轨迹。嵇康潇洒巍峨却不善饮,四十而被斩于东市;刘伶、阮籍佯狂疯癫,醉饮无度,年至七八十而寿终正寝;阮咸无意仕途,纵情声乐、饮酒无度,只留下弹了一手好琵琶的名声;向秀、王戎出仕为官,也都在东晋的政治风波中各自沉浮;山涛像个"儒生"一样获得入世之功名。竹林七贤相聚饮酒清谈的往事,也成为文人笔记小说中茶余饭后的闲谈故事,成了墓砖壁画上的古老图样,成了魏晋乱世之中"惟有饮者留其名"的遥远传说。

王羲之与酒

便饮，多少任意。
　　　　——王羲之《致酒帖》

《世说新语·雅量》中有个故事，是说郗太傅想与王丞相家联姻，找个女婿。王丞相很大方：儿子倒是有好几个，都在东厢房呢，你自己去看吧，看上哪个就带走。郗太傅便派门生去看看，门生回来报告说：几个年轻人都不错，不过看到我来了，多少有几分拘谨。只有一个人躺在床上敞着衣襟，露着肚皮吃东西，就像没看见我一样。郗太傅便拍案决定：就是这个年轻人了！这便是"东床快婿"的故事。

这个大大咧咧、不拘小节的年轻人就是王羲之。《世说新语》的故事源自《晋书》，也有说法是郗太傅派人来考察女婿的时候王羲之喝多了，袒露着肚子躺在床上睡觉。不论哪种说法，都能看出王羲之年轻的时候就是个不按规矩出牌的人，爱喝酒而不在意世俗礼节——放到现在，只怕要被议论"没有形象"，但在魏晋那个特殊的时代，越是不在意外在形象，越是"名士风范"。

王羲之最著名的一次醉酒，便是创作了天下第一行书《兰亭集序》的那个下午。时值东晋穆帝司马聃永和九年（353），在农历三月三日的上巳节，王羲之与谢安、孙绰、孙统、支遁等四十一位朋友聚集在会稽山脚的兰亭。上巳节是源于远古时代一个重要的节日，最早可以追溯到商周时期。《诗经·溱洧》便有记载当时郑国在上巳节的春游习俗。上巳节的习俗在《论语》中也有记录。《论语·先进》载孔子与诸弟子讨论个人的志趣,曾点说自己最有兴趣的是在上巳节出游:"暮春者,春服既成,冠者五六人、童子六七人,浴乎沂,风乎舞雩,咏而归。"

最早的时候,上巳节的主要习俗就是春游和沐浴,即《兰亭集序》中所说的"修禊事也"。在战国时期,上巳节更像一种民间自发的习俗;到了汉代的时候,上巳节已经被官方确认成为一个正式的节日。到了王羲之所在的晋朝,上巳节被正式定为夏历(也就是农历)三月三日,又名为"春禊",除了传统的在水边的盥洗清洁、祭祀除恶以外,还增加了春游踏青后临水的宴会。在春禊的宴会中,"曲水流觞"是一个重要的节目。曲水流觞并不是晋代才创造出来的,至少在汉朝已经有"引流引觞,递成曲水"的说法,但最早能追溯到什么时候,就没有明确的文字记载了。

兰亭的宴饮既然是文人雅集,便自然少不了饮酒赋诗,据说宴集之上有二十六人赋诗,有十五人因未赋诗而被罚酒三斗。所谓曲水流觞,实际上也就是一种类似行酒令的方式,觞是酒器,放在可以浮于水上的托盘里,倒上酒之后放在曲曲折折的流水中顺流而行。因为水道故意修整得有许多弯曲阻折,酒杯便容易停在弯曲的地方;停在谁的面前,谁就要端起酒来饮酒作诗,不能成诗则罚酒。王羲之作《兰亭集序》以记宴游曰:

此地有崇山峻岭,茂林修竹;又有清流激湍,映带左右。引以为流觞曲水,列坐其次。虽无丝竹管弦之盛,一觞一咏,亦足以畅叙幽情。

《兰亭集序》中字迹大小略有不同,间距不齐,涂抹修改之处也不少。王羲之本是借着酒兴挥毫而作,只是想先打个草稿,以免灵感流逝,因此有疏漏错误的地方也并不在意,不过信笔涂成墨团罢了。此时王羲之已是带着几分酒意,笔法随心所欲而舒展,略无陈规俗迹可循,全文不过三百余字,后世乐道于书中有众多"之"字,各个风采相异,后人称此书"遒媚劲健,绝代所无"。同是书法大师的米芾见了惊呼为"行书第一帖",行书中精彩的作品虽多,却很少有这样笔随心转、心无桎梏的创作。《兰亭集序》的创作经历如此特殊,以至于不独后人难以模仿其精髓,就连王羲之本人也没法重现当时的状态,酒醒之后"更书数十本,终不能之"。如此说来,《兰亭集序》的问世,笔力之功占七成,而酒也占了三分功劳。

所谓"畅叙幽情"者,便是后文所说的"仰观宇宙之大,俯察品类之盛"了。其实《兰亭集序》的历史地位不仅是书法上的,更有文学上的意义。魏晋时期乃是名士辈出的时代,这些"名士"好饮酒而不拘小节,但他们的饮酒并不仅仅是糊涂酒鬼的烂醉无益,而是勘破人生无常、终有归期之后的消极自由。王羲之在《兰亭集序》中说:"夫人之相与,俯仰一世。或取诸怀抱,悟言一室之内;或因寄所托,放浪形骸之外。虽趣舍万殊,静躁不同,当其欣于所遇,暂得于己,快然自足,不知老之将至。"正是对魏晋名士生活态度的白描。无论是积极入世、成一家之言也好,还是寄情山水、放浪形骸也罢,都是短暂的自得其乐罢了,时间总是迅速溜走,过去的日子"俯仰之间,已为陈迹"。想到庄子说"死生亦大矣",便不禁产生出一种无法排遣的悲哀,这种悲哀是空阔的、关于生死的。

在春游的日子里思考这样的问题,似乎有些太过沉重。但恰恰是万物的复生、春日的美景,令人不自觉地想到美丽的东西也是脆弱的东西,是容易被时间夺去的。在这样美好的春日里,王羲之重新想起生死:"固知一死生为虚诞,齐彭殇为妄作",死生自然无法虚妄地看作是同样的存在,而长生不老只不过是一个好听的幻觉。但在这样悲凉的情绪中,王羲之却又转而说道:"故列叙时人,录其所述。虽世殊事异,所以兴怀,其致一也。后之览者,亦将有感于斯文。"个人的生命是有涯的,而文化的传承却绵绵无绝,未来的人读到今日的作品,今天的人读到过去的作品,这种思考和愁绪、快乐和幸福都会是感同身受的。不拘泥于个人的悲伤,而放眼千百年之后,这正是王羲之的豁达。

　　《兰亭集序》的真迹因为太过珍美,据说被唐太宗带入墓室殉葬,自此真迹不存,但它的抄本、摹本和文字却长久地留存了下来。今日大众所熟知的就是传为唐代冯承素摹本的"神龙本兰亭"。据说沈从文结婚的时候家徒四壁,甚至无钱请亲友喝酒,新娘子张兆和带来的嫁妆则是一册王羲之的《宋拓集王羲之圣教序》字帖,两人甘之如饴。这不正是《兰亭集序》中所期待的"后之览者,亦将有感于斯文"吗?

陶渊明与酒

> 性嗜酒，家贫不能常得。亲旧知其如此，或置酒而招之。造饮辄尽，期在必醉；既醉而退，曾不吝情去留。
>
> ——陶渊明《五柳先生传》

后世文人雅客谈及陶渊明，从未吝惜过对他的盛赞。钟嵘《诗品》直称它为"古今隐逸诗人之宗"，欧阳修更是夸张到认为"晋无文章，唯陶渊明《归去来兮辞》"。在陶诗的主题中，饮酒诗甚多。逯钦立在《陶渊明集》中统计说，陶诗"现存诗文一百四十二篇……凡说到酒的共五十六篇"，也有考证说是五十九篇的，总之将近一半。因此人们常说"饮酒诗"作为一种诗歌的体类，应该是从陶渊明开始的。

陶渊明与酒的关系，可以说是天性使然的紧密相连。他自己在《五柳先生传》中说道："性嗜酒，家贫不能常得。"这几乎概括了陶渊明爱酒而又总不能饮足的生活状况。陶渊明的祖上或为陶侃，外祖父做过太守，九岁丧父，生活就开始变得艰难了。二十余岁的时候，陶渊明做了州里的祭酒，以及其他许多低职位的小官，但仕途宦海的生活却令他厌烦，不久便辞官回家。

家中本乏积蓄，辞官后陶渊明的生活更为困窘，故而开始了自己躬耕田园的生活。既乏酒资，陶渊明便自己耕种粮食酿酒，"公田悉令吏种秫稻，妻子固请种粳，乃使二顷五十亩种秫，五十亩粳。"其中"秫"就是《酒谱》中所说的可以酿酒的、有黏性的高粱。本来陶渊明准备把整块田地都种上酿酒的高粱，是在妻子的反复要求之下才同意分一半种"粳",即产米可以做粮食的水稻。陶渊明在《和郭主簿二首》中自得其乐地说:"春秫作美酒,酒熟吾自斟",正是他自耕自种、自酿自斟的悠闲生活的写照。

陶渊明因作《归园田居》、《归去来兮辞》而被视为文人中归隐田园的代表,但事实上,陶渊明并非是出仕为官的坚决反对者。《陶渊明集笺注》中说他"自幼修习儒家经典",他自己在《饮酒》中也说"少年罕人事,游好在六经",可见他自幼还是充分受到儒家入世观念的影响;故而面对纷杂人世,陶渊明同样有过"猛志逸四海"的豪情。当陶渊明怀着"四十无闻,斯不足畏"的观念出任大将军刘裕的参军时,他既希望自己能将学识致用于天下,又无法逃脱眷恋田园的诱惑。在出仕与归隐的抉择中徘徊了十数年,陶渊明最后告别了彭泽令的职位,开始了"种豆南山下"的生活。从此之后,他再未应邀出仕,只是在安贫乐道中做他的"葛天氏之民"去了。

在隐居中,陶渊明的物质生活可以说是节节颓败下去的,一方面是因为他本身不善营生:"种豆南山下,草盛豆苗稀。"他本不是一个好的农夫。另一方面,生活也并未对他展现出宽厚的一面:陶渊明曾作《戊申岁六月中遇火》,记载家中遭遇大火,全家屋宅被焚为平地。因此当陶渊明抱怨说"家贫不能常得"的时候,生活的贫困确实令他时常无法获得饮酒的闲适。因此当他人以酒相邀的时候,陶渊明大多不会拒绝:去了就是喝酒,喝醉了就走,也不拘泥于什么礼数。不过相对于魏晋时期竹林七贤等人饮酒后的"名士"做派,陶渊明尚不能算是"纵酒放达",只不过是"挥一挥衣袖,不带走一片云彩"罢了。

由于爱酒而又时常得不到酒,因而一旦有酒在面前,陶渊明便兴致高涨。《陶渊明传》中记,有一次煮酒方成,"郡将常候之,值其酿熟,取头上葛巾漉酒,漉毕,还复著之"。因为手边没有滤酒的巾帕,便想也不想地把自己的头巾拿下来滤酒,滤完还能施施然戴回去——如此行云流水、一气呵成,非真正的酒徒不但不能做出来,就连想也想不到还有这样的操作。

　　大火后，陶渊明从彭泽迁往江州，遇见了心有戚戚的王弘。据说有一年重阳，因为家中无酒，陶渊明只好坐在屋子边上的菊花丛中赏菊，聊以解忧。正在好酒而不得的时候，忽然见到一个白衣人捧着坛子前来拜访，说是奉王弘的命令前来送酒。这一下正是瞌睡碰着人送枕头，陶渊明当即打开坛子痛饮一番，一醉方休。这个故事不存于正史，是记载在南朝人笔记小说《续晋阳秋》里的。然而送酒之人不为功利，爱酒之人亦受之毫无芥蒂，故而"白衣送酒"的佳话便这样流传了下来。

　　古往今来，爱酒之人多矣，而陶渊明独为爱酒之人所尊。王绩、李白、白居易、欧阳修、苏轼……这些后来爱酒的文人都曾隔着时空与彭泽酒令相互唱和，以表惺惺相惜之情。钱钟书在《谈艺录》中言："泛览有唐一代诗家，初唐则王无功，道渊明处最多；喜其饮酒，与己有同好，非赏其诗也。"陶渊明诗固然冲淡清雅，而其爱酒更为后人所慕羡。这也许是因为陶渊明对酒的嗜爱中有一种豁达疏朗、气定神闲的态度，饮酒未必需要特殊的理由，或者悲喜的情绪，而是一种自然而言的喜好，正如同饮水吃饭一样，不必特别用来消愁解闷，或者及时行乐。"菊佳则饮，松奇则饮，此因景而饮者也。田父见候则饮，有客同止，则彼即不饮而我仍自饮。故人挈壶则又饮，此因人而饮者也。"酒是陶渊明借以更好地进入生活的方式，而不是逃避生活的方式。魏晋一代名士好酒者，通常都是借酒避祸：由于时局混乱、动荡不安，"晋人多言饮酒，有至沉醉者……盖时方艰难，人各惧祸，惟托于醉。"竹林七贤中阮籍就曾借大醉六十日来推脱司马昭的招揽。对于陶渊明而言，即使需要推脱辞官，尚不至于必须借醉酒装傻来完成。因此陶渊明的爱酒，便较之魏晋名士而言少了几分不得已的悲怆，多了一些自得与安闲。

　　然而最为有趣的，当属陶渊明的"止酒"。陶渊明因嗜酒太甚，故而自作《止酒》诗,全诗一句一个"止"字,错落安排了二十个"止"。诗虽为《止酒》,开头却说自己戒不了酒,理由是"平生不止酒,止酒情无喜。暮止不安寝,晨止不能起。"如果戒了酒,不仅不开心了,而且晚上不愿睡觉,早上也不想起床。然而话锋一转,突然又说"始觉止为善,今朝真止矣"。不过我现在知道戒酒的好处,这次我是真的戒酒了。为什么呢?因为据说戒酒可以像神仙一样长生不老,所谓"清颜止宿容,奚止千万祀"。

有人认为这只是陶渊明为了戒酒所作,但作如此想,就实在是太不了解陶渊明的死生观和对酒的态度了。对陶渊明而言,死亡就是"托体同山阿",也许只有亲人会稍稍悲伤一段时间,其他人早已回到自己的生活,一个人的生死与他人实在无关,只是茫茫万物中的一个形态而已。因此在他给自己所作的《挽歌》中说道:"千秋万岁后,谁知荣与辱?但恨在世时,饮酒不得足。"对于生活,陶渊明的态度大约和休谟有着共同的哲理:谁知道明天的太阳是否会升起?我们手中能拥有的,只有今日的酒和歌。

唐太宗与酒

　　紫庭文珮满，丹墀衮绂连。九夷簉瑶席，五狄列琼筵。娱宾
歌湛露，广乐奏钧天。清尊浮绿醑，雅曲韵朱弦。

　　　　　　　　　　　　　　　——李世民《春日玄武门宴群臣》

　　如果说大唐是中国历史上一段飘溢着酒香的传奇光辉的岁月，
那么唐太宗李世民，便是第一个亲手酿造和痛饮这坛醇酒的帝王。

　　作为一个亲手打造了诗酒盛世的帝王，唐太宗虽然不以诗名见
著，但也留下了不少应制的诗歌。所谓应制者，譬如宫廷酒宴，作为
宴会的发起者，唐太宗本人自然要首开诗题，因此唐太宗留下的诗歌
中，有不少都是为酒宴所作。他春日在玄武门宴饮群臣：这个地方是
他亲手击杀兄长的地方，也是他登上帝王之路的起点。他在诗歌中
这样描述这场酒宴："紫庭文珮满，丹墀衮绂连。九夷簉瑶席，五狄列
琼筵。娱宾歌湛露，广乐奏钧天。清尊浮绿醑，雅曲韵朱弦。"辞藻华
丽之至，那盛唐帝王意气风发的神采，仿佛触之可及。

　　唐太宗是不是一个嗜酒的人，在历史中似乎很难看到痕迹。嗜
酒，是指一个人因为个人偏好的缘故爱酒，但唐太宗与酒的关系，似
乎往往与爱好无甚关系，却与国家的气度息息相关。唐太宗的酒宴，
喜好大手笔、大场面——唐代的诗文风格多豪放，唐代的人多有豪侠
之气，这大约与太宗皇帝的性格有着必然的联系。

　　贞观三年(629)，唐太宗举行了一场盛大的酒宴。这场酒宴的场
面几乎可以说是空前绝后。此时突厥已亡，边塞之境，唯有回纥和薛

延陀是当时最为强盛的两个势力,而这场酒宴所招待的,正是不远万里"始来朝,献方物"的回纥使者;为了展现和平的诚意,数千的回纥使者一同前来大唐的都城,接受"以唐官官之"的收编。因此这场酒宴对于唐太宗而言,不仅是一场接待外邦使者的酒宴,更是一场需要展示大国风采、富裕与强大力量的演出。

于是,在皇宫大殿之上,唐太宗置办了一场声势浩大的酒宴。《新唐书》记载当时的场景说:"帝坐秘殿,陈十部乐,殿前设高坫,置朱提瓶其上,潜泉浮酒,自左阁通坫趾注之瓶,转受百斛镣盎,回纥数千人饮毕,尚不能半。"

大殿正前方竖起高高的台子,台子上立一个大酒瓶(或者可以说是酒缸),酒缸中不断注入美酒。这些美酒就顺着酒瓶之下的接引沟渠"百斛镣盎",自行流淌到每一个人的面前,川流不息,仿佛涌泉一般;回纥数千使者喝完整场酒宴,剩下的酒还有一半之多,这一场景令回纥使者们瞠目结舌,而这正是意气风发的唐太宗期待看到的景象。他用一场取之不尽、用之不竭,似乎涌泉一样不会干涸的酒宴向回纥使者宣告大唐的强盛,宣告一种丰腴的、强大的、不可动摇的"盛唐"的力量。

贞观二十一年(647),唐太宗再一次举办了同样规格的酒宴。这一次,不只是回纥,包括铁勒、拔野古部、同罗部、思结部、浑部、斛薛部、奚结部、阿跋部、契部、白霫部在内的各个部族,都率领自己的族人对唐太宗表示了臣服。这一次,唐太宗再次在天成殿前竖起高台、立起银瓶,"自左阁内潜流酒泉,通于坫脚,而涌殿前,瓶中,又置大银盆,其实百斛,倾瓶注于盆中。铁勒数千人,不饮其半。"这一次,对这等宏大的酒宴感到惊愕的不只是回纥部族,其他各部也纷纷"惊骇"不已,甚至相互询问这个银瓶是否有什么魔法,如果唐太宗把这个银瓶赐给他们带回部族,是否可以永远淌出美酒?

唐太宗对酒的兴趣,往往是与征服的快感有关的。譬如众人皆知唐太宗喜好葡萄酒,不仅爱饮葡萄酒,甚至还亲手酿造、赐予群臣。《册府元龟》中记载说:"及破高昌收马乳蒲桃实,于苑中种之,并得其酒法,帝自损益,造酒成凡有八色,芳辛酷烈,味兼缇盎。既颁赐群臣,京师始识其味。"唐太宗在征服高昌国的时候带回了马奶葡萄的种子,也得到了酿造葡萄酒的方法,他亲自斟酌损益、酿造成"芳辛酷烈,味兼缇盎"的葡萄酒,赏赐给自己的群臣。当唐太宗酝酿、品尝和赏赐葡萄酒的时候,他所喜爱的大约不只是葡萄酒带有异域风味的甜美,更是征服高昌国、平定河山之后的快意纵横。

也许正是因此,唐太宗才会格外喜爱魏征所酿造的葡萄酒,并且特意之为题诗曰:"醽醁胜兰生,翠涛过玉薤。千日醉不醒,十年味不败。"从艺术的角度来说,这首诗实在是兴味平平;唐太宗特意为一个大臣酿成了葡萄酒而题诗,又似乎坐实了唐太宗偏爱葡萄酒的说法。但唐太宗所喜爱的,究竟是魏征所酿的葡萄酒的美味呢,还是魏征按照自己斟酌损益的酿酒法酿造出葡萄酒这件事本身呢? 仔细品味,似乎后者尚要胜过前者几分。

大唐在鲜花着锦、烈火烹油的宏伟壮丽之外,亦有婉转悠长、细致入微的情味,在"唐太宗"之外,偶尔也会有《置酒坐飞阁》中"莫虑昆山暗,还共尽杯中"的李世民。在不需要向外邦的使者展现国力的昌盛、对满朝的文武呈现帝王的气度的时候,李世民偶尔也会褪下那层"大唐帝王"的衣冠,在后宫中置酒消遣。"冰消出镜水,梅散入风香。对此欢终宴,倾壶待曙光。"除夕之夜,倾壶欢宴,看池塘上浮冰慢慢消融,坐赏梅花的香味飘散在空中。这种难得的消闲与清雅,似乎令唐太宗在帝王的光辉之外,更多了几分审美的意趣。

关于唐太宗与酒的故事中,还要数《隋唐嘉话》中一则真伪难辨的逸事最为有趣。据说房玄龄有一个嫉妒心很重的夫人,唐太宗好几次想要赐给房玄龄美人,房玄龄都不敢接受。唐太宗让皇后去劝说房玄龄的夫人,但夫人依旧坚持不从。唐太宗被这位"善妒"的夫人闹得有些恼火了,于是赐毒酒一杯,对房玄龄的夫人说:这是一杯毒酒,你要是放弃嫉妒就不必饮下,你要是再这样嫉妒就喝下这杯毒酒。房玄龄的夫人居然也毫不退让,说道,既然如此,"妾宁妒而死",举杯一饮而尽。当然唐太宗本身只想和房夫人开个玩笑,并没有真的想毒死她,因此杯子是醋而不是毒酒。倒是房夫人的行动把唐太宗吓了一跳,只得承认"我尚畏之,何况于玄龄!"

　　当然,以醋假装"毒酒",单从气味上来说,似乎便不是一个说得过去的真实故事;不过唐太宗在正史中被塑造得英明威武的形象,倒是在这个野史的故事中变得柔和起来,显出了几分活泼与可爱的性情。

王 绩 与 酒

阮籍醒时少,陶潜醉日多。百年何足度,乘兴且长歌。

——王绩《醉后》

自古以来,饮酒一事,大致可以分为两种风格:一为助兴,二为消愁。其中消愁一事,大约是不满于世事境遇,或无奈于现实状况,故而不得不退避到醉乡中去,寻找一种消极的自由,这一点在乱世中尤为如此。至于"醉乡"到底是什么模样,应当是见仁见智的,大抵不过是一种桃花源的期许。东皋子所作《醉乡记》,便是这样一个"桃花源"的典型。

东皋子本名王绩,是初唐人。他曾在门下省工作,旁人问他为什么来这里上班,他回答说:"门下省提供的好酒不错,值得留念。"当时做侍中的陈叔达听了,将他俸禄中的三升酒提高到一斗,故而被称为"斗酒学士"。因病退隐后,又因为听说太乐署史焦革酿酒好喝而自愿出仕,待到此人去世、无酒可喝的时候便再次弃官回乡。

王绩经历隋末唐初之乱世,自己也曾出仕几次,但均未能得志,故而诗中颇有隐逸之情。怀才而不遇的文人,如果以老庄的态度来处世,往往对时事报以无可无不可的态度,出仕做官一事,自然没有饮酒重要。他自称"五斗先生",又仿陶渊明的《五柳先生传》作《五斗先生传》,自嘲"有以酒请者,无贵贱皆往,往必醉,醉则不择地斯寝矣。醒则复起饮也"。文中称五斗先生"以酒德游于人间",因而不关心儒家所谓的仁义道德,万物也不能令他心神动摇,这正是道家"天

73

地不仁，以万物为刍狗"的态度。

饮酒于王绩而言，不仅是一种嗜好，简直可以说是一种生活必需品。他不仅饮酒，也自己酿酒，自焦革去世之后，为了再次能喝到美酒，他研究了焦革的酿酒方法，自己种粮食、草药，酿成美酒以供赏味。王绩的诗歌很多都与酒或者饮酒有关，他的《王无功文集》咏酒者有四十余首，其中多自诩为阮籍、刘伶、陶渊明之后来者。此外，他又远追杜康、仪狄以后各类善于酿酒的方法事迹，如史官记事一样总编一本《酒谱》，还著有《酒经》。太史李淳风称王绩为"酒家之南董"——所谓南董者，即是说王绩正是如同春秋时著名史官南史氏和董狐那样直笔书史、公正不倚的"酒史"行家。

这样一位为酒而生的醉客，描绘"醉乡"的时候，恰如描绘自己最熟悉的故乡一般。首先，既然写醉乡是一个假托的地方，必然需要给它安一处合理的位置：桃花源虽然是虚幻之地，却被安排在"武陵"，是被捕鱼人迷路时不小心发现的，其中男女老幼皆是为避秦末战乱躲入其中，故而虚虚实实，不难取信于人，也不至于太过无稽。而醉乡被安排在何处，则更需要仔细斟酌：倘若实写某地，则有串戏穿帮的感觉，但如果不做交代，似乎又显得有些唐突。好在初唐之时，距离地理大发现时代还有很久，故而文人下笔便可以随意挥洒：某处某处，有一个乌有之乡……《醉乡记》开篇亦是如此："醉之乡，去中国不知其几千里也。"这是虚虚实实之笔，恰如武陵人误入桃花源，后人再寻不见，便将这个幻想的无有之处放置在一个似是而非的地界，仿佛一不小心又能误入其中。

王绩想象中的"醉乡"，在礼法政治上颇有些老庄意趣。老子认为理想的国度是"小国寡民……虽有舟舆，无所乘之；虽有甲兵，无所陈之"。王绩笔下的醉乡也是如此。首先是地貌：土地平坦，没有山川险阻，一望无涯；其次是气候，天气中正平和，没有分明的四季。至于民风民俗，则既没有聚落村庄，也没有喜怒哀惧，其中居民都不食五谷,餐风饮露,与神仙之属相类似。这样一些人在醉乡之中,正如老子所写的理想国度一样,完全达到了和自然相一统的返璞归真:"其寝于于,其行徐徐,与鸟兽鱼鳖杂处,不知有舟车械器之用。"

如果只是写"醉乡"是如何模样,恐怕这样的描写无论如何都不过是对《桃花源记》亦步亦趋的效仿而已。偏偏王绩另有鬼才,"桃花源"因为无迹可寻而显得神秘美好,而醉乡却往往与中原接壤而更有魔幻色彩。据说黄帝、尧舜时期,中原与醉乡本是相通的,直到大禹商汤建立了法度和礼乐之后,几十代人都与醉乡隔绝了。醉乡本就是一个天真烂漫、无所谓礼法的地方,一旦树立起繁文缛节,即使再有明君贤臣,也到达不了醉乡的境界了。末代商纣王为了寻找醉乡而建立酒池肉林,却不知自己是胶柱鼓瑟、缘木求鱼,反而愈隔愈远,无论如何都无法找到那里。至于武王伐纣之后,因为将酿酒作为国家级的礼法职位,开疆拓土到达最偏远的地方,也只不过刚刚与醉乡的边界相达,尽管如此,也足以有四十年无需刑法苛政了;至于秦汉之后,中原天下大乱,至此便与醉乡彻底音信隔绝了。

不过音信隔绝并非无人能至,醉乡不是桃花源,只要想出办法来,还是能踏入其境的:王绩偏爱在此亦真亦幻地说,"臣下之爱道者往往窃至焉。阮嗣宗、陶渊明等数十人并游于醉乡,没身不返,死葬其壤,中国以为酒仙云"。这便是说,像我这样爱酒的人往往能找到小路偷偷溜进醉乡。能去那里的都是什么人呢?自然都是饮酒的同道中人了。像阮籍、陶渊明这样的几十号人物,普通人称他们为酒仙的,都是去了醉乡就不愿意回来了,最终葬身醉乡也无怨无悔。这句话倒是一语成谶:王绩去世之前,自知时日无多,便给自己撰写了墓志铭,其中有"于是退归,以酒德游于乡里,往往卖卜,时时著书"云云;去世之后留下《酒经》、《酒谱》传世,而《隋书》却并未完成,正可谓是葬身醉乡了。

王绩身处初唐,虽然经历隋末的乱世而对世情仕途失望,但终归不磨失潇洒的意趣。醉乡于他既是个人的情怀,亦是桃花源和理想国般的期许和想象,在笑讽世情之中不免有几分戏谑潇洒的意味。而晚清之时戴名世又仿王绩作另一篇《醉乡记》,其文中云"自刘、阮以来,醉乡遍天下;醉乡有人,天下无人矣"。当是时,醉与清醒已不是出于个人兴味的选择,而是被迫使然,是人人不得不醉,不得不"颓然靡然、昏昏冥冥",仅此才可混沌度日。倘若东皋子于醉乡之中与戴先生相逢,难免又要有几分"今不如古"的慨叹吧!

贺知章与酒

四明有狂客，风流贺季真。长安一相见，呼我谪仙人。

——李白《对酒忆贺监二首》

不得不说，从饮酒的诗文来看，唐代在中国漫长的文明史中是最为浓墨重彩的一笔。无论是唐代向前或向后的朝代，饮酒通常都是毁誉参半：即使在最为名士风流的魏晋，酒也并非被主流文化所接纳，只是闲散逸士的自我放逐；但在唐代，酒文化却可以说是主流的文化。唐代在思想上达成了儒释道的平和共存，又因为物产丰富而得以放宽酒政，加之唐代帝王本身都爱参与宴游、赐酺，故而整个唐代社会对酒的态度主要是积极的。因此在唐代的酒文化中脱颖而出的酒客，在漫长的饮酒历史中也必然是星光璀璨的。

在这样的时代，能在杜工部《饮中八仙歌》中名列第一，贺知章的"酒名"于整个唐代而言都是声名赫赫——如果说李白是盛唐酒仙的巅峰，贺知章便是揭开这一巅峰序幕的狂客。杜甫在诗中开篇即说"知章骑马似乘船，眼花落井水底眠"。骑马似乘船，其实是杜甫通过自己酒后的观感想象而来：杜甫曾在《崔评事弟许相迎不到》中说"身过花间沾湿好，醉于马上往来轻"，正是"骑马似乘船"的体验。后人亦有相传阮咸醉后骑马，被人议论说"如乘船游波浪中"，这是明代人所书，却不知是阮咸借了贺知章的光，还是贺知章用了阮咸的典？

而"水底眠"自然也不是实指，而是戏称贺老醉后仿佛神仙一般。《抱朴子》中说葛玄"仙公每大醉，及夏天盛热，辄入深渊之底，一日许乃出"。道家相传,修炼得道的人能够闭气胎息,入水火而不坏其身;庄子进而说饮酒而醉的人,就像婴儿一样,是回归到人最质朴无瑕的状态,因此也就最不受外物侵害。贺知章有没有醉后落入水井倒不可得而知之,不过这种出尘的高远的确是跃然眼前了。

在诗人和酒客中,除了帝王以外,贺知章可以算是社会地位最高的酒客之一。贺知章官至太常少卿、工部侍郎,隐退时皇帝特地赐镜湖剡溪养老,御赐诗歌赠行,太子百官饯送,在初唐到盛唐时期地位极为显赫。因此贺知章的好饮酒从来都不是清苦悲愁、排遣忧怀的,而是纯然的旷达与豪情。贺知章作诗文颇丰,在盛唐时即有其名,李白、杜甫这样的诗人都再三表达过对他的仰慕之情。《旧唐书》有《贺知章传》,其中说:"知章晚年尤加纵诞无复规检,自号四明狂客……遨游里巷,醉后属词,动成卷轴,文不加点,咸有可观。"又说,"数子(吴中四士)人间往往传其文,独知章最贵。"在初唐赫赫有名的"吴中四士"中,贺知章的诗文是被公认为最好的,所谓"动成卷轴",是他作诗文不仅快,而且成篇很长。可惜其文不传,现存的不过二十首诗并残句一联,乃至其文名到今日亦不得彰显。

不过就在这仅余的诗文中,亦有数语写酒。贺知章写酒既不写借酒浇愁的苦闷,自然也就充满了饮酒怡然自得的乐趣。杜甫在《遣兴》中说贺知章"贺公雅吴语,在位常清狂",所谓清狂者,是狂放而不沉郁,清疏而不悲凉。贺知章仅存的写酒诗,都是描写与朋友游玩时聚饮。《春兴》写春游饮酒:"泉喷横琴膝,花黏漉酒巾。杯中不觉老,林下更逢春。""花黏漉酒巾"是春游时学陶渊明葛巾漉酒,沉迷醉乡不能自拔,乃至不知岁月流逝、老之将至。《奉和圣制》一诗是御宴应制,故而有"三叹承汤鼎,千欢接舜壶"的颂德之语。最有趣的是,就连那一联残句也是关于酒的:"落花真好些,一醉一回颠"——若不是真率直任性的酒狂,真难以写出这样俏皮而又豪迈的句子。

贺知章写《题袁氏别业》道:"主人不相识,偶坐为林泉。莫谩愁沽酒,囊中自有钱。"不相识的两个人,只因为游玩的时候偶遇,便相邀去喝酒,这正是贺知章饮酒之乐,故而后人称之"闲适之情,可消俗虑;潇洒之致,可涤烦襟"。贺知章地位显贵,在饮酒一事上自然不至于囊中羞涩;因此邀请偶遇的人去喝酒的时候,便大方地表示自己请客,不用对方担心酒钱。但凡事也总有例外——有时候偶遇佳友而没有预先准备、酒兴正浓手头却突然缺钱的经历,几乎是每个酒客都会有的遭遇。李白在《将进酒》中说"五花马、千金裘,呼儿将出换美酒",这是豪情,但也是虚写;而在贺知章这里,却真的留下了"金龟换酒"的故事。

《旧唐书》中说李白蒙受玄宗的诏书,刚刚到长安的时候,还没有得到召见;贺知章因为听说过李白的名声,第一个前去见他。贺知章见李白风姿不凡,又看了他所写的《蜀道难》,顿时觉得其人可友:"称叹者数四,号为谪仙,解金龟换酒,与倾尽醉。"解金龟换酒与五花马、千金裘换酒还不同,金龟不仅是财务,更是官员身份地位的象征和标志,三品以上的大官才有资格佩戴金龟,其下只能按品级使用银龟和铜龟,通过配饰"明贵贱,应诏命"。且不说能拿如此重要的饰物去抵押换酒的豪情,单论将御赐之物拿去典当,这一行为就有莫大的政治风险。《晋书》说阮孚"尝以金貂换酒,复为所司弹劾",金貂不过是御赐之物,拿去换酒就会两次被弹劾;而金龟则是御定的官职标识,倘若不巧被政治对手抓住,可以算是一大把柄。贺知章管不了这些,喝酒是最重要的,其他的统统靠边——如此性情,自称"狂客"也不虚妄了。作为国家三品以上的大官,居然荒唐到拿金龟去典当换酒喝,简直是令人又好气又好笑。贺知章也幸而生在盛唐这样开明的帝国,如此行事不仅没有谁受到惩罚,反而传为佳话——这亦是盛唐至今仍备受怀念的地方。

对于贺知章的知己之情,李白曾多次写诗缅怀。《唐诗笺要》说"谪仙之目季真为青莲第一知己",贺知章去世后,李白写诗说"欲向江东去,定将谁举杯?稽山无贺老,却棹酒船回",贺老不在,便无人可以共饮了。李白在《对酒忆贺监二首》中回忆金龟换酒的往事,序曰:"太子宾客贺公,于长安紫极宫一见余,呼余为谪仙人。因解金龟换酒为乐。殁后对酒,怅然有怀。"诗云:"四明有狂客,风流贺季真。长安一相见,呼我谪仙人。昔好杯中物,翻为松下尘。金龟换酒处,却忆泪沾巾。"李白后来诗酒放旷,好饮酒而不在乎朝廷规矩,"天子呼来不上船,自称臣是酒中仙",大约免不了有几分是受到贺老这位"酒中狂客"的影响吧!

张 旭 与 酒

张旭三杯草圣传,脱帽露顶王公前,挥毫落纸如云烟。

——杜甫《饮中八仙歌》

　　张旭出现在《旧唐书》中的时候,是贺知章生活中的一个注脚。贺知章生性放旷,"晚年尤加纵诞","又善草隶书",于是当时有一位"吴郡张旭","亦与知章相善"。贺知章爱喝酒,善写草书,因此与爱喝酒、善写草书的张旭成了好友。《旧唐书》中说:"旭善草书,而好酒,每醉后号呼狂走,索笔挥洒,变化无穷,若有神助,时人号为张颠",即书法史上称"颠张狂素"中的"颠张"是也。

　　尽管《旧唐书》的记载简略,但其实张旭在唐代的时候便已颇负盛名。《新唐书》中提到一件趣事:"文宗时,诏以白歌诗、裴旻剑舞、张旭草书为'三绝'。"这是说当时李白的诗歌、裴旻的舞剑与张旭的草书,三人的技艺在当时被并称为"三绝",并且轰动京师,连皇帝都下诏书特别称赞。后来另一位著名的草书书法家怀素,就是师从张旭的弟子邬彤,因此也可以认为怀素是张旭的再传弟子。因此虽然"颠张狂素"并称,但张旭实际上还是走出二王之外、开拓大唐草书艺术疆域的第一人。

　　张旭在正史上留下的记载不算多,但他相交游的朋友,譬如李白、杜甫等人,都为他留下了诸多笔墨。从书文中来看,张旭本人一生只有两个爱好:书法和饮酒。史载张旭曾官至"金吾长史",但张旭的注意力从来都不在工作上。韩愈的《送高闲上人序》中说"往时张旭善草书,不治他伎",就是说张旭全部的时间精力,都扑到了钻研草书之上。

而张旭的草书,可以说与酒有着无法切断的联系。黄庭坚在解说书法的《论书》中说:"然颠长史、狂僧,皆倚酒而通神入妙。"是说张旭是依仗醉饮的状态,才能写出如此神妙的作品。这并不是黄庭坚自己的猜测,而是根据唐代李肇《国史补》中的记载而言:据说张旭平日"饮酒辄草书,挥笔而大叫",最不可思议的是他能"以头揾水墨中而书之,天下呼为'张颠'"。张旭喝醉了直接将头发披散,用头发当成毛笔蘸墨挥毫,须臾之间便能成就一幅旷世绝伦的草书作品。第二天"醒后自视,以为神异,不可复得",张旭酒醒之后,自己也不知道自己是如何拿头发写出如此精妙的作品,当然也就更谈不上重写一次了。

张旭所开创的草书,在大唐这样艺术家辈出的盛世之中,也不啻是一声惊雷。欧阳修、宋祁在修著《新唐书》的时候,将张旭的草书的笔法来源归结为观看担夫争路、公孙氏舞剑而所得灵感。当然,张旭可能确实说过他的书法灵感来源于生活中所见所感,但真正促使这种"灵感"从虚空的思维中落实到"实际"的笔墨上,还需要酒的帮助。

张旭书名在外,相交游的也都是当时的名士,因此有许多著名的诗人曾为他歌咏。在这些诗歌中,往往可以管窥张旭作书法时的醉态。高适有一首《醉后赠张旭》说:"世上谩相识,此翁殊不然。兴来书自圣,醉后语尤颠。白发老闲事,青云在目前。床头一壶酒,能更几回眠。"酒愈醉,语愈颠,书愈精彩。怀素的"忽然绝叫三五声,满壁纵横千万字"正是这样的写照。

李颀的《赠张旭》描述更为干脆利落,开篇便是"张公性嗜酒,豁达无所营",张旭不仅生性嗜酒,而且由于性情豁达、无所挂碍,因此尘世间烦扰的事情多半不放在心上。这是一个酒客的最高境界,也是一个书法家的最高境界,正因为心无挂碍,下笔才能心随意转、不落凡俗。李颀描述张旭写字是"皓首穷草隶",可见张旭在练习书法上耗尽了心力,终其一生都在寻求书法的妙悟。在这样坚实的书法基础上,张旭往往"露顶据胡床,长叫三五声。兴来洒素壁,挥笔如流星"。挥毫时放浪形骸,头发尚可以用以蘸墨写字,戴不戴帽子又有什么关系?忽然灵感来了,自然是兴奋得放声大叫,然后挥毫落笔如流星一般迅速。不过最有趣的还是描述张旭饮酒的情态:"左手持蟹螯,右手执丹经。瞪目视霄汉,不知醉与醒。"一手拿着蟹螯,这是凡俗间的美味;一手捧着丹经,这是道家超脱凡俗的意境。而张旭一手凡俗、一手入圣,两眼呆呆望着虚空,也不知是醉是醒,这样一幅生动的画面,正是张旭酒后寻觅灵感时恍若入定的白描。

而大唐第一酒客李白,自然不会错过造访张旭这样酒中同好的机会。李白的《猛虎行》中写道:"楚人每道张旭奇,心藏风云世莫知。"李白见到张旭的时候,正是"溧阳酒楼三月春,杨花茫茫愁杀人"的季节,天地之间既有三月的春意,又有茫茫杨花的寥落,在这样的时节相遇于江南的酒楼,胡姬吹着玉笛献上美酒,李白和张旭对坐共饮,从彼此身上看见了心怀风云、而俗人难以发现的豪情与寂寞。于是唯有饮酒作乐:"丈夫相见且为乐,槌牛挝鼓会众宾。"

相比而言,杜甫的《殿中杨监见示张旭草书图》则显得规矩而又认真。杜甫本身并非历史所呈现出的那样拘谨而困顿,但非常不幸的是,他生不逢时,所遇的往往都是繁华已过的落红遍野。当杜甫看见张旭的草书时,张旭已经故去,而"草圣"的名声也早已成为一段无法复制的历史高峰。当杜甫站在大殿中央,看见气势恢宏、笔法潇洒的张旭草书时,不由地深切感叹:"念昔挥毫端,不独观酒德"——在张旭的草书中,杜甫看到的不仅是酒,更是大唐在酒后玉山未颓的豪情和放旷。

窦臮《述书赋》是一本书法理论专著,书中记载诸多大唐的书法家,提到张旭时特地说:"张长史则酒酣不羁,逸轨神澄。回眸而壁无全粉,挥笔而气有余兴。"《述书赋》不是稗官野史、不是朋友宴饮惆怅,在书中提到张旭善饮、嗜酒,是因为张旭的酒与张旭的字有着不可分割的联系。因此张旭的名字总与"颠"、"醉"分不开;他用一生的好酒与精通草书,展现出了一种中国古典式的酒神精神——他不是悲观的,也不是完全脱离真实世界的,张旭的饮酒是一种放达的醉意,没有条条框框的约束,也没有行为举止的要求,随心所欲者,真酒客也,真书法家也!

吴道子与酒

好酒使气，每欲挥毫，必须酣饮。
——《历代名画记》

古往今来，凡工笔画人物传神者，莫有过于吴道子者。据唐人相传言，吴道子画人，将画立于街上，其人神采奕奕、衣带飘扬，宛如凌风而起，飘飘然若神仙踏入凡间。后世苏东坡曾在《书吴道子画后》中盛赞道："画至于吴道子，而古今之变、天下之能事毕矣！"

这位能落笔生风的画圣，据说却是一位不折不扣的酒鬼。吴道子不曾通过科举入仕，因而身为画圣的他，其生平却在新旧《唐书》上无迹可寻。朱景玄的《唐朝名画录》里记载说吴道子："少孤贫，天授之性，年未弱冠，穷丹青之妙。"吴道子年少时家里贫困，却有着异乎寻常的天赋，年纪轻轻就穷尽了绘画的奥秘。据夏士良的《图绘宝鉴》所载，吴道子年轻的时候游学洛阳，先和张旭、贺知章学习书法。但他在书法上天赋平平、兴致缺缺，因此改学绘画，因其天赋凛然，遂成一代大师。

有趣的是，吴道子虽然没和张旭、贺知章学成书法，却将两位师父爱喝酒的习惯学了个一模一样。《历代名画记》写吴道子的时候说他"好酒使气，每欲挥毫，必须酣饮"。所谓好酒使气者，是说他不仅喜欢喝酒，而且喝多了还喜欢使性子。大约天才之人必有些自己的性格，玄宗曾命吴道子游嘉陵江，绘制蜀中的青山绿水。吴道子奉旨前往，漫游蜀地山水风情之后，却没有带回任何一笔速写或草稿。等他回京之后,玄宗问他画稿在何处,吴道子哂然道:"臣无粉本,并记在心。"于是在大同殿上挥毫纵墨,仅一日就将嘉陵江三百里风物尽跃白壁之上。

正因有这样的捷才和底气,吴道子才有好酒使气的资本。因为知道吴先生好酒,因此向他求画的人也大多先备下好酒等他赐画。吴道子绘画飘逸不拘,又极擅长作壁画,唐代玄宗时期正是佛寺昌盛的时候,因此寺庙都以能请到吴道子的一幅墨宝为荣。佛寺本应该是禁酒之地,但为了能请到吴道子作画,佛寺纷纷破了例,以好酒作为润笔请吴道子来绘壁画。

当时河南宝丰县城西北有个龙兴寺,天宝初年,龙兴寺兴建了一座大雄宝殿,佛像威严肃立,金刚怒目、菩萨低眉,唯有两厢墙壁还是空白的。时人皆知吴道子的盛名,因此龙兴寺的住持特地准备了三坛上好的宝丰酒来迎接他,并命僧人以重金邀请他来作画。吴道子见润笔丰厚,且又有好酒等着,"嗜酒且利赏,欣然而许"。行至龙兴寺,住持以好酒相待,吴道子饮至半酣,倏然有灵感入神,于是取笔立于廊下,于东面墙壁绘维摩示疾文殊来问并天女散花图;西面墙壁作太子游四门、释伽降魔成道图。此图画壁传神,明明是神话中的人物,却仿佛要破壁而出一般,画成之日寺内香客涌动,人人都争相一睹吴道子的神笔。

这两扇壁画随着龙兴寺一起屹立到宋代,那时壁画已经残破衰败,时任汝州太守的苏辙捐百缣新修壁画,苏轼观吴道子遗迹,不由地慨叹道:"丹青久衰工不艺,人物尤难到今世。"自吴道子之后,再也无人能够画出这样传神的佛寺壁画了。正因吴道子的笔画,龙兴寺直到清代依旧颇有盛名,清人李于潢赞叹龙兴寺的壁画遗迹时说,"吴生道元游于艺,风流不可以一世",可见时隔千余年,吴道子壁画带来的冲击力和震撼效果依旧令人赞叹不已。

传吴道子的《送子天王图》,人物繁多、衣饰复杂,加之原本是大幅壁画,因此可以说是精细度非常高的大幅工笔白描。对于这样的画,即便是大师级的人物都必须极为小心谨慎,因为画壁不比画纸,坏了还能重新换一张;一笔歪了,整幅画就走样了。然而吴道子却偏能在半醉半醒中"立笔挥扫,势若风旋",画佛像头顶的圆形佛光时,传统作画必须用规尺,所谓"没有规矩不成方圆"者是也;而吴道子却一挥而就,就连人物纷繁复杂的衣物垂褶,也都如兰叶一般宽窄有秩、转折处圆润浑厚,一笔勾成。《历代名画记》中载吴道子自述所画之图:"众皆密于盼际,我则离披其点画,众皆谨于象似,我则脱落其凡俗。"因而其绘画固然是工笔白描,却洒脱不拘,精工而不拘泥于形制,每到醉意蒙眬时,正是吴道子笔力虬然的时候。因此旁人往往需要数月作成的画,对于吴道子而言,只需数日甚至一日便能画成。

每当吴道子半醉画壁时,通常都是京师轰动、观者如云。作为唐玄宗的御用画师,吴道子实际上是皇家供奉的画师,按规矩"非有诏不得画",但吴道子画工过于精妙,因而佛寺都以请他画壁为荣;唐代帝王事佛以礼,因此吴道子凡为佛寺画壁,都不受拘束。但请吴道子画壁,首先得要有好酒;倘若扰了吴道子的酒兴,那这壁画也就画不成了。《京洛寺塔记》中记载一件关于吴道子的逸事说,当时长安平坊菩萨寺请吴道子绘壁画,约定以一百坛好酒作为酬谢。凡吴道子作画,必先饮酒半醉,然后再开始心无旁骛地绘画;这一次吴道子正借着酒意画行脚僧,画到差不多的时候,酒意消散,吴道子便去找酒喝。一到放酒的地方,却见几个僧人在向外搬酒,及问时,方知这些和尚想趁他喝醉了没在意,偷几坛美酒出去。吴道子被搅扰了酒兴,又恼这些僧人出尔反尔、有辱清雅,于是画未完成就掷笔而去,墙上画的行脚僧就只有独脚,还有一条腿没有画完。此后寺院住持再寻其他画师,却没有人能接得上吴道子的神来之笔,墙上的画也就永远保持着未完成的模样。

因奉以润笔的酒被偷愤然而去,倒不是什么过于不近情理的事情。《酉阳杂俎》还记载了一件关于吴道子的逸事,说当时洛阳有个画师名叫皇甫轸,绘画也极为精妙,所绘壁画栩栩如生。当时平康坊新修菩萨寺,吴道子奉命画东壁,而皇甫轸则奉命画南壁。吴道子逡巡数日没有灵感,眼看就要到限定的日子了,皇甫轸却突然遇刺身亡。据说在限定日期的最后一天,吴道子忽然振袖而起,满壁画白描《地狱变》图,整幅墙壁鬼气森森,竟然惊得市面上一时无人敢卖鱼、肉,生怕落入如此可怖的地狱之中。据说,吴道子因为嫉妒皇甫轸的才华,雇人杀死了年轻的画师。

相传宋之问因爱"年年岁岁花相似,岁岁年年人不同"两句而坑杀外甥刘希夷,艺术与疯狂,往往只有一线之隔。醉意蒙眬、纵酒使性的吴道子,是否也曾为一念之差杀死另一个等重的灵魂,又是否因此而窥见人性中最可怕的地狱?这段公案,恐怕只能留与天地鬼神知之了。

孟浩然与酒

吾爱孟夫子,风流天下闻。红颜弃轩冕,白首卧松云。醉月频中圣,迷花不事君。高山安可仰,徒此揖清芬。

——李白《赠孟浩然》

盛唐算得上中国历史上最接近野无遗贤的一个时期:但凡是有诗文之才的人,即使性格孤傲轻狂、放纵不羁,甚至像贺知章那样金龟换酒、像李白那样天子呼来不上朝,也都能为仕途所容纳。可以说,盛唐的政治风气对于文人而言是极为宽宥的,有点不拘一格的意味。不过也有例外:孟浩然此人有惊世绝伦的诗才,《新唐书》中说他"尝于太学赋诗,一座嗟伏,无敢抗",张九龄、王维都对他赞不绝口,李白更是盛赞他"吾爱孟夫子,风流天下闻"。偏偏这样一位风流天下闻的才子,却一生未尝谋得相称的官职。

尽管孟浩然生性淡泊,爱好山水,但在盛唐这样繁盛的时代,官场不仅仅是官场,更是鲜花着锦的文化盛宴;作为一个诗人,但凡七情六欲尚未泯灭,都不免心生向往。于是唐玄宗开元二十一年(733),孟浩然向曾经赞许过他诗才的丞相张九龄赠诗,诗中说:"欲济无舟楫,端居耻圣明。坐观垂钓者,徒有羡鱼情。"言下便有希望得到举荐的意思。

李白在《赠孟浩然》中说他"醉月频中圣,迷花不事君",可见孟浩然素日醉酒可以算是常态。就连孟浩然自己的诗歌中也处处都是酒宴:《宴鲍二融宅》、《宴张记室宅》、《宴崔明府宅夜观妓》、《宴荣二山人池厅》《宴张别驾新斋》……孟浩然交游甚广,无论是琴友、诗友、道友、侠友……乃至乡间邻人,与孟浩然在一起,都成了酒友。孟浩然不得志于仕途,并非与其性好饮酒有关。

盛唐的官场,如果细细数来,只怕有一多半称得上好酒之人,但孟浩然所不巧的是他偏偏在重要的时候"掉链子"。孟浩然年少学道,一直隐居在鹿门山,年近四十才开始游历京师。寄情山水之中固然能令人眼清目明,却不能增加半分人情世故。来到京师的他天真如一张白纸,丝毫不懂得"说话的艺术"。当时孟浩然在太学赋诗,曾令王维十分叹服,此次孟浩然入京求职,王维便邀请他到家中饮酒。当日恰好唐玄宗来见王维,本来是一个很好的引荐的机会,谁知孟浩然突然掉了链子,临场紧张,躲到床底下去了。这倒也罢了,唐玄宗进入内室,王维向他介绍了孟浩然。唐玄宗对于孟浩然的"鸵鸟政策"也并未批评,反而有些开心地说:"朕闻其人而未见也,何惧而匿?"玄宗早就听说过孟浩然的才情,这其中多半有张九龄、王维的举荐之功。孟浩然出来拜见了唐玄宗,玄宗让他选取一首自己得意的诗歌念来听听。此时但凡略通人情世故、世事练达的人,都知道应当略作几首歌颂之辞;或退一步,选一首描绘山水田园的也罢。偏偏孟浩然十分耿直地念道:"不才明主弃,多病故人疏。"这下可好,一句话把玄宗和王维都得罪了。《新唐书》中说玄宗听闻此句就很不满意,当场说:"卿不求仕,而朕未尝弃卿,奈何诬我?"就这样,孟浩然第一次失去了近在咫尺的仕途。

尽管出师不利,但孟浩然的诗名在外,愿意赏识他的人也不在少数。当时一位叫韩朝宗的采访使偶遇孟浩然,十分欣赏他的才华,于是相约邀请孟浩然再次进京,要向皇帝举荐他。孟浩然自然十分高兴,到了京师,恰逢有旧日好友拜访,相见之下自然置酒相待,酩酊大醉。宴席中有人提醒孟浩然:"君与韩公有期",让他赶快去同韩朝宗会面;谁知孟浩然正在酒兴之中,大手一挥,满不在乎地道:"业已饮,遑恤他!"正喝酒呢,谁有空理他!韩朝宗派人左催不来、右等不到,听闻这个结果,气得告辞离去,而孟浩然却丝毫没觉得后悔:喝酒可比进京为官重要的多了。

尽管仕途不得志,但孟浩然却并没有太过在意此事。对于自己仕途的不得意,孟浩然不过轻描淡写地说了两句:"遑遑三十载,书剑两无成",转而又归于杯酒之中:"且乐杯中物,谁论世上名"。这话放在别人那里看上去似乎有些吃不到葡萄说葡萄酸的味道,但在孟浩然说来却是一派理所当然。他少年的时候便是一个"达是酒中趣,琴上偶然音"的人,与其说有志于仕途,倒不如说是在山间隐居久了,又有点想念人间的热闹繁华、想去红尘中走走;倘若不得其志,倒也不是什么要紧的事情。其实真要走入仕途,对于孟浩然而言也未必是件愉快的事情。他曾与张九龄出行游猎,作《从张丞相游纪南城猎戏赠裴迪张参军》,其中开门见山就表达了"从禽非吾乐,不好云梦田"。他对这样过于烈火烹油的富贵并无兴趣,于是自嘲道:"何意狂歌客,从公亦在旃。"我这样一个狂歌五柳前的人,怎么也和你们一起游猎去了呢?

由于性喜山水、常年隐居,孟浩然的饮酒有一半都是在与朋友郊游时的宴饮。春日有《游凤林寺西岭》:"烟容开远树,春色满幽山。壶酒朋情洽,琴歌野兴闲。"不能辜负了山中春色正好,自然要请朋友一起带上酒和琴去山中踏青。夏日有《夏日浮舟过陈大水亭》:"水亭凉气多,闲棹晚来过。涧影见藤竹,潭香闻芰荷。野童扶醉舞,山鸟助酣歌。"山中水边凉风徐徐,正好躲过炎炎夏日,还有松竹成荫、荷花盛开,正适合一醉方休。秋日有重阳节,正是携酒登高赏菊花的时候,自然是要"登高闻古事,载酒访幽人",有时友人不在、独自登高,也要在远望之余寄语"何当载酒来,共醉重阳节"。今年不能共饮,先把下次的时间约好了。

孟浩然与李白都好酒,但李白好的是酒的热闹,是要"酒客十数公,崩腾醉中流。谑浪棹海客,喧呼傲阳侯"的,是要一群人一起走马游乐、醉得东倒西歪、大呼小叫;而孟浩然的好酒,却好的是酒中的安静,因此他多半一边饮酒一边听朋友弹琴:"半酣下衫袖,拂拭龙唇琴,一杯弹一曲,不觉夕阳沉。"又或者与三五好友吟诗作赋:"倾杯鱼鸟醉,联句莺花续",故而尽管人称孟浩然酒后放纵不羁,但孟夫子的风流,尚属于一种文人的雅趣。

开元二十八年(740),王昌龄宦游襄阳,去拜访病中的孟浩然。孟浩然置酒招待,欣然作诗曰:"归来卧青山,常梦游清都。漆园有傲吏,惠好在招呼。书幌神仙箓,画屏山海图。酌霞复对此,宛似入蓬壶。"与王昌龄的宴饮不久,孟浩然便因为"浪情宴谑,食鲜疾动",溘然长逝。然而能在欢宴笑语中故去,岂不正是孟夫子风流人生中的一大幸事?

李白与酒(上)

五花马,千金裘,呼儿将出换美酒。与尔同销万古愁。

——李白《将进酒》

文字的力量,可以令人于空口无凭中,想象出最绚丽的图景。譬如"李白",这两个普普通通的字,便能展开一幅盛唐的图卷,带着游侠马蹄的土腥味儿、宝剑的金属味儿,以及满身满袍满卷书的酒味儿。

在注重士族家传的唐代,很少有一个像李白这样凭空而出的名士。史书上为人作传,必定要注上某人,祖籍某地、祖上在某处为官,迁至某处,祖某人,父某人,各有何官职;有些还备注上母姓的士族,盖因母亲同样是门当户对的望族。但李白仿佛是从天而降的一颗星星,史书上对他来历的描述也各不相同。《新唐书》中说他是"兴圣皇帝九世孙,其先隋末以罪徙西域,神龙初,循还,客巴西",因此有学者考证李白是被玄武门之变杀死的李建成的后代,因而祖上不得不隐姓埋名;《唐才子传》却说他是"山东人",这个说法是沿袭《旧唐书》的。山东与巴蜀东西两望、南辕北辙,实在是差得太远。

李白本人源自何处尚不清楚,更遑论其父辈、祖辈的信息了。有人说他的父亲应该是西域的胡商,这解释了他为何有"千金散尽还复来"的底气,可以随手掷出数十万两银子,只因商人当时社会地位低下,故而不得载入史册。李白来源的空白,成了一个永久的谜团,同样也成全了他"谪仙人"的称号。李白流传下来的,往往是诗歌,是故事,是碎片化的场景,而不是有据可查的年谱。他的财产状况与行踪一样不明,只能通过他自己的诗歌来推测,而他的诗歌本身又是充满想象力的,根本无从推证考据。说到底,仿佛能将他飘飘欲仙的灵魂与沉重的肉体相联系起来,能将一团迷雾与历史中令人啼笑皆非的举止联系起来的,唯有他手中的那一杯酒。

倘若说我们所能想象描摹的李白来源于他的诗,而他的诗又很少能够令人推测出他真实的境况。小说家张大春在《盛唐李白》中猜测李白年少时曾游览山川,于山野间笑对醉倒的友人说:"君爱身后名,我爱眼前酒。饮酒眼前乐,虚名何处有。男儿穷通当有时,曲腰向君君不知。"《旧唐书》中说李白"少与鲁中诸生孔巢父、韩沔、裴政、张叔明、陶沔等隐于徂徕山,酣歌纵酒,时号竹溪六逸",张先生所言大抵是这一段时期。不过也有人猜测这是李白晚年为永王幕僚,永王兵败后"佯狂"之作,苏东坡读了以后索性认为这不是李白所写。

李白的诗歌,有许多都是这样,难以界定、模糊不清。你很难分辨出哪首诗是他少年时所作的,除了那些有明确标注的、有名有姓的,或者恰好契合某个历史事件的;但可以确凿无疑的是,李白的诗歌一大半都浸泡在酒里。譬如从《陪族叔刑部侍郎晔及中书贾舍人至游洞庭五首》中,我们可以推知他族中有一位叔父是刑部侍郎,名曰李晔;继而能知此诗作于唐肃宗时期,李白遭遇流放,而他的诗中依旧有"南湖秋水夜无烟,耐可乘流直上天?且就洞庭赊月色,将船买酒白云边"的豪情壮语。对李白而言,流放只是人间烦扰事务,买酒赏月才是人生的要务。

在这样模糊的历史中,大约可以知道的是,李白年轻的时候初入长安,便遇上了酒中狂客贺知章。当时流行将自己的诗文送与贵人,名曰"干谒诗",通常都是含蓄地在诗中表示仰慕贵人、期待提拔之意,并在字里行间展露自己的才华。譬如孟浩然的干谒诗写的就很好:"端居耻圣明",既然有圣明天子在上,自然可以出而仕矣。但李白的干谒诗却不同:他将《蜀道难》抄送给贺知章。贺知章读了拍案叫绝，便拉着李白去喝酒，酒至半酣才想起忘带了酒资，竟然将象征官职、类同大印的"金龟"解下来换酒，只求与李白喝个痛快。李白的诗歌，其魔力往往如此震撼人的灵魂。

后来李白追忆此事，作《对酒忆贺监》曰："四明有狂客，风流贺季真。长安一相见，呼我谪仙人。昔好杯中物，翻为松下尘。金龟换酒处，却忆泪沾巾。"贺知章称李白为谪仙，而李白呼贺知章为狂客。两位性格中有着同样狂放不羁性情的忘年交，在痛饮中无须多言地默认了彼此是为知己。

李白奉干谒诗给贺知章，又写下《南陵别儿童入京》，人们记住了这首诗里的"仰天大笑出门去，我辈岂是蓬蒿人。"李白的自得、自负，对未来的美好想象跃然纸上。很少有人注意这首诗里的酒，李白写酒多矣，此处有何不同？李白笔下的酒多狂放、多豪侠、多夸张、多无尽的哀愁……只有这里的酒最为家常、最为生活、最为本真，堪比孟夫子的"开轩面场圃，把酒话桑麻"。此诗起首便说"白酒新熟山中归，黄鸡啄黍秋正肥。呼童烹鸡酌白酒，儿女嬉笑牵人衣"。普通人家的世俗之乐，温馨又真切。这样的好心情也只有在晚年获得大赦时重现了一次"轻舟已过万重山"。略需表明的是，诗中的"白酒"与今日人们日常饮用的"白酒"不是一个概念。古时的白酒的确是白色，简单说如同我们今天的醪糟。现在的白酒并不是白色，而是无色透明的液体，现在"白酒"之命名，是很晚很晚的事了。

李白终要超脱出白酒新熟、黄鸡啄黍的山中岁月了，在每日"高歌取醉"中，终于看到了进京出仕的希望。当他甩着袖子兴冲冲地入京，的确得到了历史上中国文人可以得到的最高礼遇。《旧唐书》中说唐玄宗爱李白的诗文，"帝颇嘉之"；《新唐书》更写得亲切："帝赐食，亲为调羹，有诏供奉翰林……帝爱其才，数宴见"，皇帝亲自为一位诗人调羹汤赐饮，对于常人而言可以说是莫大的荣耀；而享受这份荣耀的李白呢，或许已看到自己不适于久留宫苑官场，或许确实在人情练达上火候欠佳,闹出了"力士脱靴"这样的事故,不可避免地走向了崩裂的结局。后人津津乐道的"安能摧眉折腰事权贵"在玄宗看来则成了"固穷相"。以李白追求极致、一泻千里的风格,他不会明白,也不想明白:哭,不要哭的沮丧;笑,不要笑的狂妄。

李白的生年不详,故乡不详,甚至连他的离去也同样不知所终。《旧唐书》中说李白被放逐夜郎之后遇赦返回,"竟以饮酒过度,醉死于宣城";《新唐书》中索性没有交代他的故去,就戛然而止在他遇赦返还寻阳时;《唐才子传》则是元代人收罗了关于李白的传说,最著名的一个说法是,李白在江上饮酒,看见江中明月圆得可爱,于是"乘酒捉月,沉水中"。寻常的生老病死似乎不适宜李白,只有与酒与月、与滔滔江水相关的传说,才适合误入尘世的酒仙。

李白与酒(中)

青天有月来几时,我今停杯一问之。

——李白《把酒问月》

宫闱的纷争、小人的谗言,李白既不懂,也不屑于懂。从京城离开的他已经明白,世间之路难行,远胜于蜀道之难,而一向钟爱的酒似乎也失却了慰藉的力量:"金樽清酒斗十千,玉盘珍羞直万钱。停杯投箸不能食,拔剑四顾心茫然。"李白不是在"炫富",说美酒佳肴,不过是为了衬托味同嚼蜡的心情。

想琢磨李白在想什么,或者追问他想要什么,似乎总是遇上矛盾的状态:他一面说"大道如青天,我独不得出",一面又在帝王降下最隆重的恩宠时,宁愿与斗鸡走狗的五陵少年醉倒街头。甚至由于他写了太多纵酒杀人的侠客行,许多人猜测他是否是一位真正杀过人的剑客,否则怎么会有"酒后竞风采,三杯弄宝刀。杀人如剪草,剧孟同游遨",又怎么会有《金陵酒肆留别》的"风吹柳花满店香,吴姬压酒唤客尝。金陵子弟来相送,欲行不行各尽觞"?

但收起剑,李白又是隐于桃花清溪旁的世外之人。他爱孟夫子,是因为"醉月频中圣,迷花不事君",又或者与山中栖居的幽人往来,"两人对酌山花开,一杯一杯复一杯。我醉欲眠卿且去,明朝有意抱琴来。"十步杀一人,倘若是李白远追侠客放纵不羁的情思,山中隐居则又是一个遥不可及的梦。李白是谪仙——已经被贬谪的仙人,是不能从滚滚红尘中回到那个真正的世外桃源中去的。

　　李白的一生,只不过是一场漫长的放逐。高力士的谗言也好,朝廷的罢官也好,对于李白而言,只不过是在漫长的放逐中的一个章节。他永远怀有对尘世的忧惧和喜爱,这两者的情绪如此热烈地并存,令他总徘徊在无路可走的两难境地。他要进入的是生活本身,要逃离的同样是生活本身,而承载着这两者的连接点,只有饮酒时那种强烈的迷醉。醉酒的人既是死的也是活的,既是睡着也是醒着,他身在尘世中,也不在尘世之中。

　　对于李白而言,生命本身的惶惑,譬如时间的变迁、青丝变成白发,沧海变做桑田,这些总困扰着他的灵魂,而这些并不是五陵少年的剑能够斩断的。"抽刀断水水更流,举杯消愁愁更愁",黄河之水的奔流与年华的老去同样没有办法得到真正的解答,能做的唯有"人生得意须尽欢,莫使金樽空对月"。与李白交游的岑夫子、丹丘生,他们是道友还是诗友,其实都一样,对于李白而言,那不过是漫漫人世间能说得上话、能共同饮酒的朋友。上言千年、下抵千古,时间的长河本就是任何人都无法抵达的恒久之旅,在路口徘徊的李白,他的痛苦便是看到了"上有无花之古树,下有伤心之春草"。太过敏锐又太过浪漫的灵魂如何承载超越生命本身的困惑? 因此唯一的出口,只有眼前的纵酒欢聚。为了留住此时的欢愉,五花马、千金裘,这些在世人眼中金贵的宝物都可以随手抛掷,换做酒钱。

　　很少有人会说李白是一位哲人,但他所思考的,永远是终极的哲学问题:"夫天地者,万物之逆旅也;光阴者,百代之过客也。而浮生若梦,为欢几何?"只不过他的文采太高、他的诗太过石破天惊,竟掩盖了思想的光芒。人生中的大富贵,譬如"凤凰初下紫泥诏,谒帝称觞登御筵",李白尊享过;人生中的大悲苦,譬如杜甫慨叹的"世人皆欲杀",李白也同样感遇过。他看过悠悠的江水,困塞时也曾"落魄无安居",阔绰时也曾"不逾一年,散金三十余万"。但所有的富贵与贫穷对他而言都不过是一瞬而已,他所反复悲歌或者慨叹的,从来都是永恒的时间与短暂的生命之间不可调和的怅惘：

"悲来乎，悲来乎。主人有酒且莫斟，听我一曲悲来吟。悲来不吟还不笑，天下无人知我心。君有数斗酒，我有三尺琴。琴鸣酒乐两相得，一杯不啻千钧金。

悲来乎，悲来乎。天虽长，地虽久，金玉满堂应不守。富贵百年能几何，死生一度人皆有。孤猿坐啼坟上月，且须一尽杯中酒。"

在有生之年，人可以掌控的，实在是太少太少。李白虽然也追随隐士道人寻过仙、问过道，但他也只将仙人看作一个缥缈的象征：心若随缘，行走五岳皆是寻仙。他常常在人世间寻找知己，却又从不强求，相遇时便大醉酩酊，送别时又置酒长亭。李白记述一夜欢饮："昨玩西城月，青天垂玉钩。朝沽金陵酒，歌吹孙楚楼。忽忆绣衣人，乘船往石头。草裹乌纱巾，倒被紫绮裘。两岸拍手笑，疑是王子猷。酒客十数公，崩腾醉中流。谑浪棹海客，喧呼傲阳侯。"可以想象在荒草萋萋的金陵，忽然遇见可以共饮的好友，那兴奋仿佛黑夜中突然点燃的一团火焰，而李白正手捧着这团火焰和酒饮下，船上之人醉得放浪形骸，两岸看客拍手欢笑：这样热闹的场面，正是李白喜爱的、强烈的生命的力量。

李白所写的送别诗很多，有些是他送行别人，有些是他向友人告别。譬如饯别校书叔云时，正是天高云淡的日子，恰适宜"长风万里送秋雁，对此可以酣高楼"；《送别》大约是途中相逢又别离，所以"惜别倾壶醑，临分赠马鞭"；在终南山下与山人借宿对饮，是"欢言得所憩，美酒聊共挥"、"我醉君复乐，陶然共忘机"；与金陵酒肆中萍水相逢的少年挥别，是"金陵子弟来相送，欲行不行各尽觞"；行旅客中，偶遇他人请客，是"兰陵美酒郁金香，玉碗盛来琥珀光"。别人的故乡是有形而具体的，只有李白说"何处是他乡！"

没有人陪伴的时候，李白就与自己饮酒。饮酒总需作陪者，但作陪者无须是人，也可以是清风明月，甚至是影子、是酒杯。"鸬鹚杓，鹦鹉杯,百年三万六千日,一日须倾三百杯","舒州杓,力士铛,李白与尔同死生",清风朗月不需酒钱来买,倘若汉江之水都变作美酒,那便更令人心满意足了。有时候月下独酌,有时候把酒问月,问的是古人今人都如流水一般离去,为何只有皎皎孤月永远高悬?月亮不知道答案,只能"唯愿当歌对酒时,月光长照金樽里",只能"怀余对酒夜霜白,玉床金井水峥嵘"。

如果没有诗、没有酒,李白不过是漫长历史中的一个落魄文人,既不特别,也并非不可或缺。可有了酒,有了诗,尤其当酒与诗在李白这个小宇宙爆发,中国文学史终于有了最为曜目的光芒,一直炳照后世,千百年不曾熄灭!

李白与酒（下）

> 抽刀断水水更流，举杯消愁愁更愁。人生在世不称意，明朝散发弄扁舟。
>
> ——李白《宣州谢朓楼饯别校书叔云》

自古以来，多的是举杯邀饮的盛宴，多的是形单影只的独酌。得意的时候，失意的时候，世间万物流转犹如天上星云、地下尘埃，唯有杯中一点琥珀光是不变的陪伴。正因如此，江湖儿女，文人墨客，在人生羁旅上困走的芸芸众生，多半是醉乡酒客。凡俗人喝酒，不过呼幺喝六、觥筹交错，一夜醉意阑珊过去，第二日继续奔走在无尽的路上；真正做到"古来圣贤皆寂寞，惟有饮者留其名"的，上下数千年细细数来，为首一个便是这句话的作者。

李白的传奇太多，自书于诗歌的也不少，更有历代文人争相传颂添补，及至明清小说中《李谪仙醉草吓蛮书》，已是集天地灵秀于一身，几乎是无所不能、仿佛谪仙人了。不过无论是哪一篇传奇，只要提到李白，便不能不提酒——作为酒客，太白真正是深得其中三昧。

李白一生爱酒，无论得志不得志：便是御手调羹、走马入宫，他也与三五酒徒醉倒酒肆，闹到"天子呼来不上船，自称臣是酒中仙"，难得他还记得称臣。及至寂寞清冷、无人问津，他照样"暂伴月将影，行乐须及春"，谁也拿不走他与酒为友的乐趣。醉乡酒客中，李白不仅是"留其名"，更是成了一个符号，后世论及酒后的潇洒有趣，再无人能与他比肩。

千年酒风

作为酒客，李白可以说是一个非常有趣的人。当然，他也说孤独，也说失意，但这些诉说里多有一种"管他去呢，且来喝酒"的洒脱和意趣。酒客的有趣，在于潇洒、不拘谨，不因俗世外物败兴，可于红尘羁绊中暂得解脱；倘若这里正酒酣耳热，那一厢就开始 AA 制计算酒钱、讨论回家是打车还是叫代驾，不免令人胸闷气短、顿感无趣。老话说"酒壮怂人胆"，无非是说喝酒乐趣，在于受到酒兴激发，做出平日拘谨不敢做的行为；倘若喝了酒还小心翼翼、规规矩矩，恐怕酒都要质疑自己的存在价值了。

像李白这等酒客，恰属于另一个极端：疯起来自己看了都想笑。李白自书醉态的诗歌不少，其中几首尤其有趣可爱。其一曰《玩月金陵城西孙楚酒楼，达曙歌吹，日晚乘醉著紫绮裘乌纱巾，与酒客数人棹歌秦淮，往石头访崔四侍御》，大约是懒得取名，直接以序为名了，诗名直接交代了昨夜酒醉的"盛况"：从晚上喝到天明，然后任性地来了一场说走就走的旅行。《旧唐书》中曾记录这件事，正是发生在唐玄宗天宝十二年(753)，当时李白早已名扬天下又不得志于京城，再回金陵，同旧日好友欢饮达旦："时侍御史崔宗之谪官金陵，与白诗酒唱和。尝月夜乘舟，自采石达金陵，白衣宫锦袍，于舟中顾瞻笑傲，傍若无人。"史书中多少还有些美化，描述李白醉中形态仿佛翩翩佳公子，白衣锦袍、少年风流的模样；而李白写自己则没那么多形象的顾忌了，活脱脱就是华丽而傲娇的自黑。诗中书昨夜醉况曰："草裹乌纱巾，倒被紫绮裘。两岸拍手笑，疑是王子猷。酒客十数公，崩腾醉中流。谑浪棹海客，喧呼傲阳侯。半道逢吴姬，卷帘出揶揄。我忆君到此，不知狂与羞。"酒后自然不会在意衣衫是否凌乱，歪戴帽子倒穿衣服，东倒西歪的时候，忽然想起一位朋友，便执意要乘船去见；妙就妙在一众酒客都是乘兴之人，十几位喝的摇摇晃晃的醉汉在船上乱走，简直颇为"壮观"，以至于引得其他船上的歌姬都出来笑话他们的模样。尽管如此，李白却找了一个非常可爱、无法反驳的借口来解释自己的行为："你看我多想你，这么不像样子就出来找你了，既不知道自己的狂放模样，也不知害羞。"想来友人看见他如此狼狈又振振有词的模样，也是应当再浮一大白吧！

论及给喝酒找理由，李白的功夫也是无出其右的。白居易"绿蚁新醅酒，红泥小火炉。晚来天欲雪，能饮一杯无？"尽管是充满文艺气息，但终究还是小情小调。李白找起理由来，可以算得上是上天入地，凡是沾上边的，都能扯来依仗一番："天若不爱酒，酒星不在天。地若不爱酒，地应无酒泉。天地既爱酒，爱酒不愧天。已闻清比圣，复道浊如贤。贤圣既已饮，何必求神仙。三杯通大道，一斗合自然。但得酒中趣，勿为醒者传。"仿佛一喝酒，是上通天意、下达地理，既符合圣贤之道，也能得神仙逍遥，自然天理无不通晓，还顺便戏谑了不喝酒的人：我们这些酒客在醉乡得到的真正意趣，你们既不懂，我们也不告诉你。

给自己喝酒的理由还不算，遇上朋友聚会、把盏言欢的时候，少不了要给别人喝酒找理由；酒客如不是独饮，劝酒则几乎是必然。但劝酒如《将进酒》一般气势恢宏、滚滚不可遏制的，也只有李白能为。当时正是李白放归金陵，仕途的希望之光已经黯淡，饮酒作诗便是生活第一要务。作为劝酒诗，上来便直奔主题"人生得意须尽欢"，恰如《古诗十九首》中言："人生天地间，忽如远行客。斗酒相娱乐，聊厚不为薄。"李白其人，在人生中实在是历经过跌宕起伏、坎坷形状的，就连友人杜甫都为之不平："冠盖满京华，斯人独憔悴。"但李白固有一种仙风道骨，正是因为他对酒当歌时，便能将这些愁情烦事都抛到九霄云外，假如当下这一刻是人生得意之时，则必须倾尽欢乐，不必有一丝一毫的保留。尽欢的方法，便是"莫使金樽空对月"，不仅要饮酒，还要同饮同醉。并且告诉你不必有后顾之忧，因为"天生我材必有用，千金散尽还复来"，一副自有雄兵百万的自信模样。劝使友人饮酒的理由便是"古来圣贤皆寂寞，惟有饮者留其名"。圣贤也好、将相也好,不过是凡尘俗世的成就,是江山代有才人出的,就算各领风骚,也不过是须臾的荣华富贵,一时的扬名四海,若以百千年的角度来看,却又默默无闻了;而酒客却因潇洒自由而得以名传千古。

为什么要喝,为什么要喝得这么猛烈?是什么让"五花马、千金裘"都相形见绌,自然是那解不开、消不去的"万古之愁"。无论古今何处,上至缥缈的酒仙,下至偷偷小酌的失意者,谁不是为了在酒乡之中求一时的潇洒快意?于酒客而言,酒乡便是桃花源,"寻得桃源好避秦",即使世间万事再纷繁杂乱,总有这一隅是不必拘谨局促的,是一个人随心自由的地方。

王 维 与 酒

轻舸迎上客，悠悠湖上来。当轩对樽酒，四面芙蓉开。

——王维《辋川集·临湖亭》

王维字摩诘，自号摩诘居士。摩诘一名，本是佛教禅宗之祖，以摩诘为字为号，王维的心性自然是与禅意相通的。《论语》说："质胜文则野，文胜质则史。文质彬彬，然后君子。"每每看到这句话，总觉得最适合这一称赞的，莫过于王维，莫过于他甄破人生况味后那句淡然的"行到水穷处，坐看云起时"。

通常提到王维，总是标签化地想到"诗佛"。盛唐的诗人风格百态、各占高峰，而王维又以禅意见长，甚至被称为开诗画之南宗，被称为"诗佛"可以说是很贴切的。他一生都身在官场之中，眼里笔下却总是只有清风明月、鸟鸣雨声。"随意春芳歇，王孙自可留。"一切于他都是无可无不可的样子。盛唐本是个轰轰烈烈、鲜花着锦的盛世，盛唐的人也都更骄傲而欢乐、盛唐的歌舞也更夸张而绚丽。偏偏王维这个人，淡得却仿佛终南山的一缕青烟，随时都会消失一般。近时流行"佛系"一词，其祖宗非王维莫属。

王维总是这样淡，就连饮酒，都带着一种悠悠的禅意。"当轩对樽酒，四面芙蓉开"。他在辋川的临湖亭迎接客人，连饮酒也是不慌不忙的，四面围绕着静谧的湖水和湖上清雅的莲花。酒宴上开怀畅饮的声音仿佛也很轻，连画舫划过水面的皱纹都仿佛很轻。王维就是这样一个人，在盛唐的酒宴中，安安静静、温文尔雅的一个人，他的存在能使周围的空气安静下来,沉入温润而深切的禅思。

但王维的淡,王维的禅意,却并不是无情的。王维的深情,两次写在送别友人的诗句中。千古之难,最难的是友人的送别。送别友人时,常常有酒,有时候也有诗、有歌。那一日,元二要去西北边疆,临行之前他的朋友王维带着酒、带着琴来长亭送别。他们一边饮酒,一边诉说几句看似平淡的话。然后王维把琴拿出来,唱到:

渭城朝雨浥轻尘,客舍青青柳色新。劝君更尽一杯酒,西出阳关无故人!

饯别劝酒,本意既在流连,又在送行,既有伤感,却又要避免一味地感伤。故而王维不说愁云惨淡、悲风四起,偏偏说刚刚下过雨,万物清新,生气勃勃,就连客栈外的柳树都格外青翠。如此风物,原本就是出行的好天气。但琴声一转,却又饱含深情不舍——在临别时请再喝一杯酒吧,从这里离开去到陌生的地方,那里没有你的旧友,没有挂念你的故人了。劝酒的深情,愿景的美好,王维道出得仿佛轻松却又饱含沉重。王维大约不是一个嗜酒放纵的人,他的诗和人一样,都是含蓄而内敛的,故而有一种温润的力量。因此当王维写酒的时候,总是轻轻一笔带过,仿佛理所当然,却又饱含深情。《渭城曲》遂成"阳关三叠",但凡离别时,人们都会想起这首真挚的诗。

另一次送别,是送别一位归隐的友人。两人相遇的时候,大概是骑马时擦肩而过,偏偏认出了对方,于是下马聊了几句。"下马饮君酒,问君何所之。君言不得意,归卧南山陲。但去莫复问,白云无尽时。"下马就拿酒来喝,必然是极为熟络,以至于可以相互不拘小节的人,因此遇见了自然要询问一下友人要去哪里。友人回答说,人生入世而时常不得意,不如回到南山去隐居起来,至于去哪里,便不必问了,总之就在云深处、潺溪旁。喝完这杯酒,归隐的人已经离去,慕羡的人还在眺望。王维送别友人的时候,大约也是怀着同样的归隐之心的。

　　谁知道,这样平淡如水的王维,却有着最春风得意、锦绣芳华的少年时光。玄宗开元九年(721),二十岁的王维高中进士,状元及第,唐代巅峰的盛世遇上人生巅峰的盛况。彼时王维笔下的酒,还是泼辣的、痛快的酒:"新丰美酒斗十千,咸阳游侠多少年,相逢意气为君饮,系马高楼垂柳边。"美酒、少年、游侠儿,相逢并不必曾经相识,只因意气相投,便将马系在垂柳边,坐下来痛快地喝一场。这样的诗酒江湖,正是王维的盛世。

　　少年得意的王维,诗画双绝,又通音律,正是达官贵人、王侯贵人的入幕之宾。少年的酒宴在岐王殿里、公主府上,在大唐盛世的歌舞之中。"汉家君臣欢宴终,高议云台论战功。天子临轩赐侯印,将军佩出明光宫。"此时王维的笔下一派风华正茂、仗剑倚马的豪阔之气,正是他自己纵情欢宴的少年风采。

　　接下来岁月却是波澜叠起。因舞黄狮一事遭贬。少年聪慧的王维,只需一次,便明白了官场上的世事险恶、冷眼嘲笑、人走茶凉。他算不上失望,大约只是叹了口气,然后又微笑起来。他同好友裴迪饮酒,还笑着安慰别人:"酌酒与君君自宽,人情翻覆似波澜……世事浮云何足问,不如高卧且加餐。"他总是劝酒,总是用平淡而温柔的句子来安慰别人。

　　再后来,安史之乱。滞留长安的王维被迫受任伪官,安史之乱过去后,被定叛乱之罪。幸好王维有"万户伤心生野烟,百官何日再朝天"的诗以证清白,他人写诗遣兴,王维写诗救命。当然,主要还在于王维有一个好弟弟王缙,王缙平乱有功,受封时情愿革去自己的功名利禄以换取哥哥的罪过,最终获得圣上宽宥,也算是大团圆的结局。但王维那颗敏感的少年的心,总是随着大唐的热血一起冷下去了。

　　既然无心于入世,便寄情于自然。"终年无客长闭关,终日无心长自闲。不妨饮酒复垂钓,君但能来相往还。"喝酒、钓鱼,一副超然物外的退休老干部形象。"可怜盘石临泉水,复有垂杨拂酒杯。若道春风不解意,何因吹送落花来。"酒宴换了独饮,浮华的长安生活,换了终南山的半隐半仕。他的酒友换成了垂柳、清泉、古松,连青石磨盘都成了诗人的倾诉对象。"酌酒会临泉水,抱琴好倚长松。"尽情享受诗酒田园之乐,能与他神交者,不过山间清风、水边明月、前朝五柳先生罢了。

旧日在大同殿前百官共饮,轰轰烈烈写下"陌上尧樽倾北斗,楼前舜乐动南薰"的王维,终于在岁月中越走越淡,越走越静,越走越慢了。最煊赫的年少得志,最繁华的大唐盛世,他都经历过,当他说要回到终南山的时候,对于百丈红尘,他是温柔地放下的。没有愤慨、没有悲痛。就连疏狂,也是清雅的:"渡头余落日,墟里上孤烟。复值接舆醉,狂歌五柳前。"在落日孤烟下,一个喝醉的诗人想起陶渊明,虽受时空之隔,却也神交已久。"醉歌田舍酒,笑读古人书。"归隐终南山的王维,在山水中找到了真的禅意和逍遥,在独饮中找到了比欢宴更怡然的幸福。

杜甫与酒(上)

马上谁家白面郎,临阶下马坐人床。不通姓字粗豪甚,指点银瓶索酒尝。

——杜甫《少年行》

提到杜甫,总想到"老杜"、"沉郁顿挫"的标签。后人称杜甫的诗为"诗史",盖因他的诗歌中总能体察一枝一叶的民情。在唐朝由盛转衰的那场安史之乱中,杜甫写下的《兵车行》、"三吏"、"三别",揭露了战乱中真实而残酷的状态。后人复观杜甫的文辞,总将他与李白的飘逸娟秀、潇洒不羁相对比,叹息李白看到的是向上的盛唐,故而能壮游天下、气势豪迈;而杜甫看到的则是盛唐的衰败,故而沉郁顿挫、感慨悲歌。其实,安史之乱发生时,杜甫已是四十四岁了。是年,李白五十五岁,两人的年龄,并没有看上去那么大的差异。

少年时的杜甫便颇有捷才,《壮游》中说他"七龄思即壮,开口咏凤凰。九龄书大字,有作成一囊。"这大约与他的家世有关。杜甫的祖父,正是创立了唐代"近体诗"格律诗、与苏味道等人并称"文章四友"的杜审言,有这样的家学底蕴,杜甫少年即能作诗也不为怪了。

然而少年捷才却并不一定意味着少年老成。事实上,少年杜甫甚至有几分天真与顽皮:"忆年十五心尚孩,健如黄犊走复来。庭前八月梨枣熟,一日上树能千回。"简直活脱脱一个熊孩子的模样。尚未识得人间疾苦的少年杜甫,和每一个盛唐的少年一样,"放荡齐赵间,裘马颇清狂。"轻骑快马、纵酒江湖,似乎是盛唐少年意气风发的标准形象,杜甫当然也不例外。年幼即有诗才的杜甫当然也自视甚高,"性豪业嗜酒,嫉恶怀刚肠。脱略小时辈,结交皆老苍。饮酣视八极,俗物都茫茫。"

十四五岁的杜甫性情豪迈、嗜好饮酒,又嫉恶如仇、飘逸不俗,当他开始壮游天下时,结交的朋友自然也不会是俚俗之辈。"忆与高李辈,论交入酒垆。两公壮藻思,得我色敷腴。"高适和李白都是爱写江湖侠客情愫的诗人,而杜甫也不甘落后,写"杀人红尘里,报答在斯须。"世人皆知李白豪壮,却容易忘了,"李白斗酒诗百篇,长安市上酒家眠。天子呼来不上船,自称臣是酒中仙"这样传诵千古的句子,正是出自杜甫的《饮中八仙歌》。

据考证,杜甫的爱酒甚至比李白还有过之而无不及。据说李白一千五百多首诗文中,提到酒的有一百七十多首;而杜甫,现存一千四百多首诗作中,与酒有关的就有近三百首之多。杜甫曾作《少年行》,记南朝颜延之的故事,说"马上谁家白面郎,临阶下马坐人床。不通姓字粗豪甚,指点银瓶索酒尝"。颜延之是南朝时的名士,经常爱骑着马到处闲逛,路遇旧友便在马上问别人要酒喝。杜甫心中的游侠少年则更放纵不羁:他骑着马走南闯北,可不管对方认不认识他,下马了随便走进人家,也不通报一下自己的姓名,就指着酒瓶问别人要酒喝。恰是这样肆无忌惮、潇洒红尘的少年,行走在盛唐山水之中,高呼"会当凌绝顶,一览众山小"。这是少年杜甫纵酒江湖的往事,也成了杜甫一生最珍贵的回忆。

后来,高适南下去了楚地,杜甫与李白同行齐鲁。人们常说,因为李白在此时早已名震天下,故而只将杜甫当作一个普通朋友或者旅伴看待,而杜甫则如追星一般仰慕李白的万丈豪光。其实这样的猜测是很不准确的。青莲居士下笔成诗,着实有些不食人间烟火的仙气;但在杜甫看来,站在身边那个实实在在的李白恰如兄弟一般,既有志趣上有所相投,又能有说不完的知己之言,最重要的是,两人都爱饮酒。"痛饮狂歌空度日，飞扬跋扈为谁雄？"杜甫赠李白时回忆的狂歌痛饮，在李白笔下同样记忆犹新，而且极为亲切："余亦东蒙客，怜君如弟兄。醉眠秋共被，携手日同行。"十来岁的年龄差距从未影响李杜之间的知己之情，他们既情如兄弟，又是醉乡挚友，因而满天下都知李太白是诗仙、酒仙，却只有杜甫能懂他的"冠盖满京华，斯人独憔悴"，能知他"千秋万岁名，寂寞身后事"的悲慨。

杜甫的诗酒年华在天宝六年（747）遭遇了挫折。家学渊源便是"奉儒守官"的传统，自己又从幼年就颇有诗才，少年时风姿不凡，交游朋侣都是高适、李白这样的风流人物，来到长安的杜甫期待的是能够大展才华，能将自己的毕生所学用以治国安邦。"致君尧舜上，再使风俗淳"，这是杜甫毕生的梦想，然而生活却并未给他以回应。李林甫一场"野无遗贤"的闹剧，令杜甫"举进士不中第"，不得不困守长安，转而投向他原本并不愿追随的官宦达人，期待得到贵人的提点和举荐。

不像李白得遇贺知章、白居易得遇顾况，杜甫并未遇到一个能赏识提点他的贵人。生活开始向杜甫展现出残酷而冰冷的一面，少年壮志满怀的杜甫突然发现自己不得不到处折腰，"朝扣富儿门，暮随肥马尘。残杯与冷炙，到处潜悲辛。"少年时饮过的美酒，在生活的苦涩中竟酿成酸涩而悲苦的残杯冷炙。为客长安时，他总还幻想着能匡正朝廷、将毕生才学货与帝王家。尽管"平生流辈徒蠢蠢，长安少年气欲尽"，但在纵酒中，杜甫歌咏的依旧是立功平定西北边陲的魏将军，"吾为子起歌都护，酒阑插剑肝胆露"。

这一羁旅，就是整整十年。在十年中，杜甫从三十出头、满怀壮志豪情的青年人，变成了四十余岁尚一无所成的中年人。在天宝十四年（755），杜甫终于被授予两个极小的官职：河西尉和兵曹参军。这两个职务对杜甫而言，简直是学无所用；但时年四十四岁的杜甫已经没有了选择的余地，他自称老夫，写诗自嘲道："不作河西尉，凄凉为折腰。老夫怕趋走,率府且逍遥。耽酒须微禄,狂歌托圣朝。"尽管再不想为五斗米而折腰,但现实却是凄凉残酷的——家中无米下锅、手中无钱沽酒,只得为了微薄的俸禄妥协于原先不屑一顾的小小官职。然而噩耗接踵而至,当杜甫回到奉先老家的时候,才发现因为贫困交加,家中的小儿子已经病饿而死。这对于四十四岁的杜甫而言,不啻是晴天霹雳的打击。

过去痛饮狂歌、飞扬跋扈的日子成了遥远的记忆,简直恍若隔世;他开始自称杜陵野老,纵酒中没有了少年轻狂的意味,却多了无奈悲慨的辛酸。杜甫同广文馆博士郑虔相交好,共饮时作《醉时歌》:"先生有道出羲皇,先生有才过屈宋。德尊一代常坎坷,名垂万古知何用!"这是为郑先生叫屈,当然也是为自己鸣不平。仕途既遇坎坷,纵酒便成了排解忧烦愤懑的唯一方法:"得钱即相觅,沽酒不复疑。忘形到尔汝,痛饮真吾师。"心灰意冷的杜甫甚至怀疑起自己毕生追随的儒家圣道,怒道:"儒术于我何有哉,孔丘盗跖俱尘埃。不须闻此意惨怆,生前相遇且衔杯!"什么儒家圣贤、家国天下,都不如手中的一杯酒能消愁解闷。

这一年是天宝十四年(755),四十四岁的杜甫忍负生活的艰辛,走马任职兵曹参军;这一年十一月,安史之乱爆发。杜甫少年的诗酒江湖,便随着安史之乱,和盛唐一起埋葬在了历史的滚滚烟尘中。

杜甫与酒（下）

盘飧市远无兼味，樽酒家贫只旧醅。肯与邻翁相对饮，隔篱呼取尽余杯。

——杜甫《客至》

安史之乱击碎了盛唐的幻象。渔阳鼙鼓动地来，惊破的何止是宫廷里轻歌曼舞的《霓裳羽衣曲》？一切盛唐治下的安稳与繁华顿时在硝烟中灰飞烟灭，玄宗仓皇而逃，肃宗临危继位，整个国家都陷入了动荡和混乱之中。

此时的杜甫刚刚将全家迁至鄜州躲避战乱，就得到了肃宗即位的消息。十年羁旅长安的冷眼没有冷却他的热血，战乱当前，他比任何时候都更焦虑地考量着国家安危。至德二年（757），杜甫从叛军严控的长安城逃了出来，穿过对峙的两军，来到凤翔投奔肃宗。一个近乎手无缚鸡之力的文弱书生，是凭着什么样的毅力和勇气穿过叛军把守的城门，闯过对峙的军队，穿过无穷荒野上的白骨，来到他试图倾心效力的帝王面前？

肃宗感于杜甫的忠义，授命他为左拾遗。左拾遗这个官名，来源于拾遗补阙，本就是一个负责谏诤朝廷的公职。如果面对明君，贤臣必能裨补缺漏，成就一番佳话；但如果遇上刚愎自用、固执己见的帝王，拾遗在朝堂上就成了一个令人讨厌的角色了。杜甫身为左拾遗，很快就因不谙官场的套路遭受到了厌弃，当他为同来投奔肃宗、却用兵失败的房琯说情时，并没有注意已经怒火冲天的肃宗越来越难看的脸色。很快,杜甫被贬官至华州参军,尽管有宰相张镐的营救,也曾短暂地官复拾遗,但却没能逃脱"自是不甚省录"的下场。

古人说,四十不惑,五十而知天命。五十岁余的杜甫经历了投奔肃宗、官至拾遗、贬谪华州参军的跌宕起伏,手中的酒杯成了困顿的生活中几乎仅有的安慰。"朝回日日典春衣,每日江头尽醉归。酒债寻常行处有,人生七十古来稀。"与仕途的困顿同时接踵而来的就是经济的困顿,因而饮酒的预算也变得拮据起来。有时候手边宽裕些了,杜甫便想着邀上朋友一起去喝酒:"速宜相就饮一斗,恰有三百青铜钱"。比起"金樽清酒斗十千"的气魄,三百铜钱看上去寒酸又辛酸,却是穷愁潦倒中的杜甫与朋友唯一的安慰。杜甫在《落日》中写道:"浊醪谁造汝,一酌散千忧",因为无钱去沽好酒,于是只能用浊酒来消愁解闷,这样的生活与年少时的纵酒轻狂,早已是天差地别了。

晚岁时,杜甫客居夔州,当时的刺史柏茂琳设宴款待众人,杜甫列席其上。酒后杜甫乘醉骑马而归,不慎从马上摔了下来,在家养伤,许多朋友带着酒前来看他。杜甫慨然想起少年时骑马纵横山水间的豪情,又看看现在的自己,不由地作诗《醉为马坠,诸公携酒相看》,叹息道:"人生快意多所辱。职当忧戚伏衾枕,况乃迟暮加烦促。"人生总在他略微感到快意的时候就给他当头一棒,少年时快意江湖却十年困守长安,才获左拾遗之职就得罪当朝圣上……一句"人生快意多所辱",何止是酒后坠马,简直就是杜甫的一生!

然而杜甫并没有自艾自怜。他将朋友带来的酒食拿来设宴:"酒肉如山又一时,初筵哀丝动豪竹。共指西日不相贷,喧呼且覆杯中渌。何必走马来为问,君不见嵇康养生被杀戮。"喝醉了从马上摔下来,这又有什么好大惊小怪的呢?人生总有一死,竹林七贤中嵇康最注重养生,最终还不是死在政治斗争中?这种直指朝廷昏聩、人生荒唐的激愤之语,正是五十六岁的杜甫看尽悲欢离合之后的嘲笑。彼时他已辞去华州参军的职务,对朝廷和仕途,他早已不抱希望。

知己好友或四散,或故去,而仕途又早已令人心灰意冷,唯有饮酒能暂时聊以解忧。但生活的残忍却有时连这一点安慰都要剥夺,长年的颠沛流离、困苦纵酒令杜甫老病缠身,面对万里悲秋,百年多病的杜甫却不得不"潦倒新停浊酒杯"。在杜甫漂泊的岁月里,不是因为穷困而无酒可饮,便是因老病而有酒不能饮。古往今来,从不缺乏才华馥郁的诗人,也不缺乏豪情快意的名士,但像杜甫这样,不能居庙堂之上,却又永远忧心天下的,却很少很少。古人说,穷则独善其身,达则兼济天下。十年的长安羁旅、战火纷飞中的舍命投奔,最终换来的是贬官、不复录用的结局,这样的结局却并没有令杜甫选择独善其身,他是在穷途末路中也要兼济天下的人。也只有杜甫,在自己的茅屋被秋风卷去屋顶茅草、满屋里雨脚如麻的时候,还在担忧"安得广厦千万间,大庇天下寒士俱欢颜,风雨不动安如山"。这就是杜甫,他的博爱和天真从未因生活的艰难和苦难而变更。

困居乡间的杜甫,在严武的帮助下于成都建了草堂;后来又辗转夔州,在朋友接济下租了公田、果园,过上了贫寒却相对安稳的生活。杜甫既不是达官,亦不是当时的名士,因而前来拜访的朋友不多;偶尔有一两知己到访,杜甫便定要拿出自己家里的薄酒尽力招待友人。《客至》中写杜甫招待远客时的场景十分有趣:"盘飧市远无兼味,樽酒家贫只旧醅。肯与邻翁相对饮,隔篱呼取尽余杯。"虽然农家只有旧酿薄酒,但邻里之间却相互交好,还剩几杯酒的时候,也呼唤邻居家的老爷子一起过来喝两杯。也有时候家里无酒却来了客人,杜甫便像邻居家借酒:"隔屋唤西家,借问有酒不?墙头过浊醪,展席俯长流。"从墙头上把酒坛子搬过来,这种生活上的琐碎小事,却成了杜甫笔下幸福的细节。

此时的杜甫虽然是无一官半职的白身,却是他最快乐的日子。仅仅在夔州务农的两年中,他写了四百余首诗歌,其中写饮酒的多达百余首。与农家为邻的日子,因为简单,反而少了很多忧愁。老去的杜甫有时酒醉,便有展现出天性中孩童般真挚可爱的一面来。"老去悲秋强自宽,兴来今日尽君欢。羞将短发还吹帽,笑倩旁人为正冠。"悲愁虽然是生活强加于他的主旋律,却不能阻止杜甫在生活中把酒尽兴。

唐代宗广德元年(763),动荡大唐基业的浩劫——安史之乱终于彻底结束。阴霾散尽,杜甫脱口而出了人生中最为狂喜的句子:"剑外忽传收蓟北,初闻涕泪满衣裳。"尽二十年的时光,大好山河在战乱中被蹂躏摧残,百姓在战火中困苦不堪,而杜甫的灵魂也在忧愁中徘徊低叹。因而当胜利的消息传来时,杜甫的欢乐已是无法言喻的,"却看妻子愁何在,漫卷诗书喜欲狂。白日放歌须纵酒,青春作伴好还乡。"这一次,酒不必再是愁苦的酒,而是开怀痛饮的美酒。

大历三年(768),杜甫乘舟离开四川,却因贫困而不得不一路投亲靠友、漂泊南行。大历五年(770),在一小船上,一代诗圣"饮过多,一夕而卒"。他去世时,蒙眬醉眼里看见江中的明月,和李白醉入江水去捕捉的,是同一个月亮。

怀 素 与 酒

人人送酒不曾沽,终日松间挂一壶。草圣欲成狂便发,真堪画入醉僧图。

——怀素《题张僧繇〈醉僧图〉》

佛教戒律中,酒是被禁止的,无论是谷物、果木酿的酒,还是药酒,甚至酒糟一类的,都属于不允许沾染的。很多经文,时常把酒比作毒药,说它能乱人心性,甚至认为宁可饮毒药也不能饮酒。

但在中国古代,僧人与饮酒之间的关系却略显暧昧。陆羽在《僧怀素传》中记载:"怀素疏放,不拘细行,万缘皆缪,心自得之。于是饮酒以养性,草书以畅志。时酒酣兴发,遇寺壁、里墙、衣裳、器皿,靡不书之。"这样一个不受清规戒律的和尚,饮酒不仅不犯戒律,反而称为"养性",还被历来文人墨客尊为"上人",此间各种机锋,却要从禅宗与佛教的关系说起。

苏轼在《东坡志林道释》中说"僧谓酒为般若汤",可见僧人是饮酒的。有人推断说如此称呼,是因为佛家禁酒,僧人为了偷偷饮酒,所以避讳"酒"字而改名。可是仔细推敲,却似并不妥当:倘若避讳称酒,可以称呼的名字也很多,为何偏偏名为"般若"? 在佛教里,"般若"一词本是万物智慧本源的意思,以此来称呼佛教第一戒律中严令禁止的东西,难道是合理的吗? 怀素在《自叙帖》里引用了钱起的诗:"狂来轻世界,醉里得真如",更是点明了在修禅的某些特定情况下,"醉"被认为是接近如来大智慧的一种方式。

千年酒风

中国古代，无论是宗教、文化还是艺术，往往都更推崇顿悟而非苦修，这并不是说苦修不值得重视，而是说，在最终点亮智慧明灯光的那一刹那，往往需要一个"顿悟"的瞬间。这种想法，实际上是有禅宗的思想作为基础的。佛教从达摩传到中国之后，在传至六祖时分为南北两宗，其中南宗六祖慧能提出了"顿悟成佛"的说法，被认为是得到达摩祖师"见性成佛"的真谛。后来继承南宗一派修行方法的人遵循"修禅"、"打禅机"的说法，可以说是中国所独有的、脱胎于佛教的智慧。禅宗典籍《坛经》中说"佛法在世间，不离世间觉"，《密庵语录》则更简单粗暴，直说"饥则吃饭，困则打眠，寒则向火，热则乘凉"，直接否定了苦修的意义。按葛兆光先生的说法，这既是南北宗的分野，也是印度禅与中国禅的差别。印度禅是一个需要苦苦打坐修行的方法，中国禅是教人迅速进入超越境界的人生哲学。

禅宗与道家思想的关系，几乎与佛教的关系一样紧密。六祖慧能说的"本来无一物，何处染尘埃"，其实与老子的"婴儿"、"赤子"，庄子的"无为"、"逍遥"有着共同的智慧。可以肯定地说，禅宗纳入了很多庄子的思想并将其发扬光大。而在传统佛教中被认为是戒律的饮酒，在道家看来却是回归本真、羽化成仙的媒介。庄子视醉汉如婴儿，认为他混元归真，所以从疾驰的马车上落下也不会损伤分毫。这种看法同样也影响了禅宗，从而形成了中国文化中独一无二的僧人形象——酒僧。

酒僧多矣，有知名的、不知名的，像济公这样传于民间故事的、被文人画家记载下来的也不少，怀素亦是其中翘楚。《金壶记》说怀素"一日九醉"，孟郊称他"狂僧不为酒，狂笔自通天"，其酒醉猖狂之态可见一斑。怀素的酒醉不是打禅机，不是抖机灵，而是在半梦半醒中追求一刹那间的智慧和永恒。怀素的修禅与书法，都是半路出家而又自成一派的。怀素幼年家贫，当和尚恐怕是不得已而为之，在以前这是很普遍的事情，有些地方的人家，如果家里男孩多又养不起，就会送去当和尚,怀素的境遇大抵也是如此。他一生笔法都有瘦削之意,或许与年幼时寒苦的经历不无关系。

在当"和尚"的日子里,抄经书成了他练习书法的机会,然而缺乏名师却令他总徘徊在正统书法的门外。由于不守清规戒律,当和尚也颇有"野狐禅"的味道。然而江湖有江湖的规矩,寺院有寺院的制度,向来不善于服从规矩的怀素,寺庙也不愿收留他,致使他三异其寺,书史称他为"零陵僧"。身世飘零、浮沉不由自己决定,这种境遇比一切经书更能启迪人的心智,也令怀素沉思:真正的意义是什么?真正的智慧是什么?

后来怀素外出游历,得颜真卿等传授笔法,使其书艺大进。而他也在书法与酒中寻求到人生答案。在诸多书体中,他最钟爱草书,草书连绵不绝、藕断丝连而又一气呵成的笔法,有如滔滔江水一样豪情万丈,能以胸中点墨洗涤生活中的困窘。酒是草书最好的伴侣,醉酒仿佛为怀素打开了一扇新的大门:"醉来信手两三行,醒后却书书不得。"醒来是怀素和尚,醉后是疏狂酒僧,满墙如云烟的水墨大字中,个个都是醉后的落拓和疏狂。

艺术家爱酒并非仅仅是借酒壮势,有其更深层的原因。对于艺术家而言,最难能可贵的是灵感,然灵感不可常得,酒是激发灵感的灵丹妙药。如果说曲是酒的发酵剂,那么酒就是灵感的发酵剂。另则,在中国的艺术观念里,好的艺术皆在可控与不可控之间,可控的部分来自技艺与积淀,不可控的部分与其描绘成玄妙不可知的神力,不如理解为略可捕捉的酒力。

怀素创造了盛唐之音中浪漫主义的高歌,同时也塑造了天真佯狂的自我形象。怀素自幼家贫,反而不沉溺于宦海或金钱的世界中,能够有足够的时间来审视自己的内心,找到天真烂漫、返朴自然的灵感,这种灵感在平时的生活中也许会受到世俗干扰而不能显露于外,但在酒醉后却能够真实地呈现出来,在书法艺术中表达出来。

怀素这样的灵魂,必然也被志趣相投的人所吸引。李白《草书歌行》里为这个酒和尚写道:"吾师醉后倚绳床,须臾扫尽数千张。飘风骤雨惊飒飒,落花飞雪何茫茫。起来向壁不停手,一行数字大如斗。"醉眼能看真世界,在禅的世界里,万物都是如一的,何必在意什么纸笔?于是墙壁、衣物、器皿,乃至门前芭蕉树叶,都染上淋漓墨汁。有时他兴之所至,"忽然绝叫三五声,满壁纵横千万字",他一声惊呼,便如禅宗里当头棒喝,吓倒多少凡夫俗子,喝醒真正的大智慧:别去看那些字,且来看这个人!

白居易与酒

绿蚁新醅酒,红泥小火炉。晚来天欲雪,能饮一杯无?

——白居易《问刘十九》

每遇到一个特定的场景,能脱口而出的诗一定是千古名句,比如"欲穷千里目,更上一层楼"。正因如此,一到下雪天,便会想起白乐天。新醅酒、小火炉、天欲雪,几个字就将饮酒的场景描绘得令人无限神往。

盛唐是一个诗酒的年代,负诗文酒友之名者,上至青莲居士李太白,下至佚名的普通百姓,繁盛到了数不胜数的地步。白居易于其年轻时行至长安,便被戏言"长安居大不易";然而灿灿"诗仙",熠熠"诗圣"之光辉中,不仅没有掩盖他的光芒,却反而使白居易的存在展现出一种柔和的、岁月打磨沉淀后的珍珠光泽。

相比于李太白豪放飘逸的浪漫主义而言,白居易的诗与人都显得更为温和而贴近生活。但这丝毫不妨碍白居易的嗜酒:北宋方勺在他的《泊宅编》中说"白乐天多乐,诗二千八百首,饮酒者九百首。"白居易的饮酒诗之多可见一斑。不过李白的嗜酒是放浪形骸式的,那份气魄,不仅需要谪仙人浪漫的豪情,甚至还需要一位惜才的帝王配合,可谓是天时地利人和并举的特例。而白居易的嗜酒却是十分生活化的,他饮酒而不闻其醉态,好酒而不至于渎职忘家。

白居易自号"香山居士",这个雅号常为世人所闻;但文人自号并不止一个,"醉吟先生"这个称呼,便是取自白居易自己所著的《醉吟

121

先生传》，其文甚长，节略云：

"醉吟先生者，忘其姓字、乡里、官爵，忽忽不知吾为谁也……如此者凡十年，其间赋诗约千余首，岁酿酒约数百斛，而十年前后，赋酿者不与焉。妻孥弟侄虑其过也，或讥之，不应，至于再三，乃曰：凡人之性鲜得中，必有所偏好，吾非中者也。设不幸吾好利而货殖焉，以至于多藏润屋，贾祸危身，奈吾何？设不幸吾好博弈，一掷数万，倾财破产，以至于妻子冻馁，奈吾何？设不幸吾好药，损衣削食，炼铅烧汞，以至于无所成、有所误，奈吾何？今吾幸不好彼而自适于杯觞、讽咏之间，放则放矣，庸何伤乎？不犹愈于好彼三者乎？此刘伯伦所以闻妇言而不听，王无功所以游醉乡而不还也。"

但凡文人好酒而被妻子朋友劝诫的，多半要为自己辩解一番，但像白居易这样解释得如此认真理性、道理逻辑难以反驳的，也少。从文中看来，白居易的嗜酒还算有分寸，既不至于干出醉后失态闹笑话的事情，也没有不顾家里经济状况只管自己喝酒取乐。妻子亲人有所顾虑的，主要在于他不仅好饮酒，也好酿酒，而且数量颇为惊人："岁酿酒约数百斛"，而且十数年都是如此，甚至有一个"酒房"专门用来放置自己所酿的酒。唐朝虽然因其国力强盛，粮食物产丰富，酿酒尚不至于引起国家性的管控，但想要酿出一酒库的酒，恐怕也是所费不菲的。妻子、子侄所担心劝讽的，大约也主要是因为这一点。白居易面对众人的劝告，先是采取了非暴力不合作态度："不应"，但搁不住再三再四地劝说，便不得不为自己辩解了起来。而白居易的解释也十分有意思，他先从最坏的可能性下手，一个人倘若不幸偏好敛财、赌博、炼药，那结果当然是非常糟糕的，不仅损害自己，还可能弄得倾家荡产；相比之下，便能反衬出自己酿酒的偏好还不至于太过糟糕。一番解释之后，白居易又故作忧伤地看着自己的酒房，"顾谓妻子云：今之前，吾适矣，今之后，吾不自知其兴何如？"你不劝我之前，我看着这些自己酿的酒还是很有兴致的，你这样一劝，把好心情都打消了。以退为进的话往下一放,对方也就不好再步步紧逼了。

白居易好酿酒,不仅于自传中可见,在其诗中也多有提及。《咏家酝十韵》中说"旧法依稀传自杜,新方要妙得于陈。井泉王相资重九,麹蘖精灵用上寅。酿糯岂劳吹范黍,撇篘何假漉陶巾。常嫌竹叶犹凡浊,始觉榴花不正真。瓮揭开时香酷烈,瓶封贮后味甘辛。"是说他自己酿的酒,既有遵循杜康的古法酿造的,又有采用陈岵的新方法酿成的,所选用的井水和酵母都是特别精挑细选过的,至于竹叶滤酒、榴花酿酒的方法,都不如自家所酿的酒那样甘甜醇正,白居易对酿酒的热情可见如此。除了酿酒讲究方法以外,白居易为了酿酒而准备的硬件设施也颇为惊人:为了酿酒而自建酒房的,即使在今日亦不多见,而白居易却为自己的美酒特地建了酒库,并且陶陶然自得其乐地题诗道:"身更求何事,天将富此翁。此翁何处富,酒库不曾空。"对他而言,酿酒之乐多半就是生活中最大的财富了。

白居易热爱酿酒,酿成之后这么多酒显然自己也喝不完,因此他便常常邀请友人前来饮酒。他与刘禹锡是挚友,诗中多有提及"刘二十八"的,便是指刘禹锡了。同为宦游文人,老年同居洛阳城内,白居易邀请刘禹锡一同饮酒游玩不足为奇,而邀请不知其名的"刘十九"则就十分有趣。不知是否在与刘禹锡的交游中,白居易也认识了刘禹锡的堂兄刘十九。刘十九并非文人,而是洛阳的一位商人。唐代商人地位虽说不至于像后来一样过于卑贱,但社会地位也并不如文人官员那样受人尊重。不过白居易似乎并不在意,他给刘十九写过两首诗,一首是《刘十九同宿》,诗云"红旗破贼非吾事,黄纸除书无我名。唯共嵩阳刘处士,围棋赌酒到天明。"既有些无从为国效力而心灰意懒的赌气,又有几分"不如饮酒"的自娱自乐。另一首《问刘十九》是写给刘十九、邀请他来饮酒的短诗,写得简洁亲切,可以算是帖子也可以算是便条;除了对仗工整可爱以外,倒也没有太多的夸张铺陈。不过对于相熟的朋友而言,这样的邀请恰到好处:"绿蚁新醅酒,红泥小火炉",新酿的酒开坛了,温酒的小火炉也生好了火,万事俱备只等你过来了。收信者已经如此熟悉,不必再多赘言备下酒菜、铺好筵席,只说"酒有了"便好。"晚来天欲雪"一句,就十分巧妙了:饮酒赏雪固乃人生乐事,不过雪还没下,只是阴云密布的时候,也可以同饮等雪来,不亦乐乎?

白居易一生倒也未必"易居",中年时接连贬谪江州、苏浙一带,及至年老才回到洛阳,一生也可以算是历经沧桑了。但白居易的诗歌却较少有凄苦艰辛之语,越到老年,就越趋于中正平和。白居易的酿酒饮酒,实际上是将对生活的无奈转移到对酒的热爱上。他有七首《不如来饮酒》,语作诙谐,在他看来仿佛"万般皆下品,惟有饮酒高",有种勘破人生种种境况之后的洒脱。白居易,字乐天,倒是贴切,无论顺境逆境还是应该做个"乐天派"。

刘禹锡与酒

学道深山虚老人，留名万代不关身。劝君多买长安酒，南陌东城占取春。

——刘禹锡《戏赠崔千牛》

能在诗歌兴盛的大唐被称为"诗豪"的人绝非等闲之辈，此人正是刘禹锡。据族谱考证，刘禹锡是大汉皇室血统的后裔，大汉的血脉碰撞上大唐的盛世，便如两块燧石一般，在刘禹锡的灵魂中点燃了生生不息的豪情之火，这种不屈不挠的豪迈之情，在刘禹锡算得上坎坷艰难的一生中，始终没有熄灭过。

刘禹锡少年聪慧，于科考也十分顺遂，二十一岁高中进士，二十三岁位及太子校书，参与"永贞革新"。此时的刘禹锡恐怕无论如何也想不到，短短半年后，一场宫廷政变，改变了他一生的轨迹。贞元二十一年（805），刘禹锡、柳宗元等八人均被贬谪，说得好听是贬谪，其实就是判定了政治生涯结束的流放。

当被贬谪的友人大多惴惴不安，或哀叹命运不济的时候，被贬谪朗州的刘禹锡却一路看着风景，写下了"自古逢秋悲寂寥，我言秋日胜春朝"。在一个被贬谪的秋日，刘禹锡看到了清朗高远的碧空上，一只冲天而起的白鹤，触动诗人的诗情，逆境中丝毫也没有被"下放"的悲慨。

刘禹锡爱饮酒，尤其特别爱喝葡萄酒。唐代可以说是葡萄酒最盛行的年代，唐太宗曾亲自酿造葡萄酒，并以此宴请群臣。刘禹锡也喜爱葡萄酒。有一次太原李侍中给他寄来一串葡萄,喜得他作诗赞叹道:"珍果出西域,移根到北方……酝成千日酒,味敌五云浆。咀嚼停金盏,称嗟响画堂。惭非末至客,不得一枝尝。"吃着葡萄,想着葡萄酒,客人没到全呢,葡萄已经被他吃光了,刘禹锡便是这样一个不拘小节的有趣的人。

贬谪到偏远的朗州后,指望朋友从山西寄葡萄过来就不那么可能了;况且寄来的葡萄本身就已经很珍贵,哪舍得再拿去酿酒呢?于是没有葡萄酒喝的刘禹锡便想方设法自给自足:自己种葡萄、酿葡萄酒。刘禹锡有《蒲桃歌》说:"野田生蒲桃,缠绕一枝蒿。移来碧墀下,张王日日高。"不知在哪里野外看到一株葡萄藤,被刘禹锡小心翼翼地移植到自己庭院里,天天盼望着它能长高结果。不得不说,刘禹锡种葡萄还是很有一套的:"为之立长架,布濩当轩绿。米液溉其根,理疏看渗漉。"竖起长杆给葡萄藤攀爬,又拿米汤浇灌葡萄藤,葡萄果然很快长得枝繁叶茂、果如垂珠。对于能把一株野葡萄种活了这件丰功伟绩,刘禹锡还是非常得意的。有从山西来的客人看见刘禹锡居然在自己庭院里种活了葡萄,看得目瞪口呆,因为葡萄娇贵、很难侍弄,"种此如种玉",刘禹锡居然自己折腾着养活了一株,简直是个奇迹。最后,葡萄当然被酿成了美酒:"酿之成美酒,令人饮不足。为君持一斗,往取凉州牧。"末了还不忘拿汉末孟佗一斗葡萄酒买了凉州刺史官位的故事来调笑一番。

弹素琴、阅金经、饮茶、酿葡萄酒……刘禹锡把被贬谪的日子过得优哉游哉,十年后,适逢天下大赦,刘禹锡、柳宗元这些旧日被贬谪的司马也都纷纷回到京城。偏偏一回到京城,刘禹锡便大笔一挥,写下了《玄都观桃花》:"紫陌红尘拂面来,无人不道看花回。玄都观里桃千树,尽是刘郎去后栽。"因为政治斗争而被贬谪的刘禹锡,一回京城就开始嘲笑那些新上位的官员,豪放到这个程度,也真的是心大。

果不其然,一首诗换来一纸贬书,这次去的是更偏远的地方——

连州,就连这偏远的连州,都是当时的宰相裴度、好友柳宗元尽力营救之后的结果。途经洛阳,友人前来置酒相送,刘禹锡作诗辞别道:"谪在三湘最远州,边鸿不到水南流。如今暂寄樽前笑,明日辞君步步愁。"一贬再贬,却还能在酒宴上笑得出来的,恐怕也只有刘禹锡了。于他,愁总是明日的事情,今日樽前对酒,不如先笑语相对吧!

这一去,就是十三年。在这十三年里,好友柳宗元病故,刘禹锡将柳宗元的孩子接去抚养,并整理刊印了《柳河东集》。宝历二年(826),刘禹锡再回到洛阳的时候,距离最初被贬离开的日子,已经过去二十三年。这些年来,世事变迁、友朋凋零,旧友中唯有白居易还在洛阳,置酒等他归来洗尘。

席上,白居易和刘禹锡把酒相顾,白居易作诗道:"举眼风光长寂寞,满朝官职独蹉跎。亦知合被才名折,二十三年折太多。"就连置身事外的白居易,都忍不住感叹这二十三年的岁月,对刘禹锡而言,实在太不公平。而刘禹锡却回赠道:"巴山楚水凄凉地,二十三年弃置身。怀旧空吟闻笛赋,到乡翻似烂柯人。沉舟侧畔千帆过,病树前头万木春。今日听君歌一曲,暂凭杯酒长精神。"是啊,我在巴山楚水那样凄凉的地方,白白浪费了二十三年的青春,如今回到洛阳简直恍若隔世。但你看我一人不得志,却有千万得志的新秀;你作的那首歌、敬的这杯酒,我便借此抖擞精神吧!

杯酒洗尘,精神抖擞的刘禹锡,在洛阳再次写下了《再游玄都观》:"百亩庭中半是苔,桃花净尽菜花开。种桃道士归何处,前度刘郎今独来。"这一次,他没有再因为作诗而被贬谪,因为早已换了数朝天子、数朝臣了。然而任官场上烽烟弥漫,刘禹锡回来的时候,总是带着玩世不恭的笑容,他的豪情,就连二十三年的凄凉也撼动不了分毫。

"斯是陋室,惟吾德馨",也许这八个字,便是刘禹锡在跌宕激流的宦海中,依旧能保持一颗豪放的赤子之心的缘故吧。与刘禹锡政见不合的人,往往恼恨他的这份豪爽,他那副仿佛什么都不在乎的样子,仿佛所有打击、伤害,对他而言都是无效的;再加上他那份玩世不恭的幽默,乃至"人嘉其才而薄其行"。但对于刘禹锡而言,二十三年的贬谪都没有动摇他的心性,一些闲言碎语对他而言又能如何呢?生活还不是弹弹琴、喝喝酒、看看山水罢了。恰如某个夏日午后,刘禹锡坐在池上亭中,欣欣然看着树荫正好,"法酒调神气,清琴入性灵",饮一杯酒打起精神,听一曲琴洗涤性灵,于是胸中的浩然之气,便始终不曾被这坎坷世事所磨灭。

柳宗元与酒

今夕少愉乐，起坐开清樽。举觞酹先酒，为我驱忧烦。

——柳宗元《饮酒》

柳宗元被贬谪永州的时候，正值三十二岁。六个月前，以刘禹锡、柳宗元、王伾、王叔文为首的"二王八司马"励精图治、大展宏图的"永贞革新"正风生水起，抑藩镇、废宫市、整饬贪官、减免税收……总而言之，一个三十而立的儒生治国平天下的梦想在持续了一百八十多天后，因为一场宫廷政变而迅速破灭。

柳宗元是世家子弟，他的流放并不是因为改革的失败，也不是因为党派的倾轧，而是因为更直接、更根本的原因——在太子的选择上站错了队伍。因此来到永州的时候，柳宗元依旧对朝廷那场惊涛骇浪的变更心有余悸："自余为僇人，居是州，恒惴栗。"一个由于最高政治风向把握错误的人，被流放后的战战兢兢、如履薄冰，柳宗元都体验到了。

柳宗元不是嗜酒之人。他的祖上曾做过宰相、父亲担任过侍御史，母亲卢氏的家族也世代为官，又倾心向佛，可以说柳宗元从小是在温文尔雅的书香门第长大的，骨子里并没有疏懒狂放的性格，他的诗文中也很少提及宴饮。然而"永贞革新"的失败、贬谪永州的结局，不是一颗为国为民的诚心所能抗拒的，因而被迫来到永州的柳宗元，也就被迫过上了半赋闲的生活。

来到永州，既然无甚事务可做，于是只能四处游览山水。永州虽然穷僻,却也因此保留了荒凉而原始的山水,深邈的树林、回折的溪水、兀立的怪石,越是人迹罕至的地方,柳宗元越爱同友人走去玩赏。来到这些人迹罕至的地方之后,大家便"披草而坐,倾壶而醉"。喝醉了便随意散卧在草丛上。在荒凉的山水之中,虽渺无人烟,却忽然感受到自己与造物之间神秘的联系,久居空冥,便仿佛与自然将要融为一体一样,于是便"引觞满酌,颓然就醉,不知日之入",直到苍然暮色落满远山、渐渐地夜色四合、到处都看不见了,颓然醉意的柳宗元依旧不愿归去,只是望着暮色下已经模糊不清的远山。

贬谪的生活多半时候是落寞的,既无施展宏图的可能,又没有友人能涉足如此荒凉的地界,寂寞的生活,令柳宗元找到了饮酒的乐趣。"今夕少愉乐,起坐开清樽。举觞酹先酒,为我驱忧烦。"酒在柳宗元的手里恢复了最古老的功用:借以抒怀而又消愁解闷。心情不好又没有友人的开解,柳宗元便寻求告慰于杯酒之中;很快,心情便变得舒畅起来,天地间仿佛也不那么寂寞冷清,而是逐渐喧闹起来。在醉意蒙眬中,远山、绿水、山郭中的树木清荫,都仿佛更加可爱起来,难怪在西山宴游时,醉卧的柳宗元在暮色四合后依旧不愿离去。醉饮之后,柳宗元还不忘嘲笑两句:"尽醉无复辞,偃卧有芳荪。彼哉晋楚富,此道未必存。"那些富贵之人虽然成日纵酒,却未必能够知道酒中真正的趣味吧!没想到平日看上去严肃严谨的柳子厚先生,醉后却也流露出俏皮可爱的本性来了。

至于什么样的饮酒才算是了解"此道",柳宗元也不含糊,他写了一篇短文《序饮》,详细描绘了在他看来最合适的饮酒之道。首先要有场地,于是买下一个小丘,先锄草打理,然后冲洗干净,这便算是整理好了饮酒的场所了;把酒放在溪边的石头上,一杯杯顺流而下;而人们坐在下游的"愚丘",此地水流有个弯折,便可以接住酒杯饮酒。这是曲水流觞的简单饮法。如果想要复杂有趣一些,就需要有个行酒令的人,规则如下:每人手中拿三枚长十寸的酒筹,逆着水流投入溪中，"能不洄于洑，不止于坻，不沉于底者"，就不用喝酒，如果出现淹没、停滞或者沉底的，便根据酒筹的状态罚酒，有不凑巧的朋友会被连罚三杯。柳宗元自己身体不好，不能多饮酒，于是很快便醉了；于是再更改酒令，就这样可以不知昼夜地玩上一天。回想起过去人饮酒，有时礼节太过繁杂令人生厌，有时手舞足蹈、人声鼎沸、吵吵嚷嚷，有时甚至赤身裸体自称放达，有时借音乐助兴，有时是为了拉近人与人之间的关系——而柳宗元的酒宴不是以上任何一种。在他看来，最好的酒宴就是"合山水之乐，成君子之心"——在山水之中体悟自然，让流水决定饮酒的次序，不是很好吗？喝一场酒，从买下场地、到清洁打扫，再到制定酒令，其实并不复杂，但却描绘得事无巨细，偏偏不令人生厌，反倒有种身临其境的怡然自得的乐趣，这正是柳宗元"文宗"的魅力。

有一次，一位河东的老乡薛存义要去地方上为官，柳宗元在食盒里装上肉、壶里倒满酒，一路追上已经启程的薛存义，并且一直把他送到江边，以酒肉为他送行。除了酒肉以外，柳宗元还为他作了一篇送行的文章，再三向他诉说为官的道理："凡吏于土者，若知其职乎？盖民之役，非以役民而已也。"做地方官的人，应当是当地人的仆役，而不能以百姓为自己的仆役。还说自己被贬黜，说话也没有什么影响力，希望朋友将这些啰唆记在心里。这样质朴而深重的叮咛，至今读来，依旧令人慨然生叹。

酒量不佳的柳宗元，在元和十年（815），终于等来了朝廷大赦天下、放归北上。欣喜之余，酒量便也突飞猛进，有诗《离觞不醉至驿却寄相送诸公》曰："无限居人送独醒，可怜寂寞到长亭。荆州不遇高阳侣，一夜春寒满下厅。"送行的人都醉了，唯有他还没醉，因为这一天他已经等了太久了。

但柳宗元不知道的是，回到京城，等待他的不是重新起复，而是再次一纸诏书贬谪柳州。但即使在这样的悲苦境遇中，柳宗元想到的依旧是如何缓解朋友的遭遇。史载,他为了让被贬谪到更穷苦偏远之地的刘禹锡能够赡养老母,自愿替他被贬谪到更遥远更艰苦的播州,后来由于宰相裴度的帮助,刘禹锡最终去了连州,而柳宗元则被放逐到柳州。临行前,柳宗元与刘禹锡置酒送行,黯然相对道:"二十年来万事同,今朝岐路忽西东。皇恩若许归田去,晚岁当为邻舍翁。"

柳宗元最终没有等到归园田居、与友为邻的那一天。四十七岁那年,柳宗元病逝柳州。一代文宗与友人约定邻翁对饮的那杯酒,注定只能永远地空在历史中,成为一杯遗憾的挽歌。

李 贺 与 酒

劝君终日酩酊醉,酒不到刘伶坟上土。

——李贺《将进酒》

大唐有两位李姓诗人,一位是仙,一位是鬼;这位诗鬼,便是开创了"长吉体"的李贺。诗作为一种文体,表达的是诗人的心性与志向,而不是单纯地为了美。然而倘若用这样的标准去看李贺的诗,难免惊出一身冷汗——满纸的阴冷瑰丽,鬼气森森,仿佛是从上古传说中走出的魂魄在舞蹈歌唱。

从七岁能诗,到二十七岁魂归,李贺的诗龄不过二十年;然而他的诗风,上追的是《山海经》的奇绝和《离骚》的神秘。没有明确的史实证明李贺在生活中是一个嗜酒之人,但他的诗歌中充斥着琼浆仙酿的芬芳馥郁,饮酒的可以是仙人,是豺狼虎豹,是九幽鬼魂,或是看不见摸不着的流光。

《将进酒》,是乐府劝酒的歌曲。李白作《将进酒》,将人生百代譬喻作万里长河一去不回,一掷千金买酒,故有惊世骇俗的豪情;但李贺的《将进酒》却华丽到一种奇诡的程度,仿佛他所劝酒的对象不是酒席上对坐的友人,而是仙界筵席上围坐的神仙,或是深山老林中聚会的精怪:

琉璃钟,琥珀浓,小槽酒滴真珠红。烹龙炮凤玉脂泣,罗帏绣幕围香风。吹龙笛,击鼍鼓,皓齿歌,细腰舞。况是青春日将暮,桃花乱落如红雨。劝君终日酩酊醉,酒不到刘伶坟上土。

"劝君终日酩酊醉,酒不到刘伶坟上土。"这句劝人及时行乐的话,说的也未免太过诡异。中国人向来不爱谈论死亡,除了道家说"齐死生"以外,儒家的往往是"未知生、焉知死"的,对于鬼神也秉持敬而远之的态度。但李贺却不惮于将天上的神仙,山中的精怪,冥府的鬼魂都请来饮酒,然后叹息道:像刘伶这样爱喝酒的人做了鬼,也是无法再品尝到酒的滋味了,既然如此,樽前的你还不快及时行乐、举杯饮酒吗?

但李贺并不是纵酒之人,他所作的《秦王饮酒》借古喻今,实实在在是劝诫君王不要沉湎醉饮;姚文燮在《昌谷集注》中注解说,李贺此诗是借想象秦王宴饮的场面,来讽喻唐德宗"恣饮沉湎,歌舞杂沓,不卜昼夜"。然而即使是一首用意讽喻的诗,李贺写得也恍若神仙宫阙一般:"龙头泻酒邀酒星,金槽琵琶夜枨枨。洞庭雨脚来吹笙,酒酣喝月使倒行。"写秦王的气势,可以在倾倒酒浆的时候引来酒星闪耀,能在酒酣半醉的时候喝令明月倒行、时光倒流。"黄鹅跌舞千年觥",金色的美酒落入酒杯中,仿佛跌落的舞蹈:这种描述所呈现的奇绝瑰丽的想象之美,甚至到了令人害怕的地步——因为太美丽而不似人间的存在,而李贺笔墨下描绘的,又的的确确不是人间的情形。

之所以称李贺为"诗鬼",乃是因为他的诗中往往不免有"鬼气"。譬如唐顺宗永贞二年(806),顺宗因"永贞革新"失败被逼退位,并很快故去,坊间皆传言顺宗之死乃是阴谋。十七岁的李贺作《汉唐姬饮酒歌》,不惮以汉代刘辩被废帝、鸩死的典故为诗:"云阳台上歌,鬼哭复何益?仗剑明秋水,凶威屡胁逼。强枭噬母心,奔厉索人魄。相看两相泣,泪下如波激。宁用清酒为?欲作黄泉客。不说玉山颓,且无饮中色。"借典故讽喻一代帝王死于毒酒,这在历朝历代都是不敢想象的事情,在李贺写来却充满凄婉怨苦;被清酒送作黄泉客的帝王凄凄惶惶、仿佛冤魂哭诉,至今读来,依旧不免感到森森凉意。杜牧说他"梗莽邱陇,不足为其怨恨悲愁也",实在是得其三昧。

李贺一生短暂而不得其志，《新唐书》说他"七岁能辞章"，韩愈、皇甫湜看了他作的诗都会大惊失色。然而这用瘦弱的手笔写出"男儿何不带吴钩，收取关山五十州"的李贺，却终身只做了一个九品小官，其理由竟然是嫉贤妒能者借口李贺父名"晋肃"中"晋"与"进"犯"嫌名"，所以不允许李贺考取进士。这种荒唐滑稽的理由竟然能够成立，对于以"唐诸王孙"自诩、"男儿屈穷心不穷"的李贺而言，不啻是毁灭性的打击：在唐代，不允许考进士，便可以说是断绝了一切仕途的可能，而且是无从逆转、无从申辩的断绝。

无路科考，羁旅他乡的李贺，绝望中写下《开愁歌》："旗亭下马解秋衣，请贳宜阳一壶酒。壶中唤天云不开，白昼万里闲凄迷。主人劝我养心骨，莫受俗物相填豗。"众人都说饮酒可以解忧，但是壶中之物并不能拨云见日，对于一个壮志豪情尚未施展就夭折在第一步的少年而言，酒乡的天地一样昏暗低迷。友人劝他放宽心胸，不要为俗世的名利所羁绊，但李贺在乎的从来就不是名利，而是一场"报君黄金台上意，提携玉龙为君死"的壮举。故而他又作《致酒行》曰："零落栖迟一杯酒，主人奉觞客长寿……我有迷魂招不得，雄鸡一声天下白。"他感谢主人奉酒劝慰的好意，但他更清醒地明白，自己的少年壮志可以说是彻底破灭了。既然如此，他一身的锦绣才华再也无处抛售，只能与传说中的鬼神为伍："筝人劝我金屈卮，神血未凝身问谁。不须浪饮丁都护，世上英雄本无主。买丝绣作平原君，有酒惟浇赵州土。"他用神人的口吻安慰自己：喝酒吧，世界上的英雄哪里都能寻到一个好的主家？世上最好的主人是平原君，你若想去寻他，只能将酒洒在赵州的土地上祭奠罢了。

为李贺奉卮的是神人，与李贺共饮的是鬼魂，酒筵上伴舞的，可以是山精水怪，可以是九霄神女。现实生活中希望的断绝，令李贺更为彻底地转向虚无缥缈却又瑰丽奇诡的神话：他作《苦昼短》，请飞逝的时光停下来陪他饮酒："飞光飞光，劝尔一杯酒。吾不识青天高，黄地厚。唯见月寒日暖,来煎人寿。食熊则肥,食蛙则瘦。神君何在?太一安有?天东有若木,下置衔烛龙。吾将斩龙足,嚼龙肉,使之朝不得回,夜不得伏。自然老者不死,少者不哭。"一位羸弱的少年,举杯却仿佛重若千钧;他一开口,便如秦王仗剑,可以喝令日月回光。他举杯畅饮,质问飞逝的流光为何使老者故去,少年白头,倘若是因为烛龙飞行使得日光流逝,那他便要提携三尺寒铁,去斩断烛龙的脚,令时光永远停留在凝固的岁月中。

有人将李贺的诗比作花雕,倘若说李贺的酒像花雕,的确有一种深沉又委婉的滋味,却少了一份决绝的辛辣,更缺少些飘逸的浮华。其实不论用什么酒来追寻李贺的足迹,都仿佛缺了点魂灵的迷醉——李贺这壶酒,恐怕只能在天帝宫阙中,同仙姬、秦王共进一觞了。

李商隐与酒

身无彩凤双飞翼，心有灵犀一点通。隔座送钩春酒暖，分曹射覆蜡灯红。

——李商隐《无题》

李商隐的诗歌之所以"朦胧"，也许是出于美学上的追求，另一方面，也许是出于政治上的考量——晚唐时期，朋党之间的倾轧十分严重，即历史上著名的"牛李之争"。李商隐初入仕途的时候，曾多蒙令狐楚的提携。唐代的科举制度其实并没有明清时期那么完善，很多时候，名门望族的提携远远比个人的才华要更为重要，而提携李商隐的这位令狐楚先生，便是当时朝廷中"牛党"的中坚人物。而不巧的是，李商隐一见钟情的姑娘正是王茂元的女儿，王茂元是"李党"人士，因怜惜李商隐的才华而将女儿嫁给了他。由于李商隐科考的提携者与姻亲的缔结者各居两派的中心，不言而喻，他将面临的必然是政治纷争的巨大漩涡。正因如此，李商隐成了一个不曾刻意追求隐于诗酒，却一生漂泊诗酒的人，《旧唐书》中说他"名宦不进，坎壈终身"，言下颇有叹惋之意。正如崔珏《哭李商隐》所说："虚负凌云万丈才，一生襟抱未曾开。"

唐武宗会昌二年（842），李商隐被委任秘书省工作，这是他一生中风光最好的时候。他曾以《无题》记当时的酒宴："昨夜星辰昨夜风，画楼西畔桂堂东。身无彩凤双飞翼，心有灵犀一点通。隔座送钩春酒暖，分曹射覆蜡灯红。嗟余听鼓应官去，走马兰台类转蓬。"隔座送钩、分曹射覆都是酒宴上的游戏,在一夜星辰之下,酒宴欢笑通宵达旦,一直到了第二日需要"听鼓应官"、去秘书省上班的时节,才恋恋不舍地归去。

然而"春酒暖"的日子没有持续多久,"类转蓬"的岁月却伴随李商隐漂泊的终生,就在李商隐刚刚出任秘书省的工作不久,他的母亲便去世了,按当时的风俗制度,李商隐必须回乡丁忧三年,三年内不得宴饮取乐,也不能做官。雄图初展便夭折,偏偏又不能借酒浇愁,这对于李商隐而言不啻是双重的痛苦。他在《春日寄怀》中叹息道:"世间荣落重逡巡,我独丘园坐四春。纵使有花兼有月,可堪无酒又无人。"彼时的李商隐既无酒可以遣怀,又无人可以诉衷肠,政治上的抱负更是无处施展。有人说这首诗是李商隐对一些有权势的友人发出的求助信号,提出了几点最低要求,其中包括俸禄除了养家之外,也得有钱沽酒。不过李商隐固然爱酒而又丁忧赋闲,却也并不至于落魄到了无钱沽酒的地步,更不仅仅是因为物质上的匮乏而求助于他人,倘若作此种解释,虽然看似更符合生活中的人性,却与李商隐的心胸与处事风格相去甚远了。

守孝的生活远离了李商隐曾梦想大展宏图的政治生涯,但也同时短暂地远离了政治上朋党倾轧的漩涡。虽然不能宴饮取乐,却不妨碍他在隐居的生活中"赊取松醪一斗酒",又或者"慢行成酩酊,邻壁有松醪"。据说松醪是一种松花或松肪酿的酒。历史上喜欢松醪的人不多,除了苏轼在《中山松醪赋》中提到此酒以外,李商隐也算是对松醪情有独钟的饮者,后来他离开故乡去做幕僚的时候,还写诗怀念说:"目断故园人不至,松醪一醉与谁同。"

幕僚算不上是朝廷的正式官员,出任幕僚与李商隐最初的才志相去甚远。"花犹曾敛夕,酒竟不知寒",李商隐对人生逐渐生出了"强乐还无味"的感悟,酒虽然饮来也少了春酒暖的滋味,但如不饮酒,又能何为?虽然仕途坎坷,但"人生只强欢",免不了还是要自作消遣的。政治上不能受重视，友人又纷纷各属不同的朋党，同饮的人再多，倘若话不投机，那便也不过是精神上的独饮罢了。

恰在此时，李商隐的生活似乎迎来了一个转机。在北归家乡的路上，遇见了一位多年不见的老友卢弘正，两人相对饮酒，卢弘正便请他去自己的幕府任节度判官。职位虽然不高，但作为自己好友的副手、又很受重视，李商隐自然非常满意这份工作，友人"酒酣劝我悬征鞍"，对李商隐而言不仅是提供了一个颇受重视的职位，更是满足了他不必再四处漂泊流浪、终于可以振作起来施展才华的梦想。

但恰如白居易对李商隐的评价那样，他是"诗称国手"，却无奈"命压人头"。不过短短一年，卢弘正便因病故去，李商隐又再次失利于官场，不得不辞官回乡。而当他再被聘任为国子监的太学博士之时，他钟爱的妻子却又不幸故去了。"浮世本来多聚散"，这是世人皆知的道理，但当不幸真的着落在每个人身上，谁也无法这么豁达地面对。"悠扬归梦惟灯见，濩落生涯独酒知。"心境唯有孤灯见证，落魄飘零的一生也许只有杯中的酒能够明白。李商隐的一生漂泊，友人不能懂，同朝为官者更不能懂；人人都道他攀附牛党之后又叛入李党，是首鼠两端的小人，殊不知这世界上竟有一种天真烂漫之人，对他而言，朋党一类的事情，是无须也无从去费心考虑的。

也许是应了他的名讳——李商隐，应当是需要隐于山水，而不是行走于仕途的。一个毫无政治敏锐度、连朋党倾轧都分不清的人，偏偏试图在政治上大展才华，这本来就是一种不幸的错位。李商隐一生都期望在政治中展现自己的才学，但《无题》中最动人的，却并不是"隔座送钩春酒暖，分曹射覆蜡灯红"的繁华热闹，而是"身无彩凤双飞翼，心有灵犀一点通"的真情与诚挚。他应当是李郢所赞叹的"玉鞭公子醉风流"，是他自己醉饮后潇洒地"旋成醉倚蓬莱树，有个仙人拍我肩"，而不是在摸不清猜不透的宦海中跌跌爬爬地挣扎前行。现实碰壁,不如寻仙问道,但他偏偏又足够清醒,足够知道求仙道、齐死生的妄作,因此他又不能完全痴迷地隐于求仙之道:"壶中若是有天地,又向壶中伤别离。"半仕半隐、半仙半儒之中,有一个趁着酒醉颠颠倒倒、飘飘荡荡的李商隐,这是他的不幸,亦是唐诗的大幸运。

陆龟蒙与酒

几年无事傍江湖,醉倒黄公旧酒垆。觉后不知明月上,满身花影倩人扶。

——陆龟蒙《和袭美春夕酒醒》

陆龟蒙生于晚唐,与皮日休是交好的挚友。晚唐虽然还勉强在唐代的余荫之下,但早已没有了盛唐繁荣的景况;在吏治上,也因为缺乏明君贤臣,乃至宰相公然弄权卖官、贿赂成风。《唐语林》记载当时的民谣说:"确确无论事,钱财总被收。商人都不管,货赂几时休!"仕宦既是如此黯淡,科考又屡试不举,陆龟蒙便自称江湖散人,对于官宦之事,就不去强求了。

小隐隐于野,中隐隐于市,大隐隐于朝。对科举不甚上心的陆龟蒙,则既是隐于野,也是隐于市,同时倒也并不介意做地方官的副手。他不止精通文章,而是六艺样样精通,因此爱好饮酒的陆龟蒙开启了从亲手种植粮食开始到亲自酿酒的自给自足的全过程。要论种植粮食,陆龟蒙的故乡甫里还真不是一个理想的地方。甫里地势低洼,经常容易遭受洪涝灾害,要想种好粮食,那还真是一个技术活。

自古以来,文人隐于田园之间者众;不过让下笔千言的文人真正来做农活,恐怕结果往往都是"种豆南山下,草盛豆苗稀"。连《红楼梦》里的甄士隐家道败落之后,自己打理几亩薄田,也是不善治营生,乃至愈加贫困下去。可见文人墨客描写山水田园固然恬静优美,真正拿起锄头来的时候,却不免往往要和孔子一样兴叹"吾不如老囿"了。

但陆龟蒙不同,认真且实干,知道仰望星空不如脚踏实地。既然种地不易,那就好好研究如何种好地,这一研究,就成了有史以来独一无二的一本古农具百科全书《耒耜经》。文人笔下的农民,或是关心其生活疾苦,或者歌颂其田园安逸秀美,却很少有文人想到亲自去研究农业的技术,甚至汇成专著。而陆龟蒙的《耒耜经》,既能"叙述古雅,其词有足观者",又能被农人奉为"农家三宝",实属不易。比起历史上那些满腹才华的空想派不知要高出多少。

粮食种出来了,接下来就是酿酒了。晚唐在允许私人酿酒一事上,大约是延续了盛唐"天下无分贵贱皆好酒"之风,并不像后世某些朝代那样只许销售官酿借以谋利。陆龟蒙在《记事》中说:"近闻天子诏,复许私酝酿。促使春酒材,呼儿具盆盎。"如此看来,大约有些年份因为灾荒或者其他原因导致的粮食短缺,官方是禁止民间自己酿酒的;但当经济好转、粮食丰裕的时候,民间又可以在酿酒一事上自给自足了。善于种植粮食的陆龟蒙,在酿酒上也井井有条、十分娴熟,"春酒材"是将粮谷舂成米之后才能酿酒,盆盎则都是酿酒中常用的器皿。

大约是对器物有着特别的喜爱和关注,陆龟蒙除了同寻常爱酒的文人一样咏酒、写宴、描摹醉态,还很爱作诗描述一切与酒有关的器皿。从酿酒开始,陆龟蒙就作诗歌咏那个大酒瓮,诗云:"候煖曲糵调,覆深苦盖净。溢处每淋漓,沈来还濎滢。尝闻清凉酎,可养希夷性。盗饮以为名,得非君子病。"前两句可以说是简明扼要又十分清晰地讲解了酿酒的基本方法:要等到合适的温度放入酒曲,然后要用干净的茅草将酒瓮层层覆盖起来,让酒自行发酵;等到漉酒的时候呢,要将下面的米浆沉淀,才能得到浮在上层的较为晶莹清冽的酒浆。

酿酒既成,就要饮酒。饮酒便需要温酒,温酒的时候,就要用到一种特别的三足温酒器，陆龟蒙称其为“酒枪”，又作诗歌咏说：“景山实名士，所玩垂青尘。尝作酒家语，自言中圣人。奇器质含古，挫糟未应醇。唯怀魏公子，即此飞觞频。”温酒器对于酒客而言，不能说不重要，但往往只是饮酒中不常被注意到的一个器皿罢了；倘若陆龟蒙能饮今日的葡萄酒，恐怕也会歌咏分酒器这样总被忽视却必不可少的小物吧。

温酒器之外，自然还有酒杯。陆龟蒙雅爱弹琴，便将琴与酒并论，说“叔夜傲天壤，不将琴酒疏。制为酒中物，恐是琴之余。”除了这些寻常可见的酒器之外，陆龟蒙还爱写似是而非的酒器——什么叫似是而非的酒器呢？就是实际上并没有这种酒器，只不过是一种比拟的手法而已；例如古人常用酒船、酒龙来代指好酒能饮之人，大抵类似我们把饕餮之客戏称为饭桶一样。而陆龟蒙却偏偏拿字面意思去解，酒船成了载酒之船：“昔人性何诞，欲载无穷酒。波上任浮身，风来即开口。”酒龙又成了盛酒的金龙：“铜雀羽仪丽，金龙光彩奇。潜倾郢宫酒，忽作商庭漦。若怒鳞甲赤，如酣头角垂。”原本譬喻是为了以物喻人，到了陆龟蒙手里，却成了实实在在的器物了；偶然换个角度看去，倒颇能体察汉字的趣味。

一切酒客最为期待的，就是能有一个知己的酒友；除此之外呢，便是期待有一个贤内助，自己喝酒的时候不拦着，最好还能做点下酒菜助个兴，那简直就是神仙过的日子了。陆龟蒙的日子比神仙更有滋味：他的妻子和他一样，既擅长文辞，又喜欢饮酒。妻子既是诗友又是酒友，这样的几率在包办的婚姻中恰好遇上，简直是中头彩般的几率。据说陆龟蒙的妻子好酒，也有一段佳话。他妻子的姊妹听说两人都好酒，便劝他们少喝酒、多吃饭。陆龟蒙的妻子蒋氏闻言笑道：“平生偏好饮，劳尔劝吾餐。但得樽中满，时光度不难。”谢谢你劝我加餐，但杯中有酒的日子过得非常愉快，无忧无虑，日子也过得潇洒不拘。

能有同道中人共为伴侣，陆龟蒙饮酒著书，隐居的日子过得自得其乐。不过纵酒的确容易成病，两三次因酒患疾之后，陆龟蒙开始渐渐生出止酒之心来。又一次病酒之中，陆龟蒙作《中酒赋》，叹息说“阮校尉之连醉，不可同行”，又云“吾将受教于圣贤，敢忘欢伯”。有人据此考证说陆龟蒙写此《中酒赋》，是为了中止饮酒，仔细看来却不然。首先古人从无以“中酒”来简称“中止饮酒”的说法，只有“止酒”之说，陶渊明、苏轼都曾作诗止酒，当然是否有效便不一定了。“中酒”常常用以表示病酒，即饮酒过多的宿醉；而在宿醉之中的人，多半是后悔自己一晌贪欢、多饮了几杯的。文中借“客言”说酒的好处是其他事物所不能比拟的：“虽鲭鲊能珍，微风可析，岂比夫榴花竹叶之味，酃水之清，中山之碧，必能醺骨酡颜，潜销暗释。”所谓醺骨酡颜、潜销暗释八个字，若非深知酒中三昧的善饮之人，又岂能说得出来？

陆龟蒙终身隐居甫里，唐末之时，朝廷授命他为左拾遗，当诏书下达的时候，恰逢他病逝家中。他的一生隐于田园，隐于诗酒，却甚少有愤懑积郁之辞。鲁迅称陆龟蒙为晚唐时期“一塌糊涂的泥潭里的光彩和锋芒”，恰因这位江湖散人既不能同流合污于庙堂之上，又不甘被褐怀玉于山野之中，将自己毕生之学都倾注在生活中的小物中：务农则著述农具，爱酒则歌咏酒器。在这些坛坛罐罐、角角落落中完成经世致用，完成自我救赎，过着“江湖散人”应有的无拘无束与从容淡定。

皮日休与酒

酒之所乐,乐其全真。宁能我醉,不醉于人。

——皮日休《酒箴》

晚唐时期,天下政局混乱,可以说已经到了民不聊生的地步。唐懿宗时期,翰林学士刘允章表奏"国有九破",直书天下乱象,然而这些状况到了唐僖宗的时候不仅没有好转,反而每况愈下了。唐僖宗生于深宫之中,长于宦官之手,对于国务政治一窍不通,倒是对斗鸭、赌鹅、骑射、马球这些游戏之道极为精通,对于天下的动乱、百姓的疾苦,他既不了解,也不想关心。

皮日休便生于这样污浊泥泞的晚唐。他的一生在新旧《唐书》中都无生平传记,唯一可知的是他曾中过进士,担任过太常博士、毗陵副使这些不大不小的官职。据《唐才子传》中说,唐僖宗时期黄巢起义后皮日休"陷巢贼中",做了黄巢的翰林学士,后来黄巢起义失败,皮日休也就不知所踪了。

当然,《唐才子传》为了将皮日休位列"才子"之中,自然首先要认定此人的气节与合法性;在起义军中担任翰林学士这样重要的职位,肯定是生平历史上的污点,因此必须把此事说成不得已的、只因深陷叛军而被迫为之的。事实上,皮日休未必是被黄巢起义军所胁迫,反而很可能是自愿加入其中的;也正因如此,为唐书写正史的新旧《唐书》中,这位与陆龟蒙并称的著名诗人,竟然没有一篇传记,只有几部诗集列在《新唐书·艺文志》的目录里。

皮日休其人性极好酒。他给自己起了五个别号,三个都和酒有关:酒民、醉士、醉吟先生。他在《酒箴》中解释了自己名号的由来:"皮子性嗜酒,虽行止穷泰,非酒不能适。居襄阳之鹿门山,以山税之余,继日而酿,终年荒醉,自戏曰醉士。居襄阳之洞湖,以舴艋载醇酎一瓢,往来湖上,遇兴将酌。因自谐曰酒民。"他所好酒,是在于一举一动都需要有酒相伴,不然就浑身不舒服。在鹿门山隐居的时候,他每日酿酒、饮酒,通宵达旦地醉饮,因此自己戏称自己为"醉士",是饮醉而隐居的士人;到了洞湖之上,他有载酒游湖,兴之所至,便欣然饮酒,故而又自称"酒民"。皮日休自知本性荒疏,不拘小节,又极嗜酒,甚至戏谑说自己是"圣哲之罪人也",而他自称醉士、酒民的原因,恰在于"将天地至广,不能容醉士酒民哉"——他深知自己所处的时代是一个空前的乱世,而在乱世中,不入庙堂,在天地江湖间做一个醉饮的逍遥人,虽然有违儒家的圣贤之道,却也可能免去杀身之祸。

有朋友问皮日休为何如此耽于醉饮,皮日休笑答曰:"酒之道,岂止于充口腹,乐悲欢而已哉。"不懂酒的人,往往认为饮酒就是满足口腹之欲,又或者是在快乐或者悲伤的时候助兴而已;但对于皮日休而言,酒是一种源自本性的东西。他知道,居高位者酗酒则化为亡国,居下位者纵酒则易招致杀身之祸,因此"是以圣人节之以酬酢,谕之以诰训"。但是对他而言,醉酒不等于放纵,而在于返璞归真,因此他称"酒之所乐,乐其全真"——饮酒带来的快乐,在于能够回归本真的自我。

对于饮酒一道,皮日休不仅十分精通,而且颇为自豪。他曾作《咏酒》十首,每一首都与酒相关,所咏者酒星、酒泉、酒箅、酒床、酒旗、酒樽、酒池、酒乡、酒楼、酒垆,简直是与酒有关的无所不包、无所不及。在十首咏酒诗之前,皮日休作了一段小序,写自己饮酒的体悟。他说,我这个人性格狷介,举止不同于常人,才能上拿不了满分,悟道上达不到完美,就连进退举止也做不到最好,可以说是天下的一个蠢人了;唯独在饮酒这件事情上,上天给了我一点灵感。过去圣人告诫人们嗜酒会闯大祸,因此诗书礼史都有劝勉人们不要酗酒的言辞。但是在我饮酒而醉的时候,只感到"融肌柔神,消沮迷丧,颓然无思,以天地大顺为堤封,傲然不持,以洪荒至化为爵赏"——整个天地都化为一个巨大的酒杯了。因此,皮日休暗自偷乐:我这样的人,也许就是陶渊明《五柳先生传》中说的无怀氏之民、葛天氏之臣那样淳朴天真的人吧。在他看来,酒不会令他排斥外物,又能怡情悦性,可以说是有利而无害的;因此圣人所担心的醉饮会令人发狂,从而祸及宗族,对他而言是不必担忧的。

然而这样一个深得酒中三昧的人,却也时刻关心着世间的疾苦。他在鹿门山隐居的时候,曾作《隐书》六十篇,批驳晚唐之乱世乱象:"古之杀人也怒,今之杀人也笑;古之用贤也为国,今之用贤也为家;古之酖醢也为酒,今之酖醢也为人;古之置吏也将以逐盗,今之置吏也将以为盗。"在他看来,古人所担忧的酒祸不及眼前所见的人祸更令人忧心。

皮日休对唐懿宗、唐僖宗放纵乱世而耽于游乐极为不满,因而在黄巢起义之后,他便随黄巢的起义军来到长安,随后被任命为翰林学士。《唐才子传》中说,黄巢赏识皮日休的文才,因而在攻下长安称帝后,请皮日休为自己作一首谶词。所谓"谶词",便是带有预言性质的诗歌,黄巢此举的本意是在令皮日休宣扬自己的权威。而皮日休却以黄巢的姓名拆字作了一首诗迷:"欲知圣人姓,田八二十一;欲知圣人名,果头三屈律。"据说这首诗因讽刺黄巢头发杂乱、面容丑陋而致使黄巢大怒,于是命人将皮日休斩首了。

当然,这段逸事不过是《唐才子传》的杜撰罢了。首先皮日休其人绝不会做出写谶词的荒唐事来,事实上,他最不相信所谓天命、祥瑞、妖异一类的说法,曾讽刺说"后世之君,怪者不在于妖祥,而在于政教也。"这样一个现实主义者会去写一首没头没脑、不合格律的诗迷来讽刺黄巢,本身便不十分合理。且看皮日休自己收录集中的诗云:"醒来山月高,孤枕群书里。酒渴漫思茶,山童呼不起。"这样一个天真烂漫、无拘无束,磊落而无挂碍的醉士,又岂会作什么藏头露尾的谶词呢?

史书对皮日休的结局语焉不详,所谓被黄巢所杀、为乱兵所害,大都是后世文人笔记的杜撰。这位只爱徘徊于醉乡之中,"既无阀阅门,常嫌冠冕累"的士人,也许只是在黄巢兵败之后再次隐于江湖,于尘世间的兵祸门阀再无所涉,去过他"黄菊陶潜酒"的逍遥日子了吧!

韦 庄 与 酒

须愁春漏短,莫诉金杯满。遇酒且呵呵,人生能几何。

——韦庄《菩萨蛮·其四》

  韦庄的一生,都在花间词里。花间二字,早已与温柔旖旎、秾艳华美联系在了一起。时值晚唐覆灭,后蜀立国,赵崇祚编撰了《花间集》,收录的是原本作"诗余"而不甚受文人墨客重视的"词",词句工于雕琢,精细富丽,风格婉媚。陆游为《花间集》作题跋时叹息说:"斯时天下岌岌,士大夫乃流宕至此"——颇有恨铁不成钢之义愤。

  韦庄的江南,着实是无限温柔的。"人人尽说江南好,游人只合江南老。春水碧于天,画船听雨眠。垆边人似月,皓腕凝霜雪。未老莫还乡,还乡须断肠。"江南的春水、画船,还有江南的酒,江南酒家里当垆卖酒的姑娘。韦庄年轻的时候屡试不第,年近六十方考取进士,入蜀地任官职。在屡次科考而不能及第的岁月里,韦庄消磨了人生中最重要的时光——少年、青年甚至是大部分的中年。那时的他身在江南,倒未必觉出江南的好;反倒是一入蜀地,恰逢唐王朝轰然覆灭、后蜀建国,韦庄终其一生,再也没能回到魂牵梦绕的江南。

  唐朝的覆灭,对于曾在晚唐余晖荫蔽下的士人而言,其悲哀与无奈是难以言喻的。晚唐纵然已经不复盛唐的繁华鼎盛,甚至也比不上中唐的复兴,但它毕竟还是大唐,那个中国历史上也许是最伟大最辉煌的朝代。然而,天佑四年(907),唐哀宗被迫禅位后梁,纵横数百年的唐王朝,终于走到日落西山的最后一天。得知哀帝禅位的时候,韦庄正在西蜀。史书中不曾说他东望江南时悲哀的神色，只说他与诸位将领一同劝王建立蜀国，以安一方百姓。《十国春秋》中说："凡开国制度，号令，刑政，礼乐，皆由庄所定。"从一国体制到礼乐刑罚，韦庄一个人，几乎撑起了整个后蜀的建国。

人遭遇无奈的时候倘若无力改变，便只能寄情于酒。在安顿一方之余，韦庄总想起过去的岁月，自己尚未及第时的日子。"迩来中酒起常迟，卧看南山改旧诗。"近来醉酒就时常晚起，既然起晚了，就索性在床上躺着，改改旧时写过的诗。在这看似百无聊赖的岁月中，沉寂的是无处寄情的乡愁。旧时的诗，大多是写江南。

韦庄在年轻的时候，曾为了追随唐僖宗，赴宝鸡"迎驾"。当他到宝鸡的时候，又听说僖宗已经到汉中，于是又一路追随而去。这一路战乱连连，叛军四起，又碰上润州大将叛乱，局势混乱不堪，左右为难。直到光启四年（888），江南战乱平息，韦庄才真正踏入江南。"如今却忆江南乐，当时年少春衫薄。骑马倚斜桥，满楼红袖招。翠屏金屈曲，醉入花丛宿。此度见花枝，白头誓不归。"

当时的少年，怀着追随唐王朝余荫的赤诚之心，满眼看到的都是江南旖旎的风物。现在他回忆起来，才知道当时穿着薄衫在江南的岁月到底是多么快乐。当时他骑着马，满街都是酒香花香，倚红偎翠，风流蕴藉。然而少年的心却并不懂珍惜，总想着要去追寻那个最伟大的王朝苍老的步伐，幻想着能一酬壮志。结果这一离开江南，竟然成了永别。倘若是现在的自己，看到这样美丽的江南，便再说什么也不愿意离开了吧。

不喜欢花间词的人，大多像陆游这样，鄙薄花间词人笔下过于艳丽的词句，总觉得身为亡国之臣、南冠楚囚，却还整日沉醉于这些温柔乡里，无怪乎是要覆灭的了。然而晚唐的覆灭本来在花间之前，即使要追责，也实在怪不到花间词的娟秀上来。何况韦庄写的江南，越是温柔秀丽，就越是沧桑悲凉，因为那温柔秀丽的江南，都是再也无法涉足的地方。

后蜀建国,在韦庄为宰相的时间里,暂时获得了偏安一隅的宁静。人们照旧欢宴起来,仿佛忘记了这一块小小的桃花源之外的战火。而韦庄却不会忘,也不能忘。他既要提防着后梁的野心,也要操心着后蜀大大小小的军情国事。一日宴饮中,韦庄写下《菩萨蛮》道:"劝君今夜须沈醉,尊前莫话明朝事。珍重主人心,酒深情亦深。须愁春漏短,莫诉金杯满。遇酒且呵呵,人生能几何。"酒宴上就要沉醉放纵一下,先不要提明天的事情。需要忧虑的事情太多了,但如果只谈这些忧心的事情,便等于是拂了主人的好意——主人劝酒,本意不过是劝大家忘忧而已。所以喝酒的时候就请微笑起来吧,毕竟人生又能有多少岁月可以拿来蹉跎呢?

韦庄入蜀的时候,已经年逾六十,后蜀立国,他已是六十余岁、望七十的老人了。人道七十古来稀,对于韦庄而言,时间是最大的敌人,人生能几何的说法,实在不是无的放矢、无病呻吟。他要忧心的事情太多了,而他拥有的时间,是越来越少了。在这越来越少的时间里,他便越来越怀念无忧无虑,还有大把美好年华可以抛洒的少年时光。

他怀念江南的酒。在江南送别朋友的时候,他说:"雨花烟柳傍江村,流落天涯酒一樽"。在江南去寻友人的时候,他说:"载酒客寻吴苑寺,倚楼僧看洞庭山。"在江南的时候,他还有最好的年华,还有酒,还有三两知己的友人,还有蒙眬的、期待唐王朝恢复旧日荣光的幻想。在那个时候,韦庄的酒还是江南甜香醇美的好酒。可爱的江南姑娘挽起衣袖,手臂间镯子叮叮当当响着,舀起一瓢和春水一样芬芳的酒,"新春阙下应相见,红杏花中觅酒仙"。那是多么美好的岁月啊!

如今呢,却是"遇酒且呵呵"。笑意中有不忍扫了众人酒兴的体贴,也有无法释怀的无奈与叹息。半醉半醒中,韦庄总会想起离开江南的时候。那时候也是酒至半酣,路边杨柳依依、草色青青,一切仿佛是生机勃勃,却又有无边的愁情别意。借着酒醉,韦庄看看周围的春意,忍不住将马鞭朝远远的天际一指:"更把马鞭云外指,断肠春色在江南。"最美的酒,最美的春色,最好的回忆,都在江南。

韦庄看着杯中的酒,就像看着江南的春水。

李 煜 与 酒

史论亡国之君，多半要为他的亡国找出点个人原因；而这个人原因中，又不免以沉湎酒色为主要依据。尤其是在后世的史书记载中，亡国之君多半会被斥为"荒淫无度"、"耽于享乐"、"昏庸无道"之流。但在欧阳修所修《新五代史》中，却描述李煜说："为人仁孝，善属文，工书画，而丰额骈齿，一目重瞳子"，所谓重瞳、骈齿都是圣人之像。南唐旧臣徐铉为李煜所作《大宋左千牛卫上将军追封吴王陇西公墓志铭》中亦鸣不平道："偓王躬仁义之行，终于亡国。道有所在，复何愧欤！"李后主的仁义，竟是在他亡国之后尚被历史所认可的。

史书中所记的李煜，被称为"有惠性，而尚奢侈"。五代时期，贵族皆喜浓妆华饰，文辞必以富丽精工为美；后主生在深宫之中，更有一种不谙世事、天真仁厚的心性。他年少的时候便善诗词书画、歌舞曲赋，且因丰神俊朗，便受到长兄太子弘冀的猜忌。李煜一方面为了避免同室操戈，另一方面又因天性中本来便无意于政务经营，于是纵情于山水诗词之间，对国家政事更是丝毫不问了。

尚未被立为太子的李煜，虽然因需时时躲避长兄猜忌而略感局促，但在山水之中，却别有一番清雅的天地。少年的李煜常载酒游于山水之间，他本就有一种天然而不伪饰的真挚，在面对自然风物的时候，便感到格外地自由晓畅。这无拘无束的游赏比起深宫而言更令李煜情致盎然,他的词,他的酒无不散发着风花雪月的光芒,他有《渔父》词二首描述当时的闲情:"浪花有意千里雪,桃花无言一队春。一壶酒,一竿身,快活如侬有几人。一棹春风一叶舟,一纶茧缕一轻钩。花满渚,酒满瓯,万顷波中得自由。"

有些人的快乐需要丰富的物质和尊贵的地位,而李煜恰恰与之相反:对于他而言,作为一国的储君,尚不如一个天地间无拘无束的渔父快乐。王国维曾说李后主"不失其赤子之心","阅世愈浅,则性情愈真"。李煜生于富丽的江南,长在深宫之中,自年幼至年少并无半分烦忧之处;而面对夺太子之位这样的争执,他自然而然便选择了退避——对他而言,万事万物皆不必争,与其在人世间汲汲名利,都不如江河中的一蓑烟雨、浩然波涛。天地间有烂漫春色,手边有一壶美酒,孑然一身无牵无挂,既没有宫廷争斗的惊心可怖,也没有政事礼仪的繁文缛节,在万顷烟波中身为渺小一芥的渔父,才是拥有真正的自由与快活。

但李煜的酒注定不能是山水之中一竿烟雨下的浊酒。太子病故,李煜授命继承储君之位,这人人欲争的至尊之位,对于李煜而言却不过是一个无甚挂心的名号。他的天真烂漫,于词人而言便是真情切意,但对于帝王而言却显得不合时宜;尤其对于一个乱世的君王而言,不争、仁爱,简直就成了软弱可欺的代名词。李煜自己的宽容仁厚、天真烂漫,竟然推己及人,稚气到相信雄兵虎视的宋太祖会满足于南唐的称臣进贡,认为在硝烟之中,只要不去挑起战火,战火便不会蔓延波及自己那一方桃花源一般的小小江南方寸之地。于是在五代十国的遍地烽火中,各路军阀混战、烽烟迭起,独有李后主细谱《霓裳羽衣曲》,在春日的宫殿中,听笙箫声遏行云、歌舞唱彻宫闱,"临风谁更飘香屑,醉拍阑干情味切。"他不能在山水中沉醉,就在宫禁中浅斟低吟:"罗袖裛残殷色可,杯深旋被香醪涴"、"落花狼籍酒阑珊,笙歌醉梦间",就连进贡给宋太祖的献礼,也是"金银龙凤茶酒器数百事"——这样的后主,虽不因纵情酒色而昏庸无道,但他的世界里,除了歌舞与诗酒之外,竟不能理解战火与纷争的残酷无情。

因此,当北宋平定中原,继而向江南展现出志在必得的态度,旖旎声乐中的《霓裳羽衣曲》便顿时烟消云散了。宋太祖不再接受南唐偏安一隅的局面,以"卧榻之侧,岂容他人酣睡"的冷酷言辞,打破了南唐祈求安稳的最后一丝幻梦。面对来势凶猛的北宋雄兵,后主竟只能借酒浇愁,"怏怏以国蹙为忧,日与臣下酣宴,愁思悲歌不已"。一个温柔天真的词人,本不应承担国家重器、社稷稳固的重任,李煜的醉饮悲歌,正是错位的悲剧。

南唐本就军力薄弱,尽管后主一度"自出巡城",却显然无法避免最终的陷落。奉表投降之后,身为亡国之君的李煜被迁往京师,宋太祖颇为讽刺地赐封他为"违命侯",后又改封为"陇西公"。偏安于陇西公的岁月里,后主与小周后执手相对泪眼,酒后梦回之中,故国的雕栏玉砌依旧历历在目。"晚雨秋阴酒乍醒,感时心绪杳难平。"那般轻易就辞别了的无限江山,想要再见却只能是在醉梦之中了。宗庙倾覆、国破家亡,身在异乡的李煜既无力抗争又无意于抗争,茫然之中,只能寄情于酒:"世事漫随流水,算来一梦浮生。醉乡路稳宜频到,此外不堪行。"对故国的怀念与对身世的哀愁,都只能在杯酒后的诗词中得到暂时的寄托。

在酒醉梦里,李煜悲痛的是失落了的河山,然而更深处困惑的,却是一切美好都无法长久停留的悲哀。"胭脂泪,相留醉,几时重。自是人生长恨水长东。"李煜所不解的,不仅仅是亡国被俘的悲痛,更是人生的苦难无常、身不由己的悲哀。身为君王不是由他选择的,身为亡国之君更不是由他选择的,君王也好、违命侯也好,他似乎都只是生命的惊涛骇浪中的一叶浮萍,除了以酒浇愁之外,竟无一物、无一事能在自己的掌控中。

李煜不是愚钝之人,但他的赤子天真、不知伪饰,却令他缺乏谨言慎行的机敏。南唐旧臣徐铉奉宋太祖之命探视后主,其意自然在窥测这位南唐旧主是否还有不臣之心;然而旧日君臣相见,后主便悲不可遏地痛哭起来,甚至痛悔自己过往的失误。宋太祖听闻此事,又因后主词作中有"故国不堪回首月明中"的句子,便赐毒酒令李煜自尽。据说李煜接到宋太祖命人所赐的酒,竟不知其中有毒,毫不犹豫地一饮而尽——或许李后主早已知道自己宿命的轨迹,对于他而言,烟波江上的诗酒仿佛已是前世,只有眼前此杯可以了却这艰难苦恨的残生。

宋太祖与酒

帝悟,于是召守信等饮,酒酣,屏左右谓曰:"我非尔曹力,不及此。然天子亦大艰难,殊不若为节度使之乐,吾终夕未尝高枕卧也。"

——《续资治通鉴·卷二·宋纪二》

古语有言:伴君如伴虎。盖因君王为一国之天子,金口玉言之下,能以个人喜好断人生死兴亡。因此,全天下最不好喝的酒,恐怕就是和帝王一起喝的酒了。即使吉日欢庆宴饮,也要战战兢兢,一方面必得小心遵从礼仪,一方面又要担心帝王冒出些什么突发奇想需要得体应对;举止既要符合自己的地位本分,又要能取悦君王,还不能得罪同僚,如此酒宴,简直是累赘重重,酒场堪比战场。倘若遇上帝王心情不佳,或是横加猜疑,在这种情况下倘若被帝王召去喝酒,那身为臣子的自然是心惊胆战,生怕一言差池,不仅个人性命休矣,有时还连带整个家族都会灰飞烟灭。

而对于帝王而言,一场酒宴也绝不是一件容易事。首先要保持威仪和庄严感,自然导致了酒宴成为一场盛大的仪式,即使有无数人马负责具体事务的操办,一切拿主意的事情还是必须亲力亲为、劳心劳力。其次,帝王的地位通常也受制于大的军阀、地方势力或者手握军事重权的将领,面对这些人,帝王不得不保持威严而又不失亲和、既能抚慰又要均衡势力,一场酒宴无异于一场充满暗语和潜台词的戏剧,一方面要不失随意地传递一些意见和态度,另一方面又要防止被过度解读,以致引起军阀哗变、江山不稳。

而在一切帝王与臣子的关系中,又属开国帝王与开国将领之间的关系最为紧密又紧张。开国意味着对一切其他势力的征服,这等功勋自然有赖于随着帝王戎马天下、征战四方的将士;而当天下终于一统的时候,手握重兵、身怀功勋的将领们则期待帝王能够委以重任、加功封赏;倘若有所不均或达不到将领的期待,君王则会被认为是过河拆桥、卸磨杀驴。除此之外,由于在常年征战中,君王与将领之间的关系亦君臣亦战友,因此时常言行不拘小节;何况战乱之中也没有那么多礼仪规矩好讲究。然而一旦王朝稳固,规矩和制度也就接踵而至,那些有功之臣却往往难以转换角色,居功自傲,甚至以旧日功劳要挟讽刺君王。前有汉高祖沉猜果诛,杀彭越、韩信、英布,后有明太祖火烧庆功楼屠戮功臣。因此开国帝王宴请开国大将,伴随酒宴的,通常免不了权力斗争和清洗的苦酒。

当宋太祖一一平定了后蜀、南汉、南唐等五代诸国、最终完成统一大业之后,轻描淡写地"杯酒释兵权",对于古往今来的帝王酒宴而言,简直可以说是一个奇迹了。赵匡胤在短短的数年内,用同样的办法,削夺了两种最难解决的兵权——禁军兵权和藩镇军权。在有唐一代以前,这两者却是军权的重中之重。藩镇割据对于唐代而言几乎可以说是致命的体制,因为掀起颠覆盛唐伟业的安史之乱的军阀安禄山,正是唐代藩镇割据的强大势力之一。对于朝廷而言,如果说藩镇是外患,禁军就是内忧,禁军直接服从禁军统领的调配和指挥,对于普通军士和小的将领头目而言,自己的顶头上司才是效命尽忠的对象;倘若禁军总统领发生哗变,顿时成为光杆司令的帝王也只能束手就擒。这样的例子历史上屡见不鲜,而最贴近赵匡胤的例子,其实就是他自己。

赵匡胤本是后周的殿前都点检和归德军节度使,颇受周世宗柴荣的赏识。然而周世宗去世后,七岁的周恭帝继位。年少的周恭帝并无能力驾驭在五代十国的战乱中漂泊不定的国家。于是在禁军高级将领石守信等人的协助下，赵匡胤的下属发动了陈桥兵变，将象征帝王的黄袍披在赵匡胤的身上，禁军哗变包围京城，迫使周恭帝禅位。说是禅位，其实当然是拥兵胁迫，倘若处理不善，便会重蹈董卓、曹丕的覆辙；而赵匡胤居然以强大的震慑力，要求军队秋毫无犯，无论是对后周王室还是大小官吏一概维持不动，绝不横加伤害，避免了士兵的烧杀抢掠，这场禅让居然井然有序。

在宋太祖最终一统江山之后，对于他而言，表面上的战争都已硝烟平静，但以史为鉴，不得不令他对帝国和自己的命运依然感到担忧。建隆元年(960)，赵匡胤平叛后周遗党李重进之后，心事重重地问大臣赵普：五代十国在短短的几十年间，有这么多帝王号称坐拥天下，却短命而亡；算下来"帝王凡易八姓"——几十年内换了八家天下，这是为什么呢？赵普回答得很简单：兵权才是硬道理，兵权在谁手上，谁才有最终的发言权。皇帝想要高枕无忧，很简单，把兵权收到手上来就好。

这句话说起来简单，办起来却是难上加难。五代十国的悲剧还近在眼前，由于君主猜忌拥立有功的大将、擅加诛杀而导致的君臣倒戈不在少数。赵匡胤虽然对江山稳定有些担忧，却还没有对自己的部下进行无妄的猜疑。在同赵普对话的时候，赵匡胤一再说："彼等必不叛吾"，而赵普也非常聪明地回答"吾亦不忧其叛"。这种最基本的信任决定了赵匡胤解决这一问题的方法没有像刘邦那样大兴兵戈，而是选择了更温和的举措。其实仔细想想的确如此：如果那些将领有想法又有能力当皇帝的话，当初黄袍加身，为什么又要披在赵匡胤的身上呢！

于是赵匡胤召集石守信等元老大将，去皇宫共赴酒宴。待到大家都酒酣耳热、醉意蒙眬的时候，赵匡胤突然开口说："倘若没有你们的帮助，我也当不了皇帝；但现在我贵为天子，却始终不能高枕无忧。

你们这些人,我是信任得无以复加,你们不会为了富贵背叛我;但万一你们的手下要把黄袍披到你们身上,你们又该怎么办呢?"这一席话,把对方前前后后的路都堵死了。这些武将们只能流泪请赵匡胤指点一条明路。宋太祖则早为他们想好了明路:一切人的行为,无非为欲望所驱使——而人的欲望,无非富贵、闲暇、安稳,子孙延绵受此荫蔽。如果说我能承诺给你们这些,那你们这些将领自己也就不必反叛,我坐拥天下也更为放心。一席话说得众人心服口服。

《宋史》论及此处,慨叹道:"杯酒论心,大将解印,此何术哉?"古往今来的开国帝王,能如此兵不血刃地在一杯酒中消解了一切叛乱的根源苗头,简直可以说是权术的奇迹。这杯酒中,既有赵匡胤对手下弟兄的基本信任,又有震慑、规劝与权谋。相比于杀头与流血,这一杯帝王的酒,对于臣子而言虽有苦涩与不甘,或许也有几分释然和安慰。

林逋与酒

忆着江南旧行路,酒旗斜拂堕吟鞍。

——林逋《山园小梅二首》

旧日多有隐士。然而隐者多半为世事所迫,譬如伯夷、叔齐隐于首阳山、介子推隐于绵山;又有隐而不隐者,譬如孟浩然,虽云隐士,实际上是"欲济无舟楫,端居耻圣明",骨子里依旧有着治国平天下的鸿鹄之志。当然也有真的隐士,既不期许"终南捷径",又不为了寻仙问道,只是单纯愿意做一介闲散白衣,譬如陶渊明,譬如林和靖。

林逋其人,人称"梅妻鹤子"。盖因其终生不娶妻、不出仕,《宋史》中记载他"结庐西湖之孤山,二十年足不及城市"。他所留下的诗作、词作不多,又"不为章句",所著诗篇最有名者,莫过于《山园小梅二首》。其中"疏影横斜水清浅,暗香浮动月黄昏"两句,因写梅花之魂入骨三分,林逋以梅为妻的名声也更为流传。

林逋的清淡,以致其生平连逸事都甚少记录;然而林逋的盛名,又令时人倾慕、后人浮想联翩。古人饮酒时常行酒令,酒令中有一种源自唐代的"叶子戏",后来发展为"酒牌",牌面上有人物版画、题铭和酒令,行酒令时抽签按图解意,于饮酒之外又别有意趣。酒牌虽然源于唐代,但最为兴盛的还要数明清两代,明代有诸位文人画家专门绘制带有古雅意趣的酒牌。其中任熊曾仿陈洪绶的画风作过一副《列仙酒牌》,其中有"葛洪"、"老子"等人物,而林逋也赫然位列其中。版画上有一隐士头戴方巾,身边立一鹤,数棵梅花婉转其间,酒牌上有一行小字曰"孤山之麓妻梅而子鹤",这便是酒牌上的林逋了。

酒牌上的林逋是"列仙",而在山林之中的林逋则是隐士。林逋曾有《小隐自题》,基本上便是他隐居生活的真实写照:"竹树绕吾庐,清深趣有余。鹤闲临水久,蜂懒采花疏。酒病妨开卷,春阴入荷锄。尝怜古图画,多半写樵渔。"林逋隐居在西湖畔的孤山,眼前不过青竹清流,梅妻鹤子;除此之外,便是饮酒作诗、书画渔樵了。

隐居者的饮酒,与聚饮之酒自然有所不同。林逋写梅花高洁,说:"幸有微吟可相狎,不须檀板共金樽。"微吟是不介入喧嚣,饮酒如此,林逋对诗歌同样采取着淡然的态度。《宋史》中说他"喜为诗,其词澄浃峭特,多奇句。既就稿,随辄弃之。"诗写得好,却不欲留存,随写随丢,于是有朋友问他:"为什么不传抄下去,把诗歌流传于后世呢?"林逋对曰:"我隐匿行迹于山林之中,是连当世之诗名都不想要,还想什么后世的名声呢?"林逋对诗名无所谓的态度,大抵如此。

不期待当世之名的隐士,并不意味着孤芳自赏、不欲结交友人。事实上,与林逋清谈的友人,多半也都是品性清幽的文人雅士,相互之间的结交也多为诗酒酬唱。林逋有《监郡太博惠酒及诗》曰:"况复对樽酒,百虑安能侵。何以比交情,松桂寒萧森。"这是一首唱和之诗,显然是友人带着酒前来拜访,对饮之间友人赠诗,林逋便和诗回赠。林逋虽然不屑于觥筹交错的金樽,但对于友人的"樽酒",还是持以欣喜的态度:有酒有诗,又有什么好忧虑的呢? 对于隐居山林的林逋而言,有一二友人携酒来访,大约就是清净之中令人欢喜的热闹了吧。

《列仙酒牌》虽然将林逋与张道陵、葛洪并列为"仙人",梅妻鹤子的说法也令林逋染上了不食人间烟火的气息,但实际上从林逋留存的诗词中,可见其人情味儿。林逋虽是清淡隐士,世传无妻无子,却并非无情之人。他的《相思令》中写道:"君泪盈、妾泪盈,罗带同心结未成,江头潮已平。"这样深情而婉转的句子,绝不会出于无情之人的手笔。林逋虽然隐于山林,但并不热衷于修道求仙,实际上与葛洪、张道陵之类的"道隐"有所区别。林逋于隐居生活中擅独饮,曾作《山中寒食》曰:"气象才过一百五,且持春酒养衰年",饮酒是为养身,也是平素的遣怀。

倘若从送别诗中看林逋,更能知他最是重情之人。有一首《将归四明夜坐话别任君》,诗中说:"酒酣相向坐,别泪湿吟衣。半夜月欲落,千山人忆归。乱尘终古在,长瀑倚空飞。明日重携手,前期易得违。"乱尘长瀑是出尘古雅的风骨,而酒酣别泪,才是隐居于山林中那个真正有血有肉的林逋。林逋写送别诗必言置酒相送,譬如《送陈日章秀才》是"闲却清尊掩缥囊,病来无故亦凄凉",而《送范寺丞仲淹》则曰"去棹看当辨江树,离尊聊为摘园蔬"。林逋隐于山林,而友人却来而又去,他能做的只有置酒相送,在饮酒半酣中流连不舍。

天朗气清的日子,林逋也爱去西湖上与友人饮酒游赏。林逋的《西湖春日》中说:"争得才如杜牧之,试来湖上辄题诗。春烟寺院敲斋鼓,夕照楼台卓酒旗。"游览风光的兴致与寻酒旗而去的欢愉,都在诗句中溢于言表。即使在隐居深山的日子里,林逋也常以饮酒自娱遣怀,所谓"花月病怀看酒谱,云萝幽信寄茶经。"病而不能饮酒,至少能看看酒谱来消解长日。他也写诗给友人说:"社信题茶角,楼衣笏酒痕。中餐不劳问,笋菊净盘樽。"衣裳酒痕尚在,盘中尤有山笋,这便是隐士的山中月月。又或者"酒渴已醒时味薄,独援诗笔得天真。"饮酒本身不是趣味的本源,醉酒半醒时分的淡薄意味,与此时临降的诗意灵感,方令林逋感到生命本身质朴的乐趣。

有情却不入世,大约是因为"太高人愈妒,过洁世同嫌"吧。林逋在《山园小梅》第二首中曾以梅自喻剖白曰:"澄鲜只共邻僧惜,冷落犹嫌俗客看。忆着江南旧行路,酒旗斜拂堕吟鞍。"知音可以少不可以俗,这种坚守令林逋看上去清冷如梅花映水,又出尘如白鹤归山。

林逋故去后,友人赵师秀为他作《林逋墓下》道:"梅花千树白,不是旧时村。倾我酤来酒,酹君仙去魂。短碑藤倚蔓,空冢竹行根。犹有归来鹤,清时欲与论。"旧日沽酒对饮、作诗相和的岁月已逝,唯有祭酒以慰藉仙去的魂灵。林逋有酒友如此,亦当是不负此生了。

柳 永 与 酒

千骑拥高牙,乘醉听萧鼓,吟赏烟霞。
——柳永《望海潮》

　　酒客本是尘世中被放逐的、抑或是自我放逐的人,而柳永又是酒客中的浪子。煌煌《宋史》,有文人墨客,有将相王侯,甚至有无数笔锋一下带过、再也不出现的名字。独独没有柳永。"凡有井水处,皆能歌柳词",南宋叶梦得在《避暑录话》中说。然而这个名满江湖的人,一生不入正史。

　　柳永的一生,与《宋史》擦肩而过的,大约只有一句话。那是宋真宗大中祥符二年(1009),皇帝诏曰:"读非圣之书及属辞浮靡者,皆严谴之。"在皇帝的金口玉言下,柳永这样一身才华都付与靡靡之音的年轻人,纵使再有才华,也是"不入流的"。纵使他走过繁华富庶的江南,写过"烟柳画桥,风帘翠幕,参差十万人家";纵使他想将这繁华富丽的美景描绘下来,"异日图将好景,归去凤池夸";纵使一首《望海潮》鹤唳惊起天下人,乃至"此词流播,金主亮闻歌,欣然有慕于'三秋桂子,十里荷花',遂起投鞭渡江之志"——柳永的落第,成了《宋史》中永远的空白。他愤然而作的《鹤冲天》,那句"才子词人,自是白衣卿相",居然一语成谶。

　　落第的柳永既然不能跻身于庙堂之高,便不得不放逐于江湖之远了。后人在惊艳于柳永辞赋的华丽时,也不甘心于他在史书中的缺席。从宋元话本《柳耆卿诗酒玩江楼记》到《众名姬春风吊柳七》,

从元杂剧《谢天香》到清杂剧《风流塚》，从文人清客到歌姬优伶，一起为柳永构筑了一个诗酒的江湖。

千年之后，他是婉约派的大咖；昔时，他是整日沉迷于楚馆秦楼之中，流连于花街柳巷之间的浪子柳七。他把原本文人贵族所作的清雅或富丽的"词"写得"浅近卑俗，自成一体"，使得那些下九流的歌姬纷纷追捧歌唱，被称为"不知书者尤好之"——喜欢柳永词的，大多都是鄙俗的、没读过书的人。

柳永可不关心这些人怎么说，他且喝他的酒。

柳永本是福建人，年少时便游历苏浙一带，为其繁华所惑，再也不愿意离开。旧日有词曰："人人尽说江南好，游人只合江南老。"柳永看着繁华到炫目的江南，笔下的歌谣也在江南酒香中变得馥郁芬芳。

他说："壶浆盈路，欢动一城春。扬州曾是追游地，酒台花径仍存。"

他说："对佳丽地，任金罍罄竭玉山倾。"

他说："莫道千金酬一笑，便明珠、万斛须邀。"

柳永的酒从未离开他的词。"忍把浮名，换了浅斟低唱"，既然斟酒就要有歌曲，既然有歌曲，就必然是柳永的歌词。他名动江湖，一首歌传遍大江南北，就连北方蛮族都为他笔下的江南心动神摇。他写的江南风华绝代，就仿佛一个当垆卖酒的姑娘，皓腕盈盈，巧笑倩兮，美目盼兮。自古多的是淡墨写就的山水图谱，却鲜有柳永这样艳丽而不矫俗，富贵而不逼人的江南图画。他说他要写尽江南好景，去向天下人夸耀这一片人间乐土，他日日在此把酒高歌，歌姬绣口倾吐的都是他笔下的江南。

他在第二次落第之后，已经对科举不抱期待，他所遭逢的时运，恰恰与他本性相反。在离开京师前，他写下了《如鱼水》："帝里疏散，数载酒萦花系，九陌狂游。"他带着酒到处踏青看花，良辰美景正好有美酒佳肴，还有风流佳人相伴，浮华名利就算了吧，是非就不要放在心上了。他对自己说，"莫闲愁。共绿蚁、红粉相尤。向绣幄，醉倚芳姿睡。算除此外何求。""忍把浮名"的隐忍是因为还怀有希望，还怀有不甘，到了"除此外何求"的时候，柳七算是彻底放下了。也许他当真像故事里说的那样，宣称自己奉旨填词，或许在嬉笑中也宣称自己"奉御旨喝酒"、"奉御旨陪佳人"……无论放下、放不下，庙堂已经渐行渐远，或许他注定只属于江湖。

欢愉总是一时的，既然登科无望，京师就不是久留之地。柳永开始写离别，在一场雨后，在和一个人告别之后，在一场相对无言的钱别之后，他写出了千古名句："今宵酒醒何处？杨柳岸，晓风残月。"平时酒醉醒来，总有佳人相伴，总有熟悉的灯火和锦绣。但离别后，就只有风雨孤灯照江湖上的一叶扁舟了。

这两句，在后来被另一位词人苏东坡仔细玩味，然后问歌者："我的词和柳永的比如何？"歌者回答说："柳郎中词，只合十七八女孩儿执红牙拍板，唱杨柳岸晓风残月；学士词，须关西大汉执铁板，唱大江东去。"回答精妙。柳永的词从来都是为女孩子写的，他的哀愁婉转，就像江南的酒一样绵柔悠长，善酿，香雪，像女孩一样名字的酒，在一个晚上的浅斟慢酌中渐渐醉去，而不是烈酒入喉、三杯就倒。

《崇安县志》说，后来宋仁宗开恩科的时候，柳永和哥哥一起中了进士。叶梦得在《避暑录话》里说，柳永"举进士登科，为睦州掾"。又有明代《嘉庆余杭县志》卷二十一记载："柳永……仁宗景祐间余杭令，长于词赋，为人风雅不羁，而抚民清净，安于无事，百姓爱之。"据说浪子最终还是入了庙堂，风流柳七，成了关心民间疾苦的小吏，写《煮海歌》，被后世文人称为"名宦"。

不知道是不是这个时候，柳永的词越来越清瘦起来。这个才华横溢、落第却疏狂、游遍江南烟柳画桥的少年，在什么时候，他的酒杯也沉重了起来。"狎兴生疏，酒徒萧索，不似少年时。"这不像是那个浪子柳七。

再后来,他写了《蝶恋花》,"伫倚危楼风细细,望极春愁,黯黯生天际。草色烟光残照里,无言谁会凭阑意。拟把疏狂图一醉,对酒当歌,强乐还无味。衣带渐宽终不悔,为伊消得人憔悴。"这首被王国维认为人生况味三大境界之一的词,后人不相信这是柳七所写。他们认为柳永应该永远是那个俚俗的、流连在歌姬身边、喝着江南一杯杯美酒却又永不老去的词人。他怎么会"对酒当歌,强乐还无味"?

然而那春愁黯黯、草色烟光,依然是红牙拍板的声调。柳七的酒还是柳七的酒,但词已经变了清瘦忧愁的滋味。流连于花柳之间的少年固然鲜衣怒马、桀骜不拘,但少年也有老去的时候,把马系在垂柳下举杯痛饮的新丰游侠儿,最终还不是成了枯坐终南山的老人。

《宋史》也许忘记了这样一个普普通通的县令,但歌姬从未忘记她们的友人。据说柳七虽然做过两任官职,却两袖清风,去世时,诸位歌姬将自己的积蓄拿出来为他送葬。"只见一片缟素,满城妓家无一人不到,哀声震地。"如此空前绝后的盛况,倘若有一人当得起,便必然是天下第一诗酒风流的柳三变。

范仲淹与酒

浊酒一杯家万里，燕然未勒归无计。

——范仲淹《渔家傲》

提起"酒客"二字，往往浮现出的是潇洒不羁、纵情任性的形象。譬如西晋有名士张翰，《晋书》中说他为人"纵任不拘"，性情有类于阮籍阮步兵，故人称"江东步兵"。他生性无拘无束，有朋友劝他说：你这样放纵安逸一时，难道不顾忌身后的名声吗？张翰笑答曰："使我有身后名，不如即时一杯酒！"后来李白《行路难》中说"君不见吴中张翰称达生，秋风忽忆江东行。且乐生前一杯酒，何须身后千载名"，辛弃疾的"季鹰归未"，千古酒客们所奉行的，多半都是张翰这样"身后名不如且乐樽前"的人生态度。

但范仲淹恰恰相反。"先天下之忧而忧，后天下之乐而乐"，《岳阳楼记》的千古名句，既令范仲淹留下了"名相"、"名贤"的美誉，同时也令范仲淹的形象似乎刻板中正、彪炳轰烈，仿佛塑像一般，只能高山仰止，而难以体味贴近。实际上，这位被王銮称为"宋人物第一流"的文正先生，不仅文能锦绣天下，武能知兵善任，生活之中亦不缺少情趣。因此范仲淹的词中之酒，是文人之酒、是君子之酒，亦是天地间风流之酒。

天禧五年（1021），范仲淹时任泰州盐仓监官。初入仕途，又是闲散小官，这与范仲淹的年轻壮志相去甚远。《西溪书事》中说："卑栖曾未托椅梧，敢议雄心万里途。"范仲淹出生贫贱，入仕又逢闲散小官,因此日日便以醉饮为要:"一醉一吟疏懒甚。"这并不是说范仲淹不欲理事、不负责任,或者说自视甚高。诸葛亮曾说庞统在耒阳县不理政事、终日饮酒为乐,是因为"大贤若处小任,多以酒糊涂,倦于视事",范仲淹亦是如此。据稗官野史所载,范仲淹在西溪盐仓的时候曾为母亲制中药"八珍汤",因口味不佳,改为以瓮酿造储藏,最终成了"陈皮酒"。历史上未必确有其事,但范仲淹在西溪着实留下了酒名。

范家与江南的缘分,尚在范仲淹之前。范仲淹的先祖范隋同唐懿宗南渡,为避中原兵乱定居吴县;五代时,范仲淹的曾祖与祖父均出仕吴越,他的父亲范墉随吴越王归降大宋。范仲淹为母守丧的时候,居于应天府,《诸暨道中作》多半是这一时期的作品。"林下提壶招客醉,溪边杜宇劝人归。可怜白酒青山在,不醉不归多少非。"这首诗与范仲淹平素豁然天下的态度似乎有所不同,对酒望青山,历代的是是非非、王朝更替似乎都融入酒中,范家数百年随着唐末五代十国动乱而跌宕起伏的历史难免令人心生梓泽丘墟的叹息。

徒于慨叹而无所为,这不是范仲淹对世事的态度。天圣六年(1028),范仲淹作《上执政书》,书中奏请改革吏治,颇为当时的宰相晏殊赏识。天圣七年(1029),范仲淹上疏十九岁的宋仁宗和当时把持朝政的章献太后,要求太后还政于皇权,连晏殊都惊愕于他的大胆。后来范仲淹多次贬谪,依旧在《灵乌赋》中剖白"宁鸣而死,不默而生"。谏言而不畏杀身之祸,范仲淹不仅是这样说的,也是这样做的。

但政治态度上的泾渭分明,并未令范仲淹的诗作词句生硬板正。词在北宋刚刚脱去五代的浮华绮丽、优雅婉转的遗风。而范仲淹的词不甚旖旎,亦不至于像苏轼的《念奴娇》一样,需要关西大汉持铁板唱大江东去。"愁肠已断无由醉,酒未到,先成泪"、"酒入愁肠,化作相思泪。"《岳阳楼记》中说"去国怀乡,忧谗畏讥,满目萧然,感极而悲者"。虽然范仲淹力图不同于古人的这种愁绪，但情感之所以动人，正因为其往往有相通之处，即便是中正的圣人，亦不可能弃绝喜怒哀乐。因此"不以物喜，不以己悲"，与其说是范仲淹自我的写照，不如说是他试图达到的人生境界。

写出"先天下之忧而忧，后天下之乐而乐"的范文正公，往往为世人所知；而鲜有人在意范仲淹实际上是北宋最著名的军事家之一。康定元年（1040），西夏祸乱北宋边境，已经被贬谪的范仲淹在众望所归之下回到京师，很快被任命为陕西经略副使兼延州知州，镇守西北边陲。边塞诗虽兴起于唐，但作边塞诗的诗人未必是戍边的将领，多半只是历经边塞的苍凉战乱、有感而发罢了。但范仲淹不同。在他镇守西北的时候，羌人尊称他为"龙图老子"；西夏将士相诫："今小范老子腹中自有数万甲兵，不比大范老子可欺也。"自从范仲淹镇守延州，西夏的铁骑便无法染指，盖因范仲淹身为延州经略，胸中有十万甲兵，指挥调度、任贤举能，即使连劲敌也不得不对之兴叹。

因此当范仲淹写下"浊酒一杯家万里，燕然未勒归无计"时，这位从贫寒中寒窗苦读、在朝堂上不畏上位者的喜怒而直言进谏的先生，正身披铠甲，站在城楼的月台上。边塞艰苦，唯有浊酒一杯，但在范仲淹的手中，这杯浊酒正是他孤独长夜的陪伴。边陲未定，岂敢醉饮？岂敢言家室？他没有离开边陲的想法，却在心底属于词人柔软的部分想起"将军白发征夫泪"。于家国，他想到的唯有责任；于个体，范仲淹的词中却蕴含着深刻的关怀与忧思。

在大是大非的问题上，范仲淹从来都是据理力争，接连因"太后还政"、"废郭皇后"、"上《百官图》"，三次进谏三次被贬，每次被贬都会有友人相送，这时总是要以酒钱行，常人估计都难以消受这苦涩的酒，只有范仲淹能欣然饮此苦酒，因为他在乎的不是个人荣华，他在乎的是天地道义。《宋人轶事汇编》记载这三次被贬被时人称为"三光"，这三光荣耀也只有范仲淹配得上，这三光苦酒也只有范仲淹喝得来。

范仲淹故去后，王安石称他"一世之师，由初迄终，名节无疵"，苏轼亦赞他"出为名相，处为名贤"，两位政治思想上针锋相对的人，却都不约而同地折服于范仲淹的人格魅力。范仲淹的一生，似乎不曾有酒客的潇洒任性，不曾有名士的风流纵情，甚至不曾有苏东坡式的豁达随意。然而除却著名的《岳阳楼记》，范仲淹也曾作"鸟歌疑劝酒，山态似迎人"送何白节，作"樽藏金醴迟迟进，匣锁云和特特开"赠友人欧伯起。他并非古板中正、缺乏体味酒中情致的柔软，但他的柔情都藏在古雅而沉着的词句中，他的酒似乎还未入愁肠，便已消失在沉重而深远的家国情怀里。也许正因如此，范仲淹的杯中酒与词中句，也才更具有堂正光明的巍然气象。

石曼卿与酒

高歌长吟插花饮，醉倒不去眠君家。

——苏舜钦《哭曼卿》

所谓饮者留名，多半是因其酒兴颇有异于常人而被传为佳话，被收录进文人笔记、小说乃至志怪之中，继而至于无人不知、无人不晓，竟比在正史中有数行传记的"圣贤"更有知名度。然而即使在饮者之中，能以豪饮留名正史者并不在多数，其中能被正史称为"酒仙"的，更是少之又少。

《宋史》中便有石曼卿一人，被录为"酒仙"。石曼卿本名石延年，他与刘潜是相交相识的酒友。史载石曼卿"喜剧饮"，不仅喜欢喝酒，而且喝得非常多。他与同样既爱喝酒又十分善饮的刘潜经常相约到王氏酒楼去喝酒，两人对坐饮酒，可以一言不发，一直喝到日落时分各自回家，被称为"默饮"。因为石曼卿和刘潜酒量都很大，酒楼的老板王氏就觉得他们不是寻常人，有一日便奉美酒佳肴果品供他们对饮，于是两个人面色自如地饮酒品菜，一直到晚上，脸上一点醉意也没有，依旧不发一言，到了晚上相互作个揖就回去了。到了第二天，人们都相传有两位仙人来王氏酒楼喝酒了。

石曼卿不仅酒量大，而且饮而不醉，因此史载他："虽醋放，若不可攖以世务，然与人论天下事，是非无不当。"看上去饮酒放旷、似乎很不靠谱的石曼卿，实际上在政治上有着非常的敏锐度。他年轻时不愿为官，后来还是宰相张知白劝说他："现在不为官出仕，难道要等母亲老去再做官吗?"于是他出任知县、通判,后来做了大理寺丞。当时正是宋真宗当位之时,北宋尚在繁荣昌茂的时候,石曼卿就已经看出契丹和西夏会是北宋最大的威胁,并提出要建设"二边之备";到了康定年间,西夏元昊用兵河西,吴安道与石曼卿奉旨前往河东视察,吴安道一路兢兢业业、认认真真,而石曼卿却"吟诗饮酒,若不为意"。石曼卿岂是对国家大事不以为意? 不过数年前就早已对"将兵之勇怯,刍粮之多寡,山川之险易,道路之通塞"胸有成竹了而已。

若说石曼卿只是饮酒不羁又有将相之才,尚不足以在饮者中独享盛名;那么《梦溪笔谈》中所录石曼卿的"诡怪不羁",就实在是在饮者之中也算独占鳌头的了。寻常人饮酒,置酒案上,有友则同饮,无友则独饮,不过如此;酒人饮酒,饮而欢呼踊跃、陶然自乐,是更进一层。然而这些对于石曼卿而言,都已经是玩够了的,于是在饮酒之外,还要玩出点别的花样来。他先是发明了各类一边 cosplay 一边饮酒的"怪方法",例如有客人来的时候,就披着头发光着脚,身上套着镣铐枷锁饮酒,美其名曰"囚饮";有时候自己饮酒,就爬到树枝上去喝,并取名曰"巢饮";有时候还会拿稻草编一个圈,把脑袋从里面伸出来喝一口酒,然后再缩回去,谓之"鳖饮"。喝酒也能玩出如此多的行为艺术来,实在是挑战和颠覆了一切饮者的想象力,就连竹林七贤看到这一场景,恐怕也要甘拜下风了。

然而一切行为艺术固有其原因,石曼卿的饮酒之怪,亦不是疯癫使然。所谓喜饮酒者,多半喜好的是放达不羁,故而他与酒友相约饮酒,如果不想说话,便可以对坐无言,只要饮酒便是了,根本不必许多废话来搅扰酒兴。而所谓的"囚饮"、"鳖饮",则是看似令自己置于没有自由、无法行动的状态中,在这种最极端的不自由中饮酒而获得自由,正是以肉体的不自由来反观精神的自由,从而达到一种通达的觉悟。至于"巢饮"者,莫非是为了寻求无怀氏、葛天氏、有巢氏之上古先民的自有天然之状态吗?

除了"玩自己"以外,石曼卿饮酒无聊了,还会"玩酒"。例如说有时候晚上无聊,他就把酒杯用绳子吊在半空中,然后去喝酒,称为"徒饮"。最有趣的是他还会和酒玩捉迷藏,把酒放在房间中央,自己潜伏在一边,有时候跑出来喝一杯,喝完了又去一边藏好,戏称为"鬼饮"。沈括称其"狂纵大率",已经是很委婉的说法了,石曼卿发明的这些奇奇怪怪的饮酒方式,简直堪称饮酒界的戏精本尊了。

除了刘潜之外,石曼卿的酒友还有苏舜钦、梅尧臣、欧阳修等人,不过由于其他人的酒量都不及石曼卿,因而不能足以与他豪饮尽兴,所以石曼卿最喜爱的酒友还是刘潜。有段时间石曼卿在海州出任通判,正好有一日刘潜来作客,两人在石闼堰对饮,一直喝到深夜,石曼卿发现酒快要喝完了。这深更半夜,当然也没处沽酒,情急之下,他看见船上还有几斗醋,索性把醋倒进酒里喝,一直喝到天亮的时候,酒和醋全都喝完了。饮酒而不拘小节的,实在是没有人能比得上这位以醋代酒的石曼卿先生了。

石曼卿旧日不欲出仕,倒不是因为经历世事坎坷、心灰意冷,而仅仅是因为他的心性十分淡泊,对一切官运仕途之类的事情并没有什么兴趣。即使为官之后,他依旧是乐于与知音友人饮酒聚会为乐,每日"纵游会约无留事,醉待参横月落斜",因此《冷斋夜话》称"石曼卿隐于酒,谪仙之流也"。所谓的隐于酒,不是说石曼卿因饮酒而不仕,而是说他只有兴趣于诗酒漫游,而无兴趣于汲汲名利。作为一个特别喜好饮酒的戏精,石曼卿的幽默感也可以称之为冠绝古今了。有一日他出游的时候,牵马的人不小心惊着了马匹,石曼卿被从马背上摔了下来。周围围观群众都认为这样一个大官被驭者粗心大意而摔下马背,肯定要发一大通脾气,于是都围过来看热闹,没想到石曼卿悠悠然拍拍袍袖,戏谑地说:好在我是个"石学士",我要是个"瓦学士",这一下就要被你摔成碎片了。于是众人哗然大笑,一场风波也就化为春日的欢声笑语了。

石曼卿耽饮酒,尽管酒量惊人,但饮酒本身依旧危害了他的身体。宋仁宗因为喜爱石曼卿的才华,再三劝他戒酒,石曼卿听了以后也许是觉得有些道理,于是不再饮酒。不过也许是因为他旧日饮酒的沉疴,也许是因为其他的原因,年仅四十八岁的石曼卿在戒酒不久之后便病故了;人们因为惊异于他的善饮,竟附会地认为石曼卿是因为"戒酒而卒",并且写入历史之中。或许这正是充满幽默感的石曼卿以自己的生命和饮酒开得最后一个玩笑吧!

晏 殊 与 酒

一曲新词酒一杯，去年天气旧亭台。

——晏殊《浣溪沙》

世人多言"性格决定命运"，少有讨论"命运决定性格"，想此两者应该是相互作用、相互影响的结果吧。面对同样的际遇，乐观者和悲观者的处事风格确实大相径庭，但同时也应看到，同样一个人在顺境中与逆境中的表现也是风格迥异的。有人一生难得志，比如杜甫；有人一生风水顺，比如唱着"一曲新词酒一杯"的晏殊。词曲背后透着一副去留无意、从容不迫的气质。

晏殊幼年便是神童，十四岁殿试，受赐同进士出身。宋真宗时期正是北宋初年文气疏朗的时代，晏殊年不及弱冠，便被授命为秘书省正事，并留在翰林学院继续读书。相较于古往今来"文章憎命达"的文人墨客，晏殊的命运仕途可以说是事事顺达，而正因如此，他的一饮一词中，才能展现出被称为"北宋倚声家之初祖"的娴雅旷达来。

史载晏殊生活朴素廉洁，《宋史》称其"奉养清俭"，但他的清俭并非过度的古板克己。《避暑录话》中记载晏殊："虽早富贵，而奉养极约。惟喜宾客，未尝一日不燕饮"。他曾作《浣溪沙》说："一向年光有限身，等闲离别易消魂。酒筵歌席莫辞频。"晏殊对酒筵歌席不仅毫无反感，反而十分乐在其中。他睿智地看透了人生的短暂，却并不耽于沉溺伤怀，反而豁达乐观地举杯畅饮。"落花风雨更伤春，不如怜取眼前人。"人生总是短暂的、离别总是令人黯然神伤，那又有什么道

理不珍惜眼前的美好,不去享受生活中与朋友聚饮的乐趣呢？他的
宴饮之乐并不是困于人生苦短的及时行乐,反而因怜取眼前的风物
而充满了一种气定神闲的哲思。

晏殊的酒宴并不奢华,甚至"盘馔皆不预办",等到客人来了再随
意预备酒菜而已。有时嘉宾造访,晏殊一定会挽留客人宴饮,但从不
刻意准备复杂的酒宴,只不过"人设一空案一杯,既命酒,果实蔬茹渐
至。"一边饮酒一边安排果蔬按酒,主人既不需要忙乱,客人也更加自
如。晏殊在酒宴中常以歌曲舞乐、吟诗作词与客人取乐,谈笑之中不
失儒雅。酒过三巡,宾主便相对赋诗酬唱,晏殊自笑"文酒雅宜频燕
集",这份雅趣若无文思相称,实在是不能成此佳话的。

正因为这份安然与闲情,晏殊对酒的品味也格外细腻真切。"玉
碗冰寒滴露华"、"酒红初上脸边霞",他不惮以最清丽美妙的词汇来
描绘酒的可爱和饮酒后的欢乐。"可惜异香珠箔外,不辞清唱玉尊
前。"他于饮酒中所获得欢乐充满了赤子真挚的感染力,无需檀板红
牙的清唱,正是晏殊独有的醉歌。

对他而言,风物的美好、饮酒的欢乐简直如同江南清澈的流水一
般,从不因为易于消逝而减损其美丽,也不因时光短暂而增加其忧
愁。正因如此,就连古往今来谁也逃不脱的离愁别恨,在晏殊看来,
都透露出一种施施然的清雅来。所谓"黯然销魂者唯别而已",但在
晏殊的眼中,杯酒送别并不是什么凄苦悲凉的事情,反而是在宽阔天
地中相逢的幸运。他送别友人时在杨柳树下、荷花香气中殷勤劝酒:
"芰荷香里劝金觥,小词流入管弦声。只有醉吟宽别恨,不须朝暮促
归程。"需要离别的时候,他不去着急催促归程,又不去过分伤感别
离,醉饮之中,只有令人宽心的慰藉,没有半分强求和苦留。就算是
"不知重会是何年"的时候,他也只是微笑着劝说"为别莫辞金盏酒",
这清雅淡然的句子,固然没有"天下谁人不识君"、"海内存知己,天涯
若比邻"的雄壮声调,却自然而然地给离别的人以宽心舒畅的力量:

离别不是结束,相聚值得感怀。

最有趣的是,就连别人的醉酒,晏殊也能说得优雅而妙趣横生。他在春日乘小船闲游,见渔父醉饮复醒又举棹回舟,便笑言"渔父酒醒重拨棹,鸳鸯飞去却回头。一杯销尽两眉愁。"在他看来,春光如此美好,又有什么值得烦忧的呢?就算略有闲愁,一杯绿酒,也早已消尽了。

在晏殊的酒兴中,颇有一种适当的、恰好的态度。他不是无情的人,否则怎么能明白"无可奈何花落去"的低回婉转;但在落花之中,他总能看懂"似曾相识燕归来"的轮回。"当歌对酒莫沉吟,人生有限情无限。"他不是不懂伤悲,不是不懂年华易逝,但他更明白为芳华哀歌的无济于事,因此他爱酒而不沉溺其中,就连醉都能恰到好处。在年华中总会有令人伤悲的离别和重逢,晏殊却能安排得十分妥帖:"与君相见最伤情。一尊如旧,聊且话平生。"在最伤情的时候,与其相顾无言、泪满青衫,不如一樽清酒,聊聊平生家常故事。因为如此,久别的老友反而不会无言以对,也不会在倍感生疏中各自伤怀。

晏殊的优雅并不意味着他是个泥菩萨式的老好人。他身居相位,在其位而谋其政,正因他的温柔理智,故能将一切事物处理得妥帖而完备。尽管如此,遇到触及底线的情况,晏殊在施施然之外,有时也竟会展现出据理力争的态度。《宋史》中说太后以张耆为枢密使,晏殊认为其才能不足以担当此任,力谏反对,乃至"怒,以笏撞之,折齿"。愤然乃至撞掉了侍从的牙齿,这是在沉稳持重的晏殊身上极少看见的情绪波动,却并不是因为他自身的荣辱,而是为了秉公持正与责任担当。

因力争劝谏而得罪太后的晏殊也没逃脱被罢相贬谪的命运。对于晏殊这样从年少即仕途顺遂的文人而言,不能不说是一个生活和仕途上双重的重大打击。但晏殊就算在谪居之中,也并没有什么悲苦的哀叹或凄楚的自怨自艾;《山堂肆考》中说:"晏元献庆历中罢相守颍,以惠山泉烹日注茶,从容置酒。"天天煮茶、饮酒、赋诗,这哪里是被贬官,简直是外放度假一般。晏殊自己亦作《煮茶》一诗说:"未向人间杀风景,更持醁醁醉花前。"仕途的坎坷也不能抹杀风景的美好,持酒赏花而醉,这样的愉悦又岂是官场上的一点失意能够破坏的? 这样的修炼非一般人可以达到。

晏殊的酒兴,因为他的淡然而展现出真正从容的儒雅。在被贬谪的时候,他没有抱怨命运的不公,没有声言自己的无辜,却兴办了睢阳书院,北宋一代范仲淹、王安石等才气干云者都出自他的门第。晏殊的胸怀至为宽广,因而他的兴味也至为淡然。他手把樽酒在小园香径中独自徘徊的时候,他"圆融莹澈"的风度,正恰如他词集的名字一般"珠玉"丰盈。

《论语》中说,"文质彬彬,然后君子",说得大概就是晏殊这样温润如玉的人吧!

晏几道与酒

彩袖殷勤捧玉钟，当年拼却醉颜红。

——晏几道《鹧鸪天》

黄庭坚为晏几道的《小山词》作序，说他"常欲轩轾人，而不受世之轻重"。晏几道虽然是晏殊老年所得之子，性格却与晏殊大相径庭。不知是物极必反还是基因突变，晏殊一生是温文尔雅的谦谦君子，而晏几道却是一个性格疏狂的"痴"人；恰因晏几道的"痴"与"狂"，尽管父亲晏殊门生遍布朝堂，但在他仕途坎坷困塞的时候，却也不会依傍贵人门庭，乃至"陆沉于下位"，一生只做过零星小官，其郁郁不得志，正是晏几道清疏孤傲的性格所致的。

晏几道爱饮酒，酒后常作小词。晏几道年幼的时候，因为聪明伶俐而有文采，故而在父亲晏殊宴饮宾客的时候，时常也列席其中。他年少时作诗说"金鞍美少年"，每日纵酒走马的贵族子弟生活，正是晏几道年幼时的常态。年少时节，家中辉煌丰盈的酒宴给晏几道留下了深刻的印象，乃至他的一生都在追忆年少时期的往事。他曾自序《小山词》集说："叔原往者，浮沉酒中。"叔原是晏几道的小字，而一生沉浮酒中，正是他对自己真实的写照。

然而晏几道的少年是骄而不纵的。他常怀着一种诚挚而天真的灵魂去欣赏酒宴上歌女舞姬的美好，因而他的词作中，充满了酒宴之后浓烈过去留下的清丽与真情。有一首《鹧鸪天》道："小令尊前见玉箫，银灯一曲太妖娆。歌中醉倒谁能恨，唱罢归来酒未消。春悄悄，夜迢迢,碧云天共楚宫遥。梦魂惯得无拘检,又踏杨花过谢桥。"在美好的歌舞中醉倒的少年,梦魂无拘无束地走入碧云天中、踏着杨花走过谢桥,去寻在酒宴上一曲歌舞无限娇娆的秋娘——这样艳而不淫的真情切意,就连以理学为名的程颐都不由地笑称为"鬼语"。

爱慕歌女的美丽外表和妖娆姿态,这不过是人之常情罢了;《红楼梦》中有"天分中生成一段痴情","在闺阁中虽可为良友,却于世道中未免迂阔怪诡,百口嘲谤,万目睚眦"。这样的句子,虽是曹雪芹六百年后的艺术表达,但于晏几道而言,却恰如白描一般。对于酒宴上其他宾客而言,歌女舞姬不过是酒宴助兴的节目而已,一曲过后拍手叫好者有之,乘醉而唱者有之;然而念念不忘而无淫狭之思的,却只有晏家的小公子晏几道。晏几道有几位好友,都是当时富贵人家的子弟;家中歌姬舞女众多,其中有"莲、鸿、苹、云"四位,都是晏几道十分钟爱的娟秀女孩。他曾追忆年轻时与友人沈廉叔、陈君宠宴饮之中,他为歌女作小令,往往都是"朱弦曲怨愁春尽,渌酒杯寒记夜来"、"斗鸭池南夜不归,酒阑纨扇有新诗"这样清雅的小曲;每写完一首,都交给这些女孩子去传唱,而晏几道则与朋友"持酒听之,为一笑乐"。

因为晏几道常为歌女作词,故而包括晏殊门下旧弟子韩维在内的很多人,都认为他"盖才有余,而德不足"。北宋虽曾有柳永这样浪荡落拓于诗酒歌女之中的白衣卿相,却始终不能在当时的文人心目中登大雅之堂;更因晏几道之父晏殊中正工雅,为人持重,故而晏几道的清疏狂傲就更加令晏家旧日门客同僚失望。于是晏几道与年幼时常常同父亲宴饮的门客官僚们逐渐疏远,而与黄庭坚这样的青年才俊更为相知。黄庭坚曾在《山谷外集诗注》中记载自己同晏几道在寂照房饮酒唱和、醉倒在酒家垆边的旧事,对于晏几道而言,与友人共醉酒垆,比起那些正襟危坐、令人气闷的酒宴,实在是有趣的多了。

然而晏殊的故去令晏家不再门第显赫,晏几道也逐渐受到官场上那些旧相识的冷落,他本不是在官场中长袖善舞的那种人,因此过去晏殊结交的那些官场旧友"虽爱之,而又以小谨望之",并不对困境中的晏几道伸出援手。在这样的世态炎凉中,晏几道的清高孤傲又令他决不能低头俯就于那些高官门第之中,只能在杯酒里暂慰心中的悲凉。"清颍尊前酒满衣,十年风月旧相知。"他所惺惺相惜的旧相识,不是那些旧日门庭的衮衮诸公,而是曾经一颦一笑都令他着迷牵动的歌女。"彩袖殷勤捧玉钟,当年拚却醉颜红。"旧日酒宴上的欢歌尚在眼前,阔别后的重逢更令人疑惑是否还在醉梦之中。面对这些身世漂浮不定如水上之萍的歌女,晏几道如同面对镜中的自己,他们都是峨冠博带的仕人看来地位微薄的人,却都有着最为绚丽的舞姿、最为清丽的歌声和最为娟秀细腻的情感,也都有着随波转逐、身世浮沉的不得已。于是当旧日相识的歌女小莲写彩笺寄语他的时候,小山看着手中的香笺,只能与她在梦中"相逢酩酊天"。郑骞在《成府谈词》中说晏几道词"高华绮丽之外表,不能掩其苍凉寂寞之内心",正是在他的沉醉梦魂中得见他真正的悲凉与落拓。

在仕途的困蹇里,晏几道只能于酒后小词之中寻觅一方清净。在酒醉之后,他常回忆起旧日的欢宴,而他越是老去,越是看尽周围朋友的离别和故去,看尽世事的悲欢炎凉,便越是思念年少时的真情。"梦后楼台高锁,酒醒帘幕低垂。"在落花中独立的晏几道嬉笑自嘲道:"君宠疾废卧家,廉叔下世,昔之狂篇醉句遂与两家歌儿酒使俱流传于人间。"旧日交游的朋友老病故去,只有年少轻狂时纵酒醉后所作的词句被歌女传唱,流传到人间。

晏几道一生高傲,据陆友的《砚北杂志》载,宋哲宗时,晏几道的词名盛传于京师,苏东坡慕名请黄庭坚引见,而晏几道却回答说:"今日政事堂中半吾家旧客,亦未暇见也。"在清高孤傲之外,亦不难窥见他对世味人情的淡薄和倨傲。即使在落魄之中,晏几道身上依旧有着贵族公子的自矜和疏狂,在岁月中逐渐老去的晏几道,依旧是那个年少纵马的白衣少年。彼时,在暮春漫天的花语中,他纵酒高歌,笑着令歌喉婉转的女孩唱那首新作的《浣溪沙》:"白纻春衫杨柳鞭,碧蹄骄马杏花鞯。落英飞絮冶游天。南陌暖风吹舞榭,东城凉月照歌筵。赏心多是酒中仙。"有酒不可言落魄,一生白衣笑狂狷。

晏几道的一生都蹉跎于杯酒和歌姬小词之中,但那又有什么要紧的呢? 时穷命蹇,不过是因为天意要好词罢了。

梅尧臣与酒

> 翁来，翁来，翁乘马。何以言醉，在泉林之下。
>
> ——梅尧臣《醉翁吟》

诗人有当时籍籍无名、死后名垂千古的；亦有当时声名远播，故去后少人问津的。然而梅尧臣在当时被欧阳修、苏轼尊称"诗老"，被陆游视为李杜之后的第一位真正诗人，却在元明时期无人问津；到了清代以后，又再次掀起古诗文运动的波澜，梅尧臣的名望，在某种程度上正代表着宋诗在古代文学中的尴尬境地。

梅尧臣晚年有一首诗自况，说："我生无所嗜，唯嗜酒与诗"，这句话着实能够概括梅尧臣的一生。梅尧臣出身贫寒，一生在仕途上并不得志，然而诗名很高，在当时就与苏舜钦、欧阳修齐名。事实上，梅尧臣还是苏轼这位大文豪的第一个青眼伯乐：《老学庵笔记》中记载，苏东坡参加科考时作《刑赏忠厚之至论》，文中有"皋陶为士，将杀人，皋陶曰杀之三，尧曰宥之三"之句，来表示法制之严格与帝王之仁厚。当时梅尧臣阅卷至此，特地将这份卷子呈交给主考官欧阳修，大加赞赏。欧阳修问梅尧臣此句有何出处，梅尧臣大手一挥曰：这么好的例子，要什么出处呢！欧阳修认为一定是自己和梅尧臣都不记得这句话的出处了，及至后来向苏轼本人询问时，苏轼也给出了同样的回答："何须出处。"仅从这样一个小故事便可以看出，梅尧臣的心胸豁达、行事不拘小节，与以"坡仙"著称的苏东坡实是不相上下的。

梅尧臣诗才不下苏舜钦、欧阳修，文才不下苏东坡，然而他的一生却颇为坎坷。仕途不甚顺遂,而中年丧妻、丧子、丧女,最终染病而逝,甚至没有来得及将刚刚编撰完成的《新唐书》呈送给宋仁宗。在他的一生中,诗固然是"以言志",但倘若才不能展、志不能伸,则多半只能以酒抒怀了。欧阳修有一首著名的词,便是写在与梅尧臣同游洛阳的时候,开篇即是"把酒祝东风,且共从容",倘若说其他人"从容"是一种比喻,但梅尧臣的从容却是一种真正的人生态度:梅尧臣的诗是注重"平淡"的,他的一生踏过坎坷的时候,依旧是成就了"从容"的。

工于平淡的人本并不是"无趣",相反,能将平淡写出一些滋味来的,往往都是善于在生活中发现细微事物的人。在崇尚"君子远庖厨"的年代,梅尧臣诗中关注的是"淘尽门前土"的瓦匠,饮酒时细细描述的则是文惠上师所赠送的新笋:"煮之按酒美如玉,甘脆入齿馋流津。"梅尧臣写饮酒时往往能记录下酒和果品的细节,他对生活的热爱,正成就了他能够发掘平淡之中的趣味,而不需工于华丽的辞藻。

梅尧臣于生活中秉持平淡的心境,唯有爱酒一事,可谓是远近闻名。《宋史》记载:"尧臣家贫,喜饮酒,贤士大夫多从之游,时载酒过门。"梅尧臣出身平民,但喜好饮酒;宋代时酿酒技术虽然已经很发达,但酒税也很重,因此买酒,尤其是买好酒,对于家境不甚殷实的人而言依旧是一件沉重的经济负担。因此名士们都知道梅尧臣好酒,倘若想要求见,只需带着酒去拜访就好了。

梅尧臣可以说是苏轼的伯乐,当然更重要的是,两人是书信往来频繁的知音好友。苏轼与梅尧臣除了诗歌赠答之外,当然也有平日生活上的往来,苏东坡描述的梅尧臣颇有意思:"梅二丈身长,秀眉大耳,红颊,饮酒过百盏,辄正坐高拱,此其醉也。"苏东坡这个人喜欢开玩笑,爱夸张地描述和形容,但大体看来,梅尧臣是个个子很高的人,眉目清秀、耳朵很大,喝多了便正襟危坐。别人喝多了都是东倒西歪,唯有梅尧臣喝多了反而是正襟危坐。当然苏东坡说梅尧臣"饮酒过百盏"也是夸张的写法,俞弁的《逸老堂诗话》中说:"梅圣俞每醉,辄叉手温语,坡公谓其非善饮者,习性然也。"俞弁是明代人,《逸老堂诗话》中的说法虽然未必准确,但苏东坡确实说过梅尧臣的酒量并不算大,只是惯于饮酒罢了。因此可以说,饮酒对于梅尧臣而言,不仅是遣怀、助兴,更是一种基本的生活习惯。

在饮者中,能够得到家人支持的往往是在少数,毕竟饮酒一事,可以说是自己同自己聊天、自己同自己遣怀,倘若酩酊大醉,收拾烂摊子的还是家人。可梅尧臣的妻子谢氏不仅知书达理,而且与梅尧臣极为恩爱,梅尧臣在诗中称妻子为"连城宝"、"见尽人间妇,无如美且贤",简直是怎么看怎么珍爱。江南梅雨季节,有一日,到处淅淅沥沥、点点滴滴,朋友自不能上门拜访;妻子看见梅尧臣百无聊赖的样子,知他想饮酒了,便笑着问他为什么不自斟自饮,且自开怀。于是梅尧臣特地写诗夸赞妻子的贤德:"妻子笑我闲,曷不自举觞。已胜伯伦妇,一醉犹在傍。"伯伦就是"竹林七贤"中的刘伶,刘伶因为过于嗜酒,他的妻子劝他注意养生、不要饮酒无度,而刘伶则不以为然地说:"天生刘伶,以酒为名……妇人之言,慎不可听。"而梅尧臣则在诗中毫不掩饰地炫耀:我的妻子比刘伶的妻子好多了,她更能懂我的心思,即使我喝醉了,她依旧陪伴在我的身边。

梅尧臣因爱饮酒而病酒,故友朋劝其戒酒者多;梅尧臣也学陶渊明作《止酒》诗自勉,有时病酒过甚,甚至作《酒病自责呈马施二公》,诗中多有反省之意:"李白死宣城,杜甫死耒阳。二子以酒败,千古留文章。我无文章留,何可事杯觞。"梅尧臣看着杯中的酒叹息道,李白死于酒,杜甫也死于酒,但他们因酒而留下千古不可磨灭的文章,那便也算是死得其所了;而我既没有留下什么传唱千古的名句,又有什么必要沉溺于酒不可自拔呢?但转念一想,他又写下《缉叔以诗遗酒次其韵》道:"君尝谓我性嗜酒,又复谓我耽于诗。一日不饮情颇恶,一日不吟无所为。"你说我沉溺于诗酒,可是一天不喝酒我就不开心,一天不写诗就觉得自己碌碌无为。"酒能销忧忘富贵,诗欲主盟张鼓旗。百觚孔圣不可拟,白眼步兵吾久师。"生活虽然坎坷,但是有酒就不必羡慕富贵;诗虽然不足以与李白杜甫相比,但总能自成一体。梅尧臣感谢友人赠予他的酒,说:"君多赐壶能以遗,向口满碗倾玻璃。醇酿甘滑泛绿蚁,从此便醉醒无期。"但究竟是什么令他如此沉湎醉乡不愿止酒呢?梅尧臣在诗末写道:"既以乐吾真,亦以泰吾身,莫问今人与古人。"酒可以使他回归快乐无忧的真性情,又可以令他陶陶然沉醉其中,既然如此,又何必去追溯什么古人、思考什么大道理呢!

这是梅尧臣的心声:对于他而言,诗文中的悲悯众生也好、忧国忧民也好、壮志凌云也罢,最终都难以实现,在这坎坷的道路上,充满了荆棘与痛苦;而饮酒带给他的只有单纯的快乐。梅尧臣诗风的"平淡"与他生活的态度是同样的:即使是关心民生疾苦,或是表达壮志豪情,抑或是抒怀遣兴,在梅尧臣看来,都应当是一种淡然的、不必刻意雕琢的、最自然的状态,正如饮酒不必工于器皿、精于果品,只需要单纯寻找一种无法复制的、不可言传只能意会的快乐。

欧阳修与酒

醉翁之意不在酒,在乎山水之间也。

——欧阳修《醉翁亭记》

  自古以来,饮酒一事,往往消愁者多,而遣兴者少。表达悲慨的字句往往比表达欢愉的字句更易入诗词。然而适逢盛世,则文心也容易更为豁达;相对诗"言志"的任务,词更贴近生活游戏之作,尤其是北宋早期的词作中,多有描绘欢聚宴饮的场景。其中最能玩赏酒之兴味的,莫过于欧阳修了。

  回顾年少时分,欧阳修便是一个善于宴饮交游的人:他曾作一组十一首《采桑子》,都以"西湖好"结尾,都是游玩西湖时即兴写与歌姬咏唱的,其中"画船载酒西湖好",更是直书与友人在西湖上欢游载酒、管弦声声催酒盏的场景。这一组词内容大致相同,都是写与友人在西湖上饮酒取乐的场景。宋人的宴饮集会,都必须有歌来劝酒,大多都是唱歌而不跳舞的,歌曲有一个固定的曲调,词可以有所变化。

  这不仅是因为欧阳修本身是一个爱好游玩的人,更受当时社会风气的影响。北宋是历经唐末五代十国战乱之后的第一个太平盛世,在古代,由于酿酒需要大量的富余粮食,故而往往越是民众富裕的盛世,就越是盛行饮酒之风。徽宗时期的画家张择端在《清明上河图》中描绘了很多与酒有关的场景:远近高低之处酒楼林立;小酒肆挑着酒帘,大酒楼则以竹木搭建"彩楼欢门",围绕彩帛装饰门楼,吸引往来行人。在宋代,酒是国家专卖,私人卖酒是违法的,类似今天的烟草制度。《清明上河图》里有的酒楼写着"正店",相当于官方授权的区域经销商,还有一些相当于便利店性质的"脚店"。最有意思的是图中有一家医铺的招牌上写着"治酒所伤真方集香丸",宋代好饮之风可见一斑。

欧阳修早期的词作几乎都是为宴饮而作的:在北宋初年,词尚未成为一种严肃的文体,诗文通常用以表达较为重要的内容,而词主要是服务于曲子的歌词。欧阳修早期的词中多有"贪向花间醉玉卮"、"荷花开后西湖好,载酒来时"、"一片笙歌醉里归"等,大多都是与朋友游览西湖的时候所作。其中最著名的当属那首《浪淘沙》:"把酒祝东风,且共从容,垂杨紫陌洛城东。"那正是他在洛阳的岁月,也是管弦飞盏、觥筹交错最为频繁的岁月。词末欧阳修道"可惜明年花更好,知与谁同",怎知一语成谶。不过几年光景,欧阳修便被贬离开洛阳,离开梅尧臣等好友,远赴夷陵去做县令。

欧阳修后来又作一首《采桑子》,回忆当年在洛阳时与朋友听歌共饮的岁月:

十年前是尊前客,月白风清,忧患凋零。老去光阴速可惊。鬓华虽改心无改,试把金觥。旧曲重听,犹似当年醉里声。

作此词时,少了早年任留西京时的意气风发。旧日"春山敛黛低歌扇"的宴饮,变成了数次贬谪、友朋凋零的坎坷。先是为范仲淹辩护而被贬至夷陵,后又因为支持改革而被贬为滁州太守,四十岁的欧阳修任职滁州的时候,正好是离开洛阳繁华都城十年之后。十年的岁月艰难令欧阳修也不得不感叹"老去光阴速可惊",仿佛什么都还没有来得及做,就已经迈入了中年。

欧阳修虽然作"忧患凋零"的叹息,但并不是他风格的主调。宋仁宗庆历六年(1046),第二次被贬谪的欧阳修年四十岁整。这一年,他来到滁州,自号"醉翁",在《醉翁亭记》中不无自嘲地解释道:"饮少辄醉,而年又最高",所以给自己取了这么一个名号。旧日西湖载酒的少年成了数遭贬谪的醉翁,欧阳修却依旧游兴未衰,并不因为仕途的不幸而影响自己生活的兴味。在滁州为太守的时候,欧阳修见西南有一座山峰,树木丰茂、林壑优美,山中有一座僧人建造的亭子,便常邀友人共去宴饮,进而将这座亭子也称为"醉翁亭"了。

作为一州太守,欧阳修不仅自己爱游玩饮酒,也爱带着治下的百姓一同游玩。细看《醉翁亭记》中描绘的场面,简直仿佛组织了一场春游:大家背着行囊,扶老携幼、前呼后应地爬山踏青,有些人在溪边钓起肥美的鲜鱼,更有各种山珍野味杂陈铺列;带来的酒既不是普通村醪,也不是贵重佳肴,而是当地泉水酿成的酒,可谓是应时应景了。大家随意奏乐取乐、射覆下棋,起坐喧哗也极为随意,并不因为有一位"大官"在场组织而显得拘束。至于那位"饮少辄醉"的太守,早已自斟自饮地喝醉了,坐在一旁笑看秀美的山水和嬉闹的人群,陶陶然自得其乐呢!

故而欧阳修的好酒,可以说是出于遣怀兴致的饮酒,纵使遇到感慨忧患的情境,他也不过略感叹一两句"富贵浮云,俯仰流年二十春"。于他,富贵不是负担,困塞也不是苦痛,因为两者皆如浮云一般,不必挂于心际。所以欧阳修饮酒不必求以醉解愁,他的醉便是士大夫的悠闲自得。两年后,欧阳修出任扬州知府,在扬州建平山堂。他有一首著名的《朝中措》,被后人称为"疏隽开子瞻",意气豪放。词中云:"文章太守,挥毫万字,一饮千钟。行乐直须年少,尊前看取衰翁。""一饮千钟"只怕是言过其实,毕竟欧阳修的酒量即使不是"饮少辄醉",恐怕也高不到哪里去吧。

欧阳修虽然自称衰翁、醉翁,却并没有什么老气横秋的模样。其实与其称欧阳修为"醉翁",倒不如说他是个酒国中的老顽童。他的词常写酒醉,其中不乏令人捧腹喷饭之作。例如其中有一首《玉楼春》,居然是实录一夜酒醉之后和夫人吵架的战况:

夜来枕上争闲事,推倒屏山褰绣被。尽人求守不应人,走向碧纱窗下睡。

　　直到起来由自殢。向道夜来真个醉。大家恶发大家休,毕竟到头谁不是。

　　前一夜因为一点小事和夫人起了争执,一怒之下蹬了被子,自己去书房睡沙发去了,直到早上醒来还有点迷迷瞪瞪的。醒了以后想想,不好,昨天晚上真的是烂醉如泥,实在不像样子。不过作为一家之主,形象面子还是要一点的,于是欧阳修便道:你看这样,昨天晚上大家都凶巴巴的,大家都有问题,对吧? 那就不必计较是谁的错了。喝了酒、闹了脾气还理所当然振振有词的,不令人生气倒令人忍俊不禁的,真醉翁欧阳修也。

苏舜钦与酒

侍官得来太行颠，太行美酒清如天。长歌忽发泪迸落，一饮一斗心浩然。

——苏舜钦《对酒》

宋仁宗庆历四年(1044)，有一场当时文情相投的士人相约在祭神之后饮酒酬唱、欢宴同饮的聚会。当时负责文书中转的苏舜钦按照惯例将每日拆封文件余下的废纸拿去卖掉，以变卖废纸的经费祭祀创造文字的仓颉。祭神之后，苏舜钦便与数位好友约定，以余下的资金再加上每人出些"份子钱"，凑一桌酒席、唤两个歌姬饮酒助兴，做一个诗酒相会的文人雅集。酒酣耳热之时，座中有人作诗记录当时的盛况：

九月秋爽天气清，祠罢群仙饮自娱。三江斟来成小瓯，四海无过一满壶。

座中豪饮谁最多？惟有益柔好酒徒。三江四海仅一快，且把天河酌尔吾。

漫道醉后无歇处，玉山倾倒难相助。醉卧北极遣帝扶，周公孔子驱为奴。

欢宴未散，却不知一场"酒祸"正在暗暗酝酿。当时这场雅集的影响力还是很大的，太子舍人李定虽然不是风雅文人，却也慕名想要参加同僚的雅集。偏偏苏舜钦实在看不上他的俚俗，不仅拒绝了李定的出席，还语出戏言，将他小小讽刺了一番。没多久，当时反对新政的王拱辰便"进奏院狱",向宋仁宗举报说苏舜钦用公家"鬻故纸钱"去主办酒宴,属于贪赃枉法;座中王益柔作诗有"周公孔子驱为奴"之语,实在属于文人败类、大逆不道。于是在宋祁、王拱辰一众官员的弹劾中,苏舜钦等被削职流放;再后来,曾经一力举荐苏舜钦的范仲淹也被牵连罢官,庆历新政就失去了中坚力量。

这场被卷入政治事件中的酒宴主人苏舜钦,平时便是一位极为好酒的豪放才子。书载"子美豪放,饮酒无算"。有段时间苏舜钦住在岳父杜衍家里,每夜读书都要饮酒一斗。岳父见他每日在书房中一人独坐,既没有朋友陪伴,也不要下酒菜,自己默默饮酒一斗,觉得很奇怪,晚上差人去书房看他,只见此人一边读《汉书》,一边对书中精彩的句子击节称赏,啧啧赞叹。看到张良行刺秦始皇不中,于是大呼:"可惜了!可惜了!"然后满饮一杯;看到张良与刘邦君臣相会、惺惺相惜,又开心地拍案道:"难得啊!难得啊!"又满饮一杯。杜衍听后哈哈大笑道:"有这样的下酒物,一斗不算多啊!"

苏舜钦以书佐酒的故事在后世文人中颇有影响,陆游说自己"欢言酌清醑,侑以案上书"、屈大均"一叶《离骚》酒一杯",多半都有效仿苏舜钦《汉书》下酒的意思。不过苏舜钦确实酒量很大,而且性喜饮酒。好友梅尧臣说他"吾友苏子美,有酒对自倾",苏舜钦饮酒有时不需要朋友宴饮陪伴,自斟自酌也很能自得其乐,这也许正是他以书下酒故事的由来。"众奇子美貌,堂堂千人英。"欧阳修曾多次有诗文表达苏舜钦的英俊潇洒,卓尔不群,以此看来苏舜钦应该还是一位玉树临风的美男子。这就勿怪后世效仿了:偶像的力量总是巨大的。

苏舜钦饮酒之后,除了作诗,还爱信笔作草书。曾巩为苏舜钦作小传是说他"又善书,酣醉落笔,人竞收以为宝"。欧阳修也说苏舜钦"喜行狎书,皆可爱,故其虽短章醉墨,落笔争为人所传"。可见苏舜钦醉笔草书是很得当时人的认可和推崇的,因此时人争相求得苏舜钦的墨宝。宋代四大书法家中黄庭坚、米芾也都对苏舜钦的笔法十分推崇，但苏舜钦本人并不十分以自己的书法为意。在书法上自视甚高的黄庭坚说，"予学草书三十余年，初以周越为师，故二十年抖擞俗气不脱，晚得苏才翁子美书观之，乃得古人笔意。"这评价非常之高。以书法论少有人能入米芾法眼，然而这位大米先生在观苏舜钦的笔墨时说："苏舜钦如五陵少年，访云寻雨，骏马青衫，醉眠芳草，狂歌院落。"这已不仅仅是说苏舜钦的书法，更是在说苏舜钦的灵魂。

雅集遭祸之后，苏舜钦被罢官闲居，以白衣之身游历苏州，买了一间废旧的园林，并于其中兴建"沧浪亭"以自喻。"沧浪"二字，本出于屈原《渔父》中"沧浪之水清兮，可以濯吾缨；沧浪之水浊兮，可以濯吾足"，以沧浪为亭，是苏舜钦自表清白，认为自己是无辜受到迫害的。闲居沧浪亭的日子里，苏舜钦越发纵酒闲信，既是消愁解闷，又是打发无聊的光阴。赋闲的日子里，苏舜钦经常独自一人徘徊在沧浪亭中，"时时携酒只独往，醉倒唯有春风知"，过去同饮的友人也都在政治的风波中飘零四散。酒友零落、诗社雅集更是不复存在，失落中苏舜钦不无悲哀地叹息说："酒徒漂落风前燕，诗社凋零霜后桐。君又暂来还径去，醉吟谁复伴衰翁？"

幸运的是今天在苏州仍可漫步园中，念着"清风明月本无价，近水远山皆有情"，追思古人余音。自称"衰翁"的苏舜钦并非像欧阳修一样年近五十而自号醉翁，当时的苏舜钦其实只有三十余岁而已，但他的心境却早已没有了为《汉书》拍案叫好的欢乐。尽管有时他也会在醉酒后自勉一下说"相携聊一醉，休使壮心摧"，但更多的时候，看着旧日友朋纷纷遭受贬谪、自己也申冤无望，旧日在政事上一展宏图的愿望都已化为泡影，他所能做的，也只有"我今饱食高眠外，惟恨醇醪不满缸"了。

数年后，雅集宴饮带来的政治风波稍稍平息，苏舜钦又被起用为湖州长史，但没过多久，在纵酒落寞中的苏子美便故去了。故友欧阳修为苏舜钦修订文集，嗟叹道："嗟吾子美，以一酒食之过，至废为民而流落以死。……虽与子美同时饮酒得罪之人,多一时之豪俊,亦被收采,进显于朝廷。而子美独不幸死矣,岂非其命也? 悲夫!"一代才俊,却因为小小的"酒食之过"被放逐落职,本来已经是很令人惋惜的事情;然而同时饮酒获罪的人很多,只有苏子美因为性格中的孤傲刚强、纵酒颓废乃至英年早逝,又更令人感到悲伤。其实苏舜钦所遭受的酒祸,虽然动用了公款,但连《宋史》中都说是遵循旧例,故而所谓监守自盗只说不过是一个借口罢了;真正要紧的,恐怕要数座中宾客诗句里"醉卧北极遣帝扶,周公孔子驱为奴"的狂语,正是由于区区诗句,便受到反对者的"攻排不遗力",当然谁都知道"欲加之罪何患无辞"!

反观李太白戏言"我本楚狂人,凤歌笑孔丘"的句子,其狂言不仅不为罪,反而令人殊感可爱——唐、宋二朝对诗人酒客醉后狂言的态度,也便能折射出一个王朝真正的气度与胸怀。

苏轼与酒（上）

夜饮东坡醒复醉，归来仿佛三更。

——苏轼《临江仙》

爱饮酒者，往往以善饮不醉为傲；然而酒量小到"看见酒杯都已经醉了"还能成就"酒仙"之名的，就只有东坡居士苏轼先生了。

苏东坡爱饮酒而量窄，他自己是并不避讳的，并且常常写来引以为乐。他自言"平生有三不如人，谓著棋，吃酒，唱曲也"，饮酒赫然位列其中。有趣的是尽管不善饮，苏轼却又非常爱酒，他作《饮酒说》中特地写道："予虽饮酒不多，然而日欲把盏为乐，殆不可一日无此君。"既不善饮酒又不可一日无酒，苏轼对酒的喜爱可谓是有些烫手。

元祐七年（1092），苏轼给弟弟子由和友人晁无咎写信，作二十首《饮酒》诗以遥和陶渊明，序言说："吾饮酒至少，常以把盏为乐。往往颓然坐睡，人见其醉，而吾中了然，盖莫能名其为醉为醒也。"苏轼酒量很小，"饮酒过午"，便不再饮，有时候并不喝酒，只是拿着酒盏把玩为乐。因此他在与陶渊明隔着数百年时空遥相唱和的《饮酒》中自言"偶得酒中趣，空杯亦常持"、"少饮得径醉，此秘君勿传"，少饮之言，并非自谦，乃是实情。

苏东坡晚年自称"吾少时望见酒杯而醉，而今亦能饮三蕉叶矣"：蕉叶就是蕉叶杯，蕉叶杯有多小呢？《红楼梦》里写林黛玉饮酒，"拣了一个小小的海棠冻石蕉叶杯"，这种杯子形如蕉叶而平展，"不过浅浅弯成弧形，略足盏意"而已。苏轼的酒量便是这样，年轻的时候一杯倒,喝了一辈子酒,酒量终于升至了三小杯。

　　既不善饮酒又喜酒,苏轼在《浊醪有妙理赋》中释曰:"今夫明月之珠,不可以襦。夜光之璧,不可以铺。刍豢饱我,而不我觉。布帛燠我,而不我娱。惟此君独游万物之表,盖天下不可一日而无。在醉常醒,孰是狂人之药;得意忘味,始知至道之腴。"明珠、夜光璧、锦衣玉食,对于东坡先生而言,都不是令人愉悦的东西,只有酒是一日不可无的,因为它是"狂人之药",是"至道之腴"。

　　年轻的苏轼参与京试时,因策论《刑赏忠厚之至论》为欧阳修所称赞,被授命大理评事;后因不满王安石变法过于激进的行为,自请出京任职,先做了杭州通判,熙宁八年(1075),又调任密州太守。此时的苏东坡虽然与王安石新政不合,但总体来说,宦路尚不至于言坎坷。在密州之时,他见诸城西北墙上有"废台",于是增补休憩,建立"超然台",作《超然台记》曰:"哺糟啜醨,皆可以醉;果蔬草木,皆可以饱……撷园蔬,取池鱼,酿秫酒,瀹脱粟而食之,曰:乐哉游乎!"这种粗茶淡饭、薄酒果蔬便足矣的超然态度,令苏东坡在未来风雨飘摇的人生中依旧自得其乐。

　　苏东坡与妻妾戏言自己肚子里装着"一肚皮的不合时宜",这可并非虚言。他因反对王安石变法的弊病上书得罪新党,又因笔墨官司牵连出乌台诗案;一番贬谪之后,宋神宗去世,宋哲宗用司马光为相,王安石新法被打压,而苏轼又认为尽废新法与打压王安石党人与当年新党做派一样不妥,再次上书,这一次保守派又纷纷指责苏轼,乃至他再次外调,一贬再贬,最远的时候被发配到了当时还属于蛮荒之地的海南——基本上可以等同于流放了。

　　作为一个不合时宜的人,苏东坡很有自知之明。"得时行道,我则师齐相之饮醇。远害全身,我则学徐公之中圣。"无论是迁升还是被贬谪,苏轼从不以外界的态度来衡量或者改变自己的行为,对他而言,无论是在京城还是黄州,在苏杭还是岭南,甚至是在荒凉的儋州,苏东坡都秉持着"内全其天，外寓于酒"的态度。

苏轼遭遇的乌台诗案，可以说是北宋政坛上的一大丑闻，若非正直之人（包括政敌王安石）的努力营救几乎丧命，这充分暴露出北宋的朋党倾轧已经夸张到了什么样的程度。乌台诗案之后，苏轼被贬谪黄州，名义上被安置为黄州团练副使这样一个闲职小官，但实际上是被限制人身自由的犯官。这对苏轼而言不啻是一个巨大的打击。在黄州的日子里，由于既无政务，又无俸禄，苏轼的日子过得闲而清苦。为生计，也为消愁，苏轼躬耕田园，自号"东坡居士"。东坡之上，有苏轼在友人的帮助下建造的"雪堂"五间，苏东坡一家便居于此地。身为犯官，施展才华自不必去奢望了，就连行动举止也都失去了绝对的自由。就在这里，苏东坡写下了《临江仙·夜归临皋》：

夜饮东坡醒复醉，归来仿佛三更。家童鼻息已雷鸣，敲门都不应，倚杖听江声。长恨此身非我有，何时忘却营营？夜阑风静縠纹平。小舟从此逝，江海寄余生。

"长恨此身非我有"，这是苏轼经历过宦海沉浮之后的思索和叹息。既然身不由己，何不纵小舟于江海之上？虽然苏东坡没有真的泛舟江湖、令郡守为难，但他的精神的确早已放诸四海，而不再拘泥于庙堂之上了。叶梦得的笔记《避暑录话》中记载，当时苏东坡与客饮江上作《夜归临皋》，称"小舟从此逝，江海寄余生"。第二天满城都传说苏东坡"夜作此词，挂冠服江边"了。当时的郡守听说吓了一大跳：苏轼虽然是个副团练，但实际上是个州郡管辖的犯官，这要是跑了一个犯官可还了得？于是急忙驾车去苏轼家中拜谒，进门一瞧，只见苏东坡还打着呼噜没睡醒呢。

对于苏轼而言，"夜归临皋"并非一个偶然事件。在黄州的时候，苏轼常常与友人相约游于江上，饮酒、作诗文，既为消愁，又为遣怀，前后两篇《赤壁赋》记载的都是苏轼在黄州与友客江上会饮的事情。《前赤壁赋》云："壬戌之秋，七月既望，苏子与客泛舟游于赤壁之下。

清风徐来,水波不兴。举酒属客,诵明月之诗,歌窈窕之章。……于是饮酒乐甚,扣舷而歌之。"江上月白风清,却也凄神寒骨,客人既饮而歌,又有吹洞箫者,如泣如诉,顿时有"哀吾生之须臾,羡长江之无穷"的悲凉感。

而零落黄州的苏东坡不仅没有被这种悲凉的气氛所裹挟,反而安慰客人说:从盈虚消长的道理来看,天地与我都有消亡的时候,也都可以认为是无穷尽的;而天地之间,万物皆有其主,与我无关的,又何必心有挂碍、徒增烦恼呢?与我有关的,无非江上清风、山间明月,毫不费力地就能欣赏到这样的美景,不是造物者的恩赐吗?苏东坡的一番开解,便令客人"客喜而笑,洗盏更酌"。饮酒的气氛,又变得愉快而不凄凉了。

苏轼与酒(中)

小儿误喜朱颜在,一笑那知是酒红。

——苏轼《纵笔三首》

古往今来要说粉丝众多,苏东坡称第二,没人敢称第一。上至帝王将相,下到黎民百姓,从和其同时代的一直到千年之后的今天,络绎不绝,浩浩荡荡。就连金军攻打北宋的理由之一竟是为苏轼的遭遇鸣不平,这样的影响力称千古一人或不为过。

但苏东坡并不活在别人的期望里,他在自我的世界里游弋浮沉。一日,碰巧在薄暮时分捕上了一条鲜美可口的鲈鱼,佳肴有了,就缺美酒。不过在江上鱼好找,这酒可怎么找呢?苏东坡不急不忙,回家同妻子想办法。妻子一见他开口便知来意,笑道:"我有斗酒,藏之久矣,以待子不时之需。"苏东坡自然大喜,作诗盛赞:"大胜刘伶妇,区区为酒钱",同样是爱酒之人,刘伶的妻子禁制刘伶饮酒,而苏东坡却有一位会替他准备好美酒、以待不时之需的知己。苏轼的妻子不仅能为苏轼备酒,有时也与他同饮。苏轼曾写信给友人李之仪,信中提及近日"酌酒与妇饮",小日子过得有滋有味。有佳人如此,夫复何求!

不过细细说来,苏东坡对酒的态度与刘伶的恰好相反:刘伶写《酒德颂》,是"唯酒是务",认为饮者是"大人先生",不与那些"贵介公子,搢绅处士"一流的俗人类同。但苏东坡所反对的,正是这种将酒过分抬高,乃至荒疏沉湎的态度。他曾作《谢苏自之惠酒》说:"我今有说殆不然,曲蘖未必高士怜……贪狂嗜怪无足取,世俗喜异矜其贤。"饮酒的未必就是名士,放诞的未必就是高人。苏东坡的身上虽然有老庄潇洒的一面,但他并不追求一味地为醉而饮、为求标新立异而行为怪诞,"决须饮此勿复辞,何用区区较醒醉"。如果本身就是潇洒之人,醉与不醉又有什么好放在心上的呢?

爱酒而不一味嗜酒买醉,量窄而又特爱玩赏杯中之物,看上去似乎有些矛盾的态度,在苏东坡这里却理所当然:酒对他而言不是放纵逃避的手段,也不是避之不及的蛇蝎,既然如此,酒便反而可以成为相伴一生的良友了。有时过饮而醉,苏东坡也会作诗自嘲。譬如熙宁七年(1074)春,苏东坡去常州、扬州一带赈济灾民,政务处理完毕,便同友人柳子玉到金山寺游览,不知不觉饮酒大醉,便睡在禅榻上。夜半酒醒,苏东坡题诗于墙壁之上曰:"恶酒如恶人,相攻剧刀箭。颓然一榻上,胜之以不战。"想想苏东坡先生瘫在床上同宿醉"作战"的模样,不禁令人莞尔。

想喝酒的时候恰好有人准备好酒,或是有人送酒,那自然是人生的乐事;但一生颠沛流离、数次贬谪,难免会陷于无酒可饮的困境。宋哲宗绍圣二年(1095),苏东坡已经谪居岭南一年有余。岭南在宋代的时候还是路途坎坷、人迹罕至之地,更兼有瘴疠蛇虫,生活已经很艰难,更不用说饮酒了。苏东坡的朋友章质夫知道他生活艰难,便派人送六壶酒给苏东坡。但是岭南路途艰险,再加上酒坛本来就笨重又不便于搬运,结果行至半路酒坛就被碰碎了,使者到了苏东坡面前的时候,就只有书信而没有酒了。苏东坡倒也不生气,写诗笑答友人说:"白衣送酒舞渊明,急扫风轩洗破觥。岂意青州六从事,化为乌有一先生。空烦左手持新蟹,漫绕东篱嗅落英。"在岭南住了这么久又没酒可饮,终于听说有人送酒来了,这是陶渊明赏菊、王弘遣使者送酒的美事,喜得他手舞足蹈,赶快把酒杯拿出来洗干净。没想到酒坛打破,期待的酒成了竹篮打水一场空,原先期待的"左手持蟹,右手持酒"的场景自然不复存在了，只好学没酒喝的陶渊明，嗅嗅菊花聊以自慰罢了。

然而岭南还不是苏东坡困顿人生最艰苦的时刻。几年后，嫉恨苏东坡的人闻说他"日啖荔枝三百颗，不辞长作岭南人"。不满他将日子过得舒心快乐，又再次将他贬至海南儋州，当时的海南地僻炎热，荒无人烟，除了当地的土著之外几乎看不到别人，是仅次于死罪的恶劣环境。但那些愚蠢的放逐者，他们依旧失算了。快乐的不是岭南的生活，而是苏东坡天真烂漫的心。他们将苏轼放逐到黄州，于是黄州有了东坡；他们将苏轼放逐到杭州，于是杭州有了苏堤；他们将苏轼放逐到岭南，于是有了"日啖荔枝三百颗"的快乐；他们又将苏轼放逐到儋州，在那个苦热偏远的地方，苏东坡依然活得怡然自得。

儋州古时没有适宜种植水稻的土地，粮食都依赖中土的船只运输。米尚且不足以下锅，自然更不会奢侈到可以酿酒。年老体衰的苏东坡过着"北船不到米如珠，醉饱萧条半月无"的日子，这在任何人看来都是苦不堪言的；而他却惦记着"明日东家当祭灶，只鸡斗酒定膰吾"。儋州虽然没有好酒，但是当地人拿土生土长的薯蓣酿酒，也别有风味，何况明天邻家要祭灶，杀鸡备酒，自然就有一顿好的酒饭了。

"寂寂东坡一病翁，白须萧散满霜风。小儿误喜朱颜在，一笑那知是酒红。"流落天涯的东坡也垂垂老矣，不再是"诗酒乘年华"、"痛饮又能诗"、"酒酣胸胆尚开张"的年轻人了，但他的心却从未老去。苏轼笔下的"小儿"苏过也常常与苏东坡共饮，苏轼在《游白水书付过》中记载两人游玩白水佛迹院，泡了温泉，晚上回家的时候已经二鼓时分，于是意犹未尽的两人"复与过饮酒，食余甘煮菜"。

苏轼的弟弟苏辙也不善饮。苏轼宦海浮沉，晚年更是屡遭贬谪，而苏辙也同样仕途坎坷，两兄弟虽然心意相投，但实际上是聚少离多。苏轼的《水调歌头》序言说："丙辰中秋，欢饮达旦，大醉"，醉意蒙眈中,写下"但愿人长久,千里共婵娟",送给千里之外的弟弟。正因零落漂泊、难得相聚,苏轼与苏辙每相聚必饮酒;有一次两人饮酒"酣甚",家中清苦并无肴馔,苏轼便以"捶萝菔烂煮,不用他料,只研白米为糁"。真是苦中作乐乐更甚。

苏东坡醉后有时兴起,便作书画自娱,在《东坡题跋》中不无自豪地说:"吾醉后能作大草,醒后自以为不及。"东坡酒后挥毫作书画,常常有佳作。黄庭坚曾经看了苏轼的竹石图,慨然题曰:"东坡老人翰林公,醉时吐出胸中墨。"苏东坡爱竹,因为"无竹令人俗";苏东坡爱肉,因为"无肉令人瘦";但他最爱的,恐怕还是酒:"此欢能有几人知?对酒逢花不饮待何时?"

苏轼与酒（下）

楚人汲汉水，酿酒古宜城。春风吹酒熟，犹似汉江清。

——苏轼《竹叶酒》

因为爱酒而试图自己酿酒的人，历史上并不少，譬如"岁酿酒约数百斛"的白居易，又譬如"倾家酿酒犹嫌少"的陆游。但像苏东坡这样不仅收集各种酿酒方法，还自创酒谱、因地制宜地"创造"新酒，不断失败又不惮于尝试，并且写下完整的《酒经》的，实在是不可多得的"酿酒达人"。

苏轼的酿酒，最初大约起源于贬谪之后困窘的生活。他在《饮酒说》中自述曰："州酿既少，官酤又恶而贵，遂不免闭户自酝。"他饮酒不多，但是官售的酒不仅味道难喝，而且非常贵，为了满足饮酒的乐趣，便不得不亲自操刀尝试酿酒了。在黄州身为犯官的苏东坡，家用尚需躬耕东坡才能勉强补足，买酒自然是过分奢侈的事情。当时有位西蜀的道士杨世昌，有一个酿蜜酒的方子，滋味浓厚醇酽，他拜访苏东坡的时候便留下了酿酒的方法。苏东坡大喜，一面准备酿酒，一面写诗答谢杨先生，诗曰："君不见南园采花蜂似雨，天教酿酒醉先生。先生年来穷到骨，问人乞米何曾得。"在黄州，生活中有米下锅已是难事，想要有多余的米拿来酿酒，几乎是天方夜谭。好在酿蜜酒不费米，只需"春瓮自生香，蜂为耕耘花作米"便是了。

苏东坡拿到蜜酒的方子之后甚是兴奋，特地在《东坡志林》中仔细记下酿酒的方法："予作蜜酒……全在酿者斟酌增损也，入水少为佳。"方子说得头头是道,看上去也煞有介事,但酿成之后似乎又全不是那么回事。苏东坡心目中的蜜酒酿成,应该是"三日开瓮香满城",但开坛之日却是"不甜而败,则苦硬不可向口"。叶梦得在《避暑录话》中记载此事说:"苏子瞻在黄州,作蜜酒不甚佳,饮者辄暴下,蜜水腐败者尔。尝一试之,后不复作。"苏东坡酿的蜜酒不仅口味不好,而且喝了以后顿时就拉肚子,估计是因为蜜水放馊腐败了。苏东坡提及此事,慨叹曰:"曲既不佳,手诀亦疏谬……知穷人之所为无一成者。"

不过酿蜜酒的失败并没有打消苏东坡酿酒的乐趣。当他再次被贬官时发配惠州,苏东坡开始着手尝试酿造桂酒。桂酒理论上应当是一种药酒,因为岭南靠海湿气很重,又兼有瘴气,苏东坡认为居此地应当饮酒以避瘴疠,而且岭南天高皇帝远,此地没有禁止私酿酒的规定,酿酒便不需"闭户自酝"了。他考证《楚辞》中有"奠桂酒兮椒浆"的说法,因此认为"是桂可以为酒也"。据说酿桂酒也是一位隐士教给他的方子,"酿成而玉色,香味超然,非人间物也"。

事实上,酿成的桂酒似乎也并没有苏东坡想象的那么美味,叶梦得曾经问过苏轼的儿子苏迈和苏过,两人都说父亲酿的桂酒他们只是尝了一口,"大抵气味似屠苏酒"。两人提及苏轼酿酒的事情,都忍不住要发笑,估摸着是想起了当年黄州酿蜜酒、弄的一家人闹肚子的往事。不过叶梦得考证了苏东坡留下的酒方,方子似乎没什么问题,"二方未必不佳,但公性不耐事,不能尽如其节度"。酒方是好的,只不过苏东坡自己是个急性子,很多时候都没有按照酒方上的日期足数完成,酿出来的酒自然出现了各种各样的问题。

蜜酒、桂酒都是甜酒,甜酒酿不好,苏东坡便转而尝试酿"松酒":"知甘酸之易坏,笑凉州之蒲萄",既然酸酸甜甜的酒容易腐败,那索性就用松脂来酿酒吧。酿出来的松酒到底是什么味道实不可知,只有苏东坡自己在《中山松醪赋》中记载的"味甘余而小苦,叹幽姿之独高"，大约是酒味中带有一点松脂清苦的气息吧。

苏轼也酿米酒，他作《东坡酒经》，详细记述了自己酿酒的整体过程。说最开始的时候"甚烈而微苦"，三次酿造后口味变得平和。大约是吸取了之前酿蜜酒和桂酒不成的教训，特地备注说："酿久者酒醇而豊，速者反是，故吾酒三十日而成也。"酒酿得越久滋味越醇厚清冽，倘若反其道而行之，自然是苦涩不能入口的。

贬官儋州的时候，可以说是流放到了天涯海角的尽头。在这天涯海角的尽头仍然自得其乐地酿酒。庚辰年（1100）正月十二日的时候，苏东坡自己酿的天门冬酒终于熟成，他亲自漉酒，一边过滤一边品尝，酒量不佳的苏东坡很快便大醉，并作诗称赞此酒"年来家酝有奇芬"。在海南他还向当地土著的黎族人请教酿酒的方法。"小酒生黎法，乾糟瓦盎中"，"华夷两樽合，醉笑一欢同"，说的都是苏东坡在海南的时候用当地人的方式尝试酿造本地的酒。

酿出来的酒虽然滋味不佳，但苏东坡自有解释。他写了一篇《浊醪有妙理赋》：浊醪，就是浊酒的意思，也就是通常认为不好的酒。在他看来，这种浊酒中自有精妙的道理，因为"酒勿嫌浊，人当取醇"。酒浑浊一点没有关系，关键是人应当淳朴真诚。"吾方耕于渺莽之野，而汲于清冷之渊。以酿此醪，然后举洼樽而属予口。"自黄州起，他便需要自己耕种才能满足家用，因此旷野上收获的粮食本来就是额外的恩赐，用自己耕种的粮食、自己汲来的泉水酿酒，就算是浊酒一杯，个中也有了自给自足的辛劳与快乐。

自己酿不出好酒，苏东坡却能把歪理说出道理来。他的《饮酒说》中颇为赖皮地戏称："然甜酸甘苦，忽然过口，何足追计？取能醉人，则吾酒何以佳为？但客不喜尔，然客之喜怒，亦何与吾事哉！"反正酿出来的酒滋味酸甜，也就是嘴里品尝一下，接下来就忘了，谁还记得酒的滋味呢？反正酒的目的只是醉人，那我的酒也达到了这个效果，只不过味道不好，客人可能会不喜欢。不过我酿出来的酒，你喜不喜欢可就不关我的事儿啦！

　　苏东坡还酿过一种"真一酒"：就是将白面、糯米、清水三样东西混合在一起，不掺杂任何其他的东西，取其本真之意，故名曰"真一"，实际上看来，应当就是最为传统的米酒的酿法。苏东坡是一个通达之人，正如酿出来的酒到底是清酒还是浊酒、滋味醇厚的好酒还是滋味奇怪的药酒，对他而言，都只不过是生活中一件有趣的插曲而已。

黄庭坚与酒

桃李春风一杯酒,江湖夜雨十年灯。

——黄庭坚《寄黄几复》

宋徽宗崇宁三年(1104),黄庭坚被流放宜州。流放期间,年近花甲的他闲作《宜州家乘》,记录每日身边发生的小事。这本日记的最后一页写着:"二十八日,壬辰。小雨,颇清润。晚大雨。积微致糯三担,八桂四壶。"

积微致糯三担,八桂四壶,这是黄庭坚归去醉乡之前留在世间的最后一句话。作为苏门四学士之一,黄庭坚似乎最为完美地继承了东坡先生爱酒的性情。"黄菊枝头生晓寒。人生莫放酒杯干。风前横笛斜吹雨,醉里簪花倒着冠。"黄庭坚的《鹧鸪天》上追唐诗气魄,却在豪放之外更有婉转精致的宋人意趣。

黄庭坚是个性情耿直的人,而历史一再证明,性情耿直的人并不适合为官。因此黄庭坚的为官史,可以说是一部不断贬官的历史。不过纵使遭遇贬谪或者不公,虽然也曾有"酒浇胸次不能平"的愤懑,但黄庭坚似乎并未像很多去国离乡、忧谗畏讥的迁客骚人一样沉溺于苦痛,究其原因,大概可以从黄庭坚与苏轼唱和的《薄薄酒》中略窥一二。当日有一个人叫赵明叔,家里很穷,但又爱喝酒,因此饮酒常常不择优劣。有人取笑他,他便解释说:"薄薄酒,胜茶汤;丑丑妇,胜空房"。话糙理不糙,仔细咀嚼,仿佛还有点人生的哲理。黄庭坚与苏东坡等人听完深以为是,便以《薄薄酒》为题作诗各抒己怀。苏轼的《薄薄酒》说："薄薄酒,胜茶汤;粗粗布,胜无裳。丑妻恶妾胜空房……不如眼前一醉是非忧乐都两忘";而黄庭坚的《薄薄酒》则言："薄酒可与忘忧,丑妇可与白头……薄酒一谈一笑胜茶,万里封侯不如还家。"苏东坡说的是有胜于无的道理,而黄庭坚则将薄酒丑妇的生活比作富贵如浮云,因此平淡便好。如果说苏东坡恰好中和了儒释道的人生态度,在入世和出世之间找到了完美的平衡,那么黄庭坚似乎更偏向逍遥出世、归隐江湖的人生态度。

从鄂州到涪州再到戎州,黄庭坚一路被贬到了偏远的四川宜宾,而此地除了山重水复之外,便是酒香千里——这一贬官,倒把黄庭坚送到了酒的老家。戎州出好酒,首先是因为有好山好水,所谓"泉香而酒洌",便是因为好水是好酒最基础的依托。黄庭坚的朋友姚君取安乐泉的水为他酿酒,黄庭坚品尝后作《安乐泉颂》赞叹道:"姚子雪麹,杯色争玉。得汤郁郁,白云生谷。清而不薄,厚而不浊。甘而不哕,辛而不螫。老夫手风,须此晨药。眼花作颂,颠倒淡墨。"黄庭坚是品酒的大师,故而描述酒也十分动人:首先是色泽清亮,但滋味并不因此淡薄;滋味醇厚,但酒色并不因此而浊重。味道甜却不至于甜腻,味道微微有些辛辣但不令人感到过分刺激。这样的酒,单单经过黄庭坚的描述后,便令人隔着文字垂涎三尺,难怪黄庭坚说自己"须此晨药":每日早晨都要饮安乐泉酿的酒为乐,几乎和吃药一样准时,这便是黄公的日常。

不过在来到戎州之前,黄庭坚曾因苦于酒病而试图戒酒。同友人宴饮时他说:"今年病起疏酒杯,醉乡荆棘归无路。"因为酒病,黄庭坚不得不尝试戒酒,于是有了《病来十日不举酒》、"中年畏病不举酒,孤负东来数百觞"的词句。对于黄庭坚而言,酒可以算是生活的必需品,因此戒酒一事甚为艰难。黄庭坚到戎州之后曾作词《醉落魄》说:"陶陶兀兀,尊前是我华胥国。""陶陶兀兀"本是《晋书·刘伶传》中对刘伶昏沉醉酒的描绘,黄庭坚到戎州开了酒戒,沉湎于饮酒的"陶陶兀兀"中,不免自得其乐起来。不过既云戒酒又饮酒,于情于理都应该找个说法出来,因此词前有一小序曰:"老夫止酒十五年矣。到戎州,恐为瘴疠所侵,故晨举一杯。"按黄庭坚自己的说法,戒酒是因为酒病,而开戒是为了躲避瘴疠之气,为了强身健体而饮酒。至于"止酒十五年矣"的说法,听听罢了,不必当真,毕竟他尽日饮酒作诗,所记戒酒不过十日、数十日而已,哪肯与杯中琼浆分别十五年之久呢?

"眼花作颂,颠倒淡墨。"黄庭坚除诗词外,书法亦是一绝。他曾自己作文描述过书法的心得,其中说道:"余不饮酒,忽五十年,虽欲善其事,而器不利,行笔处,时时蹇蹶,计遂不得复如醉时书也。"有些人断章取义,便由此认定黄庭坚不饮酒,只靠"心悟"创作书法,这可与真相相去甚远。其实黄庭坚这段话翻译成白话应该这样理解:我倘若不饮酒的时候,尽管练了五十年书法了,就是想写好字,也感觉手笔不那么利索,下笔的时候总觉得处处阻滞,写来写去,总不如我喝醉时候信笔写出来的字那么洒脱。由此可见,黄庭坚平日作书法时,显然是醉眼蒙眬居多。

戎州是宜宾的旧名,宜宾今日有名酒曰"五粮液",在黄庭坚的时代,这种酒尚名"荔枝绿"。黄庭坚在戎州的日子里,当然免不了要尝尝这种美酒。某一日,黄公的朋友廖致平送来了绿荔枝,恰好王公权又送来了荔枝绿酒,两者皆是绝世美味,喜得黄庭坚作诗记曰:"廖致平送绿荔支,为戎州第一,王公权荔支绿酒亦为戎州第一",诗中云"王公权家荔枝绿,廖致平家绿荔枝。试倾一杯重碧色,快剥千颗轻红肌"。这首诗广为流传,乃至《叙州府志》特地记载了黄庭坚曾作诗称赞荔枝绿酒为"戎州第一"的事情。

宋哲宗故去,重视文人书画的宋徽宗即位,于是黄庭坚被任命为太平州知州。黄庭坚从戎州离开后途径牛口庄廖家,写下了《牛口庄题名卷》:"养正致酒弄芳阁,荷衣未尽;莲实可登,投壶弈棋,烧烛夜归。"就这样一路喝着酒,黄庭坚来到了太平州,然而太平州不太平,由于黄庭坚旧日得罪权贵颇多,他在太平州仅仅待了九日,便又被贬谪去了宜州。

群宴、独酌,酒有很多喝法,最舒畅的莫过于知己对饮。黄庭坚晚年在宜州的日子中,有一位"举酒浩歌,跬步不相舍"的朋友,名曰范廖。此人是蜀地的豪侠,性情豪放不羁,既能诗词,又能纵酒行侠,在一次醉酒后杀死了当地一位品性恶劣的富家公子,因此避祸远方。黄庭坚在《宜州家乘》中记载的与友人饮酒作诗、四处游玩的日子里,多半有范廖的身影。黄庭坚生命中的最后一段时光便是由范廖记述的,陆游在《老学庵笔记》中转述了范廖的记载:"一日忽小雨,鲁直饮薄醉,坐胡床,自栏楯间伸足出外以受雨,顾谓廖曰:信中,吾平生无此快也。未几而卒。"这正是《宜州家乘》中所记的"晚大雨。积微致糯三担,八桂四壶"的那一日,黄庭坚饮酒至醉,将脚伸入雨中贪凉,不久便病故了。

风雨满山谷,无悔鲁且直。他故去前未有任何抱怨、不甘,只是同挚友说:我一生中从未玩得这么开心过!这正是黄庭坚会说出的话:生活给他以凄风苦雨,而他只在薄醉中淡然笑对。

朱敦儒与酒

日日深杯酒满,朝朝小圃花开。自歌自舞自开怀,且喜无拘无碍。

——朱敦儒《西江月》

古来隐逸之士,有视富贵名利如浮云而无欲无求的,有因明悟世事坎坷无常而终于选择回归田园山水的,也有无可无不可、故而隐于庙堂之上的。朱敦儒身上没有"抚古松而盘桓"的孤傲与寂寞,他的懒散与疏狂都出于直抒胸臆的烂漫之情。他出生于洛阳的富贵人家,年少时与友人走马游冶,饮酒作乐,并自诩清高,两次受到举荐而不愿出仕。《宋史》中说他:"志行高洁,虽为布衣而有朝野之望",在靖康年间,因为朝野中有人举荐,宋钦宗特意请朱敦儒到京师为官;面对礼贤下士的帝王,朱敦儒却依旧推辞道:"麋鹿之性,自乐闲旷,爵禄非所愿也。"

朱敦儒人不如其名:他既不敦厚也不儒雅,不爱做官,只爱喝酒——他之爱酒,可谓是无诗词不言及于此。对于朱敦儒而言,与生俱来的富足生活令他无意于利禄的诱惑,而对于功名,他更是视为无物。在面辞了钦宗的赐官、回到西都洛阳的时候,朱敦儒曾作《鹧鸪天》道:

我是清都山水郎。天教分付与疏狂。曾批给雨支风券,累上留云借月章。

诗万首,酒千觞。几曾着眼看侯王。玉楼金阙慵归去,且插梅花醉洛阳。

既是为天帝主管山水的郎官,自然对凡尘的官职无甚兴趣了,对人间的侯爵王位连看一眼都兴致缺缺。朱敦儒自谓是"天教分付与疏狂",颇有几分赖皮的意思:你不能怨我疏狂,这是上天安排我的本职工作。除了给雨支风、留云借月以外,山水郎的工作便是以诗酒为伴,但就这样一个"天上闲官",他还不情愿到那天宫玉阙中去,只愿簪戴梅花在洛阳沉醉而已。

正因他的隐逸与辞官都源于本心而非无奈之举,因此他的饮酒词也多疏朗洒脱而无孤寂悲苦之语。"惯被好花留住。蝶飞莺语。少年场上醉乡中,容易放、春归去。"朱敦儒的前半生多在山水间游历,或与朋友共醉,或独饮逍遥。他有一组《渔父词》,写自己羡慕飘摇江海上的垂钓者,每一首都携带着沉醉的酒意:垂钓时是青箬笠、绿蓑衣,半醉半醒、漫不经心的"摇首出红尘,醒醉更无时节";泊船时是"芦花开落任浮生,长醉是良策",沉醉中睡去,好一夜江上风雨都没有听得。渔父的自由是五湖四海都能作为屋宅,因此随处便向洞庭沽酒,带着"醉颜禁冷更添红,潮落下前碛",去听钱塘横笛、梅花消息。每每垂钓有所收获,便能拿去换酒,"锦鳞拨刺满篮鱼,取酒价相敌"。又或者在烟波江上的小舟里置一小案儿,安排莼菜鲈鱼,再"偶然添酒旧壶卢,小醉度朝夕"……

因为直抒胸臆的潇洒,朱敦儒的词中没有宋诗过于精工的匠气,而是不受拘束、一任东西南北,开口"我是",闭口"不曾听得",不求高古、但求简单洒脱。他有一首《朝中措》,单说自己的生活:"飘然携去,旗亭问酒,萧寺寻茶。恰似黄鹂无定,不知飞到谁家。"每日除了问酒寻茶、四处飘游,便别无他事,这样的日子说是神仙一般逍遥也不为过。

倘若时光停滞,朱敦儒的一生便留置在"日日深杯酒满,朝朝小圃花开"、每日自歌自舞自开怀、无拘无束无碍的日子里,也许便没有后来悲剧命运。然而一场靖康之难,北宋的繁华顿时倾覆,朱敦儒也不得已南下,旧日在洛阳的狂游换作了扁舟来做江南客的悲凉。"生长西都逢化日,行歌不记流年。花间相过酒家眠。"他的疏狂都付与了纵酒洛阳的岁月,江南于他而言只是避祸的客居。"江南人,江北人,一样春风两样情。"过去懒得去看金楼玉阙的山水郎,却在万里飘零之后,不见凤楼龙阙,只见青山引泪、杯酒添愁。

流落江南的北客,再也无心去玩赏山水的清雅。在江南相会旧友,想起年轻时纵马洛阳的潇洒,不免有"卧倒金壶,相对天涯客"的悲凉。朱敦儒的词中少了慵懒散漫,多了悲壮与痛心,"悲故国,念尘寰",于是辞乡去国的人日日在悲愁中把酒垂泪。更糟糕的是,从不挂心功名的朱敦儒,对朝野派别也几乎毫无认知。当时秦桧笼络人心,希望以才子词人来纹饰太平,他看重朱敦儒的名望,便迂回地令自己的孙子与朱敦儒之子交好,于是这个曾拍案怒作"中原乱,簪缨散,几时收"、却在政治上一片空白的朱敦儒,居然糊里糊涂地被拉入了"主降派"秦桧的阵营。

曾经拒绝宋钦宗赐官的朱敦儒,却在南下后应邀做了鸿胪寺少卿。无人知晓他的出仕到底是抱以怎样的心情。或许在国难之中,他宁愿不做逍遥的散仙,而是在朝廷中效力,但历史并未给人分辨的机会。旧日笑言"青史几番春梦,黄泉多少奇才"的朱敦儒必然不会料想自己居然一语成谶,在青史中留下一个秦桧党羽的污名。鸿胪寺少卿是个闲职,而不谙朝廷局势的朱敦儒也许并未知晓秦桧的阴谋,但无论如何,他到底是被时人看作"晚节不保"的例子了。仿佛《宋史》不忍指斥朱敦儒的晚节不保,将他的出仕视为"舐犊之情"导致的糊涂。

有苦难言的朱敦儒在秦桧死后终于再次辞官,客居江南。他曾作《水龙吟》说:"回首妖氛未扫,问人间、英雄何处。奇谋报国,可怜无用,尘昏白羽。铁锁横江,锦帆冲浪,孙郎良苦。但愁敲桂棹,悲吟梁父,泪流如雨。"也许他曾有壮志,试图施展谋略、恢复中原,但他的"奇谋"显然因为所托非人而付之东流。失望之余,朱敦儒唯有放诸杯酒之中打发残年。"一杯自劝,江湖倦客,风雨残春。"他既没有了年少的狂放,也没有了中年的壮志豪情,报国的痴心反被奸臣利用,令他不由地恍惚觉得人间世事短如春梦、薄似秋云,乃至心灰意冷地叹息"万事原来有命"。

朱敦儒既怀着悲悼故国的情怀,又承受着旧友的冷眼,对于一生不曾放下的酒杯也竟产生了倦意。"老人无复少年欢。嫌酒倦吹弹。"他感到厌倦的并非是酒,而是看到酒便会想起的年少时光,欢愉的旧日早已不复存在,故人不在、故国不在,杯酒也变成了苦酒。尽管江海茫茫、却仿佛无家可归,而他的哀叹再也没有人聆听,他的后悔与愤恨也无人关心。旧日纵酒的少年,居然变得连"一杯自劝"的情致也没有了,只是一味"慵歌怕酒"。偶尔回首,朱敦儒也会自嘲:曾为梅花沉醉不归的自己,如今"人已老,事皆非。花前不饮泪沾衣"。

李清照与酒

昨夜雨疏风骤,浓睡不消残酒。试问卷帘人,却道海棠依旧。知否,知否,应是绿肥红瘦?

——李清照《如梦令》

以旧时对女性的标准来看,李清照并不是一个非常典型的大家闺秀——宋代的礼教虽然不至于如同明清时期过度遵循程朱理学那样恐怖,但是相比于唐代的民风开放,宋代毕竟在文化上是更遵循儒家礼法的。儒家文化对男子要求是稳重,对女子要求是端庄,如果说男子还有机会纵酒放歌、狂放不羁,女子可以说是几乎不会有这样的机会。但李清照却并不是一个传统意义上的"淑女":虽然出身名门、生长在书香世家,却有一个纵酒嬉闹、活泼天真的少女时代。在李清照的词中,曾记载了一次她出去游玩的经历:

常记溪亭日暮,沉醉不知归路。兴尽晚回舟,误入藕花深处。争渡,争渡,惊起一滩鸥鹭。

起首两句是说,自己常常回忆起在溪亭游玩的时候,一直玩到天色已晚了,自己也喝得醉醺醺的,连回家的路都找不到了。这在我们现代人的生活中可能会存在一些共鸣,但是放到宋代这样一个礼教开始严格起来的时代中来看,她的行为可以说是极为大胆的。但是这个酒醉还不是结束,接下来整首词都是在描绘自己这场酒醉之后发生的事情。由于自己已经玩够了准备回家,但却喝得太多找不到回家的路,所以一不小心,在湖上划船的时候不是向岸边去,而是划

217

进了一片荷花深处。一看走错路了，她就忙着向相反的方向划水，结果桨声扑腾起来，惊吓了一片停泊在水上的鸥鸟和白鹭。

李清照大约时常想起这段有趣的经历来，有时候还会把它作为一个好笑的事情和姐妹们说起，所以才会说"常记"。她的纵酒放歌、日暮忘归不仅有一种男性的洒脱，而且毫无轻狎放荡之意。在她的酒醉中，她看到的不是奇思邪念，而是惊起一滩鸥鹭，是一个非常有趣的自然景色，处处洋溢着一种非常天真活泼、顽皮动人的情致，这不仅在中国历史上的女性中，甚至在整个中国历史上都是少见的。

在父母之命、媒妁之言下，女子通常只能被动等待陌生婚姻的降临，而幸福与否太过未知。在这一点上，李清照无疑是幸运的，她嫁给了赵明诚。无论是从李清照自己留下的诗词文，还是从历史上的记载来看，两人的婚后生活都是很幸福的。从李清照自述的赌书泼茶的佳话，到赵明诚在画像上题字愿意共同归隐，可以看出夫妻之间的深情。赵明诚和李清照不仅是生活中的恩爱夫妻，更重要的是，两者之间还有着诗友、酒友的知己之情，他们的兴趣爱好也是非常趣味相投。李清照在《＜金石录＞后序》中记载道："余性偶强记，每饭罢，坐归来堂，烹茶，指堆积书史，言某事在某书、某卷、第几页、第几行，以中否，角胜负，为饮茶先后。中，即举杯大笑，至茶倾覆怀中，反不得饮而起。甘心老是乡矣！"

丈夫是知己，而酒则是李清照的闺中密友。当然，酒对于李清照而言是一种嬉戏助兴、打发时光、排解闺怨的存在，而远非有些人从"人比黄花瘦"中读出过分夸张的愁情别意。少女李清照十分幸运地有着封建社会中一个有诗才的女子罕见的自由，这构成了她后来强烈的自信心和豪爽的气概。在结婚后，虽然时有面临与丈夫分别、独自一人的情状，她的思念是真实的，但却并不是一味哀伤的。即使丈夫不在身边，她也并没有停止自己的娱乐和与丈夫的诗酒酬唱："东篱把酒黄昏后，有暗香盈袖。莫道不消魂，帘卷西风，人比黄花瘦。"

不是抱怨,倒像是儿女情长的调笑。

然而好景不长,李清照遭遇的不幸是时代的不幸,而不是个人的不幸,故而更是无力抗拒的。她的人生在南渡国难之后,发生了几乎彻底断裂的转折。靖康之难,北宋的繁华和兴盛开始没落了,安定的生活被北方铁骑的侵略扰乱。一年后,年已 45 岁的李清照被迫南渡江宁。刚刚经历南渡之后,虽然经历了国家巨变、家国流离,但是李清照的生活并没有立刻遭到毁灭性的打击。李清照在《金石录》中记载,她与赵明诚在青州的老家有十几间空房贮藏金石、书画、古玩,金人到来后,青州、莱州沦陷,这些宝藏也就丢失了。但是在战乱之后,李清照与丈夫还是能够挑选部分珍爱重视的古玩运往南方。到了南方之后,赵明诚奉命到湖州担任知州,并到南京接受任命。在这段非常短暂的时间中,李清照在国难之后尚能够找到一丝属于自己的狭小空间。她虽然从未忘记过国家灾变之痛,却仍然能在生活中找到一点安慰:

> 风柔日薄春犹早,夹衫乍著心情好。睡起觉微寒,梅花鬓上残。故乡何处是,忘了除非醉。沉水卧时烧,香消酒未消。

"故乡何处是,忘了除非醉",是诉说思乡之情,但这种思乡之情并不是简单地离开家乡,而是再也不能归去、故园已经被北方敌人占据的悲哀。在这种情况下,"心情好"只不过是在酒醉中偷来的一点从容。在这种时候,酒成为一种逃避,一种对现实可以避而不谈、避而不看的手段。

对于李清照而言,赵明诚不仅是一个丈夫,更是一个难以获得的知己,而且赵明诚也的的确确能够意识到李清照的才华,并且予以鼓励和珍视。因此,当赵明诚去世之后,李清照失去的不仅是一个爱人,一个朋友,更是一个知己,一个伯乐。"断香残酒情怀恶,西风催衬梧桐落。"物是人非,登临高阁,远看乱山平野、烟光暮鸦,远远听见战争的角声吹起,香已经破碎断裂,而酒也只剩杯中一杯残酒,平素豪迈飘逸、娟秀委婉的李清照也不得不说道"情怀恶",更有西风吹来,衬托得梧桐叶落更加凄凉悲哀,残酒更显得一种令人悲哀颓唐的寂寞,成为一切人生中残破的、悲凉的存在。

对于李清照而言,"酒"即是生活本身。当生活是天真、愉悦的时候,酒也是助兴的、飘逸的、俊秀的,是一种高雅而闲逸的生活方式;而当生活遭到变故、生命变得悲怆时,酒也就逐渐从排遣悲愁,变成了悲愁本身。生活本来就不"易安",在凋零漂泊中,把酒虽然不能再言欢,多少能够遣愁。不知在声声更漏中,酒醉蒙眬的李清照是否又会想起年少时分同侍女打趣的问话:"知否,知否,应是绿肥红瘦?"

陆游与酒（上）

神仙岂易事，富贵不容求。百岁偿未尽，一樽差可谋。

——陆游《对酒》

据说陆放翁一生作诗三万余首，留存在《剑南诗稿》中传世的便有九千余首。数目一多，内容也就驳杂，文采立意好坏也就难免良莠不齐。陆游曾写诗自嘲说："我诗非大手，我酒亦小户。"古往今来诗人酒客多矣，自己说自己写诗格局不大，酒量也不好的人，却似乎只有陆游一人而已。

陆游一生爱酒，他八十岁时曾作诗说"百岁光阴半归酒，一生事业略存诗"，这句话并不夸张。他的诗作中，仅标题直书《对酒》的就有近百首，而诗中提到酒的，那几乎是卷卷皆有了。"新酥鹅儿黄，珍橘金弹香，天公怜寂寞，劳我以一觞。"对陆游而言，美食与美酒相结合，简直就是人生的一大幸事。对他而言，酒是一种值得欣赏和品味的存在，而不简单是消愁解闷、不论好歹饮醉即可的工具。他作诗说"酒非攻愁具，本赖以适意。如接名胜游，所把在风味。"倘若酒魂有灵，大约要对陆游的评论深以为然，并视为知己了吧。

因为善于品酒，陆游的诗中对酒也常常不是一概而论，而是细述其名；慢慢看来，陆游的诗集竟如同一卷名酒谱。"朱担长瓶列云液"的云液酒，据说是扬州的佳酿；"玻璃春满琉璃钟"里的玻璃春，应当是眉州的特产；汉州的鹅黄酒似乎是陆游较为偏爱的口味，"鹅黄酒边绿荔枝"、"鹅黄酒色映觥船"，不仅平日可以小酌一番，他还自己酿

221

鹅黄酒,"酿成新鹅淡淡黄"是也。平日酒醉,陆游常去池边散步解酒;谁知一日喝了鹅黄酒,"临池只欲消残醉,无奈鹅儿似酒黄"。池中有小鹅正是鹅黄酒的颜色,醉眼看去,简直又如一杯春水上流觞浮动的鹅黄酒一般,醉眼看世界,世界都是酒。

不过陆游爱酒也是眼大肚小,尽管有着"会须一饮三百杯"的气魄,实际上却只有能饮三龠的酒量:"尽醉仅能三龠酒"。三龠的量确实有限,这还是尽力一醉的结果。因此他曾作诗名曰《予好把酒,常以小户为苦》,诉说自己好酒却酒量小的郁闷:

我非恶旨酒,好饮而不能。方其临觞时,直欲举斗升。若有物制之,合龠已不胜。岂独观者笑,心亦甚自憎。

举杯的时候豪情万丈,饮酒的时候却不胜杯盏,陆游的酒量真可以说是心比天高,量比斗薄了。"心亦甚自憎",陆游也为自己的酒量小而懊恼,大约每个人都有一个想拥有而不能拥有的能力,或许这就是人生不如意事十有八九。他也曾与同样酒量不佳的苏东坡作比较,苏东坡曾自嘲"天下之不能饮,无在予下者",简直堪称天下酒量最小之人;陆游以此相比,大约心情会宽慰很多。换一个角度想,饮酒的乐趣不在多少,而在于饮酒可以达到的状态,他人一斤需要达到的感觉自己二两就可以达到,岂不美哉?更何况,陆游的长寿正或许与其酒量小有关:小酌怡情不致伤身,才是酒中正道。

然而量小不代表不能享受饮酒的乐趣。陆游最爱邀请朋友来聚饮,所邀朋友不拘亲疏远近,酒宴亦不分春夏秋冬。夏日梅雨刚过,陆游便忙着去市上沽酒,"黄鸡绿酒聚比邻",好一番热闹景象;冬日农闲时,他又去乡村里访友,"莫笑农家腊酒浑,丰年留客足鸡豚",待到酒足饭饱后,还说要常来叨扰。平日出门踏青游玩,自然更少不了带上酒:梅花开时是"斜挂驴鞍酒满壶",待到细雨骑驴入剑门的时候,又是"衣上征尘杂酒痕"了。

陆游晚年赋闲在家,常与村邻渔樵对饮。"有渔翁共醉,溪友为邻"、"浊醪幸有邻翁共"、"邻翁劝黍酒",这是稀松平常的事情;倘若谁家有个婚嫁生子的喜事,陆游自然是乐呵呵地前去赴宴,于是"买花西舍喜成婚,持酒东邻贺生子"。他与村里乡邻的深情,不仅是泛泛之交,对他而言,能对坐饮酒、其乐融融的乡邻们,才是最值得珍惜的人。"交好贫尤笃,乡情老更亲。羞香红糁熟,炙美绿椒新。俗似山川古,人如酒醴醇。一杯相属罢,吾亦爱吾邻。"村邻也许未必知道这个爱喝酒的老翁便是曾经朝廷的大理寺司直或枢密院编修,但对他们而言,这位和蔼可亲的老翁必然是个热心而又有趣的人,因此民风淳朴的村邻们便常以乡间简朴但新鲜的酒食招待他。对于陆游而言,有这样质朴古风的村邻相伴,自然陶陶而乐,不饮亦醉了。

陆游喜饮酒,几乎每日必饮;这些酒有些是御赐的,有些是市售的,有些则是陆游自己酿的。宋代御赐酒名"流香",陆游《老学庵笔记》中载"赐大臣酒谓之流香酒"。陆游身在世宦人家,自己也尝身居重任,故而也曾有幸获得皇帝的赐酒。春晴出游,晒晒太阳之后回到家中,欣喜地发现"归来幸有流香在",便令春晴带来的好心情更好了一些。

当然御赐酒毕竟是少而珍贵,想要饮酒,多半还是要去市上酒肆买酒。"沽酒"二字在陆游写来稀松平常,几乎是卷卷都有:"卖鱼沽酒醉还醒"、"十千沽酒青楼上",卖鱼的街市上能沽酒,青楼上也能沽酒,真真是"有沽酒处便为家"了。陆游一生常在绍兴鉴湖,此地亦是酒客贺知章的故乡。绍兴是江南的酒乡,陆游记曰:"店店容赊酒,家家可乞浆",正是所到之处皆有酒香扑鼻。酒客恰好住在酒乡,没有比这个更幸福的了吧!

尽管如此,陆游还是时常饶有兴味地自己酿酒。"出仕才堪斗大州,初归便拟筑糟丘。"为官时固然没有时间酿酒,一旦赋闲在家,自然就要先把酿酒一事提上议事日程来。旧日酿酒,需要以"囊糟于床而压之",因此便有糟床在院中,每逢压酒的时候,陆游便闲听酒滴从糟床落下掉入酒瓮的声音,对于一个馋酒的老饕而言,没有什么音乐声比"共听糟床滴春瓮"更加清越怡情的了。酿酒余下的酒糟也不会浪费,陆游爱食江南的糟姜,家中酿酒正好有余下的酒糟,自然就能"糟渍社前姜",做成下酒的小菜了。直到耄耋之年,陆游还作诗说:"余年更何为,枕藉糟与麹。"岁月虽然老去,但对酒的热爱却丝毫没有半分减少。

如此乍一看,仿佛陆游在生活中就是一位恬淡而愉快的乡绅,闲时酿酒饮酒、作诗抚琴,偶尔出门踏青赏花罢了。倘若生于太平治世之中,以陆游的爱好脾性,大约确能如此无忧无虑地度过;但对于陆游而言,在他闲适生活的小世界之外,还有一个更大的、风雨飘摇之中的家国。

陆游与酒(下)

先生醉后即高歌,千古英雄奈我何? 花底一壶天所破,不曾饮尽不曾多。

——陆游《一壶歌》

陆游于宣和七年(1125)出生在江南一个世代诗书的名门望族,那是北宋的尾声,两年后,便是北宋亡于战火的靖康之难。陆游的父亲陆宰带着不满三岁的陆游辗转老家山阴以避战火,宋高宗南渡后,全家又投东阳。陆游后来自谓"少小遇丧乱",说的便是这段社稷动荡的经历。

南渡之后,陆游的父亲作为主战一派,力争无果之后,失望地辞官隐退,居家不仕。陆游虽然生在江南之地,但从小在父亲的影响下,少时便立志于收复失地、重振山河。少年时的陆游喜好携三五好友,纵酒狂放,指点江山。酒量小并未减损少年陆游的豪情,他自谓"少年酒隐东海滨,结交尽是英豪人","少时凭酒剩狂颠,摘宿缘云欲上天。"彼时的陆游正是年少气盛、豪气干云的年岁,尚未体悟到世事的艰难,每与朋友酒醉之后,便畅言北伐收复中原的壮志。暮年的陆游回忆那段岁月时仍于自嘲中不乏骄傲地说:"自笑平生醉后狂,千钟使气少年场","早岁那知世事艰,中原北望气如山"。正因这样的豪情壮志,时人皆呼他为"小李白"。

然而少年豪情却不抵世事的坎坷艰难。身为主张收复失地的主战派,陆游的仕途并不顺遂:先是在临安锁厅试中因拔得头筹而得罪于秦桧,故而在礼部考试中被刻意不予录取;秦桧死后,又因多次向张浚献策北伐、敦促朝廷收复失地,被朝廷免官。赋闲的陆游闲居山阴,终于体悟到"闲愁如飞雪"的愤懑。空有才华而不得施展,眼看失地却不能收复,陆游的心情固然沉重,但他天性中有乐观的一面,故而总还能令千头万绪的愁情"入酒即消融"。

陆游彼时不独仕途不顺遂,情路也颇为坎坷。陆游二十岁的时候迎娶唐琬为妻,一直琴瑟和谐,相敬如宾。但也许是唐琬未能给陆游诞下孩子的缘故,陆游的母亲逐渐积累起了对唐琬的不满,将她遣回娘家改嫁,陆游也在母亲的主持下另娶妻子。十年后,陆游赋闲时在江南游玩,竟于沈园又见到了唐琬。旧日山盟海誓的妻子如今已改嫁他人,相见无奈之下,陆游唯有题诗在沈园的墙壁上:"红酥手,黄縢酒。满城春色宫墙柳。东风恶,欢情薄,一怀愁绪,几年离索。错、错、错。"旧日绮窗前,案几上,两人也曾执手相对,心爱的妻子也曾亲手为他启封酒坛上的黄纸,满斟一杯春酒。谁知斗转星移之后,再相见已是彻底的错过了,最伤心、最动情的一杯酒莫过于此。

乾道五年(1169),赋闲四年后的陆游得任夔州通判,再次得到起用的陆游不嫌官位低小,便携家眷来到蜀中,两年后又前往南郑,在那里,陆游将自己北伐的计划写作《平戎策》献给当时的川陕宣抚王炎。在蜀中的时日里,陆游经过宦海沉浮,洗脱了少年时天真不知世事的稚气,壮志豪情却稍不减损。他游眉山时作诗说:"我虽流落夜郎天,遇酒能狂似少年。"他上书说,要想收复中原,就要先收复陇右、复至长安,一雪靖康之难的国耻,并能积蓄力量北伐金人,重振山河。

陆游在大散关真正参与军旅的时间,不过短短几个月。朝廷否决了他苦心经营的《平戎策》,又将主战的王炎调回京城,身为幕僚的陆游被朝廷寻了一个闲职,安排做成都府路安抚司参议官。再入蜀地的陆游终于明白了,只要有主和派支持帝王偏安一隅,那么他写献上再多的军事策略也是白搭。不如饮酒吧,也只有饮酒了,少年时疏狂的壮志却被逐渐消磨了棱角。在迷茫和悲叹中，陆游陷入了自我的怀疑："尊前消尽少年狂"。他在蒙蒙细雨中骑驴入剑门，再次来到山水清秀的蜀州。

在蜀州的日子不久，陆游便从低沉中恢复过来。蜀江水碧蜀山青，何况蜀地的民风淳厚，令陆游深深感叹"江湖四十余年梦，岂信人间有蜀州"。他开始向新的蜀州宣抚上书说："中原祖宗之地，久犹未归"，又作《蜀州大阅》抨击朝廷养兵不用，偏安于江南声色犬马之中。于是主和派遍寻陆游的不是，在朝廷上表奏他"燕饮颓放"，不论生活中还是在任职上都纵酒而不拘礼法。朝廷的弹劾令陆游的上司、四川制置使范成大实在无法开解，被迫无奈再次将陆游解职，陆游便以白身暂居杜甫草堂旁。

数次的打击没有令陆游彻底颓废下去，他的性格中有一种愈锤炼愈刚强的东西，在蜀州的生活令他将一切豪情转作杯酒与诗歌。弹劾他的人说他"燕饮颓放"，他不争辩，也不妥协，反而自称"只知求醉死，何惮得狂名"，更以"放翁"自号。对朝廷中那些板着面孔、实际上却贪图平稳不敢精进的官宦，陆游毫不掩饰自己的嘲弄："都城处处园林好，不许山翁醉放颠。"在陆游看来，他的醉酒和狂放都是坦荡的，没有什么好遮遮掩掩的；尽管马上纵横、收复失地的愿望尚未实现，自己也逐渐老去，但他从未放弃过对北伐的期待。"一杯且为江山醉"，他的胸怀中，始终有那段短暂的军旅的记忆萦绕着。蜀中有三国时诸葛丞相的祠堂，旧日杜甫曾在此凭吊千古，叹息"出师未捷身先死，长使英雄泪满襟"；而在陆游的心目中，诸葛亮六出祁山、征战中原的壮举，已是他步趋效仿的先贤，于是"醉来剩欲吟梁父，千古隆中可与期"。一杯酒敬诸圣先贤，一杯酒敬万里江山。

此后，陆游的仕途再次几经起落，而他对世情的勘破早已不再令他对贬谪或是罢免凄然动容。对于陆游而言，饮酒已经成为一种生活的习惯，他自嘲时说"有酒可尽醉，老夫老更穷"，但更多的时候，这位越老越狂放的老翁,总是能在杯酒中找到自己年轻时的豪情。"九酝浆成老仙醉","醉中忘却身今老",陆游是不服老的;且在这不服老之中,既有中原未复不甘老去的豪情,也颇有一点老顽童的意趣。明明酒量只有三杯,偏偏不服老,大醉题诗于秦望山的石壁上,说自己:"放翁七十饮千钟,耳目未废头未童。"

陆游终其一生,也没有看到王师北上的那一天;八十五岁的陆游重回故乡,又到沈园,白粉墙壁上,两首泪墨题词还依偎在一起,而故人却早已辞世四十年。"沈家园里花如锦,半是当年识放翁。也信美人终作土,不堪幽梦太匆匆。"梦中为铁马冰河惊起的陆放翁,终于也在岁月中垂垂老去,陪伴他的,只有共他同看万古兴亡的一樽清酒。

辛弃疾与酒

　　醉里且贪欢笑，要愁那得功夫。近来始觉古人书，信着全无
是处。

——辛弃疾《西江月》

　　酒的豪情与江湖的豪情，总有一种内在精神自由的联系。因此
纵酒逍遥的文人，往往在笔下赞叹江湖侠士的义气和潇洒。辛弃疾
也爱酒，他几百首诗词中，写酒的竟然过半，比例上竟可压倒李白。
然而，当辛弃疾写下"醉里挑灯看剑，梦回吹角连营"的时候，他醉眼
蒙眬中挑灯仔细看的宝剑，却是一把真正的杀人的剑。

　　辛弃疾出生的时候，北方已经落入金人手中，南宋朝廷偏安于江
南一隅。辛弃疾的祖父辛赞因困居北国，不得已在金国出仕任职，却
从小告诫辛弃疾要光复河山、回归故国。在乱世，学文不如学武，因
此辛弃疾在读书之外，又习剑术、读兵法。

　　辛弃疾年少时便爱饮酒，后来他回忆少年时的光景，曾自嘲道：
"却得少年耽酒力，读书学剑两无成。"事实上，他于酒于诗于剑，都极
为精通。辛弃疾二十一岁的时候，耿京领导起义军对抗完颜亮，辛弃
疾召集两千人前去投奔。耿京赏识他的青年壮志，命他为掌书记，执
掌军印。辛弃疾在军中亦爱纵酒交游各方豪杰，然而与他相交的人
却不免有首鼠两端、心怀鬼胎的小人。其中有个僧人，名叫义端，对
辛弃疾投其所好，与他饮酒谈兵，却在一夜趁辛弃疾酒醉之后，偷走
了军中大印。军印被偷，耿京自然震怒不已，辛弃疾却对他说：给我

三天时间，如果追不回大印，就甘愿接受军法处置。于是他一路纵马飞奔，在半路上就捕获了义端。这个小人恳求辛弃疾饶命，奉承说："我识君真相，乃青兕也，力能杀人，幸勿杀我。"然而还是免不了被辛弃疾一刀斩下头颅。

在军中纵横杀敌的辛弃疾，并不是宋代传统文质彬彬的文人。他生于北地乱世，长于刀兵之中，据说他肤硕体胖，目光有棱，红颊青眼，壮健如牛，从外表来看，完全是一个军中锻炼出的武将。当义军首领耿京被叛徒张安国所害之后，辛弃疾竟能率五十人马，衔环裹蹄，如疾风骤雨一般冲入金人大帐，捉了张安国便走；纵使骁勇善战如金国士兵都被打得措手不及，等到他们披甲上马，辛弃疾一行早已烟尘远去了。如此来去千军万马中取上将人头、叛军首级，竟然如入无人之境，简直可直追"武圣"关羽的英姿了。

将张安国押解回京师的时候，辛弃疾年方二十三岁。他丰姿甚伟，豪情万丈，宋高宗亲自嘉许他的英勇壮举，并任命他为江阴签判。这是辛弃疾一生最春风得意的时候，他一边纵酒痛饮，一边纵笔疾书，笑称"醉时拈笔越精神"。怀着光复河山的雄图壮志，辛弃疾将自己的军事才能都写作《九议》、《十论》表奏朝廷，期待能领军北伐。

但是安于江南旖旎风光的南宋朝廷对北伐并无太大的兴致，而宋高宗和宋孝宗虽然一度也提出要恢复失地，却总是在朝廷主战、反战两派的争执中游移不定。从北地而来的辛弃疾习惯了马上纵横、手起刀落的办事方法，对南方朝廷中权衡斡旋那一套很看不惯，而南方的文臣集团当然也看不惯辛弃疾这个不按常理出牌的武夫。《宋史》说辛弃疾担任潭州知州兼任湖南安抚的时候，此地盗匪流窜，勾连两广二省，声势浩大、出没诡谲。辛弃疾本是军中将才，于是自己率手下安营扎寨，招兵买马，"招步军二千人，马军五百人"。招买兵马自然需要军费，而且所费不菲，辛弃疾能"以缗钱五万于广西买马五百匹，诏广西安抚司岁带买三十匹"，当时有官员不支持他的行为，辛弃疾却令行禁止,杀伐果决,最终"经度费巨万计,弃疾善斡旋,事皆立办"。

虽然辛弃疾招兵买马阻止了盗匪,但这绝不是南方朝廷官员习惯的办事方法,因此不少人表奏朝廷弹劾辛弃疾。监察御史王蔺上书说辛弃疾"用钱如泥沙,杀人如草芥",这倒并不是诬告,这就是辛弃疾的办事风格。他从不受儒家文化的道德礼仪束缚,对收受贿赂、走私倒卖这些事情并不在意;而他敛财却并非为了个人,而是拿去救助灾民、招兵买马,个中对错实在不能以黑白分明来判断。

不论如何,辛弃疾的性格和办事方式,最终导致了他"以言者落职"。遭受贬谪的辛弃疾除了醉里看剑、梦回连营之外,只得闲居庄园,以饮酒消愁解闷,聊以度日。他一边饮酒一边劝慰自己"人生行乐耳,身后虚名,何似生前一杯酒",转念却又感叹自己不能"了却君王天下事,赢得生前身后名"。他虽名号"稼轩",以居士自称,但他骨子里还是那个提剑马上、纵横天下的豪侠之客,命运却安排他只能做一个偏安一隅的俗世小民。于是他只能独自凭栏,"把吴钩看了,栏杆拍遍",而他南下归宋、想要收复万里江山的梦想,最终是破碎在了他幼时向往的江南。

"身世酒杯中,万事皆空,古来三五个英雄"。辛弃疾身居滁州知州的时候,虽富裕有闲,却依旧"招流散,教民兵,议屯田。"他迷茫于南宋的苟且偏安:山河尚在破碎中,大丈夫又岂能高枕而卧呢?但放眼天下,竟无人能赞同和支持他的举措,他唯有去酒杯中找安慰:"万事一杯酒,长叹复长歌","人间路窄酒杯宽"。他本来就是好酒之人,如今又寄情于酒,未免沉湎过度。他曾写词记自己的醉态,读来令人忍俊不禁:

> 昨夜松边醉倒,问松我醉何如? 只疑松动要来扶,以手推松日去。

醉倒在松树下,却去问松树自己醉得怎么样了,觉得松树要来扶他,却要把松树推开,证明自己能行。辛弃疾简直是醉出了糊涂的新境界。然而狂歌亦醉、低沉亦醉,却令他病酒愈甚。又一次烂醉如泥后,他的妻子题诗在绿纱窗上,温柔委婉地劝他戒酒。辛弃疾自己也知道,耽于醉饮致使自己的身体每况愈下,因此痛下决心要与酒杯告别。

于是他作了一首词,名曰《将止酒戒酒杯使勿近》——意思是我准备戒酒了,请酒杯远离我。然而辛弃疾纵使作词弄墨,有时也脱不了武夫的脾性,一开口就是:"杯汝来前,老子今朝,点检形骸",形同军中点兵。辛弃疾将酒杯唤来,历数其罪状说,刘伶爱酒至深,宁可"醉死便埋",而杯中酒却除了对人有害以外,丝毫不体谅人的病痛,简直是"叹汝于知己,真少恩哉!"痛斥了酒杯的忘恩负义之后,辛弃疾勒令酒杯立刻退下,然后又以酒杯的口吻说:你对我是"挥之即去,招则须来",想要戒酒的时候酒杯自然就远离了,但想要饮酒的时候,酒杯还是招之即来。

果然被酒杯说中了,没过多久,辛弃疾便故态复萌,又与朋友聚饮起来。这次他仿佛有些不好意思,先解释了一番,说:"城中诸公载酒入山,余不得以止酒为解,遂破戒一醉",意思是朋友们带酒来看我,我说了自己戒酒可是没人听我的,不得已我才破戒再醉一场的。于是他又调皮地对酒杯说:"你是理解我的,对吧?"

元武宗与酒

惟曲蘖是耽,姬嫔是好,是犹两斧伐孤树,未有不颠仆者。

——《谏元武宗》

　　元代在中国历史上是一个疏于书史记载的年代,盖因元代的政权并非汉人政权,元代的统治者也并不像清代那样重视汉人官员的委任,加之元代实际存续的时间不足百年,在中国的历史纵深中常为人所忽略。但至少在中国酒的历史上,元代不仅是一个重要的时代,甚至可以说是一个具有纪年意义的时代。

　　说元代在酒史上有纪年的意义,其一,是因为黄酒工艺成为发酵酒中的主导。中国早期的发酵酒,也就是米酒,在元代之前还达不到黄酒的级别。其二,是因为元代蒸馏酒技术的诞生与成熟,酒的度数与质量与前代已不可同日而语。明代李时珍的《本草纲目》中将烧酒又称为火酒、阿剌吉酒,并且特别标注说:"烧酒非古法也,自元时始创其法。"《饮食辨录》中也提到"烧酒,又名火酒、阿剌吉。阿剌吉,番语也。"也就是说烧酒本无其物,当然也无其名,连名字都是从蒙古语中直接音译过来的。

　　元代的蒸馏酒比唐宋时期的米酒度数要高,但元代人饮酒的器皿却并没有从盏、碗这样的容器直接转变为明清时代饮用烧酒的小盅或者"蕉叶杯"。元代不仅饮烈酒,而且饮酒豪迈,甚至被作为国家形象的象征。清代乾隆皇帝曾得一件元代的古玩,放置在北海承光殿前,题字曰:"玉有白章,随其形刻鱼兽出没于波涛之状,大可贮酒三十余石,盖金元旧物也。""金元旧物"这个说法没错,这正是元代著名的"渎山大玉海",在《元史·世祖本纪》中被特地记载下来:"渎山大玉海成,敕置广寒殿"。这件酒器之所以如此重要,据元代舆服制度可知,酒海是宫殿中三件必备的礼器之一,这件"大可贮酒三十余石"的酒海,需要六十个"酒人"负责掌管;每到天子登极、正旦、天寿节、御大明殿会朝这类的重大事件或者节庆活动的时候,就会在这个巨大的酒海之前举行仪式。

在全民好饮的元代,能以饮酒出名的,元武宗孛儿只斤·海山可以说是一位非常有趣的君王。之所以说他有趣,是因为他是极为少见的一个因为赏赐太多而被史书抱怨的君王。倘若一个君王刻薄寡恩,或者脾气暴躁,往往会被史书记录为昏君、暴君,但元武宗却偏偏是因为"封爵太盛,而遥授之官众,锡赉太隆,而泛赏之恩溥"而被抱怨,甚至很多史书认为,正是由于元武宗不加节制地宴饮、赏赐,才导致元代逐渐走向了下坡路。

元武宗其人极为好饮。元代皇族本来就来源于草原民族,譬如葡萄酒、马奶酒种类丰富不说,又有了蒸馏烧酒的新技术,可以说在酒的品类上是大大超越了之前的朝代的;而蒙古人的好饮、善饮,从古到今都体现在他们民族的生活风俗当中,一个不会喝酒的蒙古人,基本上不能算是一个合格的蒙古汉子。不过虽然元代历任皇帝都有着来自草原民族的海量基因,但像元武宗这样,被《元史新编》批评"大滥其觞……亦英雄酒色之通病"、被《元书》点名"惟鞠蘖芳泽之为乐"的,也实在是一位异类了。

元武宗好饮到什么程度呢? 当时有一位重臣,名叫阿实克布哈的,看见元武宗沉迷酒色、身体越来越差,忍不住进谏说:"陛下八珍之味不知御,万金之身不知爱,而惟曲蘖是耽,姬嫔是好,是犹两斧伐孤树,未有不颠仆者。陛下纵不自爱,如宗社何? 这话作为一个臣子来说,说的是很重的:你作为一个皇帝,不知道爱惜自己,只知道沉迷于酒色,下对不起黎民百姓,上对不起列祖列宗,就差没指着鼻子骂昏君了。一般来说,听了这样的谏言,皇帝会有两种反应:倘若是昏君,譬如纣、桀一类的,忠言逆耳,立刻就拉下去处死了;倘若是明君,则听从谏言、痛改前非、励精图治。但元武宗偏偏既不是前者,也不是后者,他的反应展现出一个资深酒鬼的特质:他先是"大悦",并且称赞说:"非卿,孰为朕言!"非常感谢忠臣的进谏。然后呢?命左右给阿实克布哈赐酒。可怜的阿实克布哈是哭笑不得:刚才还劝你不要饮酒,这会儿倒拿酒来谢我?气得这位忠臣怒道:"臣方欲陛下节饮,而反劝之,是臣之言不信于陛下也,臣不敢奉诏。"元武宗倒也没有动怒,不喝就不喝罢了,他嗜酒,但还不至于是个好坏不分的昏君。

元武宗不仅自己爱饮酒,而且在他执政的期间,也放松了民间的酒禁。根据《元史·食货志》的记载,元代律法明文规定,不允许百姓私自酿酒、售酒,"私造者依条治罪",而且就算是官酿,也是有一定数量限制的,"(大德)九年(1305),并为三十所,每所一日所酝,不许超过二十五石之上。十年,复增三所。至大三年(1310),又增为五十四所。"元人崇尚饮酒,却屡屡颁布严苛的酒禁,看上去似乎自相矛盾,实际上,这些酒禁主要是针对粮食短缺而进行的短暂性的禁酒措施。根据史料记载,元代一方面从皇宫贵族到民间盛行酗酒之风,另一方面又屡次下达酒禁,总数达到七十多次,为历朝历代之最。到了元武宗的时候,大约是推己及人,元武宗下令"弛中都酒禁",又几次减免对酒的课税,至少生活在首都的居民可以在酿酒、饮酒上得到较为宽限的自由。不过也正是因为放开了酒禁,元武宗时期也经常出现粮食危机,元武宗本人也被历史诟病为过于奢靡浪费。

魏源在《元史新编》中说,根据陶九成《元氏掖庭记》的记载,元代的"琼岛水嬉之华,月殿霓裳之艳,亦自帝大滥其觞"。也就是说,在元武宗之前,宫中并没有大肆宴饮的习惯,这种陋习是因为元武宗好饮而开始的。《元氏掖庭记》中确实有在元武宗之前"宫中饮宴不常"

的说法,但书中对元武宗开宫宴的记载,也只有"巳西仲秋之夜"一次而已,远远少于后来被称为"荒于游宴"的元顺帝。元武宗的这次中秋宴饮,是在太液池中,与众位妃子"荐蜻翅之脯,进秋风之鲙,酌玄霜之酒,啖华月之糕",虽然辞赋华丽,但仔细数来,也不过是正常中秋宫宴的鱼、肉、酒和糕饼一类罢了,尚不至于作为宴饮滥觞的证据。

当明代宋濂修编《元史》时,史书对元武宗尚有一个比较公正的记载和评价;但在明末至清代之后,对元武宗的评价便逐渐降低了。甚至很多人猜测,元武宗之所以只在位了短短的四年时间、三十出头就去世了,就是因为过于纵情酒色。其实元武宗在位期间,无论在政务还是税负上都有很多建树,可以说是一个复杂的人物。但历史往往喜欢将复杂的人物浓缩为一个较为易于辨认的符号,于是"嗜酒"的元武宗便在史书的逐步编写中成了一个警醒式的反面教材了。

白 朴 与 酒

怎将我墙头马上,偏输却沽酒当垆。

——白朴《墙头马上》

劝酒者,多半是善饮之人。自古以来,劝酒劝饮之词辈出,上至远古时节,便有《易经》的爻辞曰:"鸣鹤在阴,其子和之;我有好爵,吾与尔靡之。"我有一杯好酒,要和友人一起欢饮。到曹操的《短歌行》中,依旧是用《诗经》的句子劝酒的:"呦呦鹿鸣,食野之苹。我有嘉宾,鼓瑟吹笙"。劝酒中最豪迈者莫过李白的《将进酒》,譬如黄河之水排闼而来;而白居易的"晚来天欲雪,能饮一杯无",又蜿蜒出邻翁酒友的乡间乐趣。

而白朴其人,不嗜酒,不善酒,甚至不知酒滋味,却常常作元曲小调"劝饮"。他有一首词录在《天籁集》中,词前小注曰:"遗山先生有《醉乡》一词,仆饮量素悭,不知其趣,独闲居嗜睡有味,因为赋此。""饮量素悭",是说自己酒量不佳;"不知其趣",则是说对酒的趣味也并没有什么鉴赏力。既是唱和之词,酒量不佳固然不免有自谦的嫌疑,但一个嗜酒之人多半是不会自称"不知其趣"的。因此约莫看来,白朴似乎并不是寻常所言的醉乡之民。

但倘若看白朴的词曲小调,却又陶陶然常在醉乡。《天籁集》序言说白朴"放浪诗酒,尤精度曲",观其《水调歌头》一调数词,便能知端倪:譬如其中一首,起头缘故是"初至金陵,诸公会饮,因用北州集咸阳怀古韵。"与元代诸多南宋的遗民不同,白朴虽称南宋遗老,却实

237

是金的遗民。白朴的父亲白华是金哀宗的枢密判官,当时金已衰落,而蒙古铁骑方兴,所到之处,破城掳掠。白华随金哀宗北逃,年幼的白朴在兵荒马乱中与家人冲散,幸得遇到同为亡国之民的元好问收留,这才勉强过上了安稳的日子。

白朴的父亲白华在金亡后归顺了南宋,很快又归顺了新的统治者——元。历史大浪所驱,实在不能以"气节"二字苛责古人;但白华虽然跟随金哀宗流窜北方,却着实不曾经受过白朴年幼时流离战火铁骑之下的真实恐惧,因而也就不能真切地体味到白朴对蒙古统治者的深度厌恶来源于幼年的恐惧。这种厌恶陪伴白朴的终身,令他常以遗民自居,并终身不仕,流连在"不知其趣"的酒与"肺腑流出"的词曲之中。

初至金陵,六朝兴亡的悼古之情正合白朴寄情山水、以遗民自居的心绪。"慷慨一尊酒,南北几衰翁。赋朝云,歌夜月,醉春风。新亭何苦流涕,兴废古今同。朱雀桥边野草,白鹭洲边江水,遗恨几时终。唤起六朝梦,山色有无中。"欧阳修旧日说"行乐直须年少,樽前看取衰翁",是一位年华逝去的长者一饮千钟、劝慰少年的豪情;到了白朴这里,"南北几衰翁",却是年华未老、心绪先衰败的遗民心态。在六朝城郭中,白朴看了些晋代衣冠、残垣断壁,心中更生出一种兴亡无常、繁华如梦的空寂感,这种空寂无所排遣,唯有"未醉更呼酒,欲去且停骖"。

醉乡自古被描述得很多,但每个人通往醉乡的道路不尽相同。饮酒的乐趣,有人止于微醺,有人乐于癫狂,而白朴但求沉醉睡去。"醉乡千古人行,看来直到亡何地。如何物外,华胥境界,生平梦寐。鸾驭翩翩,蝶魂栩栩,俯观群蚁。恨周公不见,庄生一去,谁真解、黑甜味。"白朴的醉乡是一条路直接走到黑甜的梦境,也许只有在梦境中,他才能摆脱无所不在的对世事的厌倦与恐惧,回到令人安心的、庄生梦蝶似的诗词浪漫世界中去。

因此白朴写的劝酒词,也蕴悲愤于其中。他曾作一支《仙吕·寄生草·饮》劝酒曰:"长醉后方何碍,不醒时有甚思。糟腌两个功名字,醅渰千古兴亡事,曲埋万丈虹霓志。不达时皆笑屈原非,但知音尽说陶潜是。"李白的《将进酒》也说"但愿长醉不复醒",可那分明是天教吩咐的疏狂;白朴的笔下,却是叹气的、无奈的,又有些愤然的郁气。"功名"二字,有人热衷,也有人瞧不上,但要将它"糟腌"了,白朴还真是独一份;千古兴亡,虽然多在迁客骚人笔下付与酒中,但要把它"醅渰"了,白朴这杯酒,还真是灌醉了千古。

白朴既写戏曲,自然与戏子、歌姬相交甚密。他写戏曲,流传至今的《唐明皇秋夜梧桐雨》、《董秀英花月东墙记》、《裴少俊墙头马上》,《梧桐雨》是怀古,《东墙记》、《墙头马上》则是书生与小姐的故事,都是通俗易懂的。倘若有歌姬劝酒,白朴也乐应其邀。他夜醉西楼,就为歌女楚英作"喜相从,诗卷里,酒杯中。缠头安用百万,自有海犀通。"歌姬赵氏往来侑觞,离别时他也赠一《越调·小桃红》:"云鬟风鬓浅梳妆,取次樽前唱。"但在这短暂的欢愉背后,在玩世不恭的嬉笑之后,隐藏着白朴情愿归隐山林,不愿卷入俗世纷扰的灵魂。在白朴看来,出仕为官与优伶盛装唱戏,似乎并没有什么区别。他有一首《双调·得胜乐·春》写:"丽日迟,和风习,共王孙公子游戏。醉酒淹衫袖湿,簪花压帽檐低。"这似乎是写歌姬,或是优伶之辈,在春日与公子王孙游戏。她们簪花压帽檐,醉酒淹衫袖,看上去面带笑容,实际上却不过是一具公子王孙的玩偶;而那些饱学之士,一旦出入仕途,便将自个儿的命运全部交与达官显贵、公子王孙的手上,交到那些曾经在他年幼时闯入城门、遍地放火喊杀的人手上,自己却还不得不强颜欢笑——这对于白朴而言,才是人生中最大的不得已。因此他宁可喝着不知其味的酒,流连在醉乡梦里,在诗酒中蹉跎年华。

"对得意江山,忘怀风月,醉眼玩今古。"白朴的诗酒,从来对的就是饱经沧桑与历史岁月的山河,而不是简简单单的青山绿水。金陵、姑苏、扬州,也同样是旧时山河的江南好风景,如今都付与了胡尘。白朴也不痛称哀悼,也不佯狂歌哭,他只是"清樽谩举"、"绿蓑青笠浑无事,醉卧一天风雨",又或者"春风竹西亭上,拌淋漓、一醉解金貂"。看上去漫不经心的、无动于衷的一瞥,又或者是看似豪迈放达的纵酒,这正是白朴的性格,乃至后人评价他"其情似旷达,实亦至可哀痛矣。"在哀痛之极的时候,他却显出一幅满不在乎的模样来。仿佛酒醉了,这世界上的一切便成了天地大幕下一出唱了又唱的老戏,兴亡不过是帘幕拉开又合上,你方唱罢我登场。

赵孟頫与酒

田家重元日,置酒会邻里。

——赵孟頫《题耕织图二十四首耕正月》

至元二十三年(1286),一统中原的忽必烈令侍御史程钜夫去江南"搜访遗逸"。在元代,蒙古人、色目人被视为较高等的民族,汉人略低一筹,而旧日南宋属地的"南人",因为投降最晚、反抗最为剧烈,因此被降为最低级。在这样的背景下,元代重臣奉旨下江南搜访遗逸,"访"是美其名曰,实际多为"搜"查南人中的知识分子,或编入朝廷,或即行处置。在这场搜访中,程钜夫寻来二十位江南遗逸,居首的便是被元世祖誉为"神仙中人"的赵孟頫。

以身份论来,赵孟頫既是遗老,又是逸士。说他是遗老,乃因赵孟頫是"宋太祖子秦王德芳之后",正是大宋皇室的正统后代;说他是逸士,则是因为宋亡之后,曾有吏部尚书保举他做翰林国史院编修官,但他推辞不去,隐居在家。但这一次,赵孟頫不能再推辞了。

赵孟頫的出仕,曾令历史上对他颇多侧目辞令。甚至在元代书画四大家中,赵孟頫明明在艺术地位上高居首位,甚至被董其昌认为是"元人冠冕",但也不过因为他"变节出仕",便将他弃去不纳入四家之中;又有《书法雅言》中以"字如其人"的论断说赵孟頫的书法"妍媚纤柔,殊乏大节不夺之气",仿佛因为他的变节,连字的娟秀美好也有了错,好在后来钱泳等人对这种论断斥以谬论。但"赵孟頫以宋宗室之俊,委贽事元,跻于通显"的说法,始终伴随着历史对赵孟頫的偏见。

离开故乡的时候,熟读儒家经学的赵孟頫如何不知自己将在历史上留下污名。他是堂堂宋代皇族后裔,却沦落到为侵略者谋划效力的地步,不去必有家族性命之忧,若去又不免在历史上叫人戳脊梁骨。有些事,不为并不难;不可为还要勉力为之才叫难。"捉来官府竟何补,还望故乡心惘然",赵孟頫向友人痛陈自己是被"捉去"的,却依旧没逃脱后世书史者的鄙薄。

为元代统治者"捉去"后,忽必烈对这位江南才子并没有前朝后裔的顾虑,反而颇多赞赏和喜爱,不吝惜称其为"神仙中人"。元代许多达官不解忽必烈对赵孟頫的青睐,正如后世许多人不解赵孟頫为何能够心甘情愿地为忽必烈筹谋国家社稷之事,而忘记了宋代灭亡的"国仇家恨"。事实上,作为一个政治想象共同体的国家,或者说是作为一个对立面意义而存在的"民族"隔阂,对于忽必烈这样具有雄才伟略的帝王,或者说对于赵孟頫这样脚踏实地又真正心系百姓的人而言,并不是什么难以跨越的沟壑。赵孟頫对于南宋的灭亡有着清醒的认识,他在《岳鄂王墓》中说"南渡君臣轻社稷,中原父老望旌旗",谴责之意跃然纸上;因此对于忽必烈的重任,他虽然心中有所顾忌,但尚不至于以刚烈的拒绝来展现某种无谓的"民族气节"。

正因赵孟頫这样特殊的际遇,也令他的酒话多为文人逸事的优雅闲暇;虽不见迁客骚人的孤寂窘迫,但也不致有唐风汉客的潇洒不羁。一个南人在元代的朝廷里,不论做多大的官,大约都有一种"客居"的身份,因此一旦有外放为地方官的机会,赵孟頫便要请辞回乡。大德元年(1297)的时候,朝廷任命他做太原路汾州知州,他没有去;留他在翰林院,他也力请归乡。当时四十四岁的赵孟頫回到家乡湖州,与友人相聚共饮,挥笔写下大行书《太湖石赞》,题跋曰:"湖州观堂与受益外郎饮酒,一杯之余、便觉醉意横生。"太湖酒未必醉人,但远离了危机四伏、不得不小心谨慎行事的异族朝廷,赵孟頫的心情自然轻松,便也少饮辄醉,也算酒不醉人人自醉了。

无独有偶,明代蒋一葵撰写的《尧山堂外纪》中也记载了赵孟頫的逸事,其中便记载了赵孟頫参与的三场酒会。第一次是在"京师城外万柳堂",大约是一处京城里达官显贵休憩常去的宴游之地,野云廉公请疏斋卢公、松雪赵公同饮,并请了一位名叫解语花的歌女陪酒,唱的是时兴的劝酒小曲儿《小圣乐》:"命友邀宾宴赏,饮芳醑,浅斟低歌。且酩酊,从教二轮,来往如梭。"这是个当时歌姬惯常劝酒的曲子,唱的是酒宴宾主尽欢;当时赵孟頫也应景写了一首诗说:"手把荷花来劝酒,步随芳草去寻诗",也是寻常应付酒宴的句子,与他二十四首奉旨而作的《题耕织图》相类似。

另一次是赵孟頫与朋友李子构游湖,李子构即景赋诗说:"少年易动伤心感,唤取蛾眉对酒歌。"而赵孟頫又和诗曰:"小姬劝客倒金壶,家近荷花似镜湖。"从唱和的诗句来看,游湖时亦是有歌姬劝酒的,这颇符合当时文人宴游的雅兴。因为是两位友人相对饮酒游湖,所以诗句也显得活泼愉快一些,不似前番的中规中矩,也颇带着些乡愁的意味。

第三次的酒宴,实际上可以算是偶遇。据说当时扬州有一位"富而好客"的赵先生,家中高起一座"明月楼",请了许多人为此阁楼作题,都不如意。正巧遇上赵孟頫路过扬州,赵先生大喜,将赵孟頫迎到楼上,盛情款待,所用酒器食器都是银质的。酒至半酣的时候,赵先生拿出纸笔,请赵孟頫题字,赵孟頫见主人如此热情好客,便也欣然命笔曰:"春风阆苑三千客,明月扬州第一楼。"写得大气又动人,主人见了自然十分高兴,索性把银质的酒器都送给了赵孟頫。这虽然是一件逸事,小得记不进正史,但颇见得赵孟頫在江南时一番自由自在的饮酒乐趣,这又与在京城时的认真谨慎大不相同了。

"山似翠,酒如油,醉眼看山百自由。"赵孟頫一生不曾抗拒被官府捉去,不曾抗拒过冠履的加戴,但他为官耿直中正、不奸不谤,这便是一位坦坦君子无愧于心的德行。对于赵孟頫而言,倘若不幸被捉去做官,那便好好利用自己的职位,为百姓谋一点实际的福利;倘若有机会归乡,他便要请辞还乡,非朝廷诏令不还。偏偏赵孟頫正因这样的中正禀性,特别为帝王所青睐,以至于"自知世事都无补,其奈君恩未许归"。在他不断请辞的情况下,还为官了三十多年,历经了五朝帝王;而他所期待的"醉眼看山"的自由,就只能在纸笔之间略知滋味罢了。

赵孟頫曾书刘伶的《酒德颂》。他既没有刘伶的海量,也不见什么嗜酒的名声,谨慎温和的性格更与狂放拓达的刘伶相去甚远。但在这所有表象之下,赵孟頫却在漫长的历史中选择了刘伶作为酒中的知音:在许多历史人物中,赵孟頫最喜欢竹林七贤的文章,而在竹林七贤中,他有最喜欢嵇康与刘伶。这两个狷介孤傲、任酒使性的名士,行动似乎正是赵孟頫的反面,但从灵魂来看,却恰如一面镜子一般,映出三位顶天立地的"大人君子"来。

黄公望与酒

平生好饮复好画,醉后洒墨秋淋漓。

——高启《题黄大痴天池石壁图》

黄公望虽列"元四家",然名声在美术圈以外并不响亮,若提《富春山居图》知道的人就多了些,颇有点"作品红人不红"的架势。黄公望,本姓陆名坚。因过继给黄姓人家才有后来之名,据说其字"子久"也来自"黄公望子久矣"。

与其他文人墨客相比,黄公望的出身大约是无法上溯到达官望族、书香门第之家的。在元代的时候,浙西一代的汉人被称为"南人",也是元代统治阶级眼中最低的一个阶层。他到中年的时候,似乎做过一个小官,类似于文书小吏那样的,也不知得罪了什么人,被诬陷下了牢狱。在牢狱中的黄公望似乎同友人有过交流,因为他的友人杨仲弘曾写诗《次韵黄子久狱中见赠》说:"世故无涯方扰扰,人生如梦竟昏昏。何时再会吴江上,共泛扁舟醉瓦盆。"杨仲弘大约是曾与黄公望泛舟吴江、共同饮酒的朋友,彼时的逍遥与今日的囹圄相较,实在不免令人有"世故无涯"、"人生如梦"的慨叹。

等到出狱的时候,黄公望已经接近五十岁了。五十岁的黄公望,既没有一官半职傍身,也没有家族庇佑,似乎也没有妻子儿女的天伦之乐,唯有以卖卜为生。对于一般人而言,"五十而知天命",这一辈子大概就这样了吧。

而对于黄公望而言,五十岁才是一个起点。正如一千多年前另外一位老人垂钓渭水之滨一样,黄公望摒去凡俗的身份,出家做了道士。他的法号也颇有意趣:大痴道人。黄公望的故事,大多都被后来的文人画师记载在了《画志》、《论画》中;有黄公望所画《天池石壁图》流传下来,又有明代高启题画诗道:"黄大痴,滑稽玩世人不知。"倘若就书中的故事看去的话,黄公望的确有"大痴"的风貌。

所谓"大痴"者,大智若愚也。清代人郑抡逵的《虞山画志》中写黄公望的一则故事说:"每月夜,携瓶酒,坐湖桥,独饮清吟。酒罢,投掷水中,桥下殆满。"黄公望去喝酒的时候是一个人去的,坐在湖中间的桥上,一边吟赏月色,一边喝酒,随手扔下湖心的酒坛,竟然将桥下都快堆满了。所以高启说他"平生好饮复好画,醉后洒墨秋淋漓",即使酒坛不足以堆满湖心,但黄公望爱喝酒又善饮酒的美名,大约也是路人皆知的。

万幸的是,黄公望的"大痴"之举,并非无人知弦中雅意。与他同时代的诗人戴表元说他是:"身有百世之忧,家无担石之储。盖其侠似燕赵剑客,其达似晋宋酒徒。"黄公望幼年家贫,青年不得志,中年进仕而获罪入狱,可以说是"身有百世之忧"了;而他又不谙世俗生计,自然是"家无担石之储"。但这样一个看似碌碌无为的人,却实际上有燕赵剑客一般的豪侠之气,又有晋宋酒徒一般的豁达潇洒——也唯有这样看似痴顽又不拘小节的人,才能耐得下性子走遍千山万水,才能在纸卷上画出惊世骇俗的《富春山居图》。

黄公望饮酒时有燕赵豪侠之气,不饮酒时亦有晋宋酒徒的通达。所谓通达者,不执着也。《海虞画苑略》中记载,有一次黄公望带着一坛酒出游,不知是否为了让湖水冷却酒坛,他并不把酒放在船上,而是用一根长绳将酒坛系在船尾,小船在前面,酒坛就拖在后面。黄公望想喝酒了,就去船尾拖酒坛。谁知绳子在水中泡了多时,一拉就断了,酒坛就随波逐流地飘走了。没有酒喝的黄公望非但没有扫兴,反而拍手大笑起来,山谷中回荡着他的笑声,仿佛仙人来临一般。黄公望的大痴与大豁达,于这个故事中又可见一斑了。

黄公望修道隐居的时候,常常与友人游山同饮;又因他善吹铁笛,后世的描述中更夸张附会出仙人之姿,甚至多有传说他晚年在山间雾气中成仙得道,或与老子一样吹铁笛出关不知所终。而黄公望自己所描述的生活却是:"竹里行厨常准备,浊醪不用恼比邻。文章尊俎朝朝醉,花果园林处处春。"厨下的小菜、邻家的浊酒,在花丛果园中醉倒的日子,没有什么隐秘的仙气,倒是充满了人间烟火的气息。他看王摩诘的《春溪捕鱼图》,看到的是"我识扁舟垂钓人,旧家江南红叶村。卖鱼买酒醉明月,贪夫徇利徒纷纭"。渔父卖鱼买酒,在明月下醉倒,画中渔父恰似黄公望自己,黄公望又成了数百年前画中的一个小人儿。

黄公望作画,并不全是勤学苦练、笔耕不辍的。大部分时候他都是坐着,看山、看水、喝酒,喝酒的时候也并不作画。他有时候又会带着一个皮袋,里面装着笔,就在游历山川的时候随便写写画画,所画的都是怪石枯木,有时也临摹古人的作品,醉里描摹苏轼的墨竹,是"强扶残醉挥吟笔,帘帐萧萧翠雨寒"。今人视他的信笔之作为笔墨珍宝,而他却自嘲说都是孩童的把戏,虽有自谦成分,也可见他对自己的画是不那么挂心的,何况其他凡俗的赞誉?故而黄公望是能体察世俗之情,却又不汲汲于世俗之心的人。

后来被视为传世之作的《富春山居图》,是黄公望以八十高龄、陆陆续续四年多画就的。《富春山居图》画的是山水,却也画尽了人生百态:黄公望画的山水不是空的,是有人行走的山水;画中之人,有在明,有在暗,往来之间,有人生行旅山水间的悠闲,也有渔樵山水之中的烟火。黄公望在作画将成的时候,卜知此画未来命途多舛,便在画后题跋说道:"暇日于南楼援笔写成此卷,兴之所至,不觉亹亹布置如许,逐旋填劄,阅三四载,未得完备……有巧取豪夺者,俾先识卷末,庶使知其成就之难也。"然而这幅画的确没有逃过"巧取豪夺"的命运。爱画成痴的吴问卿,临死前要求家人将《富春山居图》烧毁殉葬,虽然被他的侄子违背遗愿抢救下来,但画卷已被烧为两段。

倘若黄公望得知此画的命运,是否会微微摇头兴叹:一幅画尽人生不争之意的画,竟被后人以死生相争,画中的不执,是否真正为那些执着于"画"的人所体味呢?或许唯有高启的"倾玉醪,荐瑶芝,招君来游慎勿辞,无为漫对图画日夕遥相思",方才是这位晋宋酒徒的忘年知音吧!

倪 瓒 与 酒

琥珀松醪酽,玻璃茗碗红。
——倪瓒《赠张以中》

在"元四家"中,倪瓒亦是极为特殊的存在。提到倪瓒,往往先想起他那些令人啼笑皆非的逸事趣闻。倪瓒性有洁癖,从小生长在信奉道教、富贵舒适的家庭,这种洁癖便成为一种终生的性格。明代顾元庆写了一本笔记小说《云林逸事》,云林即是倪瓒的号。小说中写倪瓒的生平,虽分了高逸、诗画、洁癖、游寓、饮食五个部分,但究其核心与有趣之处,还是着重写倪瓒的洁癖。

逸事虽未必是正史,但倪瓒的洁癖可见一斑。书中说,倪瓒曾为避如厕的污秽气味,起高楼挖空做厕所,下铺洁净鹅毛,每次如厕后更换。有一次倪瓒请歌姬赵买儿来家中唱歌助兴,却又担心赵买儿身上不够洁净,便令她先去洗澡,洗了几次都不满意,居然就这样一直洗澡洗到了天亮。到了冯梦龙的《古今笑史》中,索性写倪瓒家中的梧桐树从来种不活,因为倪瓒嫌弃梧桐树不够干净,天天令家中下人给梧桐洗澡,将树洗死。种种迹象说起来恐怕还真不是无中生有,而"云林洗桐"终于和"米芾拜石"一样成为绘画的经典题材,亦成为后世标榜清雅脱俗、卓而不群之滥觞。

倪瓒生活中有洁癖,而精神与审美上亦颇有洁癖,而这种洁癖恰恰成就了作为画家倪瓒的伟大。倪瓒的画风格非常独特,虽然位列"元四家"中,却与其他三人笔墨丰富的山水构图相去甚远;无论是画山水人物,还是亭台楼阁,都是寥寥数笔,笔画又十分细瘦。中国的山水画,虽然讲究意境空灵,讲究留白;但是像倪瓒这样大片大片留白,只留下细瘦的树枝、疏朗的江面,天与水皆尽留白的,也很少,倪瓒之前甚至可以说无此风格,后来的艺术家又多是模仿倪瓒而作。

倪瓒这样的性格,有人说他高洁,是"屏虑释累,黄冠野服,浮游湖山间"的高士;也有人说他迂腐,或称他有"洁病",甚至编出朱元璋将他投入粪坑溺死的故事来,以示"欲洁何曾洁,云空未必空"的结局,这大抵应了曹雪芹在《红楼梦》中说妙玉"太高人愈妒,过洁世同嫌"的说法。

传言往往来源于无法理解。从笔记笑林中,我们只能看到一个性格孤僻古怪,乃至有些可笑的腐儒、洁癖的形象,却难以看到一个艺术家的全貌;但从他的诗与画中,却能遥知一种于亘古之中静止的、沉默的、旁观的忧愁、寂寥与空阔。他曾作《垂虹亭》曰:"墟阁春城外,澄湖暮雨边。飞云忽入户,去鸟欲穷天。林屋青西映,吴松碧左连。登临感时物,快吸酒如川。"虽是登临,却只有最后一句与人相关,所言之物,唯有春城、澄湖、飞云、去鸟、林间的小屋、四处的松柏。在这些自然事物的环绕中,没有熙熙攘攘的人群,没有往来提携者,没有提及友人对坐、花开花落或夕阳将去。在倪瓒的世界里,仿佛万物都是动而不动的,变幻而又亘古不变的,中心唯有一个他独坐登临,"快吸酒如川"——痛快地喝酒,如同百川归海一般。

倪瓒爱饮酒。他在诗中提及酒,算来有一百余次,这是一个不小的比例。他的饮酒,有些是送友人,譬如送马生时是"翠影舞晴烟,落我杯中酒。举杯向落日,春水浮天碧",这是江南春日的景象,虽云送行,却不见一点悲戚;又或者是寄予远方的友人,譬如他写信给同是隐者的杨廉夫,说:"我欲载美酒,长歌东问津。渔舟狎鸥鸟,花下访秦人",是欲去桃花源中寻隐居的友人。又或者是随意的遣怀,譬如"酒向邻家赊,杯从野老持。"倪瓒能向邻家借酒、向野老借杯,即使是

"诗家语"有所夸张,却也可推测他也许并非《云林逸事》中所写的那样"夹生"、"洁癖"。

倪瓒有一首《对酒》,被认为是他描述自己的隐逸生活的:"题诗石壁上,把酒长松间。远水白云度,晴天孤鹤还。虚亭映苔竹,聊此息跻攀。坐久日已夕,春鸟声关关。"倪瓒的隐居生活并不孤独清冷,倒是常与志同道合的朋友对酒吟诗。倪瓒有许多书法作品,都是他与友人往来的信笺,譬如某年中秋,他与友人携酒共饮,又寄桑葚酒给远方不能同饮的友人:"中秋夜,月明胜常年,良夫与景和携酒至耕云轩酳饮,及二更,乃就寝……友生倪瓒再拜。闻桑葚酒不异中原者,饮未尽,寄尝一杯也。"

倪瓒自己倒并不认为自己过于洁癖。他在诗中写"诗囊酒榼度年年"之外,也对这种纵情诗酒的生活略作注疏,说:"岂谓洁身从避世,未应非智苦忧天"。虽云隐逸,但并非清修、苦修,倪瓒对生活的热爱,这一点可从《云林堂饮食制度集》中略见一斑。倪瓒是无锡人,他的食谱中充分展现出一个江南人的口味:譬如"酒煮蟹法",或"以极热酒烹"蚶子的方法,又譬如"糟姜"、甚至"糟馒头",饮食多为酒煮酒糟的鱼虾贝壳,这种吃法从宋代《东京梦华录》中便有记录,元明时愈加精致,至今依旧在江南一带盛行。倪瓒有时在画中也不免提及美酒佳肴,譬如在《安处斋图》中题诗说:"竹叶夜香缸面酒,菊苗春点磨头茶。"这位自称不是红尘客的画家,对红尘中的美食却有着精益求精,且津津乐道的趣味。

然而这样精致的生活并未持续很久。倪瓒生于富裕人家,早年间鼎烹玉馔,倪瓒一生不曾入仕,除了祖上余有田宅之外,大抵是因为他的长兄是当时道教的上层人物,家境优渥,故而养成了倪瓒略有洁癖的脾性,又形成了倪瓒独特的不履尘埃的艺术风格。后来支持家用的兄长去世后,一生不谙世事的倪瓒不善经营,便逐渐家道中落了。早年锦衣玉食的悠闲公子,竟也有了"天地间不见一个英雄,不见一个豪杰"、"春与繁花俱欲谢,愁如中酒不能醒"的叹息。

　　倪瓒一生不曾入仕,因此对世俗的官场,他是无从接触的。倪瓒所观的世界,是经史子集中无端变幻、朝历更替的世界,亦是千山万水中亘古不变、趋于永恒的世界,这两者相融又不能自洽,对于倪瓒而言,他仿佛是这变幻世界与不变的世界之外的观赏者、又是入世的体察者。因此倪瓒的隐居中有一种避世之外的逍遥,他的淡雅空寂,盖因一种天然的干净,外物都不能进入其中。

　　后来元代灭亡,朱元璋听闻倪瓒的盛名,想请他进京供职,倪瓒辞而不受,且在画上题诗书款只写甲子纪年,不用洪武年号,许多人认为他以元代遗老自居,不愿成为明臣。但也许对于倪瓒而言,朝代的更替不过如朝云暮雨一般随意,至于年号的更替更是不必刻意为之。山中岁月、酒里心情,倘若非要扯上什么朝中政治,那都是小说家的故事,与倪瓒的一生,已经没有什么关碍了。

明武宗与酒

上嗜饮,常以杯杓自随,左右欲乘其昏醉以市权乱政。
——《明武宗实录》

历史评论君王的昏庸,往往与酒联系在一起,虽然这种联系通常有着过于脸谱化的倾向,其意义更多是教育性的而不是多方面理性分析的结果。早在两千多年前,《尚书》中就严厉批评了商纣王因为"颠覆厥德,荒湛于酒"而亡国的教训,告诫周王朝的后代"无若殷王受之迷乱,酗于酒德哉"——千万不能沉湎于饮酒之中,而昏聩了天下大事。

酒与君王的德行如此紧密地联系在一起,很大程度上是因为醉饮很容易扰乱人的心智。对于爱酒之人而言,醉酒的放纵正是自由不羁的体现,但对于君王而言,"自由"本来就是一件恐怖的事情:倘若君王在酒醉中随意乱下命令,臣子不执行则朝纲不复存在,执行则天下大乱。因此对君王酒德的劝诫,时时出现在臣子进谏的表奏文书中。贤明的君王应当从善如流地接受臣子提出的意见,并且时时刻刻检点自己的言行。从这个角度上来看,明武宗实在不是一个好皇帝。

有明一代多奇葩之君,而在这些各有特色的帝王之中,明武宗不得不说是充满荒诞和孩子气的一位。明武宗的好饮酒,是他被后世批评为"昏庸"的一个主要原因。明武宗无后、继任的帝王便没有必要"为尊者讳",因此他的酗酒情形便一五一十地留在了史书上。《明武宗实录》记载明武宗正德十四年(1519)的情景说:"上嗜饮,常以杯杓自随。"明武宗好饮酒到什么程度呢?他随身都要带着酒杯和盛酒的勺子,也许是为了方便自己在看到美酒的时候不必等待一系列传唤和陈列酒具的流程,而可以立刻喝到美酒。

明武宗的好饮酒导致了两种极端的情况:试图专权的内侍太监一方面为了讨好武宗而投其所好,另外一方面则是为了令武宗始终保持在酒醉的状态中不愿管理朝政,于是"故多备罂罍,伺其既醉而醒也,又复进之,或未温,亦辄冷饮之。"武宗每每酒醉将醒的时候,太监们就急忙奉上酒来,有时候酒还没有温热,索性就把冷酒拿给武宗喝了。好在明武宗不是一个讲究的人,对于酒的冷热也不甚在意。

而力图劝诫的大臣们则纷纷上书劝谏武宗戒酒。刑部主事汪金便上书表奏说:"夫酒之用,不可过者,过则乱性,令人善忘,又甚,则致病伐生。臣愚以为,陛下所宜戒者莫先于酒也。"汪金那张表奏的主题实际上是劝诫明武宗不要一时兴起"南幸"出游,但在他看来,明武宗之所以做出这样错误的决策,本质上是因为饮酒昏乱所致,因此武宗想要当个好皇帝,第一要务还是戒酒。

但事实上,这位被史书记载得略有些不堪、被大臣苦心劝诫的明武宗也没有到颠倒黑白、十恶不赦的地步。他颇有军事才能,并一心想模仿朱元璋、朱棣建立军功,且亦算有实战技能,无论是"藩镇边城"的烽火,还是宁王的内乱,明武宗都雷厉风行地弹压了下去,甚至因此得到了"武"的谥号。

这位皇帝不喜欢听谏言,故不允许大臣觐见,然却不漏掉一个奏折。其时浙江钱塘发生命案,死者要害部位身中五刀,审理结果却是自杀,明武宗觉得与常理不符亲自过问:"岂有身中五刀自毙者?欲将朕比晋惠乎?"最后查清有徇私包庇在其中,于是彻查杭州知府与钱塘县令。遗憾的是,这只属于这个短命皇帝的灵光乍现,他并没有沿着一代明君的道路走下去,于国于民实属不幸。以至于清朝的皇子们若读书不认真就会被老师们训斥："你们想学朱厚照吗?"十足的反面典型。

事实上,在动辄诛人九族甚至十族、一不开心就要将大臣庭杖甚至腰斩处罚的明代帝王中,明武宗对臣子有"温和"的侧面。《明实录》中记载,明武宗来到山东临清的时候,当地的地方官"宴具草略",为帝王举办的酒宴十分草率,明武宗看了也不动怒,只是抱怨了一句:怎么对我如此简慢呀? 到了宴饮的时候,御史敬酒的步伐又十分迟缓,并没有非常恭敬的意思,明武宗因此多看了他几眼。就在众人都以为这个御史会被怪罪的时候,明武宗却并没有要责罚任何人的意思,对于这场酒宴的草率也不那么介意。

明武宗对于酒宴的质量似乎确实没那么在意,对他而言,最关键的是自己玩得开心。据说明武宗南巡的时候,他没让人打招呼,突然月夜来到徐霖家中。徐霖夫妇仓促拜见,明武宗便命摆酒取乐,但事出临时,徐霖便以蔬菜果品作为招待,明武宗不但不嫌简单,反而满饮数杯,喝得非常开心。喝醉了回到晚晴阁的时候,明武宗拿着一条金鱼四处兜售,为了哄皇帝开心,宦官们便争相做出热切购买的模样,明武宗大笑,一不小心就掉进御花园的水池里去了,弄得浑身湿透。

不过好饮酒的明武宗也有无赖的时候。有一次他和伍符饮酒,行酒令的时候,伍符赢了一局,明武宗便不开心了,耍起了小孩子脾气:他把酒筹扔在地上让伍符去捡,又罚伍符喝了好几大杯酒,直到伍符喝醉了,明武宗才又开心地哈哈大笑起来。而这些"荒唐"的事情,更增加了文人政客对明武宗的不满:哪有行为举止这样荒唐的皇帝,简直像个泼皮一样!

正是这个混世爱喝酒的明武宗,在鞑靼小王子侵犯边境、守关将领节节败退的时候,不顾一切官员的劝阻御驾亲征。整整四个月之后,这位年轻的皇帝凯旋。但明武宗并没有给予史书称赞他英勇功绩的机会,因为他立刻下了另一个令人啼笑皆非的指令:他要加封自己为"威武大将军朱寿",并且要求文臣拟定圣旨,让这位"威武大将军朱寿"再次到北方边区巡视。群臣当然纷纷哀叹:这个皇帝简直昏庸糊涂到了不可救药的地步,放着皇帝不当,却去当一个将军,简直国将不国了。

而明武宗并不在乎,他或许不在乎自己在历史上会留下什么样的名声。在他不幸落水生病,逐渐发现自己无法康复而行将就木的时候,这位年仅三十岁的帝王像看见一场草率的酒宴一样,平静地说:"天下事重,与阁臣审处之。前事皆由朕误,非汝曹所能预也。"过去的事情,你们既然一直说我做错了,那我便认个错吧。或许明武宗故去之前毫不在乎地想,他该喝的酒喝了,该打的仗打了,想当的大将军也当上了,也就无憾了。

好丹青、好饮、好色,同样的事情,放在普通人身上或许还可谅解,放在帝王身上就是昏君的砝码,这是帝王的无奈,也是帝王的责任。文人可以发出"古来圣贤皆寂寞,惟有饮者留其名"的感慨,帝王还应以天下苍生为重,因其"私德"都是以苍生福祉为代价的,比起"有趣"的人,老百姓首先还是需要一个"好皇帝"。

唐伯虎与酒

李白能诗复能酒，我今百杯复千首。我愧虽无李白才，料应月不嫌我丑。

——唐寅《把酒对月歌》

人称江南第一才子的唐伯虎，可以说是一个野史比信史多、逸事比正事多的人物；其中令人津津乐道的"唐伯虎点秋香"的故事，实际上并不是真的唐伯虎，而是冯梦龙在《警世通言》中编纂了一个叫"唐解元一笑姻缘"的故事。

这个故事的开端倒是颇符合历史事实：吴中有个才子，名叫唐寅，字伯虎，先在科考中中了解元，然后在参加会试的时候，因为"性素坦率，酒中便向人夸说今年我定做会元了"，便被人认定与科考舞弊一案有所牵连，于是被下了牢狱，功名更是不消说没了指望。这件事情在明代何良俊《四友斋丛说》中也有提到，不过比较简略，只说："六如疏狂，时漏言语，因此挂误，六如竟除籍"，总之此事多半是因为唐伯虎说话比较轻狂，不巧碰上了一场科举舞弊的案件，便牵扯不清，乃至被削了学籍，剥夺了考试资格。

对于当时的书生而言，因为舞弊的案件被削了学籍，可以说是彻底泯灭了翻身重来的可能性：学而优则仕，十年寒窗，为的就是在科举考试中出人头地，一旦失去了科举考试的机会，人生的路便可以说已经彻底走进了死胡同。而唐伯虎的人生，却在走进这条死胡同之后，才刚刚开始折射出艺术的火光。

　　《明史·文苑》中提及唐伯虎年少的时候"纵酒,不事诸生业",还是亦师亦友的祝枝山再三规劝,才闭门读书,考中解元。舞弊案之后,唐伯虎便断了科考的念头,妻子又与他反目,于是唐伯虎下了休妻书,孑然一身之后,在行为上便更加放浪形骸了。唐伯虎家中是否富有不得而知,民间传言说唐家是商贾富户,但除了唐伯虎年轻纵酒的往事以外,似乎举不出别的例证来。倒是唐寅自己在给文徵明的信中诉说自己"衣焦不可伸,履缺不可纳;僮奴据案,夫妻反目……反视室中,瓿瓯破缺,衣履之外,靡有长物",生活颇为困窘。

　　既然不能科考,又不屑受辱为底层的小吏,还不擅长"事生计",唐伯虎的生计艰难便可想而知了。他作《无题》自嘲:"儒生作计太痴呆,业在毛锥与砚台。问字昔人皆载酒,写诗亦望买鱼来",又说"不炼金丹不坐禅,不为商贾不耕田。闲来写就青山卖,不使人间造孽钱",由此可知,唐伯虎终其一生,主要是以为人作画写字卖钱为生的。

　　不过尽管囊中羞涩,唐伯虎却从未吝啬过酒钱。他在《和石田先生落花诗》中说:"钱囊甘为酒杯空",以唐伯虎的性格,漫手撒钱去买酒,可以说是一件寻常事情。唐伯虎追慕李白,常以李太白自诩,也仿效李白把酒问月,因作《把酒对月歌》曰:"李白能诗复能酒,我今百杯复千首。我愧虽无李白才,料应月不嫌我丑。我也不登天子船,我也不上长安眠。姑苏城外一茅屋,万树梅花月满天。"你看世人称颂李白,说他会写诗也会喝酒;我也能一饮一百杯,也能作诗千首;我虽然没有李白的才华,但我也不慕权贵,在月亮眼中,我即使稍微丑一点,恐怕也不会遭到嫌弃,所以我与李白大约也是差不多的人吧。

　　唐伯虎的诗大抵是这样,平实而且白话,常常也有自我戏谑的意思;也许正因如此,唐伯虎的故事往往被拿来戏说。不过唐伯虎倘若知道自己被戏说,恐怕不仅不以为忤,而且还要多添几笔,写得更有趣一些。平日在生活中,唐伯虎也常常做出一些令人哭笑不得、奇奇怪怪的事情，譬如他有一次突发奇想，扮作乞丐上街乞酒，据说遇见两个秀才写诗，他也要讨笔来试试。可是秀才们想，一个乞丐哪里会写诗呢？把笔给他，不过拿他戏耍取乐而已。于是唐伯虎特地歪歪扭扭地写道："一上一上又一上，一上直到高山上。"这话白话得不能再白话了，连好句子都算不上，更何况是诗呢？正在两个秀才笑得开心的时候，唐伯虎继续写道："举头红日白云低，四海五湖皆一望。"虽然词句依旧简单平实，但气势忽然一变，顿有浩荡之气。他自己看着发愣的两个秀才，仰天大笑而去，还把这首诗煞有介事地写在自己的集子里，命名为《伯虎扮乞儿，作诗骗酒》，颇有自得其乐之意。也有人说这不是唐伯虎的诗，或许这就是误读的真实——人们总倾向于将有趣的事都聚拢在有趣的人身上。

他在《西洲话旧图》中题诗云："醉舞狂歌五十年，花中行乐月中眠。漫劳海内传名字，谁信腰间没酒钱。"既云五十年，大约是唐伯虎晚年所作，他自嘲说，我这样一个五湖四海都知名的文人，谁会信我囊中羞涩欠奉酒钱呢！在他的自嘲中，依旧流露出一种孤高而骄傲的态度。

尽管唐伯虎在诗文纵酒上追慕李白，但他在生命中恰好避开了李白晚年的歧途。李白晚年因永王造反时请他做幕僚，不谙政事的李白莫名其妙地做了几天反贼的幕僚，差点被流放到夜郎去。唐伯虎的时候有宁王意图造反，同样也是收罗天下有名的文人墨客，实际上不过是为自己充掖门庭、装装面子，因此遣人拿了许多金银布帛去请唐伯虎为自己的幕僚。唐寅比李白更能知世情险恶，于是便"佯狂使酒，露其丑秽"，反正他素有纵酒使性的"恶名"在外，耽于饮酒到处裸奔似乎也的确是他唐大才子干得出来的事情。宁王见他如此耍酒疯，也实在是受不了，只得将他放还回家。后来宁王造反不成、兵败被杀，幕僚纷纷下狱，唐伯虎却靠聪明地耍一场酒疯救了自己一命。

摆脱宁王之后，唐伯虎拿着卖画的钱，在桃花坞建了一座桃花庵。他晚年学佛,文徵明戏称他"若非纵酒应成病,除却梳头即是僧",除去纵酒以外,唐伯虎早已对世情浮华无甚兴趣,所以也将自己的居所称为"桃花庵"。《明史》中说唐伯虎晚年"筑室桃花坞,与客日欢饮其中",说的就是此地。唐伯虎晚年隐居此地,以种花、写诗、绘画自娱,那首著名的《桃花庵歌》便是作于此时此地:

桃花坞下桃花庵,桃花庵下桃花仙;桃花仙人种桃树,又摘桃花换酒钱。

酒醒只在花前坐,酒醉还来花下眠;半醒半醉日复日,花落花开年复年。

但愿老死花酒间,不愿鞠躬车马前;车尘马足富者趣,酒盏花枝贫者缘。

若将富贵比贫贱,一在平地一在天;若将贫贱比车马,他得驱驰我得闲。

别人笑我太疯癫,我笑别人看不穿;不见五陵豪杰墓,无酒无花锄作田。

文风依旧是唐伯虎式的简单白话,说得看似都是简单的道理,却花了他的一生才真正地看透、看破、看明白。年轻的时候纵酒使性,春风得意的时候口出狂言,科考无望之后失落放纵,宁王之祸差点被牵连殃及池鱼……唐伯虎这一生中,酸甜苦辣的滋味都尝过,而他最后能躬耕桃花庵边,半僧半道、亦诗亦酒地写道:"年老年少都不管,且将诗酒醉花前。"他活了一辈子,终于在桃花庵的酒壶里,找到了自己的桃花源。

徐 渭 与 酒

酒三品,曰桑络、襄陵、羊羔,价并不远,每甖可十小盏,须银二钱有奇。

——徐渭《酒三品》

袁枚《随园诗话》中载一逸事说:"郑板桥爱徐青藤诗,尝刻一印云徐青藤门下走狗郑燮。"齐白石也表达过类似的意思。能让郑板桥、齐白石这样的大画家折服的便是晚明一代奇人徐渭徐青藤。

徐渭是绍兴人。绍兴出好酒,出师爷,也出名士,在徐渭的一生中,可以说三者都占上了;而与他相伴最久的,就是江南的好酒。

徐渭号青藤道人,这"青藤"二字,便流传着一个与酒有关的故事。传说徐渭年少即爱喝酒,一日与朋友饮于酒肆,碰到一位老翁,这位老翁看见徐渭纵酒无度,便劝他戒酒学道,并述说修仙的好处。徐渭听了却不以为然,回说:"不羡皇帝不羡仙,喝酒胜过活神仙。"老翁见此人并无仙缘,又不听劝,便拿起拐杖就走;这厢徐渭还没说完喝酒的好处呢,便拉住老翁的拐杖强留。此时老翁已化为仙人飘然而去,只留下一支手杖,徐渭带回家中放在院子里,便成了今日徐渭故居中那株苍苍的青藤。

这个故事的流传,大约源于明代末年自天子至庶民都信奉道教、求仙问道之风的盛行。徐渭当然是不求仙的,他所图的,不过是借酒消愁而已。虽然这个关于青藤的故事看上去有些趣味,但徐渭的纵情于美酒,真真是为了消愁解闷。历来文人、画家中,身世坎坷者有之,而且不少;但像徐渭这样,少孤、不第,恩人狱死,疯病杀妻,九次试图自杀而尤未能死的坎坷,历史上罕见,历历细数便觉触目惊心。徐渭出身低贱,他的母亲是徐家的丫鬟,因怀上孩子才被纳妾。徐渭不过百天的时候,父亲就去世了,十岁时生母又被主家驱逐出门,他的少年时代可以说是在孤苦伶仃中勉强度过的。

在过去,像徐渭这样出身社会地位低下的人,唯有通过科举考试这个途径来尝试改变自己的命运。对于年轻的徐渭而言,生活中虽然没有亲生父母的慈爱,但嫡母苗夫人膝下无子,对徐渭也算视为己出,在教育上也不曾苛待他。因此徐渭很小的时候便能读书作文,被乡绅称为神童。年轻时的徐渭对自己的才华颇有自信,二十岁便已考上秀才。徐渭曾与朋友痛饮时作诗道:"今日与君饮一斗,卧龙山下人屠狗。雨歇苍鹰唤晚晴,浅草黄芽寒兔走。酒深耳热白日斜,笔饱心雄不停手。"此时的徐渭在历经身世炎凉之后,对未来还有一份期待和热情,他自诩"卧龙山下"、"屠狗之辈",亦是期待自己能舒展才华、做一番事业的。

然而以才名称道乡里的徐渭,却在科举上一无建树。后来徐家家财被他的哥哥求仙好道消散殆尽;再后来心爱的妻子阖然病逝。生活困塞、踽踽无依,再加上科举无望,对于徐渭而言,生活的每一条道路都堵死了。新年到来,对于千家万户本是一年最喜庆的日子,然而对于徐渭而言,他并没有任何值得庆贺的事情。无亲无友、无妻无家,过年也没什么值得料理的,只有自己一个人终日酩酊大醉。醉饮的徐渭戏称自己"不去奔波办过年,终朝酩酊步颠连。几声街爆轰难醒,那怕人来索酒钱。"

徐渭的命运,在嘉靖三十三年(1554)发生了微妙的转机。是年,倭寇大举入侵浙闽沿海,绍兴府竟成战火燎原之地。徐渭平素好读兵法,此时也参加了数场战役,受到了当时浙江巡抚胡宗宪的青睐,抗倭名将戚继光正是胡宗宪的下属,胡宗宪本人亦在抵抗倭寇一事上立功甚伟。在胡宗宪帐下的时日,正是徐渭一生中短暂的幸福时光。除了在抗倭中协助胡宗宪谋划战略之外,徐渭还为胡宗宪作《进白鹿表》《镇海楼记》,深得世宗的赏识。胡宗宪颇爱徐渭的军事才能和文才,对徐渭有着极高的宽容度,因此对徐渭好纵酒无度的习惯也不置一词。有一次胡宗宪有急事找徐渭商议,闻说他又和一群少年在街市上聚饮,便遣人去请他来;结果府吏找到徐渭的时候,他已经酩酊大醉,在那儿耍酒疯呢,拉都拉不走。此人只好回去禀告胡宗宪:"徐秀才方大醉嚣嚣,不可致也。"尽管有可能耽误大事,胡宗宪却丝毫没有责怪徐渭的意思。

然而这样的日子却转瞬即逝。胡宗宪在朝廷派系中被划为"严党",严嵩被罢相,其子严世藩被下狱,作为党羽的胡宗宪自然也被捕入狱,作为其幕僚的徐渭也只得返回故乡绍兴。胡宗宪于徐渭不仅有知遇之恩,更重要的是,徐渭亲自为其幕僚,当然知道胡宗宪在抗倭中付出的心血,亦知所谓胡宗宪因"严党"而获罪实属无辜。因此当胡宗宪病死狱中时,徐渭悲愤万分;且有小人以徐渭曾是胡宗宪的幕僚一事,威胁要将徐渭也列为"严党"。明末党争本就是人人自危,徐渭亦不免惶惶不可终日,在各种压力之下,他数次自杀,却都奇迹般地活了下来。

徐渭晚年疯病时好时坏,极端的时候甚至因幻听幻视杀戮妻子。而当疯病不来烦扰他的时候,他便靠卖字画度日,每当囊中没有酒钱的时候,便作画来抵酒债。徐渭不仅爱喝酒,还善品酒,他将酒分为桑络、襄陵、羊羔三品,大约是这三种最得他青睐。他曾作诗称赞这三种酒道:"小瓮五双盏,千蚨五瓮香。无钱买长醉,有客偶携将。"

徐渭平日不肯为别人作画,只在无钱买醉的时候才肯下笔,因此"凡求书画者,须值其匮乏时,投以金帛,顷刻即就。若囊钱未空,虽以贿交,终不可得。"正因如此,尽管时人常愿以重金求得徐渭一幅字画,但他的生活却依旧穷愁潦倒。对于徐渭而言,杯中有酒比锅里有米更重要,在他的一生中,只有酒和画不曾辜负他,唯有饮酒作画,才能在愁苦的现实之外得到些许的慰藉。"取酒聊自慰,兼以驱愁悲。展画向素壁,玩之以忘饥。"以酒排遣悲愁、以画展玩忘饥,这便是徐渭晚年悲苦凄凉、形影相吊的生活中唯一的亮色。

徐渭晚年醉画墨葡萄,自诩"小白连浮三十杯,指尖浩气响春雷"。醉饮之下,他才能暂时忘记病痛和困蹇,才能以胸中春雨淋漓在墨葡萄上,画出飒飒风雨中圆润饱满的生命。有题画诗曰:"半生落魄已成翁,独立书斋啸晚风。笔底明珠无处卖,闲抛闲掷野藤中。"抛掷荒野的青藤,在凄风苦雨中有着令人惊诧的生命力,这正是徐渭坎坷一生的注脚。

袁宏道与酒

至哉酒人天下乐,宁有醉死无醒生。
——袁宏道《和方子公》

文人饮酒,往往有一套相应的"理论",饮酒的道理与规矩,即被称为"觞政"。倘若觉得对饮无聊,须得行酒令来决定饮酒的顺序或者多少,则酒令也被称为"觞政"了,执掌酒令者则为最高执政官,譬如王志坚《表异录》中所说的"酒纠,监令也,亦名瓯宰,亦名觥录事",这就是执掌觞政规矩的人了。

在文学上反对泥古、提出不拘一格的"性灵说"的袁宏道,在饮酒之道上,却有很多条条框框,其《觞政》中所列规则颇多。在通常的印象中,倘若一个人写文章能做到"独抒性灵、不拘格套",那么大约生活中也应当是一个性情中人,纵情诗酒、随心随性的。当然这种猜测与印象往往是与实际不尽相同的。

因此体察袁宏道对酒的态度,可以分为诗人的袁宏道与文人的袁宏道。诗人的袁宏道一酣三日,文人的袁宏道蜿蜒精细。袁宏道诗歌中的饮酒夸张而有趣:他在崇国寺遇暴雨,就在寺中躲雨三日。旅途中本来就无所遣怀,躲雨不能前行则更为百无聊赖,于是"湿云涨山雨不止,一酣三日葡萄底。天公困雨如困醒,醉人渴饮似渴水。东市典书西典几,团糟堆曲作城垒。明知无雨亦不行,权将雨作题目尔。仆夫安眠马束尾,大瓮小瓮来日起。"一下连喝三天,喝得昏天黑地,仆人来报告说雨停了他也权当听不见——本来就是旅途又累又

265

无聊,正好把躲雨当个借口,躲起来多喝几天酒再上路也不迟。

单看这首诗,倒也不觉得哪里有趣。纵观古今历史,酒人狂态多矣,袁宏道作为酒鬼的段位虽然不低,但也难以跻身在"死便埋我"的刘伶、"天子呼来不上朝"的李太白左右;可是这位假借着躲雨偷着喝酒取乐的袁宏道先生,可是亲自在《觞政》一书中着重强调过:"凡饮必祭所始,礼也。今祀宣父曰酒圣。夫无量不及乱,觞之祖也,是为饮宗"。

"夫无量不及乱"这句话,本来是孔子说的。历来饮酒者有尊杜康为酒圣的,有尊仪狄为酒圣的,是因为他们乃是酿酒的始祖;也有尊李白为酒圣的,因为他豪饮与善写的缘故。但是尊孔子为酒圣的,袁宏道还是头一位,毕竟孔子一向并不以善饮酒而出名呀!

袁宏道之所以将孔子尊为酒圣,乃是因为他认为酒应当作为一种"礼",即礼仪的一部分,这是孔子提倡的周礼中所记载的;同时也是因为他认为饮酒应当能够自制,不至于"乱"——饮酒不能误事伤身,这才是饮酒的圣人之道。不知袁先生系马垂杨古寺边,假装有雨不赶路的时候,是否还记得自己《觞政》中所言的呢?

袁宏道写《觞政》,大约有些自省的意思,这要从他的酒量说起。别看袁宏道诗歌中自称"食羔以七,盛酒以盆",或者"拚取大觥与长管,一齐阑入少年场",看上去轰轰烈烈,似乎是一位饮如长鲸吸百川的海量选手;实际上呢,这不过是袁宏道的"艺术夸张"而已。有些时候,袁宏道也会如实交代他真正的酒量。譬如他在夏日与江进之等几位朋友同饮,自嘲酒量之小:"一蕉入口即槃姗,浪言欲作糟丘主。天幸酒伯多知音,嵇阮贺李相推许。"这可就露出马脚了,才饮这样一杯酒就已经醉了,居然还浪言开口说自己要做酒乡的主人。

好饮酒而酒量小,《觞政》对于袁宏道而言,则有一定自我约束的意味。袁宏道在解释写书的缘故时说道:"余饮不能一蕉叶,每闻垆声,辄踊跃。遇酒客与留连,饮不竟夜不休。非久相狎者,不知余之无酒肠也。社中近饶饮徒，而觞容不习，大觉卤莽。夫提衡糟丘，而酒宪不修，是亦令长之责也。"这便是正式承认了自己酒量其实很小，但又非常好酒，乃至若非亲近的友人，别人但闻酒名不知就里的，都会认为他其实酒量很好。但是饮酒倘若不修边幅、胡乱海喝，不仅很快会醉倒，而且也要被长辈责备，自己也觉得不符合饮酒的规矩，书以自鉴，也与饮中同好共勉，这便是《觞政》的本意了。

《觞政》分十六个部分，将饮酒的细节说得面面俱到。首当其冲的便是"吏"，政治的清明，自然要仰赖吏治的正直。所以饮酒如果要执行正确合理的觞政，那么首先行酒令的令官就必须是一位能够"主斟酌之宜"的人。这样一位酒席的主持者，首先不能使酒桌清冷、气氛不热烈、饮酒不及时；与此同时，又不能罚酒太猛，譬如一次拉下去灌上十几杯，这叫滥饮。行酒令以一人为主未免有所偏厚，所以还应该有一位"纠座人"，作为纠察酒令偏颇的副手。此人应当擅长酒令，会聊天，酒量大（最后这一点袁宏道大约是无法胜任了）。不独行觞政如此，倘若真能条条做到，便是行举国上下的政令，这也能做到政治清明了。

《觞政》之中，亦不乏文人雅士过于精致讲究的地方。明代是一个藏富于民的时代，因此文人的生活大多富裕闲暇，饮食生活都比其他时代更为精致讲究。譬如在"宜"这一章节中，袁宏道提出饮酒的种种适宜情状：花间醉饮应选在白天，因为阳光下可见花叶美好；雪地醉饮应选在晚上，因为月色更能见雪地的皎洁。甚至饮酒之时还需要有合适的装饰，所谓"棐几明窗，时花嘉木，冬幕夏荫，绣裙藤席"，可以说连酒店装修都规定好了。这还不算详尽，书中还提出了"饮有五合，有十乖"，即有五种适宜饮酒的场景，十种不宜饮酒的状态，其中提到"浓阴恶雨，八乖也"，却不知假托暴雨在寺中饮酒的袁宏道，是不是又将《觞政》里自己立的规矩忘得一干二净了？

不过袁宏道所云饮酒之道，倒也并不是十分拘泥的。譬如他说

饮酒需要有下酒之物的时候,就提到了五种适宜作为下酒菜的东西:
一是鲜蛤、糟蚶、酒蟹之类的"清品",清爽淡口;二是熊白、西施乳之
类的"异品",即珍稀少见的罕物;其次还有羔羊、烧鹅之类的"腻品";
松子、杏仁之类的"果品";鲜笋、早韭之类的"蔬品"等等。不过袁宏
道自己也补充说道,所谓"清品"和"异品"只不过虚列一个名目而已,
普通人怎么可能置办得了这样的下酒物呢? 普通人的酒宴,即使只
有"瓦贫蔬具",但只要饮酒者都是高士与知己,那就不会减损酒宴的
"高致"。由此看来,《觞政》虽然细致繁杂,但依旧是有轻重缓急
之分。

明代文人也有抱负,但相对也多了享乐,他们不将美酒佳肴视作
贪图享乐的标志,认为这是对生活的激情与热爱。《觞政》以律己,
"性灵"以行文——袁宏道的诗酒之道,大约正是中国古代文人饮酒
为文之道的某种梳理与注脚吧。

徐霞客与酒

宿于蛮边火头家,以烧鱼供火酒而卧。

——徐霞客《滇游日记十一》

"生活不只眼前的苟且,还有诗和远方的田野。"这句话,对于普通人而言似乎是一种梦想、憧憬和渴望,也是每逢闲暇,从忙碌纷乱的生活中脱身时对自己的告诫。而对于徐霞客而言,生活哪有什么眼前的苟且,每一日都只有远方,和更远的远方。

徐霞客的生平似乎像一个童话。他出身书香世家,家境富庶,而他的父亲徐有勉自己就是一个不愿为官的闲散之人,对权势、为官毫无兴趣可言。因此当徐霞客十五岁时,第一次参加童试不第,他的父亲不仅没有要求徐霞客复读重考,反而让他随兴趣博览群书,按自己的爱好行游天下。

至于徐霞客的母亲,更是一位"别人家的妈妈",当徐霞客父亲去世后,徐霞客既想按照自己的原定计划"朝碧海而暮苍梧"地壮游天下,却又囿于"父母在、不远游"的儒家戒律而不忍离家。徐霞客的朋友钱谦益在《徐霞客传》中记载说:"年三十,母遣之出游。"他的母亲对他说,你出门去旅行吧,别总在家里待着,可谓全家都有着旅行的基因。无数人可望而不可即的"仗剑走天涯"的梦想,对于徐霞客而言,就这么轻轻松松地走出了第一步。徐霞客带着母亲的理解孤身上路了,在未来漫长的二三十年的岁月中,与他相伴的,只有清风明月,与时不时可以消乏的酒。

千年酒风

崇祯九年(1636)除夕的时候,徐霞客在游记中记录自己行到了江西的一个山村。"是日止行三十五里,因市酒肉犒所从三夫,而主人以村醪饮,余竟忘逆旅之苦。但彻夜不闻一炮爆竹声,山乡之寥寂,真另一天地也。"也许会有人觉得:看起来这不过是个富贵闲人四处游山玩水的故事而已,路途中有三个脚夫随行,简直是豪华旅行的待遇,徐霞客偏要说什么以村醪解愁、稍忘"逆旅之苦"——这简直是太过矫情了。

这样想的人,并不知徐霞客行路的艰难。钱谦益在《徐霞客传》中,对徐霞客行旅的艰难略提及一二:"行也,从一奴或一僧、一杖、一襆被,不治装,不裹粮;能忍饥数日,能遇食即饱,能徒步数百里,凌绝壁,冒丛箐,扳援下上",虽然行旅中确实有仆人相随,但也不可能携带太多的行李与干粮;能忍受多天的饥饿,碰见什么就吃什么。有一次去峨眉山,"从野人采药,栖宿岩穴中,八日不火食",就这样摘野果喝泉水,八天没有吃过熟食,像野人猿猴一样艰难地行至峨眉山的时候,却偏偏遇到当地叛乱战争,只得无功而返;徐霞客与一位知己僧人静闻同行去鸡足山,谁知路遇盗匪,"遇盗于湘江,静闻被创病死,函其骨,负之以行",他背负着友人的尸骨,一直走到了鸡足山,了却了自己和友人的心愿……

这些旅途中的艰难险阻,在徐霞客的游记中,便被"逆旅"两个字轻轻揭过不提。只要有一杯村醪,便能慰藉旅途中疲惫的灵魂。村醪是乡下人自家酿的,大约不是什么名贵的酒,但是主人拿出来招待远道而来的旅客,这便令逆旅中一切的艰辛与苦厄都消融在宁静之中了。

徐霞客的行旅,似乎有一种"自讨苦吃"的意味。他所行旅的,大部分都是奇山异水、人迹罕至的地方,经常连官路都没有修通过,只能在山林间像猿猴野兽一样攀行。他偶尔也会暂作休憩,"令顾仆入城市蔬酒",然后约上好友"连日游辙",有时是朋友"携饮者至",带着酒来拜访，有时则是徐霞客自己买酒与友人共饮。但与此同时，徐霞客不经意地提到"朱君有家乐，效吴腔，以为此中盛事，不知余之厌闻也。"明代时，士大夫"饮酒皆用伎乐"，是一种流行的风俗，就连徐霞客的友人钱谦益也时常以歌姬舞乐佐酒，还留下了一些文人所谓的"风流雅事"的传闻。但徐霞客对这种宴饮却并不欣赏，也许出于礼貌他并没有流于颜色之中，所以他的友人并不知道他对以伎乐宥酒的反感。对于他而言，最好的酒友应当是清风明月，寂寥千山，而不是熙熙攘攘的人群和婉转歌喉的舞乐。

徐霞客的逆旅，虽然称不上"苦行"，但他所行之处，通常都是人迹罕至的山林、偏僻遥远的村巷。在他的《粤西游日记》中记载："翁具酒烹蛋，山家风味，与市邸迥别"，而在《滇游日记十一》中则提到："宿于蛮边火头家，以烧鱼供火酒而卧。"粤西和滇南对于古代的中原而言，都是所谓的蛮夷之地、瘴疠之所，除了被贬谪、流放或者逃难的人之外，很少有人主动到那里去，更不要说愉快地接受那里原始而淳朴的风俗；而偏僻悠远的粤西和滇南的山野之人，也同样警惕甚至畏惧着遥远的中原到来的"旅客"。

风俗甚至语言都不相同的时候，酒便起到了暖场的作用。越是民风淳朴的地方，越像陆游说的那样："莫笑农家腊酒浑，丰年留客足鸡豚"。共饮一杯酒，无论是醪糟煮蛋还是烧鱼火酒，素不相识的人也可以很快地熟络起来，这正是酒的魔力。而对于徐霞客来说，粤西的山翁以酒烹煮鸡蛋的山民风味，与蛮夷之地的人家捕鱼烧烤、饮烧酒取乐，这种真实的生活趣味远远超过了文人雅士的歌舞伎乐。对他而言，酒是要在逆旅之中，同不期而遇的山民村夫相邀而饮的。

徐霞客的行旅，对于他而言不仅仅是一种生活的乐趣，更是一种生活的必需，或者说，甚至于就是生活本身。他是幸运的，他有丰厚的家族财富与宽容鼓励的家人，但这并不意味着漂泊的艰辛会因而减少。但对于徐霞客而言，他的生命就注定是一场逆旅——他带着这种近乎宿命的漂泊感走遍千山万水,乃至钱谦益感叹道:"只身戴釜,访恒山于塞外,尽历九边厄塞……剧谈四游四极,九州九府,经纬分合,历历如指掌。"他穷尽天下山水写作游记,也成了自己的人生最完整最壮丽的备注。

徐霞客到了滇南的时候,他已经"不良于行",难以行走了。他也许意识到了这是自己生命中的最后一站,但他依旧"市酒餐于市,而后浴于池",按照当地的习俗连带米糟地畅饮土家酿酒的醪糟,或是以糟芹菜、烤鲜鱼佐酒——这种对于当时的中原人而言很难适应的少数民族风情,在徐霞客看来却充满了生活的诗意。徐霞客在滇南身患重病,当地太守遣人抬着轿子将他送回了老家。这一次,回乡的徐霞客不能再一次出行了,他与诗酒相伴的逆旅接近了尾声,而他的生命也接近了尾声。有朋友来看望他,徐霞客在枕上笑谈道:汉朝的张骞、唐朝的玄奘、元代的耶律楚才,都是奉命而行的,我一个老百姓,不为了使命,却为了自己而行遍天下,我今生死而无憾了。

钱谦益写到这里的时候叹息说:"其为人若此!"作为传统文人的钱谦益似乎很难理解徐霞客这种近乎堂吉诃德式的疯狂。千百年来,中国文人虽各有精彩,终不过是既定剧本的局部修正,只有徐霞客走出了自己的 freestyle,仅凭这一点,徐霞客堪称伟大。

张 岱 与 酒

到亭上,有两人铺毡对坐,一童子烧酒炉正沸。

——张岱《湖心亭看雪》

世间易有富贵公子,却难得有一张岱。

张岱出生在万历二十五年(1597),此时的大明王朝外表看上去轰轰烈烈,实际开始衰落。张岱家是绍兴殷实富裕的书香世家,祖上世代为官,张岱从小便过着大观园里贾宝玉那样"富贵闲人"的日子。后来国破家亡,张岱为自己作《墓志铭》的时候,回忆自己少年时节,戏称道:"少为纨绔子弟,极爱繁华,好精舍,好美婢,好娈童,好鲜衣,好美食,好骏马,好华灯,好烟火,好梨园,好鼓吹,好古董,好花鸟……"简直可以说把天上地下可玩可享的都喜好了个遍。

张岱尤其爱美食。淮扬菜系本来就注重食物的精致,但注重到张岱这个程度,又能文雅与美味并重的,实在不多见。无论是茶、牛乳、蟹,还是柿子一类的鲜果,张岱都能挑挑选选,并说出一番令人心悦诚服的道理来。譬如一场蟹会,不仅要选"壳如盘大,坟起,而紫螯巨如拳,小脚肉出,油油如蟆蟦"的好蟹,而且除蟹之外还要有相应的筵席,于是"从以肥腊鸭、牛乳酪……饮以玉壶冰,蔬以兵坑笋,饭以新余杭白,漱以兰雪茶。"饭食菜蔬,瓜果酒茶,无一不是精致的风流。就连张岱自己回忆起来,也忍不住连声叹道:"由今思之,真如天厨仙供,酒醉饭饱,惭愧惭愧。"

爱美食之人,有爱独享者;也有像张岱这样,特别喜欢聚会的。

千年酒风

崇祯七年(1634),农历闰中秋,张岱在蕺山亭同友人聚会,"每友携斗酒、五簋、十蔬果、红毡一床,席地鳞次坐"。每个与会的人都要带一斗酒、五种菜肴,十种果蔬,即使不是实指,也是令人称奇的宏大场面了。这场聚会声势浩大,据说"衰童塌妓,无席无之。在席七百余人,能歌者百余人,同声唱'澄湖万顷',声如潮涌,山为雷动。诸酒徒轰饮,酒行如泉。"无论是老人儿童,还是娈童妓女,几乎所有人都参加了这场空前的盛宴,总共列席七百余人,有一百多人会唱歌,于是一百多人同时唱张岱《虎丘中秋夜》中写到的"锦帆开,澄湖万顷"的曲子,歌声响彻山谷。与会的人争相饮酒,行酒令与饮酒之间,酒竟能如山泉一般彻夜流淌,这一夜的繁华欢乐,简直可以说是风流奢靡之至。而张岱并不知道的是,在同一年,北部中原已是流民千万,各地衣食无着的农民纷纷起义,大明王朝的倾覆距此仅有十年。

虽然张岱举办的酒会"酒徒轰饮,酒行如泉",但张岱自己却并非海量。也许是文人传统中要以豪饮来展现豪迈,因此张岱并不常提到自己的酒量;只是有一次写到一位父亲的好友张东谷的时候,提到这位好饮的酒徒每次来他家吃饭,都会"怏怏不自得",虽然张岱家的菜肴十分精致,但张东谷作为一个酒徒,却十分不开心——盖因张岱家的家常宴会,虽然炊金馔玉,"留心烹饪,庖厨之精,遂甲江左",但是只是吃菜,并不饮酒,"一簋进,兄弟争啖之立尽,饱即自去,终席未尝举杯"。桌上菜肴齐了,大家便纷纷动筷子,一会儿众人吃饱了,也就纷纷散去,直到宴席结束了也没有人举杯饮酒,这在"无酒不成席"的中式宴会中是很少见的。有一天,这位怏怏不乐的酒徒朋友终于坐不住了,对张岱的父亲说:"尔兄弟奇矣!肉只是吃,不管好吃不好吃;酒只是不吃,不知会吃不会吃。"这顿抱怨读来憨直可爱,张岱也盛赞张东谷的这两句话说得自然生妙趣,说他颇有魏晋人物耿直爽快的意味。

张岱的家宴几乎不饮酒,其原因是他父辈的酒量奇差。张岱自称"余家自太仆公称豪饮,后竟失传",但祖辈是否真的善饮就不可得而知之了,姑妄听之吧。张岱所比较了解的是他的父亲和叔父,这两位先生的酒量奇差,差到什么程度呢?苏轼说自己酒量太小,只能饮"三蕉叶",而张岱的父亲和叔父竟然更夸张,饮酒"不能饮一蠡壳",连小贝壳那样小的酒杯,都喝不满一杯。为了强调父亲和叔父的酒量小,张岱特地举例说:"食糟茄,而即发赤贞",不仅饮酒少饮辄醉,就连吃酒糟糟卤制作的糟茄,都会面红耳赤、犹如酒醉一般。这不仅仅是量小,竟可以说是酒精过敏的情形了。

父亲和叔父酒量奇差,但张岱的酒量似乎稍有些长进。张岱喜爱游西湖,譬如七月半的时候,便携妓女娈童与友人浅斟低唱,"不舟不车,不衫不帻,酒醉饭饱,呼群三五,挤入人丛",凑热闹看人群,又图清净看月亮,这天上人间、热闹清净的美景,便都在囊中了。至于元宵节的时候,更是需要"乐圣衔杯,宜纵饮屠苏之酒",以呼应节日的气氛。就连"大雪三日,湖中人鸟声俱绝"的时候,张岱也颇有兴致地令人撑船,独自往湖心亭去看雪。谁知到了湖心亭,竟有两个金陵客人来得比张岱更早,正在铺毡对坐聊天,有一个小童儿在烧酒。两人一见张岱竟也有此不谋而合的雅兴,又惊又喜,便拉着张岱硬要他喝上几杯。张岱虽然酒量大约比父亲、叔父好一些,但也比不上祖上"太仆公"的海量,但兴之所至,只得"强饮三大白而别"。

明亡之后,张岱曾为自己提前撰好《墓志铭》,已经有自尽之意;但他终于为了写完《石匮书》和《陶庵梦忆》而活了下来。他在《陶庵梦忆》中,追忆前半生繁华富丽有如一梦,大梦初醒,便是因果报应不爽,过去有多少奢华风流,现在就有多么落魄凄凉,恰如痴人说梦一般。过去虎丘、蕺山亭聚会酒如泉涌,而今却"布衣蔬食,常至断炊",两者相对比而言,实在不免令人有黄粱一梦的悲哀慨叹。然而倘若张岱一生都在繁华的太平盛世,则历史上不过多一个精致风流的翩翩公子,却少了一个在荒凉漂泊中沉郁顿挫地写下《陶庵梦忆》、《石匮书》的张陶庵。

张岱在《石匮书后集》中，写明亡之缘故说："我明二百八十二年金瓯无缺之天下，平心论之，实实葬送于朋党诸君子之手，如举觞而酹，一气饮干，不剩其滴。"世间酒徒多矣，能写断送天下如饮酒一般涓滴不剩者，在悲愤之外亦有豪气干云、有淡泊出世，此笔非张岱这样的风流公子，更有何人能为之呢！

陈洪绶与酒

多买他乡酒，如逢故国人。

——陈洪绶《强饮》

清人毛奇龄在《陈老莲别传》里写一个怪人："王师下浙东，大将军抚军固山，从围城中搜得莲，大喜，急令画，不画；刃迫之，不画；以酒与妇人诱之，画。"

时值崇祯已死，晚明覆亡，清兵大举入侵江南，本来隐于江南的明代遗老们也无法幸免于这场浩劫。在这些遗老中有一个人，名叫陈洪绶，小名莲子，据说他的画精妙绝伦、出神入化，被称为"盖明三百年无此笔墨"。此人的盛名不仅为名士、官宦、朝廷所知，就连清朝大将固山都早有耳闻。待到清军围困浙东的时候，从被围困城中的人里搜到了陈洪绶，大将军十分欣喜，便令他作画。陈洪绶本是汉人名士、明代遗老，当然不听从清朝将军的命令，因此不画；将军怒而令手下拿刀抵着他的脖子强逼作画，他还是不画。最后大将军也没辙，硬的不吃，那就来软的吧，于是打听说陈洪绶这个人最爱饮酒狎妓，于是就用酒和女人来引诱他作画。陈洪绶见有酒且有美女，顿时满口答应。他先把粉本画出来，然后仔细渲染上色，一边着色一边饮酒，喝醉了就抱着画睡觉，谁也不敢来惊扰他。结果过了好久也没见他酒醒献画，大将军差人去看看情况，才发现这家伙早卷了画逃走了。

陈洪绶是否真有这样一个传奇的故事倒不可确知，毕竟文人作别传时有点像小说创作，不过倒也能从其中得知他的一些风格禀性。陈洪绶出生于明万历中叶，祖上时代都是官宦世家，因而年少时代家境殷实。他从小作画就颇有天赋，连他的师父蓝瑛都不得不对他的人物画击节称赏，赞叹"此天授也"。陈洪绶的天才不仅展现在作画上，他同时也有一种天生的赤子胸怀。他的祖父与母亲去世的时候，他还不满二十岁，长兄因谋划侵吞家产而对他十分刻薄。对金钱毫无挂念的陈洪绶索性将家产尽数相让，离开杭州去绍兴向刘宗周求学。《别传》中说他"游于酒人，所致金钱随手尽"。向他求画的人多有官员、富户，甚至还有日本、朝鲜的达官贵人，都愿意以重金买得他一幅画，因此对陈洪绶而言，金钱不过是随来随去、散尽还来的身外之物罢了；但凡有了钱，便拿去散作酒资。

崇祯十二年（1639）时，陈洪绶宦游北京，被授命临摹历代帝王像。在这些日子里，他纵览了大内收藏的古今名画，融汇之中，亦常以古人为知己。某日陈洪绶画梅花芭蕉图，聊寄追思王维"雪中芭蕉"的禅意。然而尽管常有古今名画为伴，但官场弥漫的乌烟瘴气依旧令陈洪绶忍无可忍，当崇祯帝授命他为大内供奉的时候，他便辞去官职，回到绍兴隐居。

离开了勾心斗角的朝廷，刚回到绍兴隐居的日子是宁静而舒适的。有趣的是，陈洪绶隐居的地方，正是旧日徐渭在绍兴的青藤书屋。陈洪绶的出生距离徐渭的去世只有五年，两位纵酒书画的大师竟以同一屋笼覆苍穹，不能说不是一种奇趣的巧合。陈洪绶本来就是恃才傲物、不拘小节之人，在江南的温柔旖旎中，更是放浪形骸。《别传》中说他"生平好妇人，非妇人在坐不饮，夕寝非妇人不得寐；有携妇人乞画，辄应云。"朱彝尊的《静志居诗话》中说他"中年纵酒狎妓自放，客有求画者，馨折至恭，勿与。"陈洪绶一生最爱的就是酒和女人，就算有人奉以重金恭恭敬敬地请他作一幅画，他也懒得提笔；但倘若投其所好，"及酒边召妓，辄自索笔墨，虽小夫稚子，征索无弗应"——倘若有酒和女人,不需要别人说,他自己就会拿过笔来作画,至于是谁请他作画,是地痞流氓还是达官贵人,他都无所谓。这样的脾性,大约便是《别传》中清代将军索画不得转而投其所好的原型了。

当然,除了受人酒资美女而作画之外,江南风物秀丽、名士汇聚,而绍兴更多有文人酒客可以与以交游。陈洪绶时常写诗邀朋友出游宴饮:"竹下当茗饮,枫间把酒开"、"万坞茶香日,当来问巨舸",都是他写给朋友的请柬。一日他约友人出游,恰有美女好酒相伴,兴之所至,陈洪绶便提笔作画,并书题跋于画上曰:"辛卯八月十五夜,烂醉西子湖,时吴香扶磨墨,卞云裳吮管,授余乐为郎翁书赠。"大醉之后,有人磨墨、有人奉纸笔,对于陈洪绶而言,简直是胜过神仙的日子。

但这样的日子只持续了短短三四年。甲申之变惊破大明最后的幻梦,崇祯帝自缢于煤山,大明王朝终于在内忧外患、风雨飘摇中彻底倾覆。彼时陈洪绶正在青藤书屋,闻听国难的消息,不由地心灰意冷,削发为僧,一个好酒好色之徒,竟倏然决定遁入空门了。晚年陈洪绶常自嘲说:"岂能为僧,借僧活命而已。"陈洪绶没有师父刘宗周一样绝食殉国的果决,转而表现为削发出家的弃世,对于这一决定,他不乏后悔,故而自称"悔僧"、"悔迟"。

然而削发为僧并不意味着遵守清规戒律。陈洪绶在云门寺出家时曾写诗道:"九日僧房酒满壶,与人听雨说江湖。客来禁道兴亡事,自悔曾为世俗儒。"他的遁入空门并非因为放下,相反,却恰恰是因为对故国的放不下,才令他生出了避世的念头。一年后,对空门亦无所寄托的陈洪绶再次还俗,面对满目江山皆尽沦陷,他不得不举杯强饮:"山东山极少,况复障黄尘。多买他乡酒,如逢故国人。"故国已不可见,唯有北方的酒还带着北方故国的气息罢了。陈洪绶不许庆贺新年的到来,旧年是属于旧河山的,旧河山还是大明的故国,而新的日月却将换做清代的江山了。

当时江南尚有朱姓皇族后人谋划复辟,陈洪绶在张岱家与鲁王朱以海宴饮,酒过三巡,鲁王命陈洪绶画扇,陈洪绶称自己醉了不能提笔。本来醉酒之时才是陈洪绶索笔墨挥洒之时,然而国家覆亡,所谓的"鲁王"却在这里同遗老饮酒画扇,这令陈洪绶彻底绝望。当时号称是明王室后人的朱姓子孙称王者多矣,前来请陈洪绶为官的,他都一一推辞了。对陈洪绶而言,明代的江山只在醉眼蒙眬中展开的设色图卷上,只在酒醉后梦里的桃花源中了。

傅 山 与 酒

酒也者,真醇之液也。真不容伪,醇不容糅。

——傅山《莲老道兄北发,真率之言饯之》

往来酒客,有使酒为狂者,有以酒解忧者;有纵酒寄情者,有邀酒寻欢者。而能以酒为真情、为赤子、为本心的,便不再是酒乡中匆匆而过的酒客,而是真正以酒为灵魂的"酒人"。明末朱衣道人傅青主,便是这样一位酒人。

傅山在明清史中均没有详细的记载,只在《清史稿》列传的"遗逸"一列有录,但实际上,傅山在当时的士林之中颇负盛名。不过傅山在明清之际的士人中,宜称其为名士,而非狂士:所谓狂士者,徐渭、朱耷者也;而傅山爱酒而不纵酒,饮酒而不使气,林鹏先生《丹崖书论》中说傅山:"也是容易感情冲动、爱骂人、爱喝酒,自称老蘖禅,但还没有到阎尔梅那种使酒骂座的程度。"因此傅山有名士的风度,却没有名士的脾气。

所谓老蘖禅者,傅山自谓也。蘖,就是酿酒的酒曲,《礼记·礼运》中所言"礼之于人也,犹酒之有蘖也,君子以厚,小人以薄。"傅山以此自称,自是蕴含着善酿酒而又知礼义的意思。明亡之后,傅山以明代遗老自视,尽管康熙对他礼遇有加,甚至免试授职"内阁中书",但他一不谢恩,二不就职,从京师回到故乡后依旧以白衣自称,隐居乡间著书行医而已。

傅山既是诗人,又是学者,既是书法家,又是医学家,既是善于酿酒的老蘖禅,又是能做醉拳的武师,所谓江湖,傅山一人就能撑起一半。而他所有的身份,又都皆与酒有着深厚的联系。白谦慎在《傅山的世界》中,称傅山是明代最后一位狂草的大师,又是明末文人审美向清代民俗审美转变的中坚力量。傅山的狂草虽师法二王,风格却不拘泥在二王之内,盖因他常说:"宁拙毋巧,宁丑毋媚,宁支离毋轻滑,宁直率毋安排。"直率二字,不仅是傅山的艺术准则,更是他做人的准则。他曾赠友人魏一鳌十二幅书法作品,名曰《莲老道兄北发,真率之言钱之》,其中提及他的饮酒之道说:"酒也者,真醇之液也。真不容伪,醇不容糅。"好酒自然是干净醇正的,如果掺杂了假的东西,那酒的味道自然也就发生了变质;在傅山看来,人也是一样,只有真挚纯真的人,才能够在艺术中展现出"宁直率毋安排"的审美趣味。

明亡之后,傅山着红色道袍,拜寿阳五峰山道士郭静中为师,自号"朱衣道人"。他学道不为求仙,只是为了抗避清朝剃发的法令,因而他不仅不遵守道家的清规戒律,反而自称"酒道人"、"酒肉道人"。他虽然与僧道为友,却从来不拘束于佛家清规、道家戒律,与僧人相交则"细盏对僧尽",与道师相谈则"深杯酒漾春"。他既然主张真诚而不作伪,故而在生活中,他也不避饮酒之事,反而坦然戏称"醉岂酒犹酒,老来狂更狂",醉酒对于傅山而言,不过生活中坦诚无欺的一个常态罢了。

傅山避清而学道,实际上源于他父亲的影响。傅山的父亲傅子谟终身不仕,致力于研究经学和道家学说,傅山六岁时即学父亲辟谷只食黄精。家学给傅山的影响没有止于学道,更令他从年幼时即修习医学养身之道,又从祖父傅霖习武。傅山一生习武不辍,有《傅山拳法》流传于世,更有人考证说"醉拳"即是源于傅山拳法。这大约是因为醉拳与傅山拳法都属于北方拳的谱系,更兼傅山既能作拳谱,又极负盛名于酒,因此便杂糅而成"醉拳"一说。尽管傅山并不是醉拳的宗师,但在他所书的"剑求一人敌,杯中万虑冥"中,还能看见傅青主醉饮江湖的潇洒豪情。

　　傅山虽研习经义、博览群书,堪称一代经学大师,却对八股经学并不甚看重,常言说"文章小技,于道未尊"、"便此技到绝顶,要它何用?"相对而言,他对经世致用的岐黄之术更有兴趣钻研。傅山饮酒时爱饮药酒,逢元日必饮屠苏酒:"一望西山玉立瘭,春风小蕊佐屠苏",甚至在与山西总兵宋谦密谋反清失败、被囚于太原府监狱的时候,依旧与难友共饮屠苏,并作《甲午狱祠除夜同难诸子有诗览之作此》记载说"栈阁柑仍到,屠苏酒谩酝"。由于对明代故老的怀柔政策,傅山即使在狱中的时候,也因缺乏明确的谋反证据,故而未受到过分的苛待;以其元夕仍有柑橘、屠苏酒可见当时即使在狱中,傅山依旧以江湖盛名受到敬重。

　　因为傅山爱酒,他所交游的友人中也多爱酒之人,当他在五峰山做道士的时候,便常常"沽酒醉山宾",与前往山中拜会他的好友尽醉方休。傅山的朋友窦怀融便善酿"苦酒",并常邀请傅山品尝。傅山在《霜红龛集·醉白堂记》中记说:"窦生实能酿,邦旧有名苦酒,务酉多秘其法。"苦酒虽然不是窦怀融原创,但窦生所酿的苦酒自有秘法,在酒中加入六味辅料,故而酒味特别芬芳浓烈。当时窦怀融居于凉州,正在酒泉郡内,又酿苦酒百瓮,除了自饮之外,自然也用以招待友人,当时的贫士无力沽酒的,有时也去窦生处觅酒尽醉。傅山每路过此地时,便与窦怀融共饮,因而留下《怀融苦酒远志忽漫》、《怀融苦酒荐至》等诗作。

　　傅山的故乡是山西,山西出产好的汾酒,而著名的药酒竹叶青便以汾酒为酒底炮制而成。傅山对竹叶青亦十分喜爱,甚至亲自修订竹叶青的炮制方法,以砂仁、紫檀、当归、陈皮、广香木等十二味药材并竹叶置入酒中,酒色清亮,微有黄绿之色。然而即使是药酒,傅山亦不支持醉饮无度,他曾作《"教两孙"的家训》告诫自己的孙辈说:"尔颇好酒,切不可滥醉,内而生病,外而取辱,关系不小。记之!记之!"傅山的孙子很爱饮酒,傅山便劝诫他们说,饮酒烂醉不仅会伤害自己的身体,而且会因为醉态百出而自取其辱。由此可见,傅山虽然爱酒,却不是烂醉无度的人,因而他虽然有名士的爱酒之癖,却并没有狂士的纵酒之情状。

饮酒的至情,便能得知酒的至味;以真挚的赤子之心体悟生命,生命便必然回报以诚挚的内核。傅山的酒沉而不醉、醉而不狂,正如他的字草而不俗、他的拳谱工而不板。沉醉于酒中的傅山,正是从微醺的杯酒中,窥见了率性而真醇的生命本身。

金圣叹与酒

割头,痛事也;饮酒,快事也;割头而先饮酒,痛快痛快!

——金圣叹

金圣叹是个奇人。

所谓奇人,大抵各自有各自不寻常的地方。金圣叹的奇趣不少,他笃信神佛,不仅能扶乩作诗,二十岁时还自称"天台宗祖师智顗弟子"的转世,可以说是一个有点神叨叨的家伙。金圣叹生活中的一大乐趣大约就是看书和评点:《水浒传》、《西厢记》乃至《杜诗》他都点评过,于他而言,点评文本仿佛是与作者对话,又仿佛是与隔空同读此书的人神交,不免有惺惺相惜的乐趣。世俗言戏曲如《西厢记》、小说如《水浒传》,在当时的文人看来都是末流小道,他偏偏拿来仔细点评批注,抬高到和《杜诗》一样的高度,还题作《第五才子书》、《第六才子书》。说来也有趣,《西厢记》原先在明代有二十多个抄本,鱼龙混杂、良莠不齐,到了金圣叹手下一批,整个清代的《西厢记》,便几乎都是"金批本"了。

不过金圣叹最奇绝的,还是他的幽默。中国古代的文人多半有一副"先天下之忧而忧,后天下之乐而乐"的面孔,就算跳出儒生气之外、放达落拓不羁的,多半也是孤高桀骜、嶙峋瘦削的模样,行动举止、吃饭饮茶喝酒的举手投足之间,都有着"雅"的姿态。在漫长的历史过程中,供人逗笑的"滑稽"者,或耍宝演戏的"优伶"之辈,似乎都不是什么"正经"的职业。

金圣叹却反其道而行之。他作文自述也好、点评故事也好,往往就在字里行间中冒出一种谐谑的笑容来。恰如金圣叹批《水浒传》第六十一回,先赞叹一番燕青的知恩图报:"读第一段燕青,不觉为之一哭失声,哀哉……哭竟,不免满引一大白。"继而骂一段李固的背信弃义穷极变态:"我欲唾之而恐污我颊,我欲杀之而恐污我刀。怒甚,又不免满引一大白。"最后感慨柴进不避生死前去送千金营救:"感激之至,又不免满引一大白。"读书有感而满引一大白并不是金圣叹的原创,苏舜钦曾以《汉书》下酒传为文人佳话,其后不乏慕其风雅、以书下酒的名士。但如果误以为金圣叹是模仿苏舜钦的风雅,这可就太小看这位评书界的段子手了。只见他批注之外笔锋一转,自问道:"读这一篇文章未了,先喝了三大杯酒,岂不是醉了么?"谁知金圣叹徐徐然自己解释道:"不然,是夜大寒,童子先睡,竟无处索酒,余未尝引一白也。"所以方才所言的"引一大白",都是金圣叹先生读书百感交集之后,在想象中自斟自饮了一番。如此一篇大玩笑,在金圣叹写来,却施施然毫无违和之处。

尽管读《水浒》时不是时时都有酒喝,不过金圣叹爱点评书又爱喝酒的名头,的确是坐实了的。他曾经将古往今来的文章,捡看得过眼的选编了一本《天下才子必读书》,书中有段自序说:"圣叹性疏宕,好闲暇,水边林下是其得意之处。又好饮酒,日为酒人邀去。稍暇又不耐烦,或兴至评书,奋笔如风,一日可得一二卷。多逾三日则兴渐阑,酒人又拉之去矣。"明明生性喜好饮酒,但倘若日日有酒友前来邀请,便又不耐烦起来,要去批几卷书玩玩;但批书也批不过两三天,然后又兴致阑珊了,酒友前来相邀,便又被拉去喝酒了。能把喝酒批书都不专心的行为写得如此理直气壮,此人非金圣叹莫属。

金圣叹曾有《不亦快哉三十三则》,写生活中三十三种令人快意之事,读之不免喷饭:什么"推纸窗放蜂出去"、"作县官,每日打鼓退堂时"、"看人风筝断"、"看野烧",对于金圣叹而言,都是不亦快哉的事情,读来简直如同顽童一般。当然金圣叹的人生快事中少不了饮酒。十年阔别的旧友突然前来拜访,急忙跑回家问妻子:"君岂有斗酒如东坡妇乎?"妻子便笑着将头上金簪拿去给他,算下来能痛饮三日,不亦快哉!又或者在一个凛冬的寒夜饮酒,只觉得天气越来越冷,推开窗一看,雪花大如手掌、地上已有三四寸的积雪,又是不亦快哉!一个人能从生活小事中寻得快意与乐趣,本来便不是一件易事;偏偏金圣叹能如稚子顽童一般怡然自乐,其人之幽默可见一斑。

正因为金圣叹的谐谑幽默,乃至死亡这样严肃悲哀的事情,都被金圣叹玩出了一种黑色幽默。金圣叹因抗税"哭庙"而被陷害下狱,终至于死刑,可以说是明末相对宽宥政治气氛里成长的文人在清代冷峻的严政之风下牺牲的悲剧,但在金圣叹的行为艺术之下,这种死亡的悲怆完全被消解了。据《清稗类钞》中说,他饮过断头酒之后,留下一句遗言:"盐菜与黄豆同吃,大有胡桃滋味",当时行刑的地方官听了,好气又好笑地说道:"金圣叹死亦侮人!"这个故事随着传说,到汪曾祺笔下又发展出"花生米和豆腐干同嚼有火腿滋味"的说法。又有传说金圣叹耳中塞两个纸球,刀落头断,纸球滚出,分别书"好""疼"二字,死后亦要想方设法抱怨两句,这种冷入骨髓的黑色幽默,真是金圣叹的本色。

倘若在风气清明的时代,金圣叹或许能如东方朔一般,一味戏谑幽默;但在明末清初的动荡局势中,就算金圣叹这样顽童心性的人,也免不了感受到四处压迫而来的冷意。他曾作诗咏柳树道:"陶令门前白酒瓢,亚夫营里血腥刀。春风不管人间事,一例千条与万条。"酒也好、刀也好、幽默也好、死亡也好,笃行佛法的金圣叹仿佛看得很淡,却又看得那么深重。金圣叹自称是学佛的人,却在批文评书中处处多情、字字多情,这样多情的人,在纵酒和幽默的背后,多半隐藏着一些难以言说的孤独。

金圣叹一生无缘科场。对于金圣叹而言,科考不是为了功名,而是为了寻找一个能赏识他才华的人。他自称"于世之名利二者,其心乃如薪尽火灭,不复措怀也已",但对于知音,他却一直都在寻寻觅觅,却始终寻而不得。在金圣叹戏谑的一生中,末了生活和他开了一个最大的玩笑:顺治庚子(1660)正月,金圣叹的朋友自京城回来,向金圣叹说道,有一天顺治帝看见"某批才子书",便说"此是古文高手,莫以时文眼看他"。这一句话在金圣叹听来,恰如晴天霹雳一般:他一生批注书籍,想在字里行间寻找一个知音,谁知寻来寻去,真正懂他的却是清王朝的帝王。这一刻,对于金圣叹而言,他不是明代的遗民,顺治亦不是清代的帝王,他只是寻到了一个知他文才、懂他心意的好友。于是便有了"感而泪下,因北向叩首"——这一后人往往误以为是金圣叹晚节不保、终于降清的污点,不过是他终其一生到底找到了一个知音的欣喜若狂。

只要有一个知音,他便能在无酒的长夜忘却孤独,忘却一生的落寞:"正值寒冬深更,灯昏酒尽,无可如何。因拍桌起立,浩叹一声,开门视天,云黑如磐也。"

李渔与酒

凡有新客入座，平时未经共饮，不知其酒量浅深者，但以果饼及糖食验之。

——李渔《闲情偶寄·饮馔部》

倘若笼统地提及"诗人"、"文人"，似乎总想到"迁客骚人"、"君子固穷"的凄惶与萧瑟，似乎不经历坎坷风雨者便不足以语人生。然而晚明至清的江南文人，大约因为民生整体的富裕和闲暇，以及刻印书籍、为人作文的润笔之资的丰厚，便逐渐不惮于流露出对精致生活的追求与热爱，谱写《随园食单》的袁枚如此，风流倜傥的张岱如此，而李渔亦是个中翘楚。

与袁枚、张岱不同，李渔没有显赫殷实的家世，他的富足生活全靠自己白手起家。因此，他人生中最富裕幸福的时候，是在顺治八年（1651），李渔四十一岁，彼时已经靠巡回演出的家庭戏班子建立下一份丰厚家业的李渔举家搬迁金陵，在城南修筑了"芥子园"。在这里，他编修了展现自己艺术审美趣味的《芥子园画谱》，同时也随笔记下了自己闲暇惬意生活的《闲情偶寄》。

《闲情偶寄》中，有专门一章《饮馔部》，单写李渔喜爱的饮食，这在当时盛行记录《食单》、《食谱》的风气下是很自然的。江南人注重饮食的精致，有时未免过于精致，譬如袁枚写食火腿要切细丝塞入银芽之中蒸熟。这种对精制饮食的追求与传统儒家主张"苦其心志，劳其筋骨，饿其体肤，空乏其身，行拂乱其所为"的近乎苦修的精神似乎是背道而驰,却又与老庄从心所欲、道法自然的精神不谋而合。李渔在《饮馔部》开篇解释道:"万古生人之累者,独是口腹二物。"他当然也说,草木没有口腹之欲,也能欣欣向荣地生长,但人却不能免俗。他说自己的饮食之道,是"脍不如肉,肉不如蔬,亦以其渐近自然也",也就是说越是符合自然之道的,他就越喜欢,并不是十分强调越精致奇巧越好,这便与袁枚的炫技不同了。后人也有因为他文中有"重宰割而惜生命"、重菜蔬胜肉食的说法,将李渔封为道德高尚的素食主义者,这便是走入另一个极端了。李渔不仅不是一个标准意义上的素食主义者,而且他的《饮馔部》中,也并没有避讳自己对鱼肉尤其是蟹的喜爱,对他而言,喜爱素食是一种自然的天性,而不是对天性的压抑,这一点与今日某些泛道德化的素食主义者从根源上相去甚远。

李渔对饮食的喜爱与充满热情的记述,可以从他的自白中看出因果。"予生忧患之中,处落魄之境,自幼至长、自长至老,总无一刻舒眉。"李渔身世平凡,从草莽之中以戏台白手起家,其中所历艰辛、所费思索,都不是旁人能体察的。因此他不相信什么空洞的儒家道理,他是一个具有优秀审美意识的富裕市民阶层的代表,因此倘若有快乐平稳的生活,他便不惮于热切地体察和享受,这种被许多"正人君子"们诟病的生活态度和精神风貌,其实正是一个自然而又正常人所应当拥有的。

李渔既善饮食与生活,便不可避免地涉足茶与酒。与其他人兴致勃勃地书写茶酒不同,李渔在《饮馔部》中写完美食,突然写下"不载果食茶酒说",文中写:"惧其略也。性既嗜此,则必大书特书,而且为罄竹之书,若以寥寥数纸终其崖略,则恐笔欲停而心未许,不觉其言之汗漫而难收也。"这段话说得有趣:他之所以不在书中记载"果食茶酒",是因为担心自己草草下笔,写得太简略了。其他食物大可随意以自己的喜好记录做法、推荐口味,但茶和酒却是不成的。因此李渔想了个办法,既然不想过于简略,那索性单开一本专辑,名为《茶果志》,这可不就解决了?

然而茶与果都有了,那酒哪里去了呢?

李渔没有写酒。他自称"至于曲蘖一事,予既自谓茫然,如复强为置吻,则假口他人乎?"关于酒的事情,我自己也不是很懂,写来写去,也不过是别人说过的陈谷子烂芝麻的话题,于是不写也罢。然而倘若略看前后之文,就能发现这不过是个插科打诨的托词,李渔不仅懂酒,而且对酒人酒事也极为善于察言观色,作为一个戏剧家,他体察生活中细微之处的精妙之处,着实超乎常人。

他说:"果者酒之仇,茶者酒之敌,嗜酒之人必不嗜茶与果,此定数也。"根据他的经验,但凡有新的客人前来,平时没有一起喝过酒、不知道酒量深浅的,李渔不会贸然劝酒敬酒,反而先拿果饼茶水来招待客人。倘若这个客人很喜欢吃果饼和饮茶,那此人多半对酒没有什么兴趣;反之,倘若这个人对果饼茶水兴致缺缺,只是礼貌地拿起来放在面前却不喜欢吃,这个人肯定是"巨量之客,以酒为生者也"。

对酒人如此了解的李渔,却坚决不写酒,不是因为他不重视酒,反而是因为太重视了,所以无从下笔。他在文中剖白:"将欲欺人,则茗客可欺,酒人不可欺也。倘执其所短而兴问罪之师,吾能以茗战战之乎?不若绝口不谈之为愈耳。"这便将真实的原因交待出来了:李渔大约自己酒量不佳,于是在酒的论战中并没有什么自信。倘若谈茶,他还能与持不同意见者抗辩一二;可是论及饮酒,那可是酒杯底下出真章的,倘若对饮酒之道夸夸其谈、喋喋不休,一喝起酒来却两下三下就败下阵来,这等无准备的战争,精明聪慧如李渔肯定不会去挑起。

虽不立专门一章写酒,但李渔却不免在记录其饮食的时候流露出一二。江南人多爱食蟹,食蟹则不免饮酒,几乎未闻食蟹而不饮酒之人。然而蟹与酒的故事在江南人这里并没有结束,"醉蟹"才是故事的高潮。写到醉蟹,李渔便兴致勃勃起来。他对蟹的喜爱可以说到了一个略有夸张的程度:"每岁于蟹之未出时,即储钱以待,因家人笑予以蟹为命,即自呼其钱为'买命钱'。自初出之日始,至告竣之日止,未尝虚负一夕,缺陷一时。同人知予癖蟹,召者饷者皆于此日,予因呼九月、十月为'蟹秋'。"以买蟹的钱为"买命钱",自嘲之中也展现出爱之深切,这是一个老饕对蟹这种至味流露出的无法抑制的喜爱。

为了保证在食蟹季节过去之后还有这种美味可以品尝,这时候便需要借助酒:"虑其易尽而难继,又命家人涤瓮酿酒,以备糟之醉之之用。糟名蟹糟,酒名蟹酿,瓮名蟹瓮",醉蟹一事所用器具、所需准备,便一应俱全了。当然,钟爱之物不免过于小心,李渔继而又在笔记中叮嘱道:"瓮中取醉蟹,最忌用灯,灯光一照,则满瓮俱沙,此人人知忌者也。"字里行间便透露出因担心醉蟹变质而有的神秘主义的谨慎态度。直至现在,"神秘"一直都是非常有用的营销手段。

朱耷与酒

> 饮酒不能尽二升，然喜饮。贫士或市人屠沽邀山人饮，辄
> 往，往饮辄醉。
>
> ——邵长蘅《八大山人传》

明末清初，江山换代易主，明代的遗老遗少虽在故国山水中，却已经面对新的帝王。明代末年，其实动乱已久，因此文臣如吴绮，武将如吴三桂、祖大寿者纷纷倒戈降清；也有宁死不肯折节、以身殉国者，如左懋第。而更多遗老，像张岱、王夫之等人，既不能一死以了却一切忧烦，又不愿身入"贰臣传"中，不得已，便只能效仿伯夷叔齐不食周粟、采薇于首阳山的故事，隐居在山河之中了。

遗民本就是心怀悲苦的：那种眼前山河依旧、却换了天地的恍惚感，恰如黄粱一梦般，仿佛既不真实，又真实得令人心痛。而在一切遗民中，最为苦悲的，莫过于八大山人朱耷。究其原因，陈寅恪悼念王国维的文辞中说得最明白："凡一种文化值衰落之时，为此文化所化之人，必感苦痛，其表现此文化之程量愈宏，则其所受之苦痛亦愈甚；迨既达极深之度，殆非出于自杀无以求一己之心安而义尽也。"好在，朱耷没有选择自杀这一极端道路。

没有自杀，不代表就是合作的态度，冷眼旁观或许更符合朱耷的本性，而他也确实是以这样的态度终其一生。朱耷是明代皇族后裔。他的祖上是朱元璋第十七子，封号宁献王，作为皇室宗亲，朱耷一家世代居于南昌。他从小聪明伶俐，加上家学渊博，祖父和父亲都于书

画一道极为精通,因而朱耷八岁能赋诗,十一岁能作画,十六岁中秀才。如若没有家国之变(即清军入关),按照这样的轨迹不难想象朱耷的锦绣前程。然而,历史无法假设。

朱耷十九岁的时候,适逢甲申之变,明朝宗室随着崇祯之死而彻底覆亡。对于未及弱冠的朱耷而言,大明的覆灭无异于一场晴天霹雳式的噩梦。之前,他是宗室家族富足悠闲的子弟,此后,他却是亡国的遗民,旧王朝的余孽。彼时清兵刚刚入关,四地烽烟并起,到处都有人打着明朝皇室后裔的名头呼号起义、试图反清复明。正因如此,清军对一切明王室的后人都采取极为严厉的剿灭,严控动摇政权的一切可能。年轻的朱耷既无生路可寻觅,又有老母侍奉而不能赴死,不得已便隐遁深山、剃发为僧。

邵长蘅曾与朱耷相交,为作《八大山人传》云:"饮酒不能尽二升,然喜饮。贫士或市人屠沽邀山人饮,辄往。往饮辄醉。醉后墨沈淋漓,亦不甚爱惜。"由此看来,朱耷的酒量是不大的,不到两升酒就能喝醉,但他非常爱饮酒。自明亡后,朱耷出家为僧,相交识的多半也是底层的贫穷士人,或者普通庶民,又或者屠狗沽酒之辈。这些人爱敬朱耷的字画,时常邀请朱耷前去饮酒,朱耷每次都欣然而往,一去喝酒便会大醉。醉后他随手作书画,并不刻意描摹,也不甚爱惜笔墨,常常弄得满纸水墨淋漓。有时候寺里的小和尚拉着他的衣襟要他作画,他也欣然而画。但是显贵的人拿着重金来找朱耷画一幅画,却往往空手而归,因此那些想要买画的人,有时候竟不免必须向那些屠狗沽酒之辈去求购。

说八大山人的笔墨是中国文人画的最高峰大概没有什么人有意见,当然这是画中同道的意见。对于寻常百姓而言,多数津津乐道于八大山人画作的古怪。画中常是枯枝、怪石、山中雅雀、水边凫鸟,或只是孤零零的一棵芭蕉、一条游鱼,乃至落花、瓜豆、莱菔等,越是人们觉得奇怪的,他越有兴致去画。八大山人所画的鱼、鸟多爱鼓着白眼,点睛处只在眼白上一点;此举大约是效仿阮籍的青白眼,凡是见到看不起的、不喜欢的人,他都以白眼相待。他对这个世界的愤慨和嘲弄,可以说是溢于言表的。他曾与友人方士琯书信往来,手札中痛书:"凡夫只知死之易,而未知生之难也!"对朱耷而言,死并没有什么困难的,最难的是在这熟悉的山河中做南冠楚囚,苟延残喘地度日。

朱耷饮酒至醉,然后作画时便能一气呵成;倘若在他痛饮之后,随便谁人向他索画,他都能信笔而作。他并没有什么别的喜好,因此想求他一幅笔墨的人便投其所好,准备好酒等他来。龙科宝在《八大山人画记》中写熊国定置酒招他来饮,请他画湖中新莲和物宅边的古松。画完后,朱耷"痛饮笑呼",饮至沉醉,有客人拿小笺请他乘兴作画,他便也不推辞,直接为客人画斗鸡一对。有人看到八大山人的画,问画的主人此画是何时所作,众人都说是八大山人喝醉了信笔画成的。

醉饮作画,只是朱耷悲苦生活中短暂的遗忘而已;一旦回到清醒中来,国破家亡的痛苦自然又无处躲藏地压在心头。因为朱耷行事古怪,时常被认为是疯了。有一天,他忽然在门上写了一个大大的"哑"字,从那天开始,他和谁都不说话,只是每天哑哑地笑着,拿手势同别人比画。不肯说话后的朱耷更爱饮酒了,如果谁置酒请他去饮,他便格外开心,如天真的孩童一般,缩着脖子拍手,笑声也是哑哑的。又是饮酒,席间有"拇战"的游戏,行酒令以赌酒,朱耷赢了就哑哑地笑,如果输了,就笑得更厉害了。一场饮酒,朱耷不发一言,只是莫名地哑声笑着,直到彻底喝醉。喝醉了之后他便不笑了,而是痛哭流涕、唏嘘泣下——他的笑并不是欢乐的笑,而是对自己的命运、国家命运绝望的嘲笑;他的哑当然也不是真的哑,只是在一切沧桑之后无话可说的彻骨悲凉。

隐于佛道的朱耷,在生活中沉溺于酒,在书画中也满纸酒气。他曾作《幽溪载酒图轴》,画中有一条小溪,溪水中飘然而来一叶小舟,船上有客载一坛酒而过,悠然如入桃源之境。八大山人不仅画中有酒,书法中也有酒,他遍抄刘伶的《酒德颂》,以黄庭坚笔意写就,笔力雄健,落款署一"驴"字,这正是朱耷的自号——他确乎是有一种驴一样的倔强。

邵长蘅说:"世多知山人,然竟无知山人者。"是啊,谁能切身处地地理解国破即是家亡的悲哀呢?有的人视八大山人为高人,有的人视朱耷为疯子,却没有人真正懂他的悲苦和凄凉,懂他对嘲弄他的命运的抗争和狂傲。他的装聋作哑也好,狂歌跣足也罢,一切装疯弄傻、纵酒长醉,都不过是在这早已于他无望的世界中,挣扎着寻找生命的理由。

乾 隆 与 酒

松风寒处安茶铫,石冻春深试酒槽。
——乾隆《唐寅桃花庵图》

清高宗爱新觉罗·弘历,可以说是在民间故事中被"戏说"最多的一位帝王。无论是博物馆中集十七种烧制工艺为一体的"各种釉彩大瓶"所体现的"乡村式帝王审美",令人哭笑不得的盖满皇家印章的书画遗迹,还是各类民间小吃的店铺墙壁上张贴着招揽顾客的"乾隆御赐美食",这位实际执政六十三年的大清帝王,写下四万多首诗歌的"十全老人"——法天隆运至诚先觉体元立极敷文奋武钦明孝慈神圣纯皇帝,他的"野史"远远比正史更加吸引人。

乾隆与酒的关系也是如此。无论是赵丽蓉老师小品中开玩笑说的"宫廷玉液酒,一百八一杯",还是现实生活中常见的洋河大曲、汾酒,又或者是小众的"龟龄集酒"、"玉泉酒",或者是据称根据宫庭秘方复原出来的"乾隆御酒",甚至连四处可见的寻常酒品,都纷纷高举"乾隆最喜欢的酒"的旗帜。

但纵观乾隆写下的四万多首诗歌中,提到酒的诗歌却寥寥无几,有的也仅仅是因为某些特定的事情有感而发。譬如观《夏珪秋江风雨图》而作的"无事买鱼沽酒客,却绕书画米家船",或是观《唐寅桃花庵图》所作的"松风寒处安茶铫,石冻春深试酒槽",这很明显都不是乾隆自己生活中所发生的事情。乾隆真正为自己饮酒所记的诗并不多,而且多为像《谒孔林酹酒》和《孝贤皇后陵酹酒》这样为礼仪祭酒而作的,带有很强的政治仪礼色彩。

也许会有人奇怪,按《大金国志》中所描述的"酒行无算,醉倒及逃归则已",可以推测出女真人是一个极擅饮酒的民族,作为女真后裔的清朝皇帝,自然也应当遗传了祖上的海量。但事实上,清代自入关以来,历任帝王在衣食住行方面对自己的要求都非常严格,《大清会典》中记载说:"凡大小筵宴,应用甜酒、乳酒、烧酒、黄酒,俱照礼部来文如数办送。康熙十六年(1677)停止甜酒,二十一年(1682)停止乳酒,俱烧酒、黄酒并用。"乳酒是满族人在关外常喝的酒种,但到了康熙年间已经被叫停,自此宫廷筵席中主要是烧酒、黄酒两种普通的酒种而已。并且还规定"十一、十二两月,止用黄酒"。据说用"天下第一水"的玉泉水酿造的玉泉酒,也是黄酒的一种。鉴于玉泉水来源于北京的玉泉山,与其说真的是因为其水质独步天下,不如说玉泉水是在较为方便取用的情况下能挑选出来的最好的一种罢了。

在清朝初年,民间酿酒尚属于自由发展的阶段。满清入关之后,为了巩固自己政治地位的合法性,前几任君王都采用了轻徭薄赋的政策,酿酒业也因此而几近免于赋税。除了零售酒业需要抽取金额低廉的"油酒税"之外,酿酒业几乎是在无税赋情况下自行发展,乃至当时的酿酒之家"类皆富户,而非贫民之业";在这种有政策利好的情况下,酿酒业就迅速发展兴旺起来。当时的造酒业发达的程度,"每岁耗谷二三千石……烧坊多者每县至百余",这还只是西北五省的数据。因此到了康熙、雍正时期,都曾经下旨地方控制烧酒的酿造,避免万一遇到灾荒年间粮食歉收、转运维艰的状况,但其控制程度也没有到草木皆兵的地步,基本交由地方政府自行管控而已。

但到了乾隆时期,酒禁却严格了起来。首先是乾隆二年(1737)下旨"永禁烧酒",包括宫廷所酿。乾隆三年(1738),下旨严查地方制造烧酒者,并且采用了方苞的建议,"禁造烧曲,毁其烧具;已烧之酒,勒其自卖;已造之曲,报官注册",其禁酒之政策不可谓不严格。乾隆如此强力地颁布禁酒政策,与乾隆时期的人口暴增有着紧密的联系。据统计,乾隆九年(1744)全国耕地为 7.64 亿亩,人口约为 1.67 亿,到了乾隆五十七年(1792)人口增长到 3.07 亿。作为异族统治的政权,乾隆对"民心"既畏惧又愤恨,而倘若遇上灾年,粮食不足所导致的后果更是乾隆所不能承担的。所以乾隆禁酒的出发点是国计民生。他将过去康熙和雍正颁布酒禁而未得到彻底执行的行为怪罪于官员的阳奉阴违,并且再三强调"与其禁于已饥之后,节省于临时,不如禁于未饥之前,积贮于平日"。

不过乾隆的酒禁也并没有得到完整而彻底地执行。刑部尚书孙嘉淦反对乾隆"永禁烧酒"的政策,提出烧酒实际上消耗的是高粱而不是稻米,真正消耗谷物的是黄酒而不是烧酒。一旦严禁烧酒,则民间必然会转而酿造更多的黄酒,反而导致粮食的消耗。至于将烧锅器具销毁甚至重罚的行为,更是毫无必要的。乾隆在收到反对意见之后斟酌再三,回复说,"若果严禁烧锅,不但于民食无益,而且有害,朕旨可收回",而针对烧酒的酒禁松弛的同时,乾隆又针对南方的黄酒颁布了酒禁。以此来看,乾隆下江南时四处饮酒题字的故事,也多半是如同影视剧一样的戏说了。

事实是,乾隆本人日常饮酒的记录也很少,档案中记载乾隆钟爱的"玉泉酒",大约也只在晚膳的时候有"二两"而已,而且玉泉酒也常常被用作御膳房做菜的调味品。可以说乾隆日常饮用少量黄酒的习惯,和现在江浙一带的普通人差别不大。为了昭显自己的"亲民",乾隆延续了祖父康熙在宫中举办"千叟宴"的习俗,邀请了三千多名老人进京赴宴,其中包括皇亲国戚、前朝老臣,以及从民间邀请前来赴宴的耄耋老人。这场被称为"恩隆礼洽,万古未有之盛举"的酒宴当然被作为乾隆文治武功的重要象征记录在案,据载,席间乾隆亲自为九十岁以上的老人一一敬酒,以示皇恩浩荡。

依史料公平而论,乾隆不仅不是戏说中所描述的好酒好色的"顽主",而且他的勤勉政治、擅纳忠言,在上下数千年的帝王中,实际上也可以算得上是数一数二的。在当政的六十多年中,这位帝王勤勤恳恳、奋笔批阅、为民生而禁酒,如此种种,似乎可以算得上一代明君。但可惜的是,这位没有沉湎酒色的"明君",创造"康乾盛世"的帝王,当他故去后,清王朝却一蹶不振地走向了下坡路。即使在乾隆统治期间,所谓的"盛世"之下,依旧是饥民吃糠咽菜、文字狱的阴云与恐怖笼罩着整个国家。乾隆所痴迷的"盛世之梦"正如他举办的千叟宴一样——看起来热闹鼎沸,而满堂高坐的都是垂垂暮年、行将消逝的皮囊。当他斟酒自得时,华丽的身后已经是千疮百孔。

蒲松龄与酒

济宁有狂生某，善饮；家无儋石，而得钱辄沽，殊不以穷厄
为意。

——蒲松龄《聊斋志异·狂生》

蒲松龄祖上是山东淄博的世家，但到了蒲松龄这一代，已经是家道中落了，科举成了唯一的出路，偏偏不知何故，考官却总也不能青眼相中他，无奈之下，蒲松龄只得以在私塾教书和给知县做幕僚为生。

古代读书人，多以科举作为改变命运的唯一方法；科举不顺遂的，便大多流落乡间，做个私塾先生，或是为人读写书信为生，一辈子籍籍无名。这样穷愁普通的读书人，当时的天下放眼望去，也不知有多少。偏偏蒲松龄不是一个普通的读书人。他是一个很有趣的读书人。

在过去，读书通常和有趣是沾不上边的。读书是读圣贤书，读"四书五经"，目的明确，为了考试。但蒲松龄的兴趣却不尽在于此——他喜欢听民间传说里那些奇奇怪怪、神神鬼鬼的故事，喜欢喝酒唱歌，总之，喜欢一系列"不务正业"的事儿。年轻的蒲松龄与同邑的友人唐梦赉写诗唱和，说："乍见耆卿还度曲，同来苏晋复传觞。"然而这位曾是"冀博一第"的少年俊才，却莫名其妙地卡在了乡试这道坎上，直到七十余岁的垂暮之年才及第登科。

科举不幸，却是文章幸事。中国古代志怪小说不少，描述的都是

神仙、鬼怪、妖精之类的故事,但往往都是传奇有余,而故事性不足;盖因收集整理容易,而做到有趣却难。蒲松龄这个有趣的人,遇到这些有趣的故事,才能碰撞出一些奇妙而脱俗的清奇脑洞来。

蒲松龄自己极爱喝酒。一觉睡醒了,先想着喝酒:"睡起频呼酒,客来且罢棋";他还梦想着彻夜地喝,"酬三生愿通霄饮,博一夕欢半岁忙"。蒲松龄爱喝酒,连带着笔下的人神狐鬼也都爱喝酒。《王六郎》开篇说有一个姓许的人,以捕鱼为业。每天晚上出去捕鱼的时候都会"携酒河上,饮且渔",一边喝酒一边捕鱼。这个渔夫喝酒倒也不光是自己喝,喝的时候总会将酒浇在水中,并且说祝词道:"河中溺鬼得饮。"中国古代,走夜路的人、晚上出门的人,总有祭祀一下在夜间游荡的孤魂野鬼的习惯,这个渔夫大约也是如此。结果这个小举动竟带来了神奇的效果:别人家的船很难捕到鱼,只有他每次捕鱼都满载而归。究其原因,是个叫王六郎的年轻人溺死河中,成了水鬼,因为许先生每天喝酒的时候分他一点,这个鬼就投桃报李,将鱼都赶到他的船边来。在蒲松龄的笔下,鬼也多是这样知恩图报、有礼有节的。

鬼爱喝酒,狐狸也不例外。《酒友》里车生的酒友,便是个可爱的喜欢喝酒的狐狸精。车生其人,大约和蒲松龄本人境遇差不多,家里不是很有钱,却很爱喝酒,每晚不喝上三杯是睡不着觉的,"以故床头樽常不空"。因为床头时常有酒,自然就招来了爱喝酒的狐仙。狐狸喝多了也不知道要溜走,就和他睡一块了,车生半夜醒来,摸摸身边多了个毛茸茸的大猫,挑灯一看,是只狐狸。再看看床头的瓶子,酒已经喝完了。一般人看到狐狸来偷酒,就算不杀掉也会赶走,偏偏车生不仅不忍惊醒,还笑着说"此我酒友也",给它盖好被子。狐狸半夜醒来,化为一个美男子,拜谢车生的不杀之恩。车生便同狐狸说:"我癖于曲蘖,而人以为痴;卿,我鲍叔也。如不见疑,当为糟丘之良友。"原来此人好酒,周围的人都无法理解,只当他不太正常;难得有一个知己，就算是狐狸也值得珍惜了。正因如此，车生同狐狸成了好朋友，经常专门放一壶酒在屋里等着狐狸的光临。生而为人却不能与人为友，偏偏这些古灵精怪的狐仙神鬼们能与爱酒之人成为知己，岂不讽哉趣哉！

蒲松龄爱酒甚矣，每逢佳节更爱饮酒；倘若遇到节日而无酒，那简直就像没有过节一样："今日重阳又虚度，渊明无酒对黄花。"倘若有酒，普普通通的日子也可以像过节一样兴高采烈："今日共开樽，无花亦重九。"可他偏偏生不逢时，清代初期，战乱方定、天灾甚多，国家屡次颁布禁酒令，民间酿酒并不易得，只剩下限量高价发售的官酿。蒲松龄在写给朋友的信中抱怨"凶年禁私酤，酒贵苦囊涩"，"荒年酒贵沽不易，一罂三百青铜钱。"在荒年中粮食尚且成问题，哪里有多余的粮食来酿酒呢？

作为一个以科考为正途的文人，蒲松龄却终生不得志于科考，何况自己也并非没有才华，这种无奈和委屈，无论多么通达的人都免不了时常感于忧伤。"客久浮名心易冷，愁中诗酒戒难持"，这是对自己身世的无奈与叹息。但更多的是，在他听到的、看到的人间种种不平事中，看到民生疾苦而无力于施展才华有所裨益的时候，不得不"胸中垒块如云屯，万盏灯光和酒吞"。有时候连喝酒都不足以排除胸中的愤懑之情，免不了要将这些咄咄怪事写在《聊斋志异》中，借一些怪力乱神的面貌，来展现真实世界中的悲哀。他和朋友提到《聊斋志异》的时候写道："新闻总入狐鬼史，斗酒难消垒块愁。"

虽称不上无酒不成书，但蒲松龄的很多经典故事都是以酒为线索的，比如《王六郎》《酒友》《酒虫》等等。蒲松龄虽然爱酒，却并不是一个纵酒使性的人，而且也颇不赞成喝了酒以后谩骂他人、纵酒使气的酒鬼。在《聊斋志异》里，蒲松龄写了一个《酒狂》的故事，大致是说此人"素酗于酒，戚党多畏避之"。有一次和很多人一起喝酒，"缪醉，使酒骂座，忤客"。此人饮酒过量醉死，在阴间遇到自己的舅舅，舅舅帮他说情放他回到阳间,但这个人吝啬钱财,不愿意为自己在阴间许诺的纸钱埋单。他刚刚被救活的时候小心谨慎了一段时间,不去乱喝酒,但不久就故态复萌,"又骂主人座",于是违反了自己在地府的时候许下的诺言,这一次真真实实地死了。与此类似、劝人不要过量饮酒、不要酒后无状的民间故事很多,大多都是拿阴曹地府说事,并不算是新鲜故事了。蒲松龄录在书中,多半对故事里的劝诫颇以为然。但在另一篇故事《秦生》中,蒲松龄却颇为赞赏那个嗜酒如命、摸不到酒宁可喝毒酒也要解馋的少年,只是对他的沉迷饮酒略作戏谑。所以看来,饮酒与否、醉酒与否不是蒲松龄所批的重点,重点在于酒品和人品。

蒲松龄一生可以算是高寿,"经过岁除七十夕,犹余浑醉九千场。"七十多岁的蒲松龄喝起酒来,还笑称自己尚有九千场酒没喝完,这样一个老顽童,生活中又有狐鬼故事相伴,多半不至于寂寞。他曾经说自己"聊得醉翁意,自称为酒隐",隐固然是不得已而为之,但醉翁之意,与醉翁之乐,蒲松龄可谓深知其三昧了。

纳兰性德与酒

漫惹炉烟双袖紫,空将酒晕一衫青。人间何处问多情。

——纳兰性德《浣溪沙》

纳兰性德,字容若,是大学士纳兰明珠的长子。他生来便是一位贵族公子,天赋多情、潇洒风流,但又生性恬淡,颇似《红楼梦》中贾宝玉的模样。据说乾隆皇帝看了《红楼梦》后感叹"此盖为明珠家作也",无独有偶,清人张维屏《国朝诗人征略》也说:"世所传《红楼梦》贾宝玉,盖即容若也。"这正是说纳兰容若身上有贾宝玉那样的脾性,因而时人多以为纳兰容若是贾宝玉的原型;而正是这种多情的禀性,构成了后世传唱不绝的《纳兰词》的灵魂。

提及《纳兰词》,总令人想到情诗,古往今来,以情入诗词者多矣,而独《纳兰词》能在往来情诗中清枝独立。的确,纳兰容若是一位多情公子,而词这种形式与诗歌的言志和元曲的插科打诨不同,因为填词洽和音律,词句长短错落而不死板拘泥,因而善于表达缠绵悱恻、悠长婉转的情绪。宋代词体大兴,至元代元曲盛行,浅白流畅有余而曲折深隐不足,因而元、明曲子风行而词体衰微。到了清代,词再一次复兴,但汉人文人所做的清词,尤其是清初,主要是曲折委婉地抒发国破家亡的悲哀。纳兰容若的出现,将词一下带回了它原本的模样。

也许是像一块璞玉落入人间,纳兰容若的身上有一种非常天真、自然而又真挚的情感。他"未染汉人风气",词中没有以辞害意、辞藻盖过情感,而是真真切切,令读者恰能感受到他无限纯净诚挚的灵魂。从唐宋以后,文气逐渐凝滞泥古,用典虽然展现出深厚的功底,却同样抹杀了简单质朴的滋味。而纳兰容若却恰好相反,譬如他写送友人,则曰:"芙蓉湖上芙蓉花,秋风未落如朝霞。君如载酒须尽醉,醉来不复思天涯。"你带酒来我们就尽醉而归,醉了就不去想明日远去天涯的事情。这一场尽醉忘忧,写得天真可爱。

词与酒的结合,似乎与诗与酒的结合略有不同。诗以言志,因而诗酒年华,总给人以慨然豪情的世事沧桑感;而词虽有豪放,却总体仍是错落有致的婉约,再配上一壶酒,更是多情的缠绵。因此纳兰容若写道:"时节薄寒人病酒,划地梨花,彻夜东风瘦。"为情所困,为愁而醉的女子,在纳兰的笔下勾勒出纤细萧疏的身影。恰如说"女儿是水做的骨肉"的贾宝玉一般,纳兰容若因其纤细敏感的灵魂,善能体察女子的心绪。"金液镇心惊,烟丝似不胜",一个柔弱的女子为痴情而担惊受怕,只能以酒慰藉自己的愁闷。纳兰容若笔下的女孩子,连饮酒都有一种清冷孤寒、盈盈不胜的模样。

纳兰容若是多情的,但他的多情却只属于自己的妻子。顾贞观曾说:"容若词一种凄婉处,令人不忍卒读,人言愁,我始欲愁。"这种凄婉不是艺术上的选择,而是人生的无奈。纳兰珍爱的妻子卢氏,在结发二三年后便去世了,留下纳兰容若无尽的后悔、悲凉与哀婉。他悼念亡妻,说"被酒莫惊春睡重,赌书消得泼茶香,当时只道是寻常。"不说当今多么沉痛思念,只说当时两人之间寻常的小日子:醉酒时不要惊醒她,因为睡得如此香甜;赌书泼茶,则是李清照和赵成明恩爱的典故了,但是用得自然,并不是为了用典而用典,只是娓娓道来,夫妻恩爱、知己之情,都跃然纸上了。王国维说他是"自然之眼"、"自然之舌",是说纳兰词中描绘的都是真情,没有一点为赋新词强说愁的意思,因为恋情就是活泼天真的,爱情就是热情奔放的,悼亡便是凄婉动人的,既不含糊遮躲,也不过分夸张。

可痴情并不是纳兰容若的全部。纳兰容若毕竟不是贾宝玉,贾宝玉是个孩子,尽管伶俐聪敏,毕竟还未体悟人生的大周折、大起落。而真正的纳兰容若,除了是一位痴情公子以外,还是一位文武双全的御前侍卫,是一位与诸多名士豪杰相交甚笃的翩翩君子。这个二十余岁的年轻才俊,生活中当然不只会有与妻子缱绻眷恋的温柔,亦有纵酒使气的豪情。他曾不无自嘲又不无骄傲地写道:"德也狂生耳。偶然间,缁尘京国,乌衣门第。有酒惟浇赵州土,谁会成生此意。不信道,遂成知己。"这首《金缕曲》是纳兰容若在酒席上赠予友人梁汾的,两人相交不久便惺惺相惜,遂成为知己。"有酒惟浇赵州土"——燕赵古来多感慨悲歌之士,而平原君广交天下英雄豪杰的壮举,对于年轻的纳兰容若而言,遥隔千古却又令人追慕。

不幸的是,他的友人虽然才高,但又往往命蹇,譬如顾贞观、朱彝尊、陈维崧,哪一位不是颇负盛名却又清贫落魄;甚至连《清史稿》中提到纳兰容若的友人时,都不禁叹息:"皆一时俊异,于世所称落落难合者。"这些人大多文采斐然却身世飘零,因此纳兰容若的词中,总是萦绕着对酒送别友人的哀愁。他在散花楼送客,"把酒留君君不住",送别的酒总是无可奈何,不饮是愁,饮下亦是别愁。送严荪友南下归乡,想起与友人聚少离多,不由举杯叹息:"别酒盈觞,一声将息,送君归去"。太多的离别,对于一个多情的人而言,犹如一场又一场悲愁的潮水,令他不忍放弃又无法逃脱。有时候,为了让这离别的筵席久一点,让离别来得晚一点,他"生怕芳樽满,到更深、迷离醉影,残灯相伴",也许纳兰容若对自己也对朋友说,倘若酒杯不倒满,长夜就不会走到尽头,离别也可以无限地推后。可是长亭短亭,送别的酒席总会红烛泪尽。"难逢易散花间酒,饮罢空搔首。闲愁总付醉来眠,只恐醒时依旧到樽前。"排遣忧愁的酒总也喝不完,愁情可以付与杯酒,酒醒又去向何处遣怀呢?"谁道破愁须仗酒,酒醒后,心翻醉",那句豪情万丈的谁说需要借酒消愁,却是因为酒醒之后,离愁依旧如酒一般令人沉迷而无法自拔。

　　古人常说"情深不寿",也许是因为太过深情的人沉醉于过于炽烈天真的情感,因而不懂得转圜,也不懂得自我开释,就如同太过旺盛的火焰一样,很容易迅速燃烧殆尽。"漫惹炉烟双袖紫,空将酒晕一衫青。人间何处问多情。"以天地之大,也无法排遣愁绪,更无处寄托情思,仅三十个寒暑,纳兰公子便拂袖而去。

郑板桥与酒

> 郑生三十无一营,学书学剑皆不成。市楼饮酒拉年少,终日击鼓吹竽笙。
>
> ——郑燮《七歌》

若论古代文人在今日的大众知名度,郑板桥能排前五。说到郑板桥,人人都知道"难得糊涂"四个字。后来传为谚语,只半句不好听,便又加上了民间常说的"吃亏是福"的说法,取"退一步海阔天空"、"不痴不聋、不做家翁"的意思。

其实,板桥其人倒绝不是一个如此"佛系"的人。相反,他爱喝酒、脾气挺大,而且动不动就要骂人,乃至他自己都在给别人的信中剖白说自己脾气不好。《范县答无方上人》中说:"燮宰此土,两更寒暑,疏放久惯,性情难改。因此屡招物议,曰酒狂,曰落拓,曰好骂人。"另一篇《寄潘桐冈》则更有趣,全篇不仅说自己好骂人,还解释说为什么要骂人:"板桥平生好谩骂人,尤好骂秀才……板桥近来颇自悔,欲思不骂,留积些阴德起来。然我已积一肚皮宿气,无处发泄……试看秀才们,一篇腐烂文章,侥幸中试,即如小儿得饼,穷汉拾金,处处示人阔大,却处处露其狭窄,处处自暴丑陋……板桥尝见一秀才手札,四引孔子,五引孟子,经训满纸,宛如一篇阴骘文,归根到底,只是劝人戒酒,费如许大气力,该骂乎? 不该骂乎?"先说自己好骂人,尤其爱骂那些酸腐秀才;近来后悔想要积点口德,可是想想那些酸文掉渣、自曝狭隘丑陋面目的蠢秀才,却又气破肚皮、不得不骂。

到了《潍县署中寄李复堂》中，连解释也懒得解释了，直言："燮爱酒，好谩骂人，不知何故，历久而不能改。"我也不知道自己怎么这么爱骂人，反正是改不了了。如此脾性，放在今日，莫过于一"愤青"无疑了。

郑板桥的一生，既算不上贫苦，亦算不上富贵。他在《板桥自序》中说："初极贫，后亦稍稍富贵；富贵后亦稍稍贫。"这大概能概括他生平略微的起伏了。他的一生不曾与书、画、酒少离片刻，即在幼年时，便已识得酒滋味：某次他想要买下鹦鹉桥至杏花楼一块土地建屋宅，便写信给自己的弟弟说："幼时饮酒其旁，见一片荒城，半堤衰柳，断桥流水，破屋丛花，心窃乐之。"板桥是颇能赏识颓败破损处的寂寥之美的。

所谓"初极贫"，大概是板桥从二十一岁中了秀才，到三十余岁做小吏之间的生活。因无官职，又少积蓄，自然日子要过得艰苦些，不得不时常赊账喝酒。他后来回忆那段日子，在《寄怀刘道士并示酒家徐郎》中自嘲："河桥尚欠年时酒，店壁还留醉后诗"——还有赊欠的酒账没还完呢！

郑板桥爱酒到什么程度呢？他自称"燮自呱呱人世时，天公似即为我排定位置，注定命运，以故赋性爽直，骨体不媚，好酒谩骂，深中膏肓。"与朋友乃至长官往来书信，几乎无有不提到饮酒一事的，不是约来同饮，就是自辩能饮酒而不误事。他在范县为官的时候，说此地民风淳朴，很少有诉讼案件需要审理，因此每天很空闲，"闲来惟有饮酒看花，醉后击桌高歌，声达户外。"关键是此公可是在衙门大堂上公然饮酒敲桌，弄得手下皂吏们无不窃窃私语。后来他的妻子听说了，觉得着实不像样子，便再三规劝说："历来只有狂士狂生，未闻有狂官，请勿再萌故态，滋腾物议。"意即你平时自己在家发发酒疯也就罢了，顶多算是个狂士；哪有当官发酒疯的？郑板桥不得已，将每日饮酒放在黄昏下班后，只喝三壶。但是安静了不过几天，他便觉得这种规矩简直太限制人的自由了，实在没法忍，于是和妻子商量，把饮酒增为十壶,但是安排在睡前喝,早上醒来酒也醒了,不至于耽误公堂上的事。即使如此,他还是叹息太不自由,和表弟抱怨:当年读书的时候,每顿饭起码还能随心所欲地畅饮一番;当了官却有这么多限制,真是"为五斗米折腰"了。

劝板桥不要饮酒误事的,不只是他的妻子,也有他的顶头上司。郑板桥曾在和李复堂的信里说:"在范县时,尝受姚太守之告诫,谓世间只有狂生狂士而无狂官,板桥苟能自家改变性情,不失为一个循良之吏,且不一定屈于下位,作宰到底也。姚太守爱我甚挚,其言甚善,巴望板桥上进之心,昭然可见。"他倒也知道姚太守的一片美意,故可以说是"狂而有德",不至于像魏晋名士一样猖狂无度;对于太守的好意,板桥是心领了的。但是实际操作起来呢?"但是板桥肚里曾打算过,使酒骂人,本来不是好事,欲图上进,除非戒酒闭口,前程荡荡,达亦何难。心所不甘者,为了求官之故,有酒不饮,有口不言,自加桎梏,自抑性情,与墟墓中之陈死人何异乎?"喝酒骂人当然不是好事,想要老老实实、闭口不言、不要乱喝酒,自然就能官运通达;但是有一点是板桥心有不甘的,如果这样委曲求全,将自己的本性压制起来,那又和行尸走肉有什么区别呢?

板桥一生爱酒,尝作诗道:"年年画竹买清风,买得清风价便松。高雅要多钱要少,大都付与酒家翁。"他除了书、画、酒以外并无什么别的爱好,为官的俸禄、画竹写字的润笔,大多都付了酒资。然而即使为了酒资而作书画,他也不能接受不懂艺术的人胡乱地指手画脚;书画不仅仅是商品,更是艺术的表达,郑板桥醉而作画,却时时因缺乏知音而遗憾。他在《自遣》中嘲讽那些慕名求书求画的人:"看月不妨人去尽,对花只恨酒来迟。笑他缣素求书辈,又要先生烂醉时。"来求书画之人供酒给他,并不因为能惺惺相惜,只不过了求那张纸罢了。有时激愤起来,板桥甚至会耍起酒疯:"昨画双松半未成,醉来怒裂澄心纸。"对于一个画家而言,求其书画而不求其精神,无异于买椟还珠。

中国历史上,不独兵荒马乱的时期,就是平常时候,个人主义的容身之处也是极为逼仄的。郑板桥的所谓"酒狂",其实不过是爱纵酒、个性鲜明罢了。他的纵酒骂人,骂的多半是腐儒小人;而对清廉正直的人,或对艺术上的大师,他则是敬佩有加,不惜自称"徐青藤门下走狗",如此放低身段,也不怕他人侧目。板桥饮酒而不受困于酒,尝引《小窗幽记》之句,化而曰"酒能养性,仙家饮之。酒能乱性,佛家戒之。我则有酒学仙,无酒学佛"。有酒无酒,对板桥而言,不过是一种寄托,而不是必需品。板桥一生爱酒,作酒诗多矣,但最令人动容的却是一首一字不提酒的诗:

衙斋卧听萧萧竹,疑是民间疾苦声。些小吾曹州县吏,一枝一叶总关情。

这个总在公堂上饮酒敲桌的县吏,这个"无酒学佛"的真人,人世间对他而言太多苦难,太多关情。恰因如此,才是真正的难得糊涂,真难获得那一点如仙人一般洒脱的糊涂呀!

袁 枚 与 酒

余性不近酒,故律酒过严,转能深知酒味。

——袁枚《随园食单·茶酒单》

汪曾祺文中写他不太喜欢袁枚,因为这个人虽然很会写食谱,却并不会做菜,做菜一事倘若纸上谈兵,趣味就消减了一半。说袁枚是文人不会有疑义,但却似乎并没有留下多少耳熟能详的好诗;早年为官颇具名声,但并不十分经意,见好就收。做了几年县令,该告老还乡的时候便回到自己的故乡,建了一个园子,每日在其中种花养草、收罗美食,以高寿颐养天年而终。相对于那些轰轰烈烈、跌宕起伏的人生经历而言,袁枚的生活可以说四平八稳而又充满了小资情调。

当时的名士,对袁枚的评价两极分化很厉害。他的好朋友钱宝意作诗颂赞他:"过江不愧真名士,退院其如未老僧;领取十年卿相后,幅巾野服始相应。"如此看来,真是一个回归山林、自得其乐的隐士;而洪亮吉却在《北江诗话》里说袁枚"通天老狐,醉辄露尾。"更有甚者,认为袁枚这样的人应该凌迟处死。反差之大,仿佛说的不是同一个人。

袁枚之谈酒,也如他的食谱一样:说的头头是道,却又矛盾百出。在《随园食单》有一章是《茶酒单》,专门罗列天下众多好茶好酒。写酒一道时,首先自称:"余性不近酒,故律酒过严,转能深知酒味。"都说老饕能知其肴、酒客能知其杯,说自己生性不爱喝酒却反而因此能知道酒的好坏的,古往今来,似乎只有袁枚了。

然而看他的《茶酒单》,不得不说,袁枚对酒绝不是不懂的。他一开始就放眼四海,说今日天下人提到好酒,动辄就说绍兴酒好,然而"沧酒之清,浔酒之洌,川酒之鲜",都不在绍兴酒之下,只是江南名士知道的较少而已。至于什么酒是好酒呢?袁枚说,酒就像老儒生一样,越老越好;又以初开坛为佳,俗话说"酒头茶脚"就是这个意思。另外煮酒也要讲究规则,炖久了味道会坏,冷了不好喝,靠近火味道就变了。所以温酒只能隔着水煮酒,而且要把出气口塞住,大概是为了防止酒精容易挥发而酒香散逸了。

聊起酒来如此头头是道的袁枚,为什么又说自己生性不近酒呢?一方面,从他的《小仓山房诗集》中来看,应该是由于袁枚酒量太差。"随园先生枉生口,能食能言不能酒。"所谓不能者,不是不愿,而是实在酒量太浅。浅到什么程度呢?有一次袁枚和朋友饮酒,朋友提出如果袁枚作为主人不喝一杯,客人便也不喝了,袁枚没奈何,只好勉强喝了半杯,接下来"顷刻玉山颓不住,头若崩云眼坠雾……君量大如取衮州,我量小如守欹器"。所谓"欹器",就是孔子所称赞的礼器,空的时候和满的时候都会倒,只有一半的时候才是平整的。所谓量小如欹器,大概也就是可怜的半杯倒的酒量了。

袁枚作《不饮诗》很多,诗中有讽因饮酒而留其名的"名士",说"渊明与刘伶,开口不离酒。终竟两人贤,果然为酒否?"在他看来,贤人的贤德不因为饮酒与否而有所改变。因此袁枚认为,饮酒所取的,无非是一个"意境",而不是过程,更不是醉醺醺的结果。"我自赴华胥,不烦杜康引。酒味吾不知,酒意吾能领。"袁枚最反对的就是烂醉无益,因为品尝美味本身就需要清醒,对于烂醉者而言,酒的好坏根本就分辨不出了,还不如他这个不常饮酒的人更能挑剔其味。

然而挑剔和量小却并不等于不饮,根据袁枚自己的记载来看,如果遇到连他都认可的好酒,他也是不忍释杯的。有一次在溧阳喝到"乌饭酒",素日不喝酒的袁枚"饮乌饭酒至十六杯,傍人大骇,来相劝止。而余犹颓然,未忍释手。"平时半杯就倒,这次一连喝了十六杯,怪不得周围人都吓得来阻拦他。又有一次在朋友家喝酒,"酒味鲜美,上口粘唇,在杯满而不溢。饮至十四杯,而不知是何酒,问之,主人曰:陈十余年之三白酒也。"这次一气喝了十四杯三白酒,却又不提自己酒量太浅、半杯就倒的事情了。

袁枚与酒的关系,连他自己有时候都觉得有趣。他不善多饮,不支持大醉酩酊,但却又十分欣赏好酒。他写诗说:"有酒我不饮,无酒我不欢。不如招酒人,痛饮使我观。"有了好酒也并不见得想喝,但是没有好酒又不开心,于是在家里常备好酒,请爱酒的朋友来聚饮了,自己则欣赏他们饮酒。有人戏称这种行为是叶公好龙,其实不然,有很多资深的球迷并不上场踢球,不能因此而质疑他喜欢足球是假的,这与袁枚欣赏他人喝酒的情理是一致的,可将其命名为"坐观的快乐",或许这种快乐比自己饮酒还要高出许多。

其实既然自己看到好酒也忍不住要多喝、又喜欢爱喝酒的朋友到家里来聚饮,袁枚的"不饮酒"大概不是出于道德上的"戒酒"、"禁酒"。一个爱酒、懂酒之人特地作二十首组诗,其名曰《陶渊明有饮酒二十首,余天性不饮,故反之作不饮酒二十首》,大约有他特殊的意思。细细看来,袁枚的不饮酒并非劝人不饮,而是单说自己不饮;不是说自己的不饮出于高尚或清醒,而是说自己的不饮出于酒量太差:"偶一问其津,身热头痛耳。"酒乡太远,酒量不好的人的确难以问津。

可天下写酒的文人墨客中,酒量未必个个都有升斗,为什么袁枚偏偏要自揭其短、去说自己不善饮酒呢?盖因当时文学艺术的创作已经僵化死板,几乎已经无路可变了,说来说去,都是前人玩剩下的说法。既然要变革,必须是从自己出发,不去写那些陈词滥调。倘若自己酒量明明不好,却去按古人的说法写自己"纵酒"、"豪情",那就不是自己的本性了;还不如实事求是,"性情遭遇,人人有我在焉",每个人都有属于自己的遭遇,酒量小的人也有懂酒的骄傲,未必就输给了那些千杯不醉的酒客。

袁枚论酒中,最有趣的结论莫过于他对烧酒和绍兴酒的看法。"余常称绍兴为名士,烧酒为光棍。""余谓烧酒者,人中之光棍,县中之酷吏也。打擂台,非光棍不可;除盗贼,非酷吏不可;驱风寒、消积滞,非烧酒不可。"绍兴酒有江南名士的温润清雅,但也有绍兴名士的局限和小家子气;烧酒气势磅礴,简直像光脚的不怕穿鞋的,"光棍"二字,简直传神。

"既吃烧酒,以狠为佳。"袁枚以绍兴酒一样的名士风雅,而能一语道破烧酒的光棍气质和饮酒秘籍,可见其眼光之毒辣与口味之精准。无怪乎郑板桥将这个并不相熟的人引为知音。据载,有一日郑板桥同朋友通信,见信末有一行小字写"钱塘袁枚死矣"。郑板桥睹此六字而大悲,真性情者多能惺惺相惜,大抵如此。

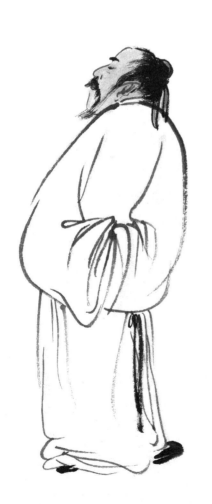

下篇

千年酒风

酒风酒俗

《诗经》里的酒

我姑酌彼兕觥，维以不永伤。

——《周南·卷耳》

《诗经》最有趣的地方，不仅在于它"经"的权威地位，更在于它是中国历史上最古老的诗歌集，生动地重现着远古时代人们的生活状态与风俗习惯。《诗经》分"风"、"雅"、"颂"三部分，其中"风"有十五国风，相当于各个省份地区各自不同的民歌；在这些民歌中，体现出的是真真实实生活着的人，和他们的幸福、欢乐或者悲伤。

在《诗经》中，酒出现的频率很高。和现代人随便吃饭喝个啤酒搞瓶白酒不同，在《诗经》的时代，"酒"的出现不仅有经济上的意义，更有文化乃至礼乐制度上的意义。由于商纣王的嗜酒荒淫（至少是周王朝推翻商纣的重要合法理由之一），到了周代开始的时候，饮酒被作为礼乐制度的一部分，而不是生活的一部分来对待。《酒诰》中明确禁止"群饮"、"崇饮"，提出"维祀德将无罪"，反过来说，就是除了祭祀以外的饮酒都是有罪的。考古发现周代的青铜器也是以食器为主，不同于商代以酒器为主的组合。这不仅因为周代讲究礼乐，而且在粮食产量低下的远古时代有着现实的经济意义：粮食非常有限，贵族征收过多的粮食用以酿酒，百姓可能就会吃不饱，而饥荒造成的动乱在古代可以说是比比皆是。因此，从《诗经》中可以看出，酒逐步地出现在普通人的生活中，不仅意味着周礼在逐渐崩坏，也意味着人们的生活水平和经济状况得到了改善。

　　在《诗经》的"雅"、"颂"中出现的酒,主要还是集中在西周早期。一般来说,祭祀用酒中会昭告天地,例如《周颂·丰年》中说"丰年多黍多稌,亦有高廪,万亿及秭。为酒为醴,烝畀祖妣,以洽百礼",就是说因为丰年余下非常多的粮食,所以酿成酒祭祀天地先祖,这是符合礼仪制度的。《周颂·载芟》中所言"载获济济,有实其积,万亿及秭。为酒为醴,烝畀祖妣,以洽百礼",从内容和结构上都是相类似的,祭祀的用语也几乎都一样,只是祭祀的原因根据当时具体的情况发生了一些变化,诗中很明确地说这不是一个地方的风俗,也不是当时才有的习惯,而是自古以来的"传统"。

　　到了春秋时期,诸侯国的强盛与周王室的式微,导致宴饮取乐的风气重新回归,周礼所定的饮酒规范已经渐渐不再被遵守,孔子对季氏愤然说"八佾舞于庭,是可忍也,孰不可忍也",正是这种原先高下等级分明的礼乐制度彻底崩坏的结果。在这种情况下,周礼中严格的《酒诰》当然也就无法贯彻执行下去了,齐襄公"高台广池,湛乐饮酒",郑伯"有嗜酒,为窟室,而夜饮酒",都展现出饮酒的取乐化代替了礼乐的需求。这在《诗经》中就体现为雅乐中的饮酒诗。

　　"雅"是贵族的宴乐和礼乐,在其中就能看出饮酒的场合和原因在这段时间内发生的变化。其中,《大雅·荡》与《大雅·抑》对比来看,便可看出周王室的衰微和退变。《大雅·荡》是假托周文王讽刺商纣王的话,转而讽刺周厉王的荒淫无道。《毛诗序》注释说:"《荡》,召穆公伤周室大坏也。厉王无道,天下荡荡无纲纪文章,故作是诗也"。其中说"天不湎尔以酒,不义从式。既愆尔止,靡明靡晦。"是说商纣王没日没夜地饮酒,最终导致没有人管理国家,陷于国破家亡的境地。这正是周代初年对待饮酒的态度的缘由。到了《大雅·抑》中,卫武公直刺周王室的说法就更加犀利了,也不再假托商纣因酒亡国的历史,而是直接说"其在于今,兴迷乱于政。颠覆厥德,荒湛于酒"。此时西周已经覆灭在周幽王烽火戏诸侯的玩笑下,晋文侯、郑武公、卫武公、秦襄公这几位大诸侯拥立了周平王，建立了东周。东周以后诸侯坐大，王室愈加衰微，卫武公既是大诸侯，又是平王立国的有功之臣，而且年龄较长，因此说话口吻自然是长辈对待晚辈式的。

　　周王室的衰微自然导致了诸侯国对礼乐的僭用，同时，因为周王室本身也不再严格遵守《酒诰》里只允许祭祀时用酒的规定，诸侯贵族的宴乐饮酒自然也就多了起来。《小雅》比较集中地体现了贵族的饮酒取乐，例如《小雅·鹿鸣》中的"我有旨酒，嘉宾式燕以敖"、《小雅·鱼丽》中的"君子有酒，旨且多"、《小雅·南有嘉鱼》中的"君子有酒，嘉宾式燕以乐"，朱熹认为"君子有酒"是"燕飨通用之乐歌"，也就是在国家宴会招待客人的时候通用的曲词；而《小雅·常棣》中的"傧尔笾豆，饮酒之饫"是说兄弟之间要亲密友爱，在家庭聚会的时候才能其乐融融，这里的"饮酒"则明显是家庭宴会的饮酒了。《小雅·伐木》中的酒歌最为有趣："有酒湑我，无酒酤我"，主人家如果有酒的话就拿出来给我喝，如果没有酒的话就去买给我喝。《伐木》一诗是说朋友之间毫无芥蒂的友情，正因如此，才能这样大大咧咧地互相开玩笑、饮酒取乐。

　　由于饮酒场合的私人化，那么人们注重酒品的态度就逐步超过了注重礼仪的态度。在《小雅·小宛》中，提出了对个人酒品的品评和判断："人之齐圣，饮酒温克。彼昏不知，壹醉日富。"所谓"温克"，是说温良而且克制，即使是饮酒，也并不做出出格的举动，而且不会放任自己沉湎醉乡。《小雅·宾之初筵》也持同样观点，用五章诗歌层层递进，写宴饮开始的时候大家饮酒刚刚有些醉意、仍然温文尔雅，直到最后大醉、烂醉、举止无度、进退失宜的模样，提醒众人"饮酒孔嘉，维其令仪"，喝酒助兴可以，不应醉到无法自控。

　　在"雅"中饮酒虽然已经褪去了祭祀仪礼的外衣，但在行为礼节上还是提出了种种要求，因此"雅"的饮酒还是属于宴乐的饮酒；而

千年酒风

"风"则是各国收集的民歌,意味着这些诗歌都是普通人歌唱自己生活的内容,因此也就更为自由。"国风"中的饮酒诗已经与后世的差别不大,既有单纯地饮酒取乐的场景,例如《唐风·山有枢》中唱"子有酒食,何不日鼓瑟?且以喜乐,且以永日"。这种人生有酒就要及时行乐的态度,正是后来曹操写"对酒当歌,人生几何"的开山始祖。而借酒浇愁自然也是普通人饮酒的另一种原因,《周南·卷耳》中说"我姑酌彼兕觥,维以不永伤",正是在旅途中借酒浇愁,通过饮酒来打发自己思念的时光。

当然,民间饮酒,最重要的还是团圆酒了。《豳风·七月》写了一年来每个月人们的劳作,直到最后年末时分,粮食都已堆入仓库、牛羊也都肥壮丰饶,于是众人聚饮一堂,庆贺这一年的丰收:"朋酒斯飨,曰杀羔羊。跻彼公堂,称彼兕觥,万寿无疆。"在这样质朴简单而又流传数千年不必变更的祝福中,举杯同饮的乐趣便一直流传下来,成了幸福和团圆的永恒载体。

《水浒传》里的酒（一）

落魄江湖载酒行。

——杜牧《遣怀》

年少时看《水浒传》，最喜欢看鲁智深：从出场便是怒打镇关西的鲁提辖，获罪后辗转他乡、剃度成僧，依旧不改胸中豪情，喝酒吃肉哪管清规戒律，一条禅杖专扫天下不平。年幼时不懂人情世故，只喜欢鲁智深的"赤条条来去无牵挂"，在心目中，江湖的模样便是这样无拘无束、潇洒畅快的。

与鲁智深恰恰相反的，便是林冲。《水浒传》一百零八好汉，多半是无牵无挂的，一旦快意恩仇、杀人放火，天下再无容身之处，便落草为寇，倒也干净；也有些是曾经有家有室、有官有爵，被梁山好汉们毁了名声、取了家眷，骗上山去，想想再无抽身退步之地，只好待在山寨上。唯有林冲的生活，是一步一步、无可奈何、进退不如意：从娇妻美眷、禁军教头，到流亡江湖、四处无依，林冲的江湖，一点儿也不潇洒，一点也没有豪情，只有落魄载酒、处处无奈。

林冲绰号"豹子头"，又是八十万禁军教头，这两个称号一出，脑海中便是响当当一条江湖好汉的模样了。偏偏开场没多久，便是林冲与鲁智深相遇：鲁智深在菜园制住一众泼皮、倒拔垂杨柳，又耍起禅杖，正是虎虎生威的时候，却见墙角下立着一个官人拍手叫好。这便是林冲的第一次出场了，书中说：

那官人生的豹头环眼，燕颔虎须，八尺长短身材，三十四五年纪。

当时只在意众人评他是"八十万禁军枪棒教头",生就一副英雄模样,却不曾细想"三十四五年纪"这句话。如今回看,三十四五年纪,正是林冲性格的注脚。在此时,林冲算是未到中年,已经事业有成、坐拥娇妻美眷,有三五江湖好友,生活过得幸福美满,落草为寇四个字,几乎不可能落到他头上来。

然而命运总是喜欢开玩笑。林冲在庙里遇着鲁智深的时候,林冲的娘子却在庙里撞着京城的花花少爷高衙内。高衙内本不知这女子是林冲夫人,调戏之后虽被林冲赶来打散,却更不肯放手,以致要设计引逗。既然设计,自然要引开林冲,这便是林冲吃的第一场酒,也是一切麻烦的开端。

林冲显然是一个好酒的人,故而高衙内的帮闲想到的第一个计策,就是让他的酒肉朋友陆谦去请他喝酒,然后假托他喝多了醉倒,把夫人从家里骗出来。既然这是一个稳妥的计策,可见林冲平日没少和这些酒肉朋友们外出聚饮、随意醉倒。陆谦依着计策去拉林冲出来喝酒,林冲果然上钩,若不是机缘巧合碰上侍女锦儿找来,林冲的娘子必然是凶多吉少了。

有人说林冲是第一个能忍让之人,遇到妻子几次三番被调戏这等事情,竟然也怕了高衙内、手软了不敢打下去。这样的说法大约不能够简单地用以概括林冲的性格。第一次冲突,书中明说了在庙里,高衙内并不知道女子便是林冲的夫人,可以说不是故意挑衅;两边人既然劝开了,高衙内也没有立刻进一步逼迫,林冲便自然没有必要为了一场误会得罪当朝权贵。但当第二次陆虞候设计陷害他的时候,林冲却是拿着解腕尖刀,实实在在要去杀人的。

有趣的是,事情的转折便是林冲第二次去吃酒。这次是鲁智深前去林冲家里探望,林冲因为前日高衙内的事心中郁闷,便邀他去街上喝酒。"自此,每日与智深上街吃酒,把这件事都放慢了。"生活中的若干闲愁,只要能与朋友共饮,便都丢到脑后去了。待到高衙内的帮闲算计如何害死他的时候,他还在"每日和智深吃酒,把这件事不记心了"。这正是因为林冲同鲁智深每日聚饮,便仿佛又回到了过去安稳平静的日子,每天不过和朋友上街喝喝酒而已,无忧无虑,所以才根本没有留心有人害他,一不留神就被安上了重罪,发配流放,若不是路上遇见鲁智深相救,又差点死在拿了高衙内好处的差人手里。

尽管经历了这么多风波,到达了沧州牢城之后,林冲还是想要"好好改造",争取个"宽大处理",想着能够早日回家。正因为他曾经是天子脚下八十万禁军教头,更懂得人情世故,因此被敲诈银钱的差拨辱骂时也一声不吭,等着众人散去、差拨骂完了,就赶紧送些银子,换取个暂时安稳。"有钱可以通神,此语不差。"林冲此言,实在不像个英雄,却像极了被迫行走在人生路上、注定经历太多坎坷的中年大叔。

林冲第三次吃酒,也是林冲生命中最大的转折,是在草料场。他被设计去草料场替班,风雪中草屋寒冷,便想着去打点酒喝。他带着草料场老兵送他的葫芦去酒家烫酒喝了,这一次打酒却救了林冲的命,草厅被雪压塌,林冲无处安身,便到古庙借宿,因此躲过了葬身火海的厄运,也有了手刃仇人的痛快。只不过,随着手起刀落,林冲回到平静生活的梦想至此彻底破灭,只剩下亡命江湖。多半人看林冲,至此也要感叹一声:步步忍让,竟然也逃不脱被逼上梁山的命运,真的是造化弄人、豺狼当道。

然而林冲的江湖才刚刚开始。被逼上梁山的好汉不少,虽然之前或是被冤枉的,或是被仇家逼迫,或是被陷害,但是一旦打定主意落草为寇,便所谓"光脚的不怕穿鞋的",既然能杀人放火了,也就无所谓世间的规矩法律。偏偏林冲出师不利,他这里才杀了陆虞候等人,急急匆匆逃跑,路上遇见一个草屋,便暂借烤火,又看见有酒,准备买些。草屋主人说我们自己尚且不够喝,哪有的卖给你。若是旧日林冲,恐怕就只得笑笑算了,但此时林冲杀了人、犯了法,早已是顾不得许多,于是枪打庄客,抢酒去喝。喝完却又不胜酒力,没走几步便醉倒在地上,反而叫庄客给绑起来吊打。所幸庄子是柴进的,把林冲放下来后,柴进也忍不住问:"教头为何到此,被村夫耻辱?"

林冲的江湖坎坷并没有止步于这场看似闹剧的抢酒。虽然带着柴大官人的介绍信,梁山当时的头领王伦却并不待见林冲,硬要他三日内杀一个人作投名状;待到后来勉强接纳,也在四个头领中排于末位。及至晁盖投奔梁山时,王伦又不接纳,林冲怒而反驳时,王伦却呵斥他道:"你看这畜生!又不醉了,倒把言语来伤触我。"可见林冲在梁山的日子,也是颇不顺心的。

读《水浒》,也常自问,为何一百零八好汉,独独林冲的江湖之路如此艰险坎坷?仔细想想,却又释然。单看饮酒一事,众好汉有善饮的,也有不善饮的,但喝的多是江湖酒:为了快意,为了纵情,为了壮胆,有时也为了取乐。而林冲喝的却是过日子的酒。平素与朋友相交饮酒,是为了忘却生活中的糟心事;后来在草料场,甚至风雪上梁山的途中饮酒,则是为了避寒。纵然拳脚枪棒功夫高强,却内禀中正的生活态度,故而既不能为污浊俗世所容,又不能逍遥江湖。然而正是这样一个"英雄",为晁盖火并梁山,令一百单八将归位,书云:"林冲言无数句,话不一席,有分教:聚义厅上,列三十六员天上星辰;断金亭前,摆七十二位世间豪杰。"林冲的酒,承载了落魄,也承载起一片江湖。

《水浒传》里的酒(二)

新丰美酒斗十千,咸阳游侠多少年。

——王维《少年行》

明清话本小说中,有一个经典而又形象生动的说法,叫作"酒是色媒人",但凡酒出场了,多半孤男寡女要做出些故事来。又有说法是人间有四大罪恶,曰"酒色财气","酒"是当头第一个,盖因"色"与"气"多半有时候正是从"酒"中惹来的。这个说法《三言二拍》中常说,《金瓶梅》则更不必讲,《镜花缘》中武氏兄弟摆下的奇怪阵法也是"酒色财气"四座杀阵。大约是凡俗人士,清醒的时候多半还会有一些羞恶之心、廉耻之意,换言之,就是"放不开";一旦借酒盖脸,倒也就半推半就、糊里糊涂地成就好事去了。

偏偏《水浒传》不吃这一套。《水浒传》里的英雄好汉,可不是什么高大全的正面形象,杀人放火、烧杀劫掠、坑蒙拐骗可都是家常便饭。遇到恶人,自然是惩奸除恶;但遇到普通人,只怕"好汉"便是恶人了。被孙二娘做成人肉包子的行人,被李逵杀到兴起排头砍去的看客,在老百姓心里,梁山好汉只怕是恶名昭著的印象,以至于李鬼虽然没有本事,打着李逵的名号便足以吓破行人胆。

这样亦正亦邪的好汉角色,可以说"酒"、"财"、"气"三种"恶"都占全了:梁山好汉的口号不就是大碗喝酒、大口吃肉、大秤分银子嘛。但是独独这个"色"字,除了矮脚虎王英以外,其余好汉几乎是沾都不沾;一旦遇到了,即使不是避如蛇蝎,至少也是郎心如铁、岿然不动。

327

也就是说，"酒是色媒人"的说法，到了《水浒传》的英雄好汉这里，便突然行不通了。

梁山好汉中不好酒的，估计寥寥无几；宋江、卢俊义酒量不好，戴宗、公孙胜因修道不能饮酒，仿佛正是为了将他们与草莽出身的英雄好汉区分开来，类似好汉中的"文职人员"，或者说是更接近"文明"的好汉。越是武功高强、杀人不眨眼的好汉，酒量似乎也要相应地增加，好酒的程度更是"嗜酒如命"，甚至达到了"无酒不行"的地步。

武松其人，便是"一分酒、一分胆"的典型。他三次令人瞠目结舌的出手，都是酒后所为：一是妇孺皆知的"景阳冈武松打虎"，二是为朋友出手的"醉打蒋门神"，三则是更为血腥残忍的"血溅鸳鸯楼"。

且说"景阳冈打虎"一事，很多人容易忽略了整个故事的开头。武松的出场很有趣，他并不是像有些好汉一样，开始风风光光，后面遇到挫折、困顿了，没奈何投奔上梁山。武松出场的时候就很憋屈：他投奔到柴进庄上，待久了逐渐被冷落，睡在柴房；偏偏被宋江一脚踩着火铲惊着了，起来就要打架，结果被人劝住，这才交代他的来由。细细看来，他这出场的不如意，完全就是"因酒使气"的结果：先是在家乡饮酒醉跟人争执，一时间怒起，一拳将人打晕在地，以为自己犯了杀人命案，不得已逃亡在此。此事说起来完全是酒后意气之争，可以说是全责的过错方了。来到柴进庄上，武松也没吸取教训，"在庄上，但吃醉了酒，性气刚，庄客有些顾管不到处，他便要下拳打他们。"如此看来，不仅是无礼，而且也是无理至极。故而庄客都嫌弃他，在柴进面前说他坏话，渐渐地便被冷落了。可以说这两件事情完全体现了武松的脾性：偏爱饮酒生事，脾气大、拳头大，就是不太讲理。

这样一个人，若在太平盛世，可以说是个惹麻烦的祖宗；但在草莽乱世，却挣得一个英雄好汉的名头。其中一个重要原因，便是在《水浒传》的江湖规矩里，饮酒闹事不算过错，酒后打人的是好汉，酒后烂醉如泥的才是要被耻笑的。

武松的酒后神力,头一个体现在"景阳冈打虎"上。为了引出这个故事,偏偏要交代出"三碗不过冈"的酒店规矩来。宋时,蒸馏酒尚未产生,李时珍就认为蒸馏酒最早出现在元代,也有人认为出现得更早,此处不必多谈,但是至少到了施耐庵的时代,蒸馏酒已经是比较常见的了。这种被称为"透瓶香""出门倒"的酒,店家说是"初入口时,醇浓好吃,少刻时便倒",这种描述也非常符合一些较高度数的酒:刚喝的时候觉得没什么问题,稍等一会儿便天旋地转了。

武松这等人,自然不会遵守"三碗不过冈"的规矩,也不肯听店家"山上有大虫"的劝告;等到了景阳冈,看到官府告示,又偏偏怕被耻笑不好意思回店里去。如此阴差阳错,反而成就了赤手打虎的英雄事迹。其实武松也并不是真的有什么神力,只是酒后一来想不起来害怕,二来借着酒劲、全身力气都被激发了出来,故而打死老虎之后便"使尽了气力,手脚都疏软了,动弹不得",见了两个头戴老虎皮的猎人便吓得以为性命休矣。

如果说醉打老虎还算是无意碰上,醉打蒋门神则是武松有意为之了。在醉打蒋门神之前,武松与施恩有一段有趣的对话。话说施恩请武松为他除去蒋门神,武松张口便是:"有酒时,拿了去路上吃……看我把这厮和大虫一般结果他。"打人不要紧,开口先要吃酒。施恩并不了解武松,于是请武松吃饭只添菜,不给酒,是怕他饮酒过度、误了事情。施恩的想法是普通人的想法:酒醉了自然没力气,没力气还去打人闹事,岂不是自讨苦吃,还要误事?偏偏武松酒后神力,比平时清醒时还要勇猛无畏。武松从下人处知道了施恩的担心,便故意在施恩面前说,要去打蒋门神的时候,出了城要一路逢上酒家就喝三碗。施恩一计算,这里卖酒的有十二三家,每家店喝三碗,有三四十碗酒,只怕武松醉了,打不得蒋门神。武松这时才大笑道:

你怕我醉了没本事?我却是没酒没本事。带一分酒一分本事,五分酒便有五分本事,我若吃了十分酒,这气力不知从何而来。若不是酒醉后了胆大,景阳冈上如何打得这只大虫！那时节,我须烂醉了好下手。又有力,又有势。

  武松清醒的时候固然是一条孔武有力的好汉,但醉了之后,简直是一只神力无畏的猛兽。在《水浒传》的江湖里,好汉不仅要会喝酒,还得喝完之后能为常人所不能为之事,或者可以说,是与常人恰好相反。通常人饮了酒,是酒壮色胆,模糊道德廉耻的界限;但好汉饮了酒,"色"字上是岿然不动的。因此潘金莲摆酒请武松同饮、拿闲话撩拨他,反而惹了一身没意思。有人据此说《水浒传》是"厌女"的、《水浒传》里的英雄也都是无性的,其实并不完全妥当:好色者有矮脚虎王英,普通好汉有妻子儿女的也并不在少数,只是她们大多不在江湖斗争之中罢了。

《水浒传》里的酒(三)

赤条条来去无牵挂。那里讨烟蓑雨笠卷单行？一任俺芒鞋破钵随缘化！

——邱园《寄生草》

鲁智深其人,在《水浒传》中,可以说是最"有始有终"的一个人物。一百单八将中,他位处七十二天罡的"天孤星",从第三回"史大郎夜走华阴县、鲁提辖拳打镇关西"开始,到第一百十九回"鲁智深浙江坐化、宋公明衣锦还乡"结束,从结识九纹龙史进到活捉方腊结束平叛,鲁智深几乎经历了《水浒》中所有重要事件。但鲁智深最令人印象深刻的,并不是他活捉方腊,甚至都不是拳打镇关西、野猪林救林冲,这些绿林好汉的行径与武松打虎、时迁盗甲十分类似,倒是"醉打山门"一节颇有些意趣。

鲁智深好酒,是从第三章出场就开门见山交代了的。史进到渭州城来找他的师父王进,在茶坊与鲁提辖相遇,两人一见了面,鲁智深听说这位便是好汉史进,顿时来了精神:"你既是史大郎时,多闻你的好名字,你且和我上街去吃杯酒。"见了好汉,先相约去饮酒,这便是鲁提辖的习惯。后来鲁智深落难,在五台山待不住,被发配去看菜园,见到林冲的第一面,知道是个英雄,"便叫道人再添酒来相待",鲁智深无论身处何时何地,遇到英雄好汉先喝几杯,这几乎可以说是个惯例。

有趣的是,鲁智深请人喝酒,别人不想去可不行。鲁智深和史进去酒楼的路上遇到史进原先的枪棒师父打虎将李忠,鲁智深虽然不认得李忠,但听说是史进的师父,便立刻邀请:"既是史大郎的师父,同和俺去吃三杯。"他这邀请不仅不容回绝,而且还不容拖延;李忠说了一句卖完药再去,便惹得鲁智深恼了,将看热闹买东西的人都统统推开一边,惹得李忠敢怒不敢言,只得说道:"好急性的人!"而在鲁智深看来,磨磨唧唧、不够大方的李忠则是"一个不爽利的",故而并没有深交。

这样一个急性子、暴脾气、好喝酒的鲁智深,因为三拳打死了镇关西,不得不逃亡到代州雁门,恰好碰上了前日救下的金老汉,在他儿女亲家赵员外的推荐下去了五台山剃度成僧,避开人命官司的稽查。但是剃度一节,却也有些波折——因为鲁智深面相太过凶恶,寺中众人都不愿意接纳他。只有长老说道:"只顾剃度他。此人上应天星,心地刚直。虽然时下凶顽,命中驳杂,久后却得清净,正果非凡,汝等皆不及他。"这一段颇有些含糊奇怪,既然凶顽驳杂,怎么又得清净正果?因而寺中众僧也都认为是长老总受赵员外的好处,所以不得不包庇鲁智深,都暗地里说长老糊涂。

长老虽然保举鲁智深,怎奈这位"花和尚"着实不像和尚的模样,才当了四五个月和尚,便到处找酒喝。起先是碰见给火工、轿夫等人送酒的汉子,抢夺了人家一桶酒,醉醺醺地闯进寺庙;看门的和尚见他破了酒戒,便不许他进去,反倒被他一顿乱打,若不是长老出来拦着,只怕要打出个好歹;闹了这么一出,被长老训斥一番,也就老实了两三个月,依旧下山寻到集市上,喝酒吃肉,醉得天昏地暗;一路走上五台山,"把半山亭子,山门下金刚,都打坏了"。喝醉酒便喝醉酒罢了,偏偏鲁智深还要醉出些花样,不单单把一寺众僧都打了,还将寺里的金刚都打烂了,直闹得"卷堂大散"。这一节,《水浒传》中叫"鲁智深大闹五台山",昆曲《虎囊弹》称"醉打山门"。

细看《水浒传》,偌大一个江湖,凡俗之人虽然居多,修道的也不少；戴宗、公孙胜等人，若是需要做法的时候，也是不能碰酒肉的；即使跟随同去的李逵也不许破酒肉之戒，一旦破戒了，便有惩罚降身。鲁智深却似乎并没有这样的烦恼。饮酒吃肉，杀人放火，还能终成正果，这样的道理，放到哪里似乎都说不通。且不说别的，饮酒就是佛教一大戒律，正如鲁智深第一次喝醉的时候，看寺门的和尚便说："但凡和尚破戒吃酒，决打四十竹篦，赶出寺去，如门子纵容醉的僧人入寺，也吃十下。"可见五台山的清规戒律还是非常严格的。这样一个喝酒吃肉、行凶打人的花和尚，长老却说他能成正果，自然无法说服众僧。

鲁智深常说自己一分酒只有一分本事，十分酒便有十分气力。偏偏这样一个酒肉和尚，在水泊梁山整个走向不可避免的悲剧的时候，坐拥生擒方腊的大功，却不愿去朝廷领赏，在杭州六和寺出家，最终得道顿悟。到一百十九回"鲁智深浙江坐化"，鲁智深自知结果已到，寺中众僧依旧不相信这样一个杀人放火的绿林强盗能得佛教中最高智慧的圆寂，"寺内众僧，都只道他说耍"。直到鲁智深坐地圆寂，留下一纸佛偈道："平生不修善果，只爱杀人放火。忽地顿开金绳，这里扯断玉锁。咦！钱塘江上潮信来，今日方知我是我。"宋江前来伏地大哭，却并没有猜透鲁智深早已参破的谜题。

宋代窦革在《酒谱·异域酒》中说："天竺国谓酒为酥，今北僧多云般若汤，盖庾辞以避法禁尔，非释典所出。"这一说法当然有将"般若汤"附会到天竺"酥"这一称法上的嫌疑；事实上，不禁酒的不是传统的"佛教"，而是六祖慧能传下的南宗，也就是中国式的"禅宗"。"般若汤"的说法，苏轼也调笑过："僧谓酒为'般若汤'……但自欺而已，世常笑之。"可见禅宗本身对酒的戒律并不十分严格。故而五台山的众僧，是执着于清规戒律的代表；而鲁智深的立地成佛，却是禅宗式的立地成佛。

禅宗主张顿悟，不执着于苦修，认为阻止大智慧觉悟的，实际上是"执念"。释普济的《五灯会元》中便说:"杀人不眨眼底汉,飏下屠刀,立地成佛。"所谓放下屠刀,实际上不过是放下执念而已。在这一点上,鲁智深正不同于别的英雄好汉,他没有家人妻子的世俗拖累,早早就看透了朝廷的肮脏无聊,就连宋江请他去朝廷领赏他也无动于衷,即使宋江面露不喜之色,鲁智深也依旧坚持回到六和寺。他任性胡为,纵酒使性,却天真烂漫,恰如行走江湖的济公:酒肉穿肠过,佛祖心中留。一句"今日方知我是我",便道尽鲁智深的一生:杀人放火也好,纵酒高歌也好,这副皮相是属于江湖的,属于人世的,但这一切都不会成为觉悟智慧的障碍。

鲁智深的江湖是只有酒而没有执念的。

《水浒传》里的酒（四）

李逵道："不耐烦小盏吃，换个大碗来筛。"

——《水浒传》第三十八回

与"水泊梁山"四个字最浑然天成的，既不是江湖上呼及时雨的宋江，也不是被尊为晁天王的晁盖，而是一身草莽江湖气息的黑旋风李逵。

李逵小名铁牛，书中说他"力如牛猛坚如铁，撼地摇天黑旋风"——即使是惯走江湖、见过无数英雄好汉的宋江，头一次看见这个黑凛凛大汉，也不免吃了一惊。当时宋江正与戴宗在酒楼上饮酒，只听得楼下纷扰喧哗起来，戴宗前去调解，便将李逵引来同宋江相见。李逵因在家乡打死过人，虽然遇到大赦，但一直流落在江州，在戴宗手下做牢头。三人相见，正是英雄惺惺相惜，便同坐下来喝酒。

这个铁塔一般的李铁牛，当然与押司宋江、院长戴宗画风不同。彼时宋江正与戴宗在酒楼上欣赏江州风景，安排了酒果、肴馔、菜蔬，小盏饮酒；李逵这一坐下吃酒，便顿觉不称意——小小杯盏，怎么喝酒？于是大呼"不耐烦小盏吃，换个大碗来筛。"只这一句，便摹画出一个直肠子、急性子的黑旋风来。

李逵本在戴宗手下做牢头，他的脾气，戴宗是最清楚的，因此向宋江说："这厮虽是耿直，只是贪酒好赌。"李逵本来就是个粗人，性情耿直之外，自然也不免有粗人的毛病，贪酒和好赌便是如此。不过李逵虽然好赌，却是个认赌服输的耿直脾气，连赌场的张小乙也说他

"你闲常最赌的直",因此虽然好赌,却不常在赌博上与人发生纠纷。

而李逵贪酒一事,却颇让戴宗头疼:"酒性不好,多人惧他。"寻常人的酒性不好,大概就是喝了酒以后发发脾气,或是欺负一下旁人;武松便是酒性不好的典型,在柴进庄上的时候,因为喝了酒就爱发脾气,竟把柴进庄上的庄客都得罪遍了,以致无一人为他说好话;而李逵的酒性不好,则是另一种怪脾气:他是江州的牢头,吃醉了酒,放着满地的牢里犯人不欺负,偏偏"只要打一般强的牢子",连顶头上司戴宗也被连累得叫苦。

李逵的脾气,便是"专一路见不平,好打强汉",可以说实际上就是水泊梁山的本质。但在宋江或者戴宗看来,李逵虽然是条好汉、武艺也十分了得,但实在是太粗鲁了一点,以至于有些"拿不出手"。三个人在琵琶亭上吃酒的时候,李逵又说"酒把大碗来筛,不耐烦小盏价吃",全不看那两樽酒正是江州有名的上色好酒玉壶春;寻常村醪白酒这样大碗喝也就罢了,这等好酒也如此牛饮,便令戴宗面子上挂不住,于是喝止他说:"兄弟好村,你不要作声,只顾吃酒便了。"

尽管平日贪杯,但遇上正经事情,李逵却十分靠得住。宋江因醉酒题了反诗被下牢入狱,戴宗被长官安排去京师送信,只得将宋江交给李逵照看,又怕他贪杯误事。平日爱大碗喝酒的李逵却拍胸脯保证说:"兄弟从今日就断了酒,待你回来却开,早晚只在牢里服侍宋江哥哥。"这个粗汉子,真个说到做到,天天只在牢中照顾宋江,竟真的滴酒不沾。

然而李逵一片赤诚之心,却依旧抵不得他的粗鲁之态。初次相见的时候,宋江尚吩咐给他换大碗上酒;一旦熟悉了起来,就连宋江、戴宗、柴进这些同为梁山草寇的兄弟,也有时不免嫌弃李逵的草莽气息太重。平素在水泊梁山中,大家都是落草为寇的,自然是大口吃肉、大碗喝酒、大秤分银子,十分快活,但到了东京城中看灯的时候,宋江安排了四路人马去看灯,却不愿意带上李逵。李逵再三请求,宋

江却只说"你如何去得？"言下之意，是李逵这等粗鲁之人，只适合在
梁山上为寇，着实不适合带入京城看灯。及至李逵再三执拗，宋江方
才勉强同意带李逵下山，却又只令他在客房中守候，自己却去逍遥取
乐，"与柴进四人微饮三杯，少添春色"。

　　虽然戴宗、宋江一众头领都十分担心李逵饮酒闹事，但实际上，
李逵还真没有因为贪杯饮酒而误过什么大事；只有一次同戴宗去找
公孙胜的时候，因为不肯听戴宗守戒吃素的要求，偷偷吃了些牛肉、
喝了两角酒，便被戴宗用行走之法戏要了一番，只得老实听话方才
罢休。

　　便是这样一个连草莽盗寇都要嫌他草莽气太重的黑旋风，偏偏
被拣选安排做征讨田虎中梦得天兆的人。往日宋江梦中曾受九天玄
女送他兵书，因而为梁山之主；而李逵这样一个粗人，却也能在醉酒
后"梦闹天池"。当时梁山好汉已受招安，正是引军征讨田虎的时候，
逢着元旦时节，宋江便安排众人饮酒聚乐。李逵这时多饮了几杯酒，
酣醉上来，却梦见自己被一个道人引到天池岭处。李逵不知自己是
在醉梦之中，先见有盗寇强抢民女，于是打抱不平、收拾了那些强人；
等到老两口想要报答他、准备把女儿嫁给他时，却又勃然大怒，他本
是路见不平，如此挟恩求报，岂不是变成谋图民女的强盗了？一转念
又梦见他朝见皇帝，天子问他为何杀人，李逵诉说自己路见不平拔刀
相助的情况，天子嘉奖他的义气，封他做值殿将军，于是一直不能接
受招安的李逵也在心中喜欢道："原来皇帝恁般明白"，开心得一连扣
了十几个响头；偏偏此时蔡京、童贯、高俅等奸臣向天子进谗言，被李
逵听见，一人一斧全都砍翻，自是十分快意。

　　李逵在醉梦之中受道士指引，得到了破田虎大军的秘密要诀。
但天意要令宋江破田虎，为什么又要授命李逵醉游天池、梦中得到要
诀呢？也许一方面是因为道士所说的"知将军等心存忠义"，在一切
忠义之士之中，李逵排得首位。而作者的另一个私心，也许是为了让

李逵在醉梦中再见一次无辜落入虎口的老母:在天池旁的树林里,李逵看见他的母亲坐在青石上。这个一生凶悍率直的黑汉子抱着母亲哭道:"铁牛今日受了招安,真个做了官。"也许是因为李逵的忠孝之心感动天地,才令他在酒醉之后还能圆一次衣锦还乡、告慰母亲的幻梦吧。

征讨田虎、方腊结束,受到招安的水泊梁山除损兵折将以外,在朝廷看来既没有了威胁,也没有了利用的价值。勉强几个幸存的头领,也都天各一方地被安排在各处,做个小小官职。李逵被安排做了润州统制,但对于他而言,失去了江湖的自由,便是失却了生活的真正意义,没有了梁山上的兄弟,黑旋风便也成了一缕黑烟,失却了他英雄的豪气。在润州的李逵"只是心中闷倦,与众终日饮酒,只爱贪杯"。旧日江湖的快意之酒,换作了今日无聊无趣的解闷之酒,对于李逵而言,水泊梁山的好梦,早已终止在征讨完方腊的那天。后来宋江饮了朝廷毒酒、怕李逵再去造反,于是也下毒令他同死,李逵竟也没有半分怨言。除却他对宋江无条件的信任与依恋之外,也许是因为这个已经不再有水泊梁山的江湖,对于李逵而言,是再也并没有什么值得留恋之处了吧!

《金瓶梅》里的酒(一)

三杯花作合,两盏色媒人。

——《金瓶梅》第一回

世人凡提起《金瓶梅》,多半有两种态度。其一如《金瓶梅》序中所言:"金瓶梅,秽书也",正因其文中描画性爱场面过于露骨淫秽,在很长时间里《金瓶梅》都被作为"禁书"对待,提起来便仿佛不是什么"正经"书;另外一种,则是像郑振铎先生一样,认为"除净了一切的秽亵的章节,它仍不失为一部第一流的小说,其伟大似更过于《水浒传》、《西游记》、《三国演义》。"汪曾祺先生提到河豚的做法时,也提到烹饪前为河豚去除毒素的方法,说这种办法有例可援,即"洁本金瓶梅"。总之,关于《金瓶梅》,或者是被认为太过露骨而直接禁毁,或者是被剔除"淫秽"的部分改为洁本再讨论其文学价值。《金瓶梅》序言即说:"房中之事,人皆好之,人皆恶之。"这句话真实说出了人们面对酒色的心态:无人不喜爱酒色,又无人不恶谈此事。

实际上,"酒色"二字,正是《金瓶梅》小说的核心所在。因酒色而引出的"财气",则是此书对社会风俗、人心人性的深度把握。小说一开端,便写贫富两种人生状态,写穷困是"粥饭尚且艰难,那讨余钱沽酒",说富人则是"挥金买笑,一掷巨万,思饮酒真个琼浆玉液,不数那琥珀杯流",无论贫富,仿佛酒都是占着第一位的。论起缘故,大约是"酒是色媒人"这一说法的衍生,正如第一回中说的那样:"三杯花作合,两盏色媒人。"三杯两盏淡酒,对于心有邪念的人而言,正好构成了色欲的遮掩帘幕。

在《金瓶梅》中，写"酒色"相连的，莫过于潘金莲。潘金莲虽然不是西门庆家中当家的主妇，甚至在家中地位并不太高，但此书可以说是由她而起，也是由她而结——西门庆的死亡甚至都没有构成这本书的终结。在书名中，潘金莲也占着头一个"金"字。如果说书中其他女性对西门庆的期待还有钱财、名份甚至爱情，潘金莲则完全是出于欲望，因此在"酒色"一道，潘金莲可谓是《金瓶梅》中的翘楚。

潘金莲最先招惹的，还不是西门庆，而是武大的亲兄弟武松。武大个头低矮、面目猥琐，武松却是堂堂一条凛凛好汉，潘金莲看在眼里，心中便有诸多的念头。于是一日大雪，武松来家中寻哥哥，不料武大卖炊饼去了，家中却只有潘金莲在。潘金莲来兜搭武松，便是以酒为媒。先是令使女迎儿"暖了一注酒来"，然后要"和叔叔自吃三杯"。劝酒的时候，潘金莲意有所指地说："天气寒冷，叔叔饮过成双的盏儿。"所谓成双的盏儿，言下之意便有暧昧之意，就连武松这样一个钢铁直男，听了也"知了八九分"，只是不好发火。潘金莲却又戏弄道："你若有心，吃我这半盏儿残酒。"饮半盏残酒，便是间接地接吻了，潘金莲拿一壶酒调情的功夫，不可谓不深厚。

然而潘金莲的酒色功夫，却又比不上王婆的。作为走街串巷、说媒作保的三姑六婆式的人物，王婆的主要谋生方式便是察言观色、说合诱惑，她与西门庆说的"作十分功夫"诱惑潘金莲上钩，一层一层，极为缜密、胆大心细，倘若忽略其行之不端、其心性之狠毒，但看计谋来说，简直令人拍案叫绝。从诱惑潘金莲为她做寿衣、请潘金莲吃酒开始，到令西门庆走入座席，自己推说没了酒去买果子配酒，如此便名正言顺地留下西门庆与潘金莲二人。当时席上有酒，两人有意，于是"酒是色媒人"的计谋，也就进行的名正言顺了。

然而倘若"酒色"只是如此，《金瓶梅》倒也不过是《水浒传》中一节故事的扩写罢了。兰陵笑笑生想要写的，实际上是人生中看似最热闹的"酒色"与最悲凉的"生死"之间的对比。当时武大捉奸，被西门庆一脚踢伤心窝，病倒家中；书中并不骂潘金莲没廉耻、没心肝，只是淡淡写来："只见她浓妆艳抹了出去，归来便脸红"。浓妆艳抹是色欲，脸红则是饮酒，短短一句话，便将潘金莲对武大的无情冷漠、在丈夫将死时依旧沉溺酒色、寻欢作乐的心性，描摹得入骨三分。

有评论者说，潘金莲虽然狠毒作恶，本质上却是个可怜人，一朵娇艳的鲜花，却落在武大手中，难免要心中不忿。其实潘金莲的可怜并不是因为错嫁了武大，当她嫁给西门庆之后，她也并未获得真正的幸福。潘金莲象征着一种无极限的、极度自我的欲望，这种欲望是难以被满足的，然而一旦无法满足，她便会展现出一种残忍而冷漠的恶来，比起一切杀人放火来说，不免更令人心寒。

武大死后，潘金莲改嫁给西门庆，虽然过了些"恃宠生娇"的日子，但西门庆对酒色爱欲的追求，却绝不可能满足于一个女人的臣服。于是在所有的妻妾之中，潘金莲不免渐渐被冷落了下去；于是潘金莲在挣扎中打了孙雪娥，逼死宋蕙莲，设毒计谋害官哥和李瓶儿，但尽管如此，西门庆的爱欲依旧不属于她。在这漫长的时间中，西门庆在女人堆里耗尽了精气，而潘金莲则在怨愤中磨尽了最初的爱欲。倘若说杀死武大时，潘金莲对西门庆还有一点真心、一点期待，到了最后，潘金莲对西门庆的态度，已经与她对待武大没有分别了。

第七十九回的时候，西门庆的体力已经渐渐不能支持他荒淫无度的生活，为了征服女人，他每次行房之前，都要"用酒服下胡僧药去"。酒与助兴的药物不再是色的媒人，而是他为了证明自己的雄风依旧所依赖的救命稻草。西门庆三更天从相好的王六儿家中出来，受了冷风，又被鬼影冲撞，下马腿都软了的时候，潘金莲并不管他的死活，只顾满足自己的欲望。壮阳的胡僧药，本是"切不可多用"的，潘金莲拿来，竟"取过烧酒壶来，斟了一钟酒，自己吃了一丸"，将剩下的三丸，仿佛当日喂武大吃下砒霜一样，全部拿烧酒送进西门庆的口中;谁知这顿酒药,竟成了令西门庆送命的最后一根稻草。

　　酒以成礼,食色,性也。酒色本是凡人间最普通的欲望,为何总被看作洪水猛兽一般?《金瓶梅》写酒色,写得实则是无法控制的欲望。正如开篇所说,那富贵人家,饮酒则琼浆玉液、堆杯如山,色欲则纵情无度、无分礼义廉耻,乃至性命都可以置之度外。我们避谈《金瓶梅》中的淫秽,所惊怖的,其实不是流于表象的酒色,而是所有人心中都恐惧的无法遏制、无法填补的欲望的空洞。

《金瓶梅》里的酒（二）

> 吴月娘见楼下围的人多了，叫了金莲、玉楼归席坐下，听着两个粉头弹唱灯词，饮酒。
>
> ——《金瓶梅》第十五回

　　《金瓶梅》中，言酒色甚警喻，言世情颇深刻，而描摹风俗则格外真切。张竹坡评《金瓶梅》说："似有一人，亲曾执笔，在清河县前，西门家里，大大小小前前后后，碟儿碗儿，一一记之。似真有其事，不敢谓操笔伸纸做出来的"。《金瓶梅》虽然说的是宋朝的故事，记的实际却是明代的风俗，而且记载得极为详尽真实。明代酿酒工艺发展提高得很快，除了传统的米酒、南方的黄酒、元代的烧酒以外，其他各类花果药酒、豆酒、葡萄酒等小众酒品种也逐渐大众化起来。酒的种类大大增多，加上明代南北东西商品流通的便捷频繁，导致明代人饮酒的频繁，书中大小节日事务、男男女女，行动举止便仿佛离不开一个酒字。

　　明代除了有烧酒这种元代蒸馏酒的工艺以外，米酒、黄酒的酿造工艺也提高了，相比于汉唐时期，明代的酒度数要高得多，因此吃酒的器具也就显得比较精致。《金瓶梅》中写吃酒的酒器，且不谈其装饰花纹、金银玉器的材质，单看这大小，便有"小钟"（又称小杯）和"大钟子"、"盏儿"的区别，书中写西门庆吃粥，用的器具都是"盏"。第十四回潘金莲生日的时候，李瓶儿便来与她做生日，五个人吃羊羔酒的时候，便是"把酒来斟，也不用小钟儿，都是大银镶花钟子，你一杯，我

343

一盏"。不一会儿便醉眼乜斜。

这场酒是潘金莲的生日酒,又是李瓶儿有意凑来同西门庆吃酒,故而可以说吃得"没什么规矩",西门庆的正妻吴月娘看她们这样的吃酒法,觉得"看不上",便走去自己房里了。相比而言,第二十一回"吴月娘扫雪烹茶"中,吴月娘与西门庆重修旧好、众人赏雪饮酒那一节,便是比较"规矩"的喝酒方式。由于这场酒宴是庆贺大娘子吴月娘和西门庆和好,因此是"按规矩吃酒",于是"当下李娇儿把盏,孟玉楼执壶,潘金莲捧菜,李瓶儿陪跪,头一钟先递了与西门庆",分出了主次顺序,头一杯酒先敬家主,然后众小妾向正妻吴月娘敬酒,接下来吴月娘"转下来,令玉箫执壶,亦斟酒与众姊妹回酒"。排座次也是有所讲究的,"西门庆与月娘居上座,其余李娇儿、孟玉楼、潘金莲、李瓶儿、孙雪娥并西门大姐,都两边打横"。

在这场酒宴中,除了宴席的规矩之外,所饮之酒也颇值得考究。先是众妾凑份子、买了"一坛金华酒",西门庆见了便说:"家里见放着酒,又去买!"于是令小厮去前边厢房拿"双料茉莉酒",要"提两坛掺着这酒吃"。这种吃酒方法便十分有趣:我们现在看外国的鸡尾酒,是拿基酒和各类果酒或者有比较强烈味道的香料酒调和而成;而中国酒仿佛是很单一的,黄酒就是黄酒,白酒就是白酒,倘若混着啤酒、红酒、白酒喝成"三中全会",那便是"灌酒"而不是"饮酒"了。但西门庆这里的"双料茉莉酒"作为香料味道重的酒,是可以和金华酒掺起来喝的,这就有点像"中式鸡尾酒"的样子。

而这坛"金华酒"也很不简单,历来考证《金瓶梅》民俗的研究者都发现,尽管书中出现的酒名极多,但"金华酒"出镜频率最高。西门庆的日常生活中别人送的老酒、自己买的烧酒、家里囤的竹叶青、助兴的葡萄酒……林林总总,算下来有二十几种酒,而金华酒独领风骚,出现了十六次之多,二十回李瓶儿叫迎春筛的是金华酒,二十三回大家赌的是金华酒,三十五回潘金莲拿来配螃蟹的还是金华酒。

戴不凡先生研究《金瓶梅》的民俗时说，明代人虽然书中常常提到绍兴老酒，却很少如此频繁地提到金华酒，可见当时金华酒属于地方人偏好的酒而不是举世闻名的好酒；《金瓶梅》之所以如此偏爱金华酒，正是说明了兰陵笑笑生自己便是金华一带的人。当然也有反对者，认为金华酒就是李时珍《本草纲目》中盛赞的东阳酒，因为李时珍书中确有"东阳酒即金华酒"之说；也有人认为金华酒又是李白当年所说的兰陵美酒，但据考证并不十分准确。

《金瓶梅》中饮酒之频繁，可以说比令其秽名在外的性爱场面还要多数倍；盖因性爱场面多半缺不了酒，而饮酒则未必皆指向爱欲，就算是平素早餐宵夜，也少不了有酒相伴。第二十二回西门庆同应伯爵、陈敬济吃早饭，除了各类干果煮粥、白糖粥以外，有些佐粥的菜肴、糕饼馄饨一类点心，吃完了三个人便"拿小银钟筛金华酒，每人吃了三杯"，可见就算早饭也是有酒的。倘若说这是因为西门庆的生活太过骄奢淫逸，但全书中唯一一位行得正而又终得好报的吴月娘也时时都在饮酒，单是第十五回元宵看灯，便写"月娘看了一回，见楼下人乱，就和李娇儿各归席上吃酒去了"；潘金莲、孟玉楼立在楼上看灯，过一会儿，吴月娘见楼下围的人多了，便"叫了金莲、玉楼归席坐下，听着两个粉头弹唱灯词，饮酒"，可见饮酒对于明代人而言实在是日常生活中太过稀松平常的事情。

相比于日常饮食宴席的饮酒，以酒助兴或者说以酒助性，则是《金瓶梅》中特殊的酒俗。对于西门庆而言，酒与性爱联系得紧密，已经远远超过了"酒是色媒人"的概念，酒不仅是媒人、纽带，还要参与到一切性爱的活动中来。第十八回西门庆与潘金莲厮混时，竟然令"春梅筛酒过来，在床前执壶而立"；第二十七回潘金莲醉闹葡萄架的时候，也是先用一壶酒灌醉了潘金莲，然后西门庆又要春梅去拿药五香酒来，一边吃酒一边戏耍。第四十九回西门庆遇到的胡僧，本身就是个酒肉不忌的和尚，书中写西门庆为胡僧倒酒，说："拿过团靶钩头鸡脖壶来,打开腰州精制的红泥头,一股一股邈出滋阴摔白酒来,倾在那倒垂莲蓬高脚钟内,递与胡僧。那胡僧接放口内,一吸而饮之",写得那酒气逼人;而胡僧赠给西门庆的壮阳之药,也是需要"用烧酒送下"。后来西门庆到王六儿那里要小厮去买酒吃胡僧药,乃至潘金莲最后一气将三丸胡僧药和着烧酒灌入西门庆口中,彻底弄坏了他的身子。这场以酒助性的闹剧,因酒而起,因酒而亡。

元宵、端午、中秋、生日、年节必不可少的酒,早饭、午饭、晚饭、筵席、宵夜、午后小憩、赏雪赏花、性爱纵欲中无处不在的酒……《金瓶梅》中写了这么多酒,而它的最后一场酒,竟是梦中之酒。吴月娘在破庙之中梦见投奔亲家云理守,此人"置酒后堂,请月娘吃酒",目的竟是为了强娶月娘,最后月娘噩梦惊醒,不得不受普静法师的指点而"眼前无路想回头"。最终,西门庆托生的孝哥儿被点化出家,应了"天道有循环"的古话;而那些金荷花钟、玉琉璃杯里乘着的千千万万杯酒,都与这场子虚乌有的热闹一起,化为南柯一梦。

《金瓶梅》里的酒（三）

> 席间也有夏提刑、张团练、荆千户、贺千户一班武官儿饮酒，
> 鼓乐迎接，搬演戏文。
>
> ——《金瓶梅》第十七回

清代张竹坡曾以崇祯本《金瓶梅》为底本，评注十万余字，并称为"第一奇书"。《金瓶梅》的奇字，便在于嬉笑之间对人性丰富、世情繁杂的描述；《红楼梦》中贾宝玉最烦的"世事洞明皆学问，人情练达即文章"两句话，在《金瓶梅》中却是淋漓尽致而又无处不在的。正因如此《金瓶梅》常常被称为"世情小说"。

西门庆家起初不过是一个"生药铺"，"虽算不得十分富贵，却也是清河县中一个殷实的人家"，可以说既不富贵，也非官宦，而西门庆却偏偏能在清河县只手遮天、呼风唤雨，弄得"满县人都惧怕他"，其缘故便是在西门庆的世事洞明、人情练达上了。《金瓶梅》统共不过一百回，写酒宴便有三百次，从花街柳巷里摆酒享乐到御史知府在西门府邸大摆酒宴，高低贵贱的酒宴几乎回回都有，有时候一回故事中酒宴便有三五个。可以说，《金瓶梅》的世情，有一多半都着落在这酒宴上。

《金瓶梅》开篇第一章第一场酒宴，不与情色相关，而是写九月二十五日西门庆与一般帮闲的酒肉兄弟摆酒席结拜。当日西门庆同妻子吴月娘商量说："到那日也少不的要整两席齐整酒席，叫两个唱的姐儿，自恁在咱家与兄弟们好生玩耍一日。"在吴月娘看来，每日与西

门庆闲逛饮酒的这班人,都不是什么好人,全是些靠不住的;就连作者也嘲讽说:"见西门庆手里有钱,又撒漫肯使,所以都乱撺哄着他要钱饮酒,嫖赌齐行。"如此看来,西门庆竟是个有钱的肥羊,被一班爱溜须拍马的酒肉兄弟撺掇着,拿他的银子寻开心。其实不然,西门家这样一个小富的殷实人家,倘若当家人是西门庆这样不长进的,又搭了这等一班无益有损的朋友,便是再大的家产也要败光,偏偏西门庆家的产业越来越大,却不是奇怪?

其实西门庆这场酒宴,不过是他结交这类游手好闲之人的手段之一。这些人平日吃西门庆的酒,使西门庆的银子,但在关键时候,便是西门庆指派去做些手脚的人物。譬如李瓶儿转嫁了蒋竹山,西门庆便使街上两个泼皮光棍去找蒋竹山的麻烦,这两个人"常受西门庆赏助,乃鸡窃狗盗之徒"。西门庆固然不必要像和应伯爵、花子虚结拜那样笼络这些街头地痞,但平时买酒使银子必然是少不了的,这才两人愿意为了西门庆的"恩情"为他做打手。西门庆在这一道上的精明,决定了他能在清河县横行霸道。

不过倘若一味结交些鸡鸣狗盗之徒,西门庆也不过是民间的一个土财主,算不得地方的一霸,他之所以能在清河县只手遮天,因西门庆还能勾结官府,"放官吏债,就是那朝中高、杨、童、蔡四大奸臣,他也有门路与他浸润"。这一点在唐代人看来恐怕是不可以想象的:汉唐以来,门阀贵族制度决定了富与贵有所不同,即使是贫穷破落的贵族,在门第上依旧高过普通的暴发户。但《金瓶梅》虽假托着宋代的故事,说的却是明代的世情。明代发达的市场经济改变了过去"学而优则仕"的观念,西门庆便是通过财务贿赂的方式,在蔡太师那里谋了一个"金吾卫副千户之职"。

在三十回之前,西门庆的酒宴多半是花街柳巷的歌姬、街头巷尾的帮闲或者家中自己摆下的酒宴,虽然不失为一个富户的模样,却始终不能有"贵"气。然而一旦西门庆得了一个官位,酒宴便也不再那么简单了：先是"本县正堂李知县，会了四衙同僚，差人送羊酒贺礼来"。历来只有西门庆向官府送酒送礼，一旦西门庆攀上蔡太师、谋了官职，这酒礼便也翻转过来了。到了上任的日期，西门庆的酒宴便摆到了衙门中："在衙门中摆大酒席桌面，出票拘集三院乐工承应吹打弹唱。"从西门庆家中的酒宴变为衙门里摆上酒宴，这便是身份地位不同于往日。所到之人，除了旧日应伯爵、谢希大两个惯常的帮闲之人以外，走动的都是官府人士，譬如刘公公、薛内相、帅府周大人、都监荆南江、夏提刑、张总兵、范千户等等；一场酒宴，从朝廷而来的两位公公、地方上的士绅大户、地方官员，纷纷前来为西门庆的加官晋爵予以庆贺，这场酒宴正是西门庆热盛的巅峰。这场酒宴是西门庆由富及贵的标志，它更繁华、宾客更有地位，西门庆在其中也更谨小慎微、察言观色。

《金瓶梅》中西门庆的盛极一时流露在酒宴之中，而他的衰败颓势也同样在酒宴中埋下了伏笔。无论是读者还是西门庆本人，恐怕都想不到死亡来得如此迅疾。第七十回的时候，西门庆还升了官，转至"正千户掌刑"，进京参拜了蔡太师，青衣冠带，到午门前谢恩；此后在何千户家的酒宴，更是煊煊赫赫，无限辉煌："众太尉插金花，与朱太尉把盏递酒，阶下一派箫韶盈耳，两行丝竹和鸣。"此后更有第七十二回为何千户接风摆酒、到王招宣府中赴席；第七十四回安郎中摆酒、孟玉楼生日宴席摆酒，更有蔡九知府、宋御史前来坐席；第七十五回、七十六回"宋巡按摆酒，后厅筵席治酒"，是宋御史借西门庆府上摆酒宴接待侯巡抚。接下来便是腊月，处处都要拜谒、日日都需摆酒；腊月十五日，乔大户家请吃酒；到了七十八回，荆都监问西门庆几时请吃酒的时候，八面玲珑如西门庆，也安排不过来了，只得说"近节这两日也是请不成，直到正月间罢了。"西门庆不知道，此时距他的纵欲而亡，仅仅只有不到数天的日子了。

西门庆的疲态首先在酒宴上流露了出来。应伯爵问他是否去花大哥生日的酒宴,西门庆只答应着"到明日看",待到酒宴上弹唱起来的时候,平日最爱热闹的西门庆竟然"不住只在椅子上打睡",于是众人便散了;连吴月娘也看出他近日无精打采的,让他吃药休息。甚至到了西门庆被潘金莲灌下胡僧药、纵欲过度、油尽灯枯的时候,此时的西门庆还惦记着正月十五日要请周大人、荆都监、何千户等人,对西门庆而言,酒宴正是维系着他最看重的富贵权势的重要网结。然而这场酒宴终归落空了,西门庆之死打断了这场预先已经请下歌姬、安排好筵席的酒宴。

《金瓶梅》里西门庆的一辈子可以归结为三件事:赚钱、花钱、情色。对于西门庆而言,这三者都被酒宴牢牢地维系着:当他还能够掌握和斡旋在这些大大小小的酒宴中时,他便拥有着无边的色欲富贵;而当他终于不得不撒手放弃正月十五的酒宴时,他的黄粱一梦也终于走到了尽头。在这些煊赫辉煌的酒宴的余音中,只为西门庆留下一个无法解答的问题:酒干人散后,还剩下些什么?

酒　　旗

当日晌午时分,走得肚中饥渴,望见前面有一个酒店,挑着一面招旗在门前,上头写着五个字道:"三碗不过冈"。

——《水浒传》

俗话说,"酒香还怕巷子深",是说卖的酒再好也怕别人寻不着。卖酒的铺子有些只是卖酒,连座位也没有,客人拿容器来盛了,自己带回去喝,有些则是有座位,有下酒小菜,可以站着喝也可以坐着喝,类似孔乙己去的那种小酒馆;还有一些和小饭店差不多,兼卖菜肴饭食,《水浒传》里的酒家大多如此。然而不论酒家的形式如何变化,规模或大或小,但是有一样东西是酒家不可或缺的:一面酒旗。

酒旗的历史大约和沽酒的历史一样久远,也叫作酒望、酒帘、青旗、锦斾等。《韩非子》中载:"宋人有沽酒者……悬帜甚高。"这是说战国时期,卖酒的人就已经采用旗帜作为招牌了。帜就是旗子,卖酒的店家门口常插一面小旗,上书一个大大的"酒"字,言简意赅,一目了然;买酒解渴的客人远远看到这样一面酒旗在闹市上,顿时脚下就有了动力。

古代诗词中,酒旗出场的次数极多。写酒时,或写离别送饮,或写豪迈胸襟,基本属于纪实范畴;写酒旗则含蓄得多,远远看见酒旗,有"未见其人先闻其声"的妙趣,倘若是爱酒的人,只要看见那个帘儿一飘,就能知会其意,一路行过去,也能有几分望梅止渴的意思。"水村山郭酒旗风"、"背西风、酒旗斜矗",酒旗随风招摇,来往远近的行人都能看到,尚未闻到酒香,早已勾起几分馋意。《镜花缘》中武四摆"酉水阵",用法术诱惑破阵的武将醉死其中:"望前走了数步,路旁一家门首飘出一个酒帘",便是幻术阵中的酒店也不能忘了招牌性的酒帘,仿佛随风一招,酒香已经扑鼻而来了。

近些年来,旅游景区的古镇、旧村,大多有卖些桂花酒、梅子酒的小铺子,门口也都像模像样地挑着酒旗,多是红边杏黄底三角形的布上大书一个"酒"字,看上去有几分市井的热闹气息。这个颜色选取除了热闹的意思以外,大约是从"杏帘"这个词中望文生义的。其实杏帘不是杏黄酒旗,而是说酒旗挂在杏花树的下面。

酒和杏扯上关系,主要是因为那首"借问酒家何处有,牧童遥指杏花村"。其实酒家未必都在杏花树下,不过古代地广人稀,如果不在闹市区的话,酒家多半会选择设在村落中,桃、李、杏都是常见的水果,杏树在村庄中必然是十分常见的。"杏花村"未必实有其名,只是开满杏花的村庄罢了;后人却因其雅趣,时常借来一用。《水浒传》写土匪不失雅趣,即便写鲁智深这样一个倒拔杨柳、醉打山门的莽汉,去寻觅好酒的时候,也是写他一路望着酒旗寻过去:"远远地杏花深处,市稍尽头,一家挑出个草帚儿来。"

《容斋随笔》记:"村店或挂瓶瓢,标帚杆。"挂个酒葫芦、酒瓶,就表示这是卖酒的地方,在村里乡下,约定俗成,也就无所谓酒旗了,反正是个标识,大家看得明白就是。在视觉上,酒铺是静态的,酒旗是动态的,随风舞动的酒旗最能体现酒的精神。酒旗一般垂直于店门而悬挂,为的是照顾酒客视线与店面平行时也能快速捕捉到店家的信息,这个方法今日仍在使用。

过去酒旗的颜色不一而足,不过多以青色为主。白居易写"青旗沽酒趁梨花",元稹说"卖垆高挂小青旗",刘禹锡说"斜日青帘背酒家",都是指酒楼门前挑起的酒旗。宋代人沿用旧典,辛弃疾的词中多有"青旗卖酒"、"青旗沽酒"的说法。皮日休更是专门写诗吟咏酒旗,描述得十分简单明了,而又生动形象:"青帜阔数尺,悬于往来道。多为风所飏,时见酒名号。"所以酒帘未必是小小的三角形旗子,有些酒帘是十分招摇的,宽阔的青色酒旗随风飘扬,上书"酒"的名号。酒的名号未必是"酒"这样一个字,多半是代表酒的一些名头,一望皆知的。现在的酒旗也有力图风雅的,有写"太白遗风"的,也有写"三碗不过冈"的,也有以图取胜的,在酒旗上画个抱着酒坛子的汉钟离,或者醉醺醺的李白,三笔两笔,就勾勒出美酒醉人的模样,迎风一飘,仿佛酒香也就飘出去了。

水村山郭里有粗陋的酒旗,《红楼梦》的大观园里,也有一面酒旗。大观园刚刚建成的时候,"稻香村"还未有其名。刚入大观园时,假山、清泉、书房,一切文雅的东西都齐备了;突然柳暗花明,绕过青山阻隔,却是一带糊满稻草的黄泥墙,"有几百枝杏花,如喷火蒸霞一般",仿佛将古意盎然的杏花村直接搬进了天造地设的大观园。众人提议名为"杏花村",为凑其趣,贾老爷提议要拟古挑一个酒旗:"此处都好,只是还少一个酒幌,明日竟做一个来,就依外面村庄的式样,不必华丽,用竹竿挑在树梢头。"贾政可以说是雅客,如果挂起一个金碧辉煌、缂丝绣锦的酒帘,难免显得暴发户一般不伦不类;倒是竹竿挑一个酒幌,看上去倒十分质朴自然。

这个有酒旗的"小村庄",在富丽繁华的大观园中,仿佛遗世独立的清净地了。贾政看了不免兴起归隐之意,低调规矩的大少奶奶李纨也偏爱"稻香村",结诗社的时候也自命"稻香老农"。在过去兴盛之极的大家族中,时常会在园林里开辟一小块这样的田地,聊表躬耕之意;有载皇宫中甚至也会设假的市集,供后妃皇帝取乐,在脂粉铺子和酒旗中寻找他们一生远离的市井的乐趣。偏偏宝玉这个熊孩子,看着稻香村,直言不讳道:"此处置一田庄,分明是人力造作成的。"书中种种不过一哂,然而想想当今村郭萧条,真正水村山郭的酒旗几乎早已不见踪影,却在城市四周特意开辟出一种"农家乐",装饰出田园篱笆、酒旗招摇的模样,似乎正有几分"稻香村"人力穿凿、假充天然的意思。

《水浒传》中,林冲雪夜上梁山一段,极具文学与美学价值,影视剧中多有渲染,当一路奔波的林冲看到"千团柳絮飘帘幕,万片鹅毛舞酒旗"时,便迫不及待地奔了进去。看见酒旗就等于找到了酒家,迎风飘晃的酒旗惹人口舌生津,似乎美酒已经在向你召唤,爱酒之人立刻心领神会。正如李中《江边吟》所言:"闪闪酒帘招醉客,深深绿树隐啼莺。"对于酒客而言,看到酒旗,便是看到了希望!

酒　友

喝不求解渴的酒，吃不求饱的点心，都是生活上必要的。

——周作人《北京的茶食》

喝酒是一件闲事，既不像饭菜那样是生活必需，也不算是为了补充营养，强身健体，更何况饮酒之人也不是本着追求这样的功效而去。闲时喝酒，除了享受悠闲之外，锦上添花的，莫过于有酒友的陪伴。一个人喝酒不免寂寞无聊，就连酒仙独酌，也忍不住要"举杯邀明月，对影成三人。"在喝酒这件事情上，酒友可以说是必不可少的。当然，并不是说坐在一个桌上觥筹交错、呼幺喝六就算酒友了；如果只是胡乱劝饮、烂醉无聊，不过酒桌酒席上必须应付的人而已，称不上酒友。所谓"酒友"者，乃是"酒逢知己千杯少"，必得先有共同的兴致意趣，然后才能在酒中达成共识。

因喝酒一事寻友，最常见的是忽起酒兴，备下薄酒小菜，便可以呼唤酒友前来共饮。这种寻友，香山居士的《问刘十九》便是言简意赅、清新可爱的最佳典范：绿蚁新醅酒，红泥小火炉。晚来天欲雪，能饮一杯无？

简简单单几句话，就将喝什么酒、怎么喝酒、为什么喝酒都解释清楚了，堪称下帖子请人的范本。千百年来不知陶醉了多少同道中人，有人直呼"想想都美！"酒友之间，熟络到能够直接问"能饮一杯无"的，想必是平日经常一起把酒聊天、十分愉快的，大约类似某日突然想去喝一杯，打开手机微信，能够直接发"出来喝一杯"的人。与这样的酒友聊天或者不聊天,对坐喝酒,都是一件趣事,远远胜过酒桌上客客套套、假情假意的劝酒逼酒。

于过去中国文人的生活,喝酒常是一种消遣,并非必须得对应悲伤或者狂欢。在以希腊文明为传承的酒文化中,喝酒一般都是和狂欢联系在一起的,进而有"酒神精神"一说;仿佛不狂欢、不展现出一种揭开生活面纱、并且大笑着面对的精神,便失去了喝酒的真意。中国文人饮酒,固然有"白日放歌须纵酒"、"与尔同销万古愁"这样的豪情,但多半便止步于此了;除了偶然几位奇人异士,大部分人饮酒、醉酒亦有"酒品"之说,放纵形骸也有一个限度,这是中国人的生活哲理。因此像《问刘十九》这样的招饮诗,正于其清淡中流露出酒友之间君子之交淡如水的温和绵长来。能与西方"酒神精神"契合的,便是《全唐诗》中"桑柘影斜春社散,家家扶得醉人归"的意境了。

酒友既有旧日老友、相互熟络到随时相互呼唤的,也有突如其来,素昧平生却因酒相逢、惺惺相惜的。《陶庵梦忆》中张岱写自己住在江南时的经历,其中提到一件偶逢酒友的故事。说有一次大雪,当时他正好住在西湖附近,大雪下了整整三天,下到日日游客熙熙攘攘的西湖"人鸟声俱绝"。那时天空苍茫、大地俱寂、上下一白的时候,张岱特地雇了一艘小船,准备去西湖中间的湖心亭看雪。

然而一登上湖心亭,便看见"两人铺毡对坐,一童子烧酒炉正沸"。一见张岱来到湖心亭,便大喜道:"湖中焉得更有此人!"拉着他一同喝酒。如此场景,想想便十分有趣:素不相识的人,因为对西湖雪景有着同样的喜好和审美,顿时生出一种相见恨晚的知音之情;而这种情感的表现,是通过"拉余同饮"、"余强饮三大白而别"完成的。直到分别之时,张岱才想起来问两人的姓氏,据说是金陵人,路过此地,流连雪景,故此在湖心亭饮酒。张岱于湖心亭见到这两位奇人固然是意料之外,这两位金陵的客人见到张岱可以说也是喜出望外。当值此时,如果没有酒的参与,仅是对坐聊天,未免尴尬;然一旦有酒的加入,有相同爱好的陌生人把酒言欢、顿生知音之感,就显得十分顺理成章了。

正因如此,在中国过去文人的世界里,喝酒与喝茶一样,是一件风雅的事情。中国过去的酒是以低度数的米酒为主,味道甘甜柔和,经过蒸馏的烈性酒是元明之际的产物,而且并不占据文人饮酒的主流。《汉书·食货志》上记载:"一酿用粗米二斛,曲一斛,得成酒六斛六斗。"这是过去酿酒的主要方法,这种用蘗酿出的酒被称为"醴",是甜酒,酒精度很低。因此"绿蚁新醅酒"也好,"农家腊酒浑"也好,都是酒酿一样的低度数酒。因此在饮酒中,品味和聊天才是正事,并不以尽快灌醉为主要目的。同样,下酒菜也很随意,无论是独酌还是邀请朋友饮酒,下酒菜都可以是就地取材,可以"夜雨剪春韭",直接在自己后院里找些食材;也可以是"今者薄暮,举网得鱼,巨口细鳞,状如松江之鲈",捞到什么算什么,并不十分讲究,主要是随手可得,随心而已。

至于日子过得紧紧巴巴、手无余钱的时候,酒却是依旧不能缺失的。"盘飧市远无兼味,樽酒家贫只旧醅",尽管生活并不宽裕,有酒同饮的趣味却不能少,依旧要"肯与邻翁相对饮,隔篱呼取尽余杯"。想来杜甫先生同邻家老翁聊天,不至于谈什么国事或者诗句,不过聊聊家长里短、种菜养花;但这样青菜豆腐般平淡冲和的日子,却在淡酒、小菜和酒友的陪伴下有滋有味。这种情绪,周作人先生解释为"于日用必需的东西以外,必须还有点无用的游戏与享乐,生活才觉得有意思"。也就是说尽管酒、下酒菜都是形而下的实际存在,但它们沟通和联结的是形而上的生活方式,是在粗糙逼仄的生存之外尚可以触摸到悠闲和乐趣的可能性。

于是在生活之中如果还有酒,就似乎是还有一些"无用之用"的东西,一些为了饱暖一类欲望之外的追求;而在生活之中除了酒,还有酒友,则是大大的幸运了,这意味着在这类无用之用的乐趣之中,还能找到一个说得上话、彼此认同而了解的人。对酒友的追求,大抵类同对酒"无用之用"的追求,酒友于朋友之中,也是一个不同寻常的存在。一般提到朋友,似乎要有类同的价值观,可以相互理解的人生经历,或是能彼此帮忙的牵挂。但酒友不同,刘十九可以是酒友,邻翁可以是酒友,素不相识、未来也不见得会有交集的金陵客也可以是酒友。故而周先生说,"喝不求解渴的酒,吃不求饱的点心,都是生活上必要的"这句话中,如果添上"寻不求帮忙的朋友",似乎也是十分行得通的。

酒　　器

黛玉放下钓杆，走至座间，拿起那乌梅银花自斟壶来，拣了一个小小的海棠冻石蕉叶杯。丫头看见，知他要饮酒，忙着走上来斟。

——《红楼梦》

喝酒的姿态，无非豪放与文雅，大抵与饮酒人的身份相符。倘若是绿林好汉，必定是要大碗喝酒、大口吃肉，如果扭扭捏捏、拿个小杯子一口一口喝，遇上李逵那样的性子，恐怕桌子都要掀翻了；而倘若是"红酥手、黄縢酒"，饮者悠闲雅致、怡然自得，手上却抱着个大海碗，似乎也不那么相得益彰。仔细想来，饮酒的姿态，仿佛与盛酒的器具脱不开关系。

在最远古的时代，平日饮酒似乎不需要酒杯：《礼记·礼运》中说："上古洿尊而抔饮，未有杯壶制也。"在地上刨坑置酒并不是后人的想象，在远古时期是非常常见的，最著名的莫过于用以指责商纣王荒淫无度的"酒池肉林"；不过根据考古推测，商纣王的"酒池"似乎并不是独创，在商周时代时常有在地上挖池储酒的习惯。至于是否用手捧酒喝则是见仁见智的了，如果只是为了方便或者随性当然无可厚非，不过要说没有东西盛酒的可能性却很小，毕竟石器、陶器这些器皿的制作远远早于酒的诞生。

从文献中可以发现的是，最早的酒器和祭祀的礼仪通常是联系在一起的，酒是来自粮食的精华，以酒祭天自然是再合理不过。《汉书》中记载"舜祀宗庙用玉斝。"据考证说玉斝是一种盛酒的礼器,也就是说这种玉器并不是平时喝酒用的,只是用来祭祀的时候盛酒的,或者象征祭酒这一行为的。有趣的是,如果《汉书》的记载是真实的话,大禹时期仪狄造酒的故事大概就有些时空错乱了。玉斝既然是用来作为礼器的,那么平时饮酒自然有其他的酒器。

商周时期最常见的当然是青铜器,我们常说的"觥筹交错","觥"就是非常常见的青铜酒器。《诗经·豳风·七月》中那句"跻彼公堂,称彼兕觥,万寿无疆",可见当时的祝酒词和现代差异不大,大家举起酒杯,大多也是祝愿主人万寿无疆、福寿绵长之类的吉祥话。"兕觥"大约是一种铸造成兽头形状、略有些矮胖的青铜酒器,敦敦实实,能盛不少酒。小一点的酒杯有"爵"、"盏"这样的称呼,大一点的大概就是"角"乃至"壶"了。《水浒传》中动辄"切二斤熟牛肉来,打一角酒来",可见"角"估计是个比较大的酒杯,类似"一扎啤酒"这样的计量单位。

不过不管是青铜还是铁器制作的酒具,免不了会让酒中带有一点尖锐的金属气味。当选择材料多起来之后,酒器便向着多种方向发展:富丽堂皇的,例如金杯、银杯;简单常见的,例如瓷杯;也有更为风雅的,以玉石、竹、木、树根为酒杯的材料,不一而足。冯贽《云仙杂记·酒器九品》记载:"李适之有酒器九品:蓬莱盏、海川螺、舞仙盏、瓠子卮、幔捲荷、金蕉叶、玉蟾儿、醉刘伶、东溟样。"除了几种能够看出材质以外,其他的都是诗意的代称。汪曾祺在《宋朝人的吃喝》中考证说:"《会仙楼》记载:止两人对坐饮酒……即银近百两矣。初看吓人一跳。细看,这是指餐具的价值——宋人餐具多用银。"酒楼为了显示高档气派,采用银餐具,在江南富庶的宋代并不是没有可能。回看李太白写下的"金樽清酒斗十千",这里的金樽,还真不一定是虚指。至少与李白同时代的韩愈就在和自己的朋友崔斯立的诗歌中提到过一对精致的酒杯:

我有双饮盏,其银得朱提。黄金涂物象,雕镂妙工倕。乃令千里鲸,幺麽微蝨斯。犹能争明月,摆掉出渺泓。野草花叶细,不辨薥蒌菼。绵绵相纠结,状似环城隍。四隅芙蓉树,擢艳皆猗猗。

当然韩愈诗中提到这些物象:"鲸"、"明月"、"野草"、"芙蓉",都各有寓意,但"黄金涂物象,雕镂妙工倕"这样的句子,并不像凭空而写的,至少韩愈应当有一对雕琢精美的鎏金银杯,令他想到了这样巧妙的比喻。唐代是一个与西域通商便捷的时代,而西域对金银器的制造、雕琢也从生活的各个方面影响了大唐的风姿,西安何家村出土的精美的金银器便是最好的例证。

瓷杯仿佛更常用一些,不论是文物还是现代实际使用来看,瓷杯既因为价格亲民而更容易普及,又因为人工塑造形状而更显得多样。《红楼梦》中刘姥姥二进大观园,正巧碰上贾母兴起,带着全家人去大观园摆酒,安排餐具酒器,"每人一把乌银洋錾自斟壶,一个十锦珐琅杯"。刘姥姥在酒席上被哄了好几杯酒,忙着说要换木头杯子,"仔细失手打了这磁杯",可见大户人家常用的十锦珐琅杯便是雕画得十分精美富丽的瓷杯了。回想陆游写"红酥手、黄縢酒"的时候,重逢的姑娘倘若手把金杯银杯似乎有些俗气,而玉杯则太过珍贵不够家常,竹子、木头则更不合时宜了。想必满盛相思泪的酒杯,也应当是脆弱的瓷杯吧。

木杯和竹杯则更适合士大夫偶尔的纵情,既不失文雅,又显得生动有趣。南北朝时庾信《奉报赵王惠酒》中有"野炉燃树叶,山杯捧竹根",写的正是竹根做的酒杯,颇有些山野意趣。唐代诗人皮日休则作诗咏"瘿木杯"道:"瘿木杯,杉赘楠瘤刳得来。莫怪家人畔边笑,渠心只爱黄金罍。"还有一种更为奇绝的是"碧筒饮":用新鲜荷叶,将叶心钻小孔使其与叶茎相通,酒经叶茎入口,酒中沾染莲子的香气,也称得上原始的"配制酒"了。这和锯新鲜竹节盛酒使酒中有竹子的香气有异曲同工之妙。不论是竹、木、犀角还是荷叶,取的都是"天然去雕饰"的意思,因此越是粗糙、越是奇奇怪怪、越是本色自然,反而越能够展现出不事雕琢的真性情。

然而文玩总是容易从"顺势自然"发展为"附庸风雅",从"天然去雕饰"变为"雕饰成天然的样子"。刘姥姥提出要换木杯子喝酒的时候,鸳鸯和凤姐商量着戏弄她,凤姐便让丰儿去书架上取十个竹根套杯;鸳鸯听了却说:"你那十个杯还小……不如把我们那里的黄杨根子整抠的十个大套杯拿来。"竹根套杯放在书架上,大概是贾琏平时把玩兼装饰的;黄杨树根直接雕琢成的大酒杯,则大概是贾老太爷过去的玩物了,借刘姥姥的眼看过去,那树根雕琢的酒杯"雕镂奇绝,一色山水树木人物,并有草字以及图印",确实精致文雅,但刻意雕琢的痕迹未免太重,反而失去了真意。黛玉自斟自酌时"拣了一个小小的海棠冻石蕉叶杯",大概是在可选范围内最质朴无华的选择吧。在这个时候,难免令人怀念起"上古洿尊而抔饮,未有杯壶制"的淳朴来。

酒　　祖

酒之作尚矣。仪狄作酒醪，杜康秫酒。岂以善酿得名，盖抑始于此耶？

——朱肱《酒经》

　　中国古代文化传统中有一个习惯，喜欢将某件历史中缺乏明确记载的事情归因在某个古老的先祖身上，例如神农尝百草，继而一切农耕医药都可以在"神农"处找到传说。久而久之，历史就变成了一半神话一半纪实的故事，乃至在某些考证清晰的史书中也欣然将这样的"故事"作为信史记载了下来。

　　酒是中国最古老的创造之一，但最初造酒的人到底是谁，这个问题其实古人自己也是疑惑的。宋代高承的《事物纪原》中说："不知杜康何世人，而古今多言其始造酒也。"关于杜康的史载实际上是很丰富的，许慎的《说文解字》中就解释说"古者少康初箕作帚、秫酒。少康，杜康也。"高承自然不是因为孤陋寡闻而没有听说过杜康也就是少康的传说，他所言的意思，实际上是说：世人皆说杜康造酒，实际上这个"杜康"到底是谁，并不是一个实指。

　　世间本无酒，杜康发现了发酵变质的粮食，因为闻到清香而去品尝粮食中流出的水，于是就发现了酒。由于杜康本就是历史中一个近乎杜撰的人名，因此关于杜康的说法，各种文本记载皆有不同。《世本》云"杜康造酒，少康作秫酒"，明显是把杜康和少康分作两人来看了；到了宋代朱肱的《北山酒经》里，又成了"杜康作秫酒"，这里杜康和少康仿佛又是混为一谈的。张华的《博物志》索性讨巧，既不去说什么杜康、少康，也不去说什么秫酒和酒，彻底合二为一，就称"杜康作酒"，算是给杜康造酒的事情下了定论。

不独杜康本人是谁没有确切的定论，就连杜康大约是什么时候的人，也没有什么定论。因为在关于酒的经典文本中都认为杜康是酒的始祖，这就意味着"酒"是什么时候出现的，杜康就必须是什么时候的人；认为杜康即是少康，这就意味着认为酒是夏代少康君主发明的，于是在少康之前就不应该有酒了；但《黄帝内经》中有《素问·汤液醪醴论》，写到黄帝与岐伯讨论"为五谷汤液及醪醴奈何"，如果这种附会需要成立，就必须把杜康的年岁一直提前到黄帝的时代，因此又有人称杜康是黄帝的臣子。

相对于朝代、姓名都缺乏确指的杜康，仪狄的存在似乎可靠得多。《吕氏春秋》中说"仪狄造酒"，算是给仪狄酿酒做了定性；《战国策·魏二》中则比较详细地说："昔者帝女令仪狄作酒而美，进之禹，禹饮而甘之。"后世都采用了这种说法，认为仪狄就是大禹的臣子，《说文解字》中也索性直接照搬《战国策》的说法讲"古者，仪狄作酒醪，禹尝之而美"。到了《太平御览》的时候，便说仪狄"始作酒醪，变五味"。其实从这些文本的演变能看出，最开始的《吕氏春秋》也好、《战国策》也好，都没有明说仪狄是造酒的始祖，只是说仪狄酿了酒以后进献给大禹；到了《太平御览》的时候，这个"始"字才被添加上去。

杜康和仪狄酿酒的故事仿佛都是记载在历史之中，白纸黑字、言之凿凿的，因而后人如何将这两种说法统一起来，并且令他们不发生冲突，就成了后世酒谱追本溯源时要考虑的问题。通常的做法是将杜康和仪狄并称，例如晋代江统的《酒诰》中说："酒之所兴，肇自上皇，或云仪狄，一曰杜康。有饭不尽，委余空桑，郁结气味，久蓄气芳，本出于此，不由奇方。""有饭不尽，委余空桑"，是说有没有吃完的粮食被丢进树洞里，久而久之自然发酵形成了酒。朱肱的《酒经》则给仪狄和杜康安排了不同的任务："酒之作,尚矣。仪狄作酒醪,杜康秫酒。"给每人颁发一项发明专利,便平衡了两者都是酿酒之祖的说法。唐代王绩的《酒经》中"追述焦革酒法为经,又采杜康、仪狄以来善酒者为谱",采用的是让两人平起平坐成为"联合创始人"的做法。

有趣的是,若非考证式的刨根问底,只是单单在诗文抒怀当中,人们但凡称呼酒的时候,便常言杜康,而几乎闭口不提仪狄。自曹操《短歌行》中唱言"何以解忧?唯有杜康"以后,人们常以杜康直接代指酒本身,而且主要是指美酒。杜甫的"杜酒频劳劝"、白居易的"杜康能解闷",皮日休的"滴滴连有声,空疑杜康语",连酒字都不必提,说到杜康二字,便知道是酒了;直到现在,"杜康"还是一种白酒的名称,而仪狄这个名字,却似乎除了历史或者考证中被引用提到一下以外,几乎没有人在谈到酒的时候习惯性地提及。

究其原因,可能是因为《战国策》中那一段:"昔者,帝女令仪狄作酒而美,进之禹,禹饮而甘之,遂疏仪狄,绝旨酒,曰:'后世必有以酒亡其国者'。"这一段话,便以圣人大禹的名义,给仪狄作酒的行为下了"必有以酒亡其国"的定性,一下就将仪狄作酒的行为推向了颠覆王朝命运的黑暗面。其实在《吕氏春秋》中说"仪狄作酒",是与"羲和作占日"、"夷羿作弓"等并称的伟大创造,并且认为是"圣人之所以治天下也"。在治理天下的过程中,酒与占卜、弓箭、衣服、宫室一样重要,这代表着"酒以为礼"、以治天下的想法。而《战国策》中那一段,只是梁王魏婴请诸侯到范台来饮酒,众人酒酣时,鲁国国君因为不想继续饮酒而说的一段话,这段话到底是鲁国国君的杜撰,还是《战国策》为了增加故事效果的杜撰,本身就是说不清的;不过这种杜撰迎合了"酒色"能亡国的说法,因而广为流传,竟然就成了"确凿"的历史。

以礼治国的时候,酒就是仪礼的象征;君王好饮的时候,酒就成了亡国的罪魁。其实与酒何干?饮酒之人的态度,决定了酒的命运罢了。在历史中,酒与红颜都是没有话语权的存在,因而亡国的骂名,必然要落到这些有口不能言的"物件"上。在遥远先秦的《酒德歌》中唱道:"地列酒泉,天垂酒池,杜康妙识,仪狄先知",彼时人们尚未将亡国的恶名归罪于酒,那时人们对酒的情感,也许才是最真挚而不夹杂偏见的吧!

酒　价

金樽清酒斗十千，玉盘珍羞直万钱。
　　　　　　　——李白《行路难》

　　古代的酒价如何，不仅现代人难以考证，就连古人自己也未必清楚。倘若今日买酒，走入商场超市，各色商品明码标价，价格当然一目了然；而过去沽酒多半是店家报价，似乎并没有个一定的数目。史载宋真宗有一日问宰相丁谓说："唐朝时酒价多少？"丁谓回答说："每升三十文钱。"宋真宗便问其依据是什么，丁谓回答：旧日杜甫曾有诗说"速来相就饮一斗，恰有三百青铜钱"，一斗是十升，所以一升自然就是三十文铜钱了。

　　丁谓之所以引杜甫的诗而不引李白的诗为例，多半是因为杜甫的诗歌以纪实较多，而李白的诗歌则过于天马行空，拿来作为资料，恐怕与实际偏差太大。就从酒的价格来说，李白同杜甫可以算同一时代的人，但在杜甫笔下，一斗酒的价格大约是三百青铜钱，到了李白那里，就是"金樽清酒斗十千"了，相比而言，悬殊甚大。据《唐书·食货志》记载，德宗建中三年（782）的时候，禁止民间私自卖酒，将酿酒、售酒收归国有，每斛（十斗）标价三千，正好就是杜甫说的一斗酒值三百钱。

　　宋代对汉唐酒价有兴趣的，不仅有宋真宗，还有编撰《野客丛书》的王楙。他有一个好友郭次象，据说博闻强识、杂学多才，有一次两人聊天的时候谈起唐代的酒价，郭次象也是援引杜甫的"恰有三百青

367

铜钱"的说法,认为唐代杜甫时期酒价大约是一斗三百。不过因为白乐天的《与梦得沽酒闲饮且约后期》中有"共把十千沽一斗,相看七十欠三年"的说法,如此看来,大约是到了白居易所在的中唐时期,酒价涨得很厉害。王楙听了不以为然,他列举说,李太白有诗说"金樽清酒斗十千",王维有诗说"新丰美酒斗十千",崔辅国有"与沽一斗酒,恰用十千钱",权德舆写"十千斗酒不知贵",陆龟蒙曰"若得奉君欢,十千沽一斗"……可见不是白居易时期酒价太贵,唐代从盛唐到晚唐,一直有诗人说"斗酒十千"。王楙认为,唐代人这个常见的说法,实际上出于魏文帝曹丕《典论·酒诲》的典故:"孝灵之末,朝政堕废,群官百司,并湎于酒,贵戚尤甚,斗酒至千钱。"

酒价的贵贱多寡根据酒质量的不同,即使在同一时期,很明显也是有所差异的。村酿薄酒和金贵的清酒,乃至汉唐时贵族阶层流行的葡萄酒,价格肯定悬殊甚远;倘若说普通市售的薄酒大约三百钱一斗,而比较昂贵的酒是十千一斗,相差虽然有数十倍,但也并非没有可能。《水浒传》中宋江在琵琶亭上饮两壶江州有名的上色好酒玉壶春,酒菜价格要以数两银子来计算;而杨志带着军人押送生辰纲过黄泥岗时,一桶酒的价格不过五贯钱。相比而言,其价悬殊,也有数十倍不止。

其实不止宋代人觉得汉唐时期的酒价让人无从考证,就是宋代时期的酒价,真正梳理起来也颇令人伤脑筋。宋代的酒价记录倒也十分丰富,但由于其计量单位太杂多、太随意,因此也并不容易整理。细细数来,有正规文献可考证的资料中,酒价的计量单位就有斤、升、瓶、角、斗、石等等,还不排除平日普通人常用的"一葫芦酒"或者"一桶酒"的计数方法。《春渚纪闻》中说,在建炎初年,开封府一角酒二百文;宋代一角酒大约是四升;《东京梦华录》中说宋徽宗时期一斗酒五百文钱,一斗合十升,算下来两处所记载的酒价比较吻合,因此可以说北宋时期市售的酒价,大约就在一斗五百文钱的样子。不过宋代的酒价本身也有浮动，例如王安石的《后元丰行》中说"百钱可得酒斗许"、苏轼《蜜酒歌》中说"百钱一斗浓无声"，此处百钱便能买酒一斗。但梅尧臣又感叹酒价太贵喝不起："大门多奇酤，一斗市钱千。贫食尚不足，欲饮将何缘。"酒的品种质量不同，价格自然不同，即使同一种酒不同的区域价格也不一样，不同的时节价格也有变化，所以酒价确是一个很难讨论精细的事情。

　　无论贵贱，售酒在宋代都是对国家财政收入的重要补充，在至道二年（996），仅仅一年的时间里，两京诸州所收的榷酒课税就有铜钱一百二十一万四千多贯、铁钱一百五十六万五千余贯；而二十六年后，天禧末年的时候，榷课的铜钱又增加了七百七十九万六千余贯，铁钱增加了一百三十五万四千余贯，铜钱收入翻了近六倍之多，而这还是在酒价相对稳定的北宋。到了南宋时期，每年每升酒的涨幅就能达到十几文到三十文之间，到了绍兴九年（1139）的时候，煮酒的价格已经是北宋时期的十二倍。这一方面是因为南宋时期酒米与食用稻米的价格不同，由于酒米的价格攀升，酿酒成本增加，酒价不得不涨；另外则是因为酒价中政府的课税越来越重。各种成本的飙升，导致南宋酒价爆炸式的增长，乃至南宋后期爱酒之人多倾向在家中自己酿酒，而"买扑坊场败阙者众多"。

　　到明清之时，酿酒技术经历了蒸馏法的发明和成熟，高度数的"烧酒"与低度数的"米酒"已经在市场上平分秋色，两种酒酿造方法不同、所耗成本差异很大，因此价格自然有所悬殊，也不再有"每斗酒多少钱"这样笼统的概括了。加上果酒、豆酒乃至羊酒等多种复杂酿酒方法的成熟，明清时期的酒种类之多，与现代相比也不遑多让，因此也不再有具体考证明清酒价的资料。不过可以得而知之的是，明清两代的酒税都不算重，乾隆四十三年（1778），北新关每十坛酒征银二分；酒曲也有一定的课税。到咸丰初年，酒税的价格也不过是售价的百分之一。直到光绪二十二年（1896）起，由于战乱频繁，酒税的价格才逐渐提高起来。

　　要说古代最昂贵的酒价,大约要数东汉孟佗的葡萄酒了。当时汉灵帝极为宠信宦官张常侍张让,孟佗入关时"以蒲桃酒一斛遗让",张让大喜之下,就让他做了凉州刺史,此所谓"将军百战竟不侯,伯郎一斛得凉州",将军百战的功劳,抵不上一斛葡萄酒的贿赂。历代酒价之贵,可谓莫过于此者!

酒　阵

尽是青州从事,那有平原督邮。

——《镜花缘》第九十六回

　　中国古典小说中,倘若谈及博学杂趣,几乎没有能超过《镜花缘》的。《镜花缘》一百回中,有两回单说一个奇怪的阵法,名曰"酉水阵"。故事是说反贼武四思摆下"酉水"、"巴刀"、"才贝"、"无火"四关,便是拆字法的"酒色财气"四个关隘,其中酉水阵自然对应的便是"酒"字。不过与其说是武四思摆下"酉水阵",倒不如说是李汝珍摆下了龙门阵,将古往今来与酒相关的典故趣事一股脑儿放在这个阵中。

　　且看文芸走入酉水阵中,先看见"路旁有一竹林,林中有七个人,都是晋代衣冠,在那里小酌",毫无疑问便是竹林七贤了。书中写其中一个白衣少年讥讽说:"莫非有甚么俗子来此窥探么?"其模样目空一切、放荡不羁,正是竹林七贤白眼对待俗人的态度。一转头,又见"迎面来了一群醉猫",东倒西歪、酒臭逼人,被文芸一阵枪法赶走。其实竹林七贤与烂醉的酒鬼,正是饮酒中风雅与粗俗的两个极端体现。

　　按说这个酉水阵中,并无一个真刀实枪杀人的埋伏,不过是令人自己就范罢了,因此走入阵中,便要引诱人饮酒来就范。于是走不了两步,便有一间小店,"门首飘出一个酒帘,那股酒香真是芬芳透脑"。酒旗招摇,酒香满溢,别说对于馋酒之人,就算是普通人见了闻了也要走不动路。这间小小酒肆门口便有一副对联:"尽是青州从事,那有平原督邮",落款是"欢伯偶书",题额是"糟邱"两个大字;旁边还有一副"麹秀才"写的小对联:"三杯软饱后,一枕黑甜余。"

就这两副对联,便足够玩味游戏一番。"青州从事"和"平原督邮"的梗,来源于《世说新语》中"桓公有主簿"的故事,说青州有齐郡,平原有鬲县。所谓"青州从事"是说饮好酒直接下肚至"脐"(齐),顺畅舒爽;而"平原督邮"则是说劣酒只能达到膈膜之间,难以下咽。至于落款者"欢伯",看上去似乎是个老翁的名号,其实不过是酒的别称。至于提额的"糟邱"二字当然是"糟丘"的变体,所谓"糟丘"即是积酒糟成山丘的意思,古人说夏桀作酒池之大可以行舟,"糟丘足以望十里,而牛饮者三千人。"而写小对联的"麹秀才",看名字便知是与酒麹,也就是酒曲有关。唐代的《开天传信记》中说道士叶法善在玄真观谈道,有"麹秀才"叩门谈道,雄辩惊人,后来被施法现出原形,原来是酒瓶成精。这里的酒瓶精所写的小对联则是语出苏轼的《发广州》一诗,倘若既是酒道中人、又是东坡的粉丝,读至此处,不免要拊掌称快了。

至于酒保姓杜,便是暗喻着"杜康"酒祖的意思了。不过此处还有一个小伏笔:盖因这个酒肆是杜康一脉,所以其中只有"新酿";而后面一个女子开的酒家,则是"姓仪。此店自夏朝开设至今,将近三千年了",毫无疑问是指仪狄酿酒的故事,而这家酒店中只有陈酒。这正是古人对两位酒祖态度的体现:杜康和仪狄都被称为造酒之人,为了有所区分,人们往往认为"仪狄作酒醪,杜康作秫酒",潦草地区分一下,也可以认为仪狄所酿的是更为古法的酒,而杜康则酿造的是新酒。

先看杜家酒肆中粉牌上的各地名酒,列出来一看,简直可以算是一篇经典的"酒单"了。

山西汾酒。江南沛酒。真定煮酒。潮洲濒酒。湖南衡酒。饶州

米酒。徽州甲酒。陕西灌酒。湖州浔酒。巴县咋酒。贵州苗酒。广
西瑶酒。甘肃乾酒。浙江绍兴酒。镇江百花酒。扬州木瓜酒。无锡
惠泉酒。苏州福贞酒。杭州三白酒。直隶东路酒。卫辉明流酒。和
州苦露酒。大名滴溜酒。济宁金波酒。云南包裹酒。四川潞江酒。
湖南砂仁酒。冀州衡水酒。海宁香雪酒。淮安延寿酒。乍浦郁金
酒。海州辣黄酒。栾城羊羔酒。河南柿子酒。泰州枯陈酒。福建浣
香酒。茂州锅疤酒。山西潞安酒。芜湖五毒酒。成都薛涛酒。山阳
陈坛酒。清河双辣酒。高邮豨莶酒。绍兴女儿酒。琉球白酎酒。楚
雄府滴酒。贵筑县夹酒。南通州雪酒。嘉兴十月白酒。盐城草艳浆
酒。山东谷辘子酒。广东瓮头春酒。琉球蜜林酎酒。长沙洞庭春色
酒。太平府延寿益酒。

　　单看这些酒名，便能令人拍手叫绝：但凡天下有名有趣的酒，无
论是云南、贵州、广西、楚雄、琉球这样偏远的地方，都被收纳入新酒
的粉牌中。文术一面想着"使不得使不得"，万一酒里下了毒药呢，一
面吃了十几碗，那模样真是活画出了馋酒之人见了酒之后的真实心
态：一面担心贪杯伤身，一面垂涎欲滴，一杯一杯又一杯。

　　出了酒肆，又见一个文士拿了一件"金碧辉煌，华彩夺目"的衣服
换酒。古往今来，好饮者一时手头无钱、以貂裘换酒者多矣，作为一
个谜题，谜面不免还要更具体一点。于是老者便解释说这件衣服是
"鹔鹴裘"，换酒的"文士复姓司马"，这便毫无疑问是《西京杂记》和
《史记》中记载的司马相如以鹔鹴裘质酒的故事了。接下来另一位以
金貂换酒的阮公子，则是"竹林七贤"阮咸的儿子阮孚，即是在酒史上
留名为"兖州八伯"中"诞伯"的那一位。

　　而仪狄的老酒店门口也有一副对联："万事不如杯在手，一生几
见月当头。"说的正是酒客们的共同心声：人生苦短，及时行乐。题此
对联者名为"醴泉侯"，典出宋人唐子西的《陆胥传》，将酒拟人罢了。
而所谓"黄娇"所题牌匾，其人"黄娇"亦是酒的别称，这种称呼主要是

金元之际产生的,元好问《中州集》中说"名酒曰黄娇",后人便据此沿用。而牌匾上的"般若汤"则更有趣,实际上则是宋代僧人代指酒的称呼。苏轼向来有毁僧谤道、拿和尚开玩笑的习惯,在《东坡志林》中写道"僧谓酒为般若汤……但自欺而已,世常笑之。"

文术见了仪狄家的酒,顿时按捺不住,心下自语道:"就下了毒药,我也顾不得了!"此时文术虽然还记得自己在敌军阵中,却无法自制,恰如世间酒徒无有不知酒会伤身的道理,却难以自控一般。文术一边告诫自己:"我也明知酒是害人的,无奈这张嘴不能由我做主,只怕将来竟要把命结识他哩! 话虽如此,究竟不可多饮。要紧要紧! 切记切记!"一面却又在酒家来问是否要再加几碗的时候自欺欺人地想,"索性放量饮几碗,明日再戒罢"。这与今时"明天开始减肥"、"不吃饱哪有力气减肥"的心态如出一辙。

酒　　色

　　白酒新熟山中归,黄鸡啄黍秋正肥。呼童烹鸡酌白酒,儿女嬉笑牵人衣。

——李白《南陵别儿童入京》

　　古人笔下的酒色极为丰富:白酒、黄酒、红酒、绿酒、清酒、玄酒,甚至还有紫酒……如同打开了染料铺一般琳琅满目。

　　酒色的丰富,首先来自于酿造工艺的不同。有些古代酿酒的方法工艺较为简单原始,所以酒也就有了不同的成色。譬如"白酒"一词,现在人说白酒,通常是指酒精度数较高的,经过蒸馏提纯的,色泽其实是无色透明的,偶尔偏向微黄;而古代人所说的"白酒",实际上却是一种酒精度数很低的乳白色米酒。在漫长的历史过程中,有些词虽然还保持着同样的字面形态,含义却发生了微妙的变化。

　　从历史上来看,在最初的时候,酒只有最简单的两种颜色:白色的和透明的。所以《礼记·内则》中简单明了地记载:"酒:清,白",也就是说,酒除了澄澈的清酒,就是带有米浆浊色的白酒。古人多认为清酒的品质胜过"白酒",白酒在三国时期曹操禁酒的时间里也被称为"贤人",与清酒称"圣人"相对应,单在称呼上就知差别。杜甫《饮中八仙歌》里戏称被李林甫排挤的左丞相李适之"衔杯乐圣称避贤",用的还是清酒称圣、白酒称贤的典故。

　　其实清酒与白酒的酿造方法起初没有太大差别,不过是浊酒酿完之后不进行沉淀和过滤，所以米浆也掺杂在酒中。北朝贾思勰的《齐民要术》中有一章专写"白醪麴"，说白酒的酿造方法："取糯米一石，冷水净淘，漉出著瓮中，作鱼眼沸汤浸之。"白居易亦有诗赠友人说"白醪充夜酌，红粟备晨炊"，这里的白醪指的也就是糯米酿造的白米酒。

与"白醪麴"酿造方法相对应的，便是用红曲酿造的"红酒"。唐人徐坚的《初学记》中追溯王粲《七释》中有"瓜州红曲，参糅相半。软滑膏润，入口流散"的说法，但除此之外并没有其他典籍或诗文提及"红曲"二字，故而这种酿造方法到底起源于何时何地，可以说是无从考证的。唐代人虽然没有记载下红曲酿酒的方法，但诗词中已多提及"红酒"，当然此红酒自然非今日所言葡萄酒之"红酒"。最有名的是李贺《将进酒》中写"琉璃钟，琥珀浓，小槽酒滴真珠红"，红色的酒液滴滴如珠，看上去甜美可爱，后来秦观写"小槽春酒滴珠红"，便是化用李贺之句；与李贺同时代的诗人褚载亦有"有兴欲沽红曲酒，无人同上翠旌楼"的句子，可见唐代有红曲酒确为事实。

然而红曲酒的普遍化和红曲运用的多样化，还是在宋代的时候发展起来的。《苕溪渔隐丛话》中说："江南人家造红酒，色味而绝"；庄绰《鸡肋编》曰："江南、闽中公私酝酿皆红曲酒，至秋尽食红糟，蔬菜鱼肉率以拌和，更不食醋。信州冬月又以红糟煮鲮鲤肉卖。"红曲酿成红酒之后，曲也可以取出用以腌渍食物，从而赋予菜蔬肉类以特殊的酒糟滋味。至于红曲酒的酿造方法可以在元代朱丹溪的《丹溪拾遗》中找到，书中说："红曲本草不载，法出近世，亦奇技也"，可见红曲酒不像糯米白酒一样源自古法，而是唐宋以来才有的，故而元朝人认为是近代的产物。

比起"红酒"，"绿酒"似乎更常见于古典诗词之中，我们现在也常说"灯红酒绿"。五代冯延巳的《长命女》中写"春日宴，绿酒一杯歌一遍"，"绿酒"读来仿佛有无穷的旖旎风光，却又不似"红酒"那么娇娆。

不过各类典籍中很少有详细记录如何酿造出绿色酒液,一般认为酒呈绿色的主要原因是酒曲的霉菌导致,唐宋以后,制曲工艺改进,酒色也跟着改变。今日仍可见汉墓出土的酒确实呈绿色。宋人何剡所作《酒尔雅》中提到一种绿色的酒叫"醹",文中说:"醹,绿酒也",后世亦多遵循这种说法。但"醹"是否真的是绿色的酒,倒还真不一定。诗文中常常出现的,是"醹醁"二字,表示美酒,亦有李贺《示弟》中所用"醁醹今夕酒"的说法,即两字倒用;唯有元稹赞叹神麹酒时说"七月调神麹,三春酿绿醹",但"绿醹"的用法与"绿酒"相似,并不意味着"醹"就是绿色的酒。根据字形词源来看,不排除人们逐渐将"醹醁"理解为"醹绿",从而进一步认为"醹"就是一种绿色的酒了。

一种名叫"绿荔枝"的酒是真正能明确酒液是绿色的。黄庭坚旅居戎州的时候曾获友人赠绿荔枝及绿荔枝酒,作诗曰:"试倾一杯重碧色",赞叹绿荔枝酒的色泽碧绿。唐代时杜甫也在戎州喝过"重碧拈春酒,轻红擘荔枝"的重碧酒,两相对应,大约可以认为是同一种。另有"竹叶青酒"、"茵陈酒",由于酒中浸泡药材的缘故,酒色也近绿色,亦可视作"绿酒"家族中的成员。

相比于"绿酒","黄酒"则普遍的多:自宋以来在江南兴起的糯米酿造黄酒,至今依旧是中国酒中最具代表性的一支。诗人中爱黄酒者众多,因为黄酒中有绵密多层的芬芳馥郁的口感,而且味在甜辛之外更有微酸和鲜味,回味丰富。杜甫曾写"鹅儿黄似酒,对酒爱新鹅",以小鹅的嫩黄色比新酿的黄酒,实在是可爱至极。杨万里作过《鹅儿黄似酒》,春水中浮着一只嫩黄小鹅的模样,更令黄酒增添了俏皮的意味。不过陆游的"红酥手、黄縢酒"中所写的"黄縢酒",倒真不一定是黄酒,"黄縢酒"本身只是指宋代以黄纸封口的美酒而已。

不过古人既以"红酒"称呼红曲所酿之酒,那么我们现在所常言的"红酒",也就是葡萄酒,在诗文中则往往被描绘为"紫"色的酒。倘若仔细看葡萄酒的颜色,的确更偏向葡萄的紫色,而不是红曲那样明确的正红色。葡萄酒虽然一直属于舶来品,多半并非中原酿造,但由于历史上中原与西域通商密切,尤其是唐代、元代,葡萄酒可以说还是非常常见的,譬如"杯黏紫酒金螺重",酒色紫而黏重,可知是葡萄酒了。元代张宪作《送铁厓先生归钱塘》,写"真珠酒泻紫葡萄,金错刀镌红玛瑙",紫色的葡萄酒如珍珠滚落,看上去煞是诱人。当然紫酒也未必都是葡萄酒,譬如茱萸酒的颜色也是紫色的:杜荀鹤写过"重阳酒熟茱萸紫",元代周权词中有"蟹压橙香,酒浮萸紫",或许可以佐证。

至于"玄酒",单从名字上来看便令人费解:玄是黑色,怎么会有黑色的酒呢?"玄酒"一词出现的很早,《礼记》中就有"玄酒在室",又说"玄酒明水之尚,贵五味之本也"、"凡尊,必上玄酒",玄酒可以说是周礼中非常重要的一个存在。唐代孔颖达注《礼记》时考证说:"玄酒,谓水也。以其色黑,谓之玄。而太古无酒,此水当酒所用,故谓之玄酒。"这种说法广为后世所采纳,但却难以解释《礼记》中"玄酒明水之尚,贵五味之本也"的说法:既然"水"已经被明确提出,又有什么必要再冠以"玄酒"的名号,并且认为"水"是"水"中的精华呢?不过通过孔颖达的注疏可知,至少在唐代的时候,人们已经无法考证"玄酒"到底是一种什么样的酒了,因此通过推测认为这是对清水的尊称。

因为失传,"玄酒"逐渐成为一种"玄之又玄"的存在,或如唐人所作"天人醉引玄酒注"——玄酒成了仙酒的代称;又或者如宋人作"玄酒非麴蘖,或可通神明"——玄酒不是酿造而成的,但是因为由天地生成,所以可以感通神明。漫漫历史中,失传之事物逐渐演变为神话,又岂是"玄酒"一词。

酒　　味

（米酒）苦、甘、辛、大热、有毒。

——李时珍《本草纲目》

　　古语云："酒香不怕巷子深"，是说中国酒香味浓郁，甚至远远地隔着一条街，也能闻到好酒的醇厚滋味。不过那大多是过去的事情，如今无论是商品还是生活，节奏都快得不可思议，倘若坐等"懂酒"的酒客登门拜访，只恐会"门前冷落车马稀"了。如今葡萄酒能享誉世界、为人接受，品酒师功不可没；相比较而言，中国酒的滋味，懂的人似乎很少对外行传递，不懂的人又缺乏兴致去钻研，乃至中国历代诸多令人垂涎的好酒，似乎都只能向纸上去品评了。

　　中国酒的滋味，着实有些难以一言蔽之。中国酒的种类繁多，大体可以分为米酒、黄酒、白酒（蒸馏酒）、花果酒（露酒）这几类，而通常"白酒"和"黄酒"被认为是中国酒的主要代表。不过倘若向不善饮酒的人询问白酒的滋味，多半得到回答："太辣了"，或者"味儿有点冲"；而黄酒在不懂酒的人眼中，要么类似料酒——拿来烧菜用的，要么被认为是老古董们喝的。有一次以江南好酒招待一位外国友人，谁知他端起杯子仔细闻了闻，面色犹疑地问："怎么有一股潮抹布的味道？"遇到这等不懂酒之人，资深的酒客便大有"夏虫不可语冰"的态度。但他论起葡萄酒的香味、品评、口感、余香时却头头是道，令听者不觉垂涎。如此看来，此人又不是一个不懂酒之人，而是一个"不懂中国酒"之人。这是他的遗憾，也不免是中国酒的遗憾。

　　自古以来，诗书曲文写酒者多矣，但仔细描述其滋味的，却是少之又少。究其原因，大约是古人讲究顿悟、神韵之说，写文章如此、为人处世如此、品酒亦如此。好的滋味不必说破，说破不仅絮叨，而且也失去了妙悟的灵性。是以中文虽千变万化，写好酒多半只是"醇"、"厚"，后来白话小说兴起、情节事物描述详细了许多，但写到酒也不过是以"香甜"、"绵甘"为主，有时说"顺滑"，大约是容易入口的意思。提到劣酒也只是说"淡薄"、"无甚滋味"、"苦"、"涩"而已，有时也说"走了味"，大概不是酒味跑了，就是酿坏了发出酸味。可惜这些概括之言，与懂酒的人谈起来还可以琢磨，但对于不懂酒者听来却是云里雾里。

　　中国酒的滋味不仅复杂，而且独特。伏特加这类酒，纯净、简单，滋味很容易描述；葡萄酒的酿造依据葡萄本身，因此只要摸清了葡萄的品种滋味，葡萄酒的滋味便也明了一半。中国酒的酿造则复杂得多，有粮香、窖香、陈香等等因子，所以酒味也复杂得多。除此之外，如何用准确的、大众可体会的词汇（比如花香、果香等）来表达中国白酒的滋味也是至关重要的。

　　时至今日，我们对于白酒味道的表达都不太容易被大众理解。以四大基础香型为例，酱香型酒的表达是：酱香突出、幽雅细腻、酒体醇厚、回味悠长。浓香型酒的表达是：窖香浓郁、绵甜甘洌、香味协调、尾净香长。清香型酒的表达是：清香纯正、诸味协调、醇甜柔口、余味爽净。米香型酒的表达是：蜜香清雅、入口绵柔、落口爽净、回味怡畅。大多数人看完仍是一头雾水。有人说这种表达过于笼统，无从判断，所以就出现了另一种极端，以己酸乙酯、丁酸乙酯、乙酸乙酯、乳酸乙酯等呈香物质来描述。准确倒是准确了，美感与食欲荡然无存了。因此要想把中国白酒的美好滋味传播给世界，我们确实需要想出一套更好的表达方法，既能准确又便于理解。

　　但这并不是说中国酒的滋味就无法被清晰地表述出来。《本草

纲目》虽然是一部医药之书,但其中对酒的描述却简练而不失精确:
":(米酒)苦、甘、辛、大热、有毒。"其中"苦"、"甘"很好理解,而"辛"与
"大热"则正是复杂而难以体味的部分。古代没有"辣"这种说法之
前,是以"辛"来代替刺激的味道,这也正是人们说酒味"辣"的主要原
因。但以"辣"代"辛",则稍显有些简单粗暴,因为"辛"同时还有一种
香料的"辛香味"的意思。烧酒中酒精的滋味是最基底的辛辣,带有
微微的甘苦感;令其中滋味变得丰富的,实际上是在酒曲与粮食进行
二次发酵的过程中产生的脂、醇类物质。这些物质带有不同的辛、
酸、咸、苦、涩的味道。

　　酒客论酒,虽然有"绵柔"的说法,但好酒更多被称为"醇厚"、"浓
郁",反之则为"寡淡"。要知陆游所说的"社瓮虽草草,酒味亦醇酽"
的滋味,不仅要用舌头品尝,而是要眼耳鼻舌身意俱到:眼观酒色、鼻
闻酒香、口尝酒味。鼻嗅酒香的芬芳——当粮食种类更为丰富的时
候,各类粮食中所含的脂肪酸与多种醇类反应形成芳香性酯类,这就
是"酒香四溢"中的酒香的来历。舌头此时才开始介入,烧酒入口,在
舌尖先逗留一点简单的辛香,继而满口醇醪的香味,最后咽下去,在
喉咙到腹部感到微热的同时,有一点带着回甘的香味重归口中。倘
若酒量尚可之人,即使不至于一杯便醉倒,但若度数较高,往往是"琼
浆一饮觉身轻",心意随之忘忧,灵感便如泉涌。

　　浓郁醇厚的烧酒正如唐代所说"荔枝新熟鸡冠色,烧酒初开琥珀
香",今日高粱酿造的好酒,也是色泽透明微黄、香味浓郁。而清香甘
冽的烧酒则更类似元代原名"阿剌吉"的蒸馏烧酒,李时珍《本草纲
目》中记载说:"烧酒非古法也,自元时始创,其法用浓酒和糟入甑,蒸
令气上,用器承取滴露,凡酸败之酒皆可蒸烧。近时惟以糯米或黍或
秫或大麦蒸熟,和曲酿瓮中十日,以甑蒸取,其清如水,味极浓烈,盖
酒露也。"需要说明的是,烧酒在不同的时代含义是不一样的,正如王
赛时先生《中国酒史》指出的:宋以前的烧酒是指低温加热处理的谷

物发酵酒,并无蒸馏的意思;元朝人所说的烧酒基本都是蒸馏酒的范畴,但包含葡萄烧酒;明朝以后,烧酒二字专指谷物蒸馏酒。同一词汇,在不同的时代、语境中含义不同,是一个复杂而有趣的现象,几乎存在于各行各业。

酒　菜

四鳃鲈鱼千里莼,有此下酒物,刘季张良焉足论。

——顾大武《漫歌》

中国人饮酒,总习惯配有下酒菜。所谓下酒菜,目的当然是陪伴饮酒了,因此下酒菜总是处于从属的、配角的地位;倘若浩浩荡荡一场宴席,席间有菜有酒、酒与菜是均等的,则只能称为酒宴,而不能称为下酒菜了。但这又不以菜的价值作为简单的衡量标准,即使是精致考究的菜肴,但倘若为酒服务,则亦可称为下酒菜。总而言之,可以认为这是一种因果关系,因为要配酒而做的菜肴,便是下酒菜了。

这个习俗是什么时候形成的不可确考,但据诗文描述来看,在宋代以来,饮酒必备下酒菜几乎已经是一条定律了。苏轼在《后赤壁赋》中记自己与客夜归临皋,见明月清风殊可玩赏,便叹息说:"有客无酒,有酒无肴,月白风清,如此良夜何!"可见有酒无肴和有客无酒一样,都是颇为扫兴的事情。无酒不成席,中国人的餐桌上是不能没有酒的,反之亦可知,当酒出现的时候必然是要有配菜的。将配菜叫作"下酒菜"可见菜的目的是为了多喝酒,这一点和"下饭菜"没有本质不同。

至于下酒菜具体为何物,几乎可以说一切菜肴均可,不过按照个人喜好安排罢了。宋人善治下酒小菜,称为"按酒",梅尧臣曾作诗谢僧人文惠所赠的新笋说:"煮之按酒美如玉,甘脆入齿馋流津。"这便是将鲜嫩的新笋拿来做成下酒小菜了。当时市面上最为常见的是酒店里备下的按酒,一般是鲜果、干果一类,被统称"果子按酒"。《东京梦华录》卷四《会仙酒楼》中记当日汴梁城内酒食精致奢靡,只要是两人在酒楼饮酒对坐,都"须用注碗一副,盘盏两副,果菜碟各五片,水菜碗三五只,即银近百两矣。虽一人独饮,碗遂亦用银盂之类。其果子菜蔬,无非精洁。"后来《水浒传》中写较为精致的下酒菜时说:"铺下果子按酒",便是源自《东京梦华录》的记载了。

虽说一切菜蔬肴馔,只要是自己喜欢,都可以拿来充作下酒菜,但有些菜肴从诞生之初起,主要就是为了做下酒菜而发明的,例如今人的油炸花生米、压煮香干之类,做菜吃似不合理,干吃似也不妥当,必得配上酒才好。《红楼梦》中写宝玉去薛姨妈处做客,吃饭时提起前日去宁国府的时候吃到很好的糟鹅掌鸭信,薛姨妈正好自己糟了一些,便拿出来给宝玉尝尝。宝玉见了便笑着说:"这个就酒才好",糟鹅掌鸭信一类的凉菜,本就是为下酒准备的,单独吃则略显奇怪。

在南方,另一件公认的下酒菜,大约就是螃蟹了。记食蟹而入诗的,多半是晚唐以后了,尤以宋人为多;而凡记食蟹的,则多半记饮酒。方回作《九月十二日得蟹小酌》说"左手持螯可醉乡",陆游作诗记"偶得长鱼巨蟹命酒小饮,盖久无此举也",就连宋高宗赵构都写诗记"鱼蟹来倾酒舍烟",可见宋人持螯饮酒,是十分风雅的场景。以蟹下酒,一方面大约是因为蟹肉难拆,又须细细品味才能得其甘美,正好符合浅斟慢酌的饮酒节奏;另一方面来看,则因蟹性寒凉,须得有酒来陪才不伤身体,就连只吃了两个蟹钳肉的黛玉,也需"热热的吃一口烧酒"才好。

相比于这种风雅的"文吃",当然也有比较豪气的"武吃"。倘若以鱼虾蟹这样精致的食物,拿去给李逵那样的莽汉去吃,只怕是连骨头都直接嚼了。因此《水浒传》记在清河县上、东京汴梁这些繁华都城里饮酒,下酒物是"果子按酒",但到了江湖上,多半就是让小二打酒,切数斤的生熟牛肉来下酒了;除了切大盘的牛肉之外,也有像鲁智深这样大啖狗肉下酒的,甚至有拿活人心肝下酒的,不过这多半是为了报仇,与其说是拿活人心肝下酒,不如说是拿复仇的快感下酒。

若说拿器官下酒还不算怪,《西游记》里妖魔鬼怪的按酒则必然极尽奇绝古怪之能事。据说吃一块唐僧肉能长生不老,这样珍贵的东西,自然没有妖怪愿意囫囵吞枣地浪费了,倘若抓着唐三藏,必然是洗涮干净,安排下酒宴请朋友赴宴,一起分享。行至枯松涧火云洞时,三藏又被红孩儿捉去,孙悟空前去要人,只听得红孩儿奚落他说:"你这猴头,忒不通变。那唐僧与你做得师父,也与我做得按酒,你还思量要他哩。莫想,莫想!"要拿唐僧肉做按酒,这道下酒菜可真是令人哭笑不得。

除却妖魔鬼怪来说,寻常人的下酒菜中,也有些许不寻常的。李白留客人饮酒,"客到但知留一醉,盘中只有水晶盐",竟以盐下酒,今日可谓是闻所未闻了。据说古人以盐下酒,竟是惯例;有考据说宋人钱明逸邀友人饮酒,"客不过三五人,酒数斗,瓷盏一只,青盐几粒。"也有人说是苏东坡的,然而据苏东坡这位老饕的性格来推测,有酒无肴,只有青盐几粒,恐怕是不甚称意的。

以盐下酒并非古代专利,也是有现代版本的。曾听一位长辈朋友说起物质贫乏年代的喝酒与吃菜轶事。那时酒非常稀缺,常常抿一小口含在嘴里,二十分钟后再下咽,让酒与口腔充分接触。今天我们认为花生米几乎是最简陋的下酒菜了,他吃过最简陋的下酒菜是用筷子头蘸一蘸酱油瓶,然后用舌尖舔一舔,再配一小口酒,便有神仙感觉了。物质的匮乏让人唏嘘,但那种喝酒的乐趣也确实是久违了的。

不过对于读书人而言,有些下酒菜却是不需要烹调的。据说苏子美爱饮酒,每晚在书房饮酒一斗。他的岳父看了觉得奇怪:书房既没有酒友,也没有下酒菜,难道干喝不成? 于是晚上去书房看他。且见苏子美正读《汉书·张子房传》,看到惊险处,如张良刺杀秦始皇不成时,便大呼可惜,满饮一杯;看到痛快处,如张良与汉高祖相遇,又抚案叹息难得,再满饮一大杯。以书下酒的不止苏子美,陆游也作诗说:"欢言酌清醑,侑以案上书。"后清代有屈大均的"一叶《离骚》酒一杯",宝廷的"《离骚》少所喜,年来久未温,姑作下酒物,绝胜肴馔陈",读书人纷纷以书下酒,多半是出于对苏子美的"致敬"。

酒　　戏

却说贾珍贾琏暗暗预备下大笸箩的钱,听见贾母说赏,忙命小厮们快撒钱,只听满台钱响,贾母大悦。

——《红楼梦》第五十四回

民谚常说:世上有的戏上有,也有反过来说的,即戏上有的世上有,无论怎么说,大约是说戏曲与生活之间有着密不可分的联系。正因为世间有嬉笑怒骂,故而戏上有嬉笑怒骂;因为世间有冷暖多情,戏上也就有了冷暖多情。因此在人间频频出现的酒,在戏曲中也成了极为重要的角色。

到了明清的时候,戏曲和其相关的理论就都已经比较成熟了,总体来说,戏曲总归要表现一个有冲突、有发展、有转折的故事,而这冲突、发展和转折,经常就着落在"酒"上。纵酒使气便有了冲突,酗酒胡闹则令人捧腹,又或者醉中有英豪姿态、有痴男怨女姿态,都比清醒的时候做来要顺理成章许多。戏曲中若少了酒,便少了剧情发展的催化剂。

与酒有关的戏曲可以说不胜枚举。有些是故事本身就与酒有关,譬如京剧《青梅煮酒论英雄》、《武松打虎》、《群英会》,豫剧《打金枝》,昆曲《太白醉写》,倘若没有酒,便连故事的依托都没有了,必得令曹操置酒、武松使酒、周瑜诈醉、郭暖纵酒、李白酩酊大醉,才有了分天下、打虎、盗书、打公主、醉草吓蛮书的故事。也有些故事并不是以酒为主旨,不过情节中穿插着酒,譬如《西厢记》中以酒退婚、置酒送别;《长生殿》中杨玉环与唐明皇举杯盟誓;《望江亭》中谭记儿扮渔妇灌醉杨衙内;《桃花扇》中李香君借酒宴大骂奸佞;《汉宫秋》中汉元帝与王昭君依依不舍;《单刀会》中关云长智破鲁肃三计……盖因生活中处处有酒,戏上便也少不了酒,这里的酒固然不是事件的缘起,却也起着重要的联结作用。

戏曲中描绘宴饮吃饭,不需用拿着碗筷碟盆上来的,多半是酒壶酒杯一置观众便可心领神会了。舞台上的演员自然不能当场醉饮,而曲艺表演本来就有"三五步走遍天下、七八人百万雄兵"的说法,故而戏曲中常以夸张的道具表明"上酒",以跟跄的脚步喻示酒醉。戏曲中置酒通常有酒盘、酒壶、酒斗、酒皿、甚至还有酒坛,贴金描龙凤的配饰帝王贵族角色,普通人则朱漆或者贴锡。醉步则跟跄而不倒,曲曲折折中,既有令观众叫好的脚步功力,又有迷离恍惚的妙趣横生。男醉步左右交替、跌跌绊绊而不失刚猛;女醉步则常伴随水袖功、莺带功、腰肢袅娜、眼神惺忪、面若桃花,醉中不失优雅。

若说戏曲中饮酒醉态之美,莫过于《贵妃醉酒》。无论是梅兰芳扮相的"贵妃醉酒",还是张国荣在电影里饰演的"贵妃醉酒",都颇有我见犹怜的妩媚。中国历史上对"红颜祸水"的态度多半是比较苛刻的,偏偏对这位"三千宠爱在一身"的贵妃总报以同情和追念的态度。也许是杨玉环身上有着盛唐的幻梦,也许是被迫自缢在马嵬坡的下场太过凄凉,又或者是白居易那句"七月七日长生殿,夜半无人私语时:在天愿作比翼鸟,在地愿为连理枝",总令人相信和期许帝王家再世态凉薄,总还是有一份真情的。所以戏曲总赋予杨玉环最华丽富贵的模样,满头的凤凰珠翠,面容如花、口若丹朱。心理的变化就在这位倾国倾城的玉人正在百花亭上顾盼生姿的时候,却被唐明皇爽了约。

杨玉环闻说"万岁爷驾转西宫啦",先是一惊,继而怒道:"且自由他!"过去无论是深宫之中,还是大宅门户,往往多的是等不来夫君的女子翘首以盼、黯然神伤。而杨玉环却没有撤下为帝王摆下的宴席："酒宴摆下，待娘娘自饮几杯。"戏曲中一段《傍妆台》：杨玉环抖袖、整冠、开扇、裴力士和高力士捧酒盘上，跪下敬酒，敬的是"黎民百姓所造"的太平酒、"三宫六院所造"的龙凤酒、"满朝文武不分昼夜所造"的通宵酒。杨玉环看着喻示着盛唐气魄的酒宴，慢慢唱道："人生在世如春梦，且自开怀饮几盅……"人生在世如春梦，一句唱词，是为杨玉环的命运作了注脚，为大唐的兴衰作了注脚，也是为那三杯酒作了注脚。

《醉打山门》表现的是戏曲中饮酒致醉的鲁莽之态。《红楼梦》中宝钗过生日点戏，先点了《西游记》一类的热闹戏曲，再点时又点了《山门》，情节便是《水浒传》中鲁智深醉打山门的故事。鲁智深本是莽汉，醉酒之后直打上五台山去，闹得寺庙上下人口不宁，就连门口的金刚、寺庙的大门都打坏了，又与众和尚厮打吵闹，也可以算是一出"热闹戏文"，故而宝玉抱怨宝钗只爱点这些热闹的。宝钗笑他不知戏。

鲁智胜醉打山门的时候，正是他打死镇关西、无路可走，削发为僧之后。鲁智深其人虽有佛性，但佛寺中清规戒律的生活却是他绝对过不惯的，几日没有酒吃，嘴里便要"淡出鸟来"，于是便要下山寻酒喝，喝醉了自然生出无数事端。戏曲中演这样一出，自然主要是为了热闹：鲁智胜同酒家吵架，醉上山门跟跟跄跄东倒西歪的模样，加上不分青红皂白糊里糊涂到处乱打的场景，简直令人忍俊不禁。但这份热闹却并不是《醉打山门》的真正内涵。

《醉打山门》中的鲁智深，便是依照着醉罗汉、铁拐李的形象塑造的，因此他的醉酒中有一种佛性：当他醉上五台山的时候，便唱着那支《寄生草》："没缘法，转眼分离乍。赤条条来去无牵挂。那里讨，烟蓑雨笠卷单行？一任俺芒鞋破钵随缘化！"他在醉中的蒙眬里领悟到聚散匆匆、人世间的来去都无甚值得牵挂的。因此在《水浒传》中，一百单八位天魔星君,放下屠刀立地成佛的,只有鲁智深一人而已。

说起来,杨贵妃的醉酒与鲁智深的醉酒,简直是天差地别:一者是精致的、宫廷的、古雅的,甚至有几分香艳的;另一人则是鲁莽的、江湖的、混乱的,甚至有几分搞笑的。但在《贵妃醉酒》与《醉打山门》的戏曲中,都不由得在这最繁华热闹的醉酒章节中,展现出几分世事无常的落寞和凄凉。这多半是因为世间无论是荣华富贵者,还是出家剃度人,只要还在滔滔滚滚红尘中与酒做伴,便抹不去这场醉意的热闹与热闹场背后的冷清吧。

酒令(一)

黄黄鸟邪，醉吾冬梅。
——秦简《酒令》

饮酒时所行的酒令，可以说在中国古代酒文化中占据了一个重要的角色。酒令本是酒席上助兴的游戏，群坐饮酒索然无味，而游戏则是最容易在短时间内活跃气氛、将一群缺乏共同话语的人群凝聚在一起的简单有效的方法。在饮酒的过程中行酒令，依照酒令的要求来饮酒，既可以令"饮酒"这件事本身充满乐趣，同时也是一种轻松愉悦的游戏。

中国的酒令，据推测最早诞生在西周。从周到春秋时期，酒宴上流行的酒令是"当筵歌诗"与"投壶赋诗"，一者是即兴而为的，另一者则是加入了游戏的成分。从严格的意义上来说，"当筵歌诗"本身很难说是酒令中的一种，虽然中国酒宴上最古老、延续最久的习俗就是"对酒当歌"——饮酒的时候应当有即席的赋诗以应情景。但是"当筵歌诗"只能说是一种增加酒宴趣味性的自发行动，譬如学者考证清华楚简《耆夜》，内容中讲了周武王与黎国战争胜利后喝庆功酒的情况，并在酒席上赋诗《蟋蟀》自勉。但与其说这是"贵族以歌诗当酒令"，不如简单认为就是酒席上的即兴而为罢了。

而投壶则不同，投壶可以算是酒令中最古老的游戏。《红楼梦》中大观园里行酒令，拈阄拈出了"射覆"，众人笑说"把酒令祖宗拈出来了"，其实酒令的祖宗，最早可以追溯到投壶。投壶是以一头齐、一头尖的矢为器物,投掷进一个口广腹大的细颈瓶里,投中者为胜,不中者罚酒。《礼记》中有《投壶》一章,是将投壶作为酒礼的一个部分来描述的,因此详细规定了投壶的方式、宾主的对话、饮酒的顺序,乃至所奏的音乐等等。

上古时期,酒以为礼。因此酒令虽然是游戏,却是从酒礼中脱胎而来的,不过随着饮酒、酒宴礼教功能的退化而逐步变得世俗化、游戏化了。北大考古曾发掘秦简《酒令》,有三枚木楬与一枚行酒令的木骰,竹楬上所刻酒令就已经趋向世俗化了。

到了汉代的时候,酒令与酒礼其实已经分开了,而是成了一种被称为"觞政"的制度。汉代刘向《说苑·善说》中言:"魏文侯与大夫饮酒,使公乘不仁为觞政。"其实觞政就是汉代对酒令的称呼。汉代行酒令的方式依旧有投壶、竹筹与木骰,还有"酒令钱":一种与秦简《酒令》类似的游戏。不过是将酒令的规则与内容铸成钱币的模样,酒令钱上有文字如"圣主佐,得佳士,金钱施,贵富寿……自饮止,饮酒歌"等等,持币者依照上面的文字完成酒令的要求,堪称最古老的"游戏币"。

当然,酒令也并非都是轻松愉快的。《红楼梦》中第四十回,贾母令鸳鸯主持行酒令,鸳鸯说:"酒令大如军令,不论尊卑,惟我是主,违了我的话是要受罚的。"鸳鸯说来当然是玩笑话,但玩笑话中自有规则。《史记·齐悼惠王世家》中提到刘章作为觞政的"酒吏",也就是酒宴时监督执行酒令的人,又称酒令官。刘章提出:"臣,将种也,请得以军法行酒。"刘章是军人后裔,又不满于吕后把持朝政、刘姓王族衰微,因此借着行酒令的机会,将酒令行成了军令;恰逢吕后有一个手下喝醉了酒,行酒令的时候逃了一轮酒,刘章乘机杀一儆百,以军法之纪律、尊酒令斩杀此人,而吕后也无话可说。由此可见,中国古代对酒令的态度虽然是游戏的,但同样也是极为认真严肃的。

由春秋至秦汉,酒令的形式还相对比较单一。但到了魏晋南北朝的时候，酒令的形式就开始逐渐发展起来了。魏晋南北朝时期酒禁的时间短少，国家对酒的管控主要是采用税收的方式，再加上当时"名士风气"的影响，举国上下、从南至北，饮酒成为一种主流的社会文化风气。加上民族文化的融合，酒令便诞生了许多新的游戏方式。譬如王羲之《兰亭集序》中所描述的"曲水流觞"就是酒令中的一种，将酒杯盛酒后放入曲折的溪水中，流到谁面前停住便由此人行酒令，或作诗，或作歌，做不出便饮酒。南朝梁吴均《续齐谐记》："昔周公卜城洛邑，因流水以泛酒，故逸《诗》云羽觞随流波。"流觞的历史也许可以追溯到周公的时代，但在春秋乃至秦汉都未成为酒令的主流方式。

与"曲水流觞"齐名的，要数石崇的"金谷酒数"。石崇之富，可谓是旷世绝伦；而石崇金谷园的酒宴，更是一应酒器食材、珍奇异宝"莫不毕备"。石崇曾作《金谷园诗序》，记载酒宴中的酒令："琴瑟笙筑，合载车中，道路并作。及住，令与鼓吹递奏，遂各赋诗，以叙中怀，或不能者，罚酒三斗。"也就是在宴饮中奏乐，音乐停时各自赋诗，写不出来的罚酒三杯。这种酒令既上承了"当筵歌诗"的传统，又有风雅意趣，同时有了一定的规则性，因此常为后代文人饮酒时采用。李白《春夜宴诸从弟桃李园序》中说："如诗不成，罚依金谷酒数"，其酒宴的规则便是遵从石崇的金谷酒令。

魏晋时期还流行拆字解谜的酒令。后魏孝文帝举酒称"三三横，两两纵，谁能辨之赐金钟。"王肃解字为"习"，魏孝文帝赐酒给他，这就是一个以字谜为酒令的例子。字谜是猜字，藏钩与射覆则是猜物，或为猜物的名称。李商隐作《无题》写"隔座送钩春酒暖，分曹射覆蜡灯红"，送钩、分曹就是魏晋南北朝时期流行的酒令"藏钩"，晋人周处《风土记》载："腊日祭后，叟妪各随其侪为藏钩之戏，分二曹以较胜负。"藏钩的游戏是将饮者分为两组，即所谓的二曹；然后其中一组人中选一人手藏玉钩，由另一组人猜测玉钩藏在谁手里。晋代酒令流行藏钩之戏,以致庚阐专门作了一篇《藏钩赋》曰:"叹近夜之藏钩,复一时之戏望……钩运掌而潜流,手乘虚而密放。示微迹而可嫌,露疑似之情状。辄争材以先叩,各锐志于所向……夜景焕烂,流光西驿……疑空拳之可取,手含珍而不摘。督猛炬而增明,从因朗而心隔。"

　　藏钩是猜何人藏物,射覆则是猜所藏何物。射覆就是"于覆器之下置诸物,令暗射之,故云射覆"。据说汉代东方朔是射覆能手,《汉书·东方朔传》中说"上尝使诸数家射覆"在这场游戏中,东方朔不仅猜对了盆下的物品、拿到了很多的赏赐,还令对他挑衅的侍臣挨了打。此时的射覆其实已经背离了酒令之理,作为酒令的射覆,输家只会被罚酒,大约总不至于受皮肉之苦的。

酒令(二)

隔座送钩春酒暖,分曹射覆蜡灯红。

——李商隐《无题》

唐宋时期酿酒技术和商业的发展,必然性地带动了酒令的发展与丰富,乃至很多人认为酒令本身就起始于唐代。唐代酒令繁多,饮酒时既有循规而行,也有即兴而作的,不过大体按风格总可以分作雅令和俗令;按具体的游戏方式来说,则可以分为律令、骰盘令、抛打令、筹令等。

雅令通常是文人墨客雅集饮酒助兴所用。窦萍《酒谱·酒令》中说:"若幽人贤士,既无金石丝竹之玩,惟啸咏文史,可以助欢,故曰:闲征雅令穷经史,醉听新吟胜管弦。"因此可见雅令是与文史有关的。酒令与诗文有关,是与"当筵歌诗"的传统一脉相承的,只不过由于唐代诗歌的鼎盛,以诗为酒令的游戏也自然更受欢迎。可惜的是唐人所著酒令文书,到宋代的时候就已经亡佚,宋人对唐人酒令就已经"皆不能晓"了,洪迈在《容斋随笔》中直言"今人不复晓其法矣",因此后世对唐代酒令多半是通过所载之名与诗词历史中的记载来推测其盛况。

诗词酬唱的酒令中,有"飞花令"一种,进来因电视节目《中国诗词大会》的推广人尽皆知,据说名称来源于韩翃的《寒食》:"春城无处不飞花。"巴金的《家》中有一段飞花令的描述:琴说了一句"桃花乱落如红雨",该下座的淑英吃酒;淑英吃过酒之后说了一句"落花时节又逢君",接下来就该淑华吃酒。这一种酒令很近似《红楼梦》中贾蔷行的"月字流觞",贾蔷解释酒令的规则是"我先说起'月'字,数到那个便是那个喝酒,还要酒面酒底"。也就是说令官开始说一句句中带有"月"字的诗,其中"月"在句中是第几个字,就按顺序向下数到第几个人,由那个人按酒底和酒面提供的字念诗,然后饮酒,才算完令。如此风雅的酒令,在人尽能诗的唐代可谓常见,但在后世就渐渐淡出了酒宴。

"飞花令"与"月字流觞令"只需开口以字说诗,可以说是不需要依托道具的酒令,虽然方便,但缺乏趣味性,因此筹令便应运而生。白居易有诗:"花时同醉破春愁,醉折花枝作酒筹。"筹即是算术的意思,酒筹又称酒算、酒枚,本身是作为酒桌上计数之用,但单作计数无味得很,因此便在筹签上刻上诗文短句并对应酒令规则,依签来决定执行酒令的内容。目前能找到的最早的酒令酒筹就是唐代的"《论语》酒令筹",每支筹签上刻有楷书《论语》文句并鎏金令词。白居易《与梦得沽酒闲饮且约后期》诗中说:"闲征雅令穷经史",雅令之雅者,可以上至《论语》一类的典籍,可见唐代雅令对与会者的要求之高。

至于骰盘令,源头可以寻至随秦简《酒令》出土的木刻骰子。唐代的骰子多为十四面或十六面,而不是我们现在常看到的六面的正方体,骰子面上刻有点数。温庭筠写词"玲珑骰子安红豆,入骨相思知不知",将骰子赋予了缠绵温柔的诗意,可谓化腐朽为神奇。然而实际上骰子远于雅令而近于俗令,更多偏向简单粗暴的博彩。汉代有樗蒲之戏、晋代有五木之戏,唐代有木射,其实都是名称相近而实际不同的骰子酒令;又有"投琼"、"彩战"、"双陆"等名,都是以骰子为依托的不同酒令。

掷骰子之外,还有抛打令,类似今日的击鼓传花。徐铉有《抛球乐词》,描述唐代抛打令是"灼灼传花枝,纷纷度画旗"。刘禹锡亦有诗,说"幸有抛球乐,一杯君莫辞"。抛花枝或抛球,本质上都是抛打令的一种。《抛球乐》本身就是唐代教坊的乐曲名之一,"酒筵中抛毯为令,其所唱之词也。"也就是说《抛球乐》是专门为这种酒令所作的唱词,众人在行酒令的过程中会有教坊歌姬弹唱词曲助兴。抛球乐发展到后来,就是击鼓传花的酒令游戏:《红楼梦》第五十四回提到贾母摆家宴时,凤姐儿看贾母兴致很高,便提议"趁着女先儿们在这里,不如咱们传梅,行一套'春喜上眉梢'的令",于是席上取一枝红梅用以传花,取了黑漆铜钉花腔令鼓来,鼓声住时花落谁家,便由此人饮酒作诗,或说个故事笑话,以完酒令。

抛打令行酒令中,尚需作诗或作歌舞;而"豁拳"则可以说是俗令之首了:所谓豁拳,划拳者是也。书载"唐皇甫嵩手势酒令,五指与手掌指节皆有名,通呼五指曰五峰,则知此戏其来已久。"划拳的游戏可以追溯到唐代。唐代文献中提到"喧拳"的不多,《全唐诗》中提到时名称为"招手令",解释说是以手掌手指区分为"玉柱"和"五峰",但并未对游戏的方式作出具体的解释。倒是敦煌文献中提到了"喧拳",说"社内不谏大小,无格在席上喧拳,不听上人言教者,便仰众社,就门罚酿腻一筵……"虽说是女子之规,可见在当时豁拳可以算是一种较为喧闹粗俗的行为,为酒席间不宜为之的。

有人考证划拳不是正统的中原酒令,推测是唐代时从西域传来的一种酒令。敦煌文献中多次提到喧拳,清人姚莹也说,"唐代佛教盛行,以五指屈伸作手势,盖佛经所谓手诀也,唐人戏效之为酒令耳。"这种认为划拳来自佛教手印的猜测固然只是一家之言,但划拳这种酒令来源于西域的说法大约是差不离的。《东皋杂录》中记唐人有诗说:"城头击鼓传花枝,席上搏拳握松子。"这到底是唐人所作,还是后人假托唐人所作,便无从考据了。

至少可知的是,到了明清时候,豁拳已经是雅俗共赏的一种"爽利"的酒令了。《红楼梦》中两次写豁拳,先是急性子的湘云主张酒令玩"拇战","三五"、"七八"乱叫划拳,叮叮当当只听得腕上镯子响,输的人要说一句古文、一句旧诗、一句骨牌名、一句曲牌名、一句《时宪书》上的话,连大观园里众人都笑说这酒令唠叨而又有意思;第二次是宝玉寿宴,大家在怡红院里掣花签,彼此都有几分酒了之后,便开始"豁拳赢唱小曲儿"。因此豁拳本身虽然是俗令,但到了风雅人的手中,自然也变得有了几分雅趣。所谓酒令,大抵如此,雅俗不由令,但由行令之人罢了。

酒令（三）

杜甫。囊空恐羞涩，留得一钱看。盖空者各饮一杯。

——陈洪绶《博古叶子》

酒令至明清，其形式已经基本固定了下来，雅俗之令，也都日臻完备。酒令的形式既已齐备，其内容便逐步精微，因而雅令不断地转向艺术化、文人化；另一方面，由于市民阶层的兴起，俗令又更为俚俗、普遍。因此明清两代的酒令，可以说是像象牙尖上觅雕画，螺蛳壳里做道场，从酒桌上的一种游戏，变成了一门专精的艺术。

雅令的极端典型，可以通过《镜花缘》略见一斑。《镜花缘》第八十二回"行酒令书句飞双声，辩古文字音讹叠韵"，通过掣花签决定若花姑娘规定酒令的形式。若花所定的酒令是"双声、叠韵"，这一酒令甚至连她自己都觉得"但恐过于冷淡，必须大家公同斟酌"。与其说是酒令，不如说是专精研究古文字"小学"音韵一道的老先生们自娱自乐的游戏。春辉也解释说"时下文人墨士最尚双声、叠韵之戏"，可见这一酒令原本是从文人自己的文字游戏而来，并不是依托饮酒筵席而产生的。这种酒令不仅行起来困难，甚至要请出专业书籍来核对勘正，于饮酒行令来说，可谓诸多不便，因此除了《镜花缘》中炫技地提到、《酒令丛钞》总略过一笔之外，这种酒令几乎可以说是闻所未闻。

除了独创一些小众的游戏方式之外，明清文人对传统酒令也有所发展，但其发展主要是在细节上的而非形制上的。譬如唐代酒令中,已有一种游戏方法,被称为"叶子酒牌",这种唐代的酒令牌又被称为"彩笺",是在酒牌上写上诗句和酒令的规则,抽中令牌者依令行事。宋代章渊的笔记《槀简赘笔》中提到唐人用叶子酒牌作"钓鳌令",以垂钓的方式选取酒牌,依照其上所书文字行酒令,说到底还是一种抽取酒牌的游戏方式。

到了明清时候,酒牌的游戏方式几乎没有发生大的变化,但是酒牌的牌面本身却变得更为丰富了。酒牌原称"叶子戏",到了明代,分化为带有骰点的"马吊牌"和酒牌,两者常常混用,《红楼梦》中玩"三宣牙牌令"时,拿"骨牌副儿"拆点数凑成的酒令牌,实际上就是明代被称为"马吊牌"、后来发展为麻将牌的叶子戏。明代士大夫于酒令中最青睐酒牌,乃至明亡之后,世人慨叹"此为不祥之物",竟将明代亡国的罪责归结于士大夫沉湎酒牌酒令的玩物丧志了,这从侧面也能看出酒牌之戏在明代风靡程度之盛。

明清盛行版画,又盛行小说,因此常有以小说内容为依托的版画作品,譬如水浒叶子、西厢叶子,都是依托《水浒传》《西厢记》中的人物场景所做的酒牌图案。还有一种最受文人墨客青睐的"博古叶子",是在酒牌上画上历史中的各位文人酒客,又称《列仙酒牌》。陈洪绶晚年画过一组《博古叶子》,所绘人物从陶朱公、白圭这样的商人,到杜甫、司马相如这样的文人墨客,再到卫青、虬髯客这样的将军豪侠,甚至还有吕不韦、吴王濞一类颇有争议的人物,几乎可以说无所不包,且都以老莲个人的喜好拣选,因此更有个人的艺术风韵。陈洪绶的《博古叶子》作为酒牌的意义不大,反而更像一件文人木刻版画的珍品。其中有一张绘着白描杜甫形象的酒牌,所配酒令为:"囊空恐羞涩,留得一钱看。盏空者各饮一杯。"杜甫生性亦好酒,然而常恐囊中羞涩,不足以付酒资,晚年窘况,竟与陈老莲遥隔千余年而惺惺相惜,这亦可算是酒客于酒令中所得的知音了。

雅令之外,自然也有俗令。明清酒令的俗令之首,便是"拧酒令儿"了。"拧酒令儿"是一种苏州特产的泥胎小人像，将彩绘滑稽逗乐形象做成可以旋转的不倒翁模样，转动后小人儿面向谁，就由谁饮酒。薛蟠从虎丘带回来的"自行人，酒令儿"，就是用来玩"拧酒令儿"的不倒翁陀螺小人儿了。拧酒令儿之外，还有猜子令，可以算是藏钩酒令的简化版，是令其中一人手握瓜子、另一人猜瓜子藏在哪只手中。

除了在饮酒中行酒令，清代人还收集梳理了诸多关于酒令的理论研究书籍，譬如俞敦培的《酒令丛钞》，此书可谓是古往今来酒令之集大成者。康熙年间，张潮编撰了《檀几丛书》，记载酒律、饮中八仙令等清代常见的酒令，也将沈中楹的《觞政》、金昭鉴的《酒箴》都收录其中。而酒令之讲究者，莫过于讷斋道人所编著的《酒人觞政》中所录的《酒政六则》，文中提到饮酒需要讲究"饮人、饮地、饮候、饮趣、饮禁、饮阑"六件饮酒的要则，其中"饮趣"便要依托酒令来达成。

对于酒令的实行，《彷园酒评》中特地提出要"宽严并济、雅俗共赏、不行苛令"。宽严并济者，虽然说酒令大似军令，凡在座者都需服从；但酒令毕竟以游戏为要，倘若真的都像刘章一样行起军令来，在酒桌上因为酒令较真，未免太过扫兴。雅俗共赏者，是要求酒令要与酒宴的情况相匹配，譬如《红楼梦》中薛蟠生日，宝玉起酒令要做女儿悲、女儿愁、女儿喜、女儿乐四句话，并唱一首时兴曲子，无论是宝玉这样精于诗词的公子，还是冯紫英这样的将门子弟，或是云儿这样的歌姬，都能参与酒令；又譬如贾母行的牙牌令，刘姥姥所说的虽然是村言俗话，但也能契合酒令的要求。倘若都像《镜花缘》中双声叠韵的酒令玩法，恐怕便要被称为"苛令"了，要求过于严苛，因此反而失去了酒令本身的趣味，变得死板而泥古。

如同"礼失而求诸野"的道理，酒令并没有随着时间的流逝而消亡，中国的大部分地区都还保留有丰富多彩的酒令。仅以中原地区为例，仍保留了很多古时的酒令形式，或许小有变动，但主旨一致。

比如执行酒令者要先饮"令酒",比如"猜宝",比如"成语接龙",比如"击鼓传花",更不消说生命力最为强盛的"划拳",个别地区春节的民俗节目之一便是"划拳比赛"。选取合适的酒令,最终是为了令酒宴既不至于枯燥无趣,又不至于烂醉无益。"酒懦为旷官"、"酒猛谓苛政",因此主持酒令之人需要张弛有度。今日在酒桌上一味灌醉他人、逼饮劝酒的人,不如回顾一下酒令的历史,饮酒原本为了趣味,违背了这一点,饮酒本身未免也就失去了意义。

酒书(一)

四月廿四日酿皮酒肆斗伍升,六月三日酿羊皮酒壹斗伍升,六月十四日酿牛皮酒壹斗。

——敦煌遗书《酒帐》残卷

所谓酒书,便是与酒相关的文书。不过不能是广义的"与酒相关",倘若但凡提到酒的便是酒书,则天下书籍中竟有一多半可谓是酒书了。唐诗三百首,篇篇都有酒;《水浒》一百回,回回都喝醉。这当然是玩笑和夸张的说法,因此酒书也可以理解为是特别为酒、酒人、酒事所作之书,换言之,本书亦是酒书中的沧海一粟。

中国古代的酒书,虽然不至于卷帙浩繁,但内容繁杂、种类各异,上有国家律政,下有民间杂记,中有医书、诗文不一而足,倘若整理起来,也很难有一个统一的标准。不过既然酒书内容与酒相关,则多半可以纳入以下五种范畴:一曰酿造之法;二曰医食之道;三曰掌故奇闻;四曰觞政酒律;五曰禁毁律令。当然这五种之中,不排除是此亦彼的,例如西晋嵇含的《南方草木状》既可以算是医食之道,又提到了女酒的酿造之法。也有在这五种之外的,不过那便是极少数的特例了。

酒书中,最重要的也是最根本的,就是酿造之法。中国酒的酿造方法,与世界上其他国家酿酒方法根本的不同,实际上是"酒曲酿造法"。中国传统酒的酿造方法中,最重要的一道工序就是造酒曲,通过霉菌糖化谷物所得到的"酒曲"作为引子进行复式发酵酿酒,利用酒曲使淀粉质原料的"糖化"和"酒化"两个步骤合并起来，是中国酒最伟大的创造。同时进行蛋白质、脂肪等有机物及无机盐的生化反应，被誉为"微生物工业的雏形和先导"，这种方法使得中国酒具有特殊的丰富滋味。

贾思勰的《齐民要术》，可以算是第一部详细专业地记载了酿酒之法的酒书。《齐民要术》实际是一本农业科学著作，而制曲和酿酒本身就是归为农业生产的一部分。在《齐民要术》中记载了九种制曲的方法、四十多种酿酒的方法，关于造曲酿酒的用料、用水、粉碎、卫生、发酵时间、发酵温度等等都有极为详细的记载。由于古代调控温度和湿度的科学方法有限，造曲和酿酒主要依赖节气物候，所以书中记载说"七月上寅日作曲"。酒曲被分为神曲、笨曲等，神曲酿酒效率高、笨曲低，因此"此（神）曲一斗，杀米三石；笨曲一斗，杀米六斗"。曲与米的比例是按照曲的不同而有所区别的。水为酒之血，水质至关重要，书中也提出了用水的诀窍："河水第一好。远河者，取极甘井水，小咸则不佳。"除了制曲造酒的方法以外，《齐民要术》中还记载有造曲时的祈祷民俗，例如书中有一篇民间造曲时的《祝曲文》，要求于"某年月、某日，辰朝日，敬启五方五土之神"，然后才能造曲。酿酒讲究"水、土、气、气、生"，这不是迷信，而是对自然的敬畏。

宋代朱肱的《北山酒经》也是古代记载酿酒之法的酒书，不过与《齐民要术》所载黄河流域的酿酒方法不同的是，《北山酒经》尤其详细地记载了江南的黄酒酿造方法。朱肱是浙江吴兴人，曾官至"医学博士"，因此在书中最有趣的，莫过于用医学中常见的"五行"学说来解说酿酒的过程："酒之名，以甘辛为义，金木间隔，以土为媒，自酸之甘，自甘之辛，而酒成焉。"听起来很复杂，实际上就是将谷物通过窖池发酵（土）转变为糖类物质（甘），然后用酿酒的酸浆水进行发酵，最终将谷物变成酒（辛）。这与现代酿酒理论是基本合拍的。

宋人作酿造之法的酒书甚多，在《北山酒经》之外，又有李保的

《续北山酒经》；田锡的《曲本草》着重记酒曲和药酒方面的资料，甚至还提到了暹罗出产的蒸馏烧酒。宋代私人酿酒也很常见，故而苏轼、陆游等许多文人都会酿酒。相比于《齐民要术》、《北山酒经》这样的专业酿酒的酒书，苏轼的《东坡酒经》颇有一种美食博主记载自己酿酒经验的意思。《东坡酒经》不过寥寥数百字，但记载了苏轼自己酿酒时用曲、用水、酿熟的经验，算得上言简意赅的酿酒操作规程。苏轼记载酿酒方法的诗文不止一篇，《浊醪有妙理赋》、《酒隐赋》算是半说酿酒半言人生，而《蜜酒歌》、《桂酒颂》、《真一酒法》等等，则都是苏东坡先生出于好奇和馋酒而收集的各种小众的酿酒方法。

至明代，便有宋应星的《天工开物》一书，图文并茂，堪称"十七世纪中国的工艺百科全书"。其中有"曲蘖"一章，单讲造曲酿酒之法，其名虽然为"曲蘖"，但实际上只写曲而不写蘖，盖因"古来曲造酒，蘖造醴，后世厌醴味薄，遂至失传，则并蘖法亦亡"。中国远古酿酒中，有酒、醴之分，《尚书·说命下》中记载"若作酒醴，尔惟曲蘖"，其中酒与醴不同，曲与蘖也有分别。按《天工开物》中所言，因为醴的滋味淡薄，不如酒醇厚，因此逐渐不再有人制蘖，只有酒曲的制作方法流传了下来。《天工开物》中其他酿酒造曲的方法，不过是承袭和总结前人的经验；但"丹曲"一道，则是第一次得到科学完整的记载。文中说"丹曲一种，法出近代"，可见这里记载的红曲，是明代成书前不久才出现的最新的酒曲，它的特色不仅在酿酒，更在保存食物："其义臭腐神奇，其法气精变化。世间鱼肉最朽腐物，而此物薄施涂抹，能固其质于炎暑之中，经历旬日，蛆蝇不敢近，色味不离初，盖奇药也。"江南地热潮湿，鱼肉很容易腐朽，红曲不仅可以酿酒，而且还能够保存食物。

除了这些统说酿酒之法的酒书以外，尚有一些记载"地方酒"酿造方法的酒书。譬如嵇含《南方草木状·草曲》中，记载的酿造之法就是"南海多美酒，不用麹蘖"，很明显便不是中原常见的酒了。当地人生了女儿,几岁的时候便开始酿酒,冬日埋入土中,到了女儿出嫁时起出以供来祝贺的宾客分享,这种"女酒"虽然与后期江浙一带的黄酒女儿红酿造方法不同,但在文化功用上倒不乏异曲同工之妙。唐代刘恂作《岭表录异》也记载了岭南异物异事,其中就有一种"南中酒"和小曲的酿造方法:"南中酝酒,即先用诸药。"岭南因为多瘴疠,因此更需要多加草药制成特殊的酒曲。《太平广记》中录唐人房千里的《投荒杂录》片段,所记载"新州多美酒"。宋人范成大时任广南西路静江知府,将广西桂林的风土人情编撰成为《桂海虞衡志》,其中《志酒》一节,便是记广西一代当时的"瑞露"、"古辣泉"、"老酒"等等。这类地方酒的记载,说到底主要是记载奇闻,所载酿法相对比较简略,因此无法按图索骥、根据文中指引重现酿造了。

酒书(二)

酒者扶衰养疾之具,破愁佐药之物,非可以常用也。

——谢肇淛《五杂俎》

酒的医食之道,一直是一个众说纷纭的问题。酒能养生,亦能令人醉死,因此无论是作为食用,还是作为药用,抛除其消愁解闷、令人喜悦的功效之外,对人生理上是否有裨补或妨害,本身就是一个难以一言以蔽之的问题。

自葛洪的《抱朴子》至李时珍的《本草纲目》,分析医食之道的酒书不在少数。其中如《抱朴子·酒诫》者,从根本上否定了酒的医食之效,认为"夫酒醴之近味,生病之毒物,无毫分之细益,有丘山之巨损。"可以说是把酒的功效否定得干干净净,认为饮酒有百害而无一利。不过倘若联系葛洪作书时的背景来看,书中持这样的观点也是理所当然的。"抱朴"二字,本来就是出自老子的"见素抱朴,少私寡欲",其核心就在于对人欲望的否定和摈弃。因此《酒诫》开篇即劝诫道:"目之所好,不可从也;耳之所乐,不可顺也;鼻之所喜,不可任也;口之所嗜,不可随也;心之所欲,不可恣也。"葛洪对酒表现出洪水猛兽一般的警惕态度,实际上主要是因为酒是纵欲的根源,能够导致"君子以之败德、小人以之速罪",乃至耽于饮酒、受其迷惑的人,很少有不因此惹祸上身的。因此在葛洪看来,酒本身就是一件有害无益的事物,出于对纵欲的反感,他对酒本身也抱以很不友善的态度。

不过像葛洪这样持过于激进观点的,在酒书中也不多。毕竟研究酒的医食之道,与对酒直接予以禁毁的文书,实际上还是两种概念。元代忽思慧的《饮膳正要》便是一本相对比较中正、描述比较详细的酒书,其中总括说"酒"的功效,是"味苦甘辣,大热,有毒。主行药势,杀百邪,通血脉,浓肠胃,润皮肤,消忧愁,多饮损寿伤神,易人本性。"可以说其描述基本符合酒的性征:既有一定活血、消毒、开胃、消愁等等良好的效果,但多饮酒往往会损害身体、减少寿命,甚至会影响人的神志。其下分写虎骨酒、枸杞酒、地黄酒、松节酒、茯苓酒、松根酒、羊羔酒、五加皮酒、膃肭脐酒、小黄米酒、葡萄酒、阿剌吉酒、速儿麻酒等诸多酒种,各有繁略。有趣的是书中特别提到了"阿剌吉酒",这正是烧酒的音译,后来《本草纲目》中"烧酒"一节特地说明烧酒就是"火酒,阿剌吉酒";清代郝懿行的《证俗文·酒》中也考证说"火酒自元时始创其法,一名阿剌吉酒。"《饮膳正要》中描述阿剌吉酒"味甘辣,大热,有大毒。主消冷坚积,去寒气。用好酒蒸熬,取露成阿剌吉"。其制作方法和酒性大热、能祛除寒气等,都完全符合烧酒的特征。

李时珍的《本草纲目》,既名为"纲目",便取的是"纲举目张"的意思,也是对古代《本草》一书的修订重编,其主要内容便是医药本草类的百科全书,据统计书中有酒方六十九种,药酒配方两百余种。书中追本溯源说,由于中医现存的最早典籍《黄帝内经·素问》中就已经有《汤液醪醴篇》专门说酒,因此可以推断出早在黄帝时期人们就已经以酒为养生的药食了。当然根据现代的考证,《黄帝内经》显然并非上古"黄帝"所为,是后人假托而作,但其中提到酒的药效基本还是可以肯定的。

《本草纲目》中以酒入药,可以说处处皆有,例如草木虫果皆可以用以泡酒为药;不过在这些情况下,酒只是一味辅料,或者说一种载体、引子,不是作为药食的主体。在谷部中有一章专为酒所作,其中所载酒的药食功用,则十分详尽。其中开篇即对当时的酒做了一个简单的综述:"酒有黍、秫、粳、糯、粟、曲、蜜、葡萄等色。凡作酒醴须曲,而葡萄、蜜等酒独不用曲。"言简意赅,就将酒区分为了"用曲"和"不用曲"两种。李时珍认为"盖此物损益兼行,可不慎欤?"可以说是非常严谨的表述:因为酒既能有益于健康,又能有害于身心,所以作为药用的时候,必须十分谨慎小心。在李时珍看来,酒作为"药"的价值是不可抹杀的,但如果忽略其药用价值,随意纵酒,则必然有害身体健康,所谓"今医家所用,正宜斟酌。但饮家惟取其味,罔顾入药何如尔,然久之未见不作疾者",正是如此。

酒的种类虽多,却并不是都可以入药的,例如当时秦、蜀有"咂嘛酒","用稻、麦、黍、秫、药曲",属于多种稻谷混酿而成,这种酒就没有药用价值。米酒这种最常见的酒,在李时珍考证来属于药毒参半者,所谓"大热,有毒",其优点如《饮膳正要》中所言,可以"行药势,杀百邪"等等,甚至还能止呕哕、治小儿语迟,乃至避蚊。在诸多可以入药的酒中,李时珍认为"东阳酒"最佳,因为它"无毒",而且"用制诸药良"。尽管认为东阳酒的功效甚至胜过普通的饮食,但李时珍还是再三强调饮酒不可过量。

在李时珍看来,饮酒有害与否,不仅仅与酒的种类有关,更和饮酒的程度有关,少饮酒能够"和血行气,壮神御寒,消愁遣兴",但一旦无节制地痛饮,则必然"伤神耗血,损胃亡精,生痰动火"。这种说法可以说对饮酒的利弊作了非常明确的分析。后来高濂作《遵生八笺》时,其"饮馔服食笺"中有"酿造类"一章,单说各类养生之酒,内容杂多,既有记载详细的酿造之法,又描述了各种酒的滋味、产地、本源、功效,可以说是集养生酒之大成;但其首句则说"此皆山人家养生之酒,非甜即药,与常品迥异,豪饮者勿共语也",明说这些酿造的养生之酒是针对小酌之人,倘若想放纵豪饮,这些酒自然也就谈不上养生的功效了。此酒书所载桃源酒、香雪酒、碧香酒、腊酒、建昌红酒、五香烧酒,都是以糯米酿造的黄酒为主;又有山芋酒、葡萄酒、黄精酒,乃至白术、地黄、菖蒲、松花、菊花、羊羔等等都可以用以酿造药酒,其功效多半是"延年益寿"。至于谢肇淛的《五杂俎》中说:"酒者扶衰养疾之具,破愁佐药之物,非可以常用也",其对酒的医食之道小心谨慎,与《本草纲目》等书也是一脉相承的。

　　总而言之,可以说作医食之道的酒书,多半肯定了酒的功效,但大多劝人要有节制地少饮,而不是纵情过度。前者有如家中小酌、对友人清谈浅饮,后者则类似酒桌恶俗灌酒、逼酒;前者能够养生,后者令人丧命,正所谓酒本无功过,功过在人而已。

酒书(三)

不熟此典者,保面瓮肠,非饮徒也。

——袁宏道《觞政》

除酒的酿造之法、医食之道以外,写酒的书文莫过于酒人酒事的掌故奇闻、酒客所拟的觞政酒律,以及政治性的对酒的禁毁律令。其实这三种酒书往往是有一定的内在联系的。譬如说酒人酒事的掌故奇闻中,经常就包含一些酒客所拟的觞政酒律在内,正因为在饮酒中执行或者不执行这些酒律,才导致了各类的奇闻异事;而对酒的禁毁律令,实际上是各个时代禁酒政策的体现。国家可能会因为各种各样的政治原因、经济原因严格控制甚至严禁饮酒,但这样的禁酒令很难说真正达到一个全民禁酒的效果,因此在禁酒令之下依旧要饮酒的酒客,往往又要闹出一些传奇的故事来。

西周初年周公姬旦颁布的《酒诰》就是第一份有史料可以佐证的政府禁酒文诰。在西周以前的夏、商两朝,并没有禁酒的规定,酒既可以用以祭祀,也可以供贵族享乐,根据出土的陪葬品中酒器的数量之繁多和质量之精美,可以说夏商两代的酒文化是一种原始的享乐主义的酒文化。而周代实际上是中国古代"礼仪"兴盛的起点,孔子所创儒家的"礼",实际上秉承的就是春秋时代已经摇摇欲坠的周礼。在"礼"的要求下,禁酒就成为一种政治正确的选择:首先,对酒能移人性情、令人违礼的指控,可以增加西周推翻商朝统治的合法性;其次,对酒祭祀和仪礼功能的规定与普通人饮酒的禁令同时颁布,便能够体现出仪礼高于普通世俗生活的一种态度。

在西周持续的数百年间,这种对酒的态度较好地保持了下来。但是"克己复礼"本身包含了对人性的一种束缚和限制,因此它很难在制度上长久地存在,尤其是远离战争的和平年代持续很久之后,这种严格的规定必然会显示出基石的松动。到了东周的时候,贵族纵酒的生活已经无法用律法来禁止了,在《诗经·小雅·宾之初筵》中便讽刺了贵族醉酒的乱象:"宾既醉止,载号载呶。乱我笾豆,屡舞僛僛。"喝醉了又是嚎叫又是跳舞,把桌椅餐具都打乱了,其形态简直可以说是醉魔乱舞。

在《酒诰》之后的历朝历代中,一旦遇到兵荒马乱的年代,或者天灾饥荒,通常朝廷皆有禁酒的文书颁布,但其真正理由便不再是仪礼性的,而是现实性的——酿酒需要大量的粮食。而在粮食匮乏的情况下,百姓温饱自然是头等大事,若去酿酒以供贵族取乐,必然会激起民愤,动摇统治的基石。清代顾炎武在《日知录·酒禁》中引论历代禁酒的情况,从《周书·酒诰》明文禁酒开始,到汉武帝、汉昭帝放开酒禁,实施国家售酒的酒榷;再到唐代宗时期对酒的垄断、宋仁宗时期增加对酒的课税,顾炎武一言以蔽之曰:"自此名禁而实许之酤,意在榷钱而不在酒矣。"也就是说,除了《酒诰》之外,其下的政府酒禁文书基本在名义上是禁酒,实际上则是为了课税来增加国家经济财政收入,甚至像周辉所言那样"唯恐其饮不多而课不羡"。但是另一方面,对于真正严格颁布律法禁酒的情况,顾炎武也并不推崇。历史上有几个禁酒过于严苛的时期,例如"魏文成帝太安四年(458),酿酤饮者皆斩",或者是:"金海陵正隆五年(1160),朝官饮酒者死"、"元世祖至元二十年(1283),造酒者本身配役,财产女子没官"——这些用刑过重的禁酒令,因为无法执行,导致不久便自然淘汰和废除了。

国家有禁酒之令,酒客有颂酒之文。刘伶的《酒德颂》算是开了为酒正名甚至歌功颂德的先河,在此之前,即使提到酒的妙处,多半也是比较含蓄的、提倡小酌怡情的；但到了"天生刘伶，以酒为名"的刘先生笔下，酒便成了顶天立地的形象："有大人先生，以天地为一朝，万期为须臾，日月为扃牖，八荒为庭衢。"这样一位恍若开天辟地的神仙之人，其举动则是"止则操卮执觚，动则挈榼提壶，唯酒是务"。说到底，就是一位豪放不羁的资深酒客，只有纵酒而不屑于人世间的礼法功名的人，才能够达到庄子所说的"逍遥游"的境界。自刘伶之后，多有酒客为酒作文以正其名，譬如唐代王绩《醉乡记》中"何其淳寂也如是"的酒国醉乡，又或者白居易《醉吟先生传》中"陶陶然，昏昏然，不知老之将至，古所谓得全于酒者"的醉翁，酒书多矣，但大多都是以自己饮酒的经历或者是对酒的理解出发以作，其境界依旧是凡俗的而不是超脱的，不能像刘伶这样，将酒上升到老庄逍遥天地的境界。正是因为有刘伶这样以酒为名、唯酒是务般纯粹的酒客的存在，才令魏晋时期成为中国酒文化的一个高峰。

当然，除了刘伶这样最"纯粹"的酒客以外，人们饮酒，大多是需要一些酒令或者游戏来助兴的，王羲之的《兰亭集序》便写在永和九年（353）暮春时分与友人去兰亭修禊时引曲水流觞为酒令的时候。李商隐的"分曹射覆蜡灯红"，分曹射覆亦是酒令，《红楼梦》里说"射覆"是"酒令的祖宗"，正因为射覆大约起源于汉代，从汉到清时间过于久远，乃至几乎无人会玩这种酒令了。不要说从汉到清了，就是从唐到宋已有换天改地之感；唐代皇甫松的《醉乡日月》便是综括收纳唐代各种酒令和饮酒艺术的一本酒书，《直斋书录解题》中说这本书是"唐人饮酒令，此书详载，然今人皆不能晓也"。可见宋人已经搞不清唐人的玩法了。

酒令在变，饮酒的基本规律不变。继承前人饮酒大成的有明代袁宏道的《觞政》。觞政一词，最早是在酒筵中代指酒监，出自刘向《说苑》的"魏文侯与大夫饮酒，使公乘不仁为觞政"，即执掌酒席上的酒令赏罚规范。袁宏道的《觞政》秉承《醉乡日月》的《饮论》一篇，内容基本相同,又把《醉乡日月》中较长的《谋饮》分作《六之候》和《十二之品第》两章,可见自唐至明对饮酒的基础理论、品鉴方法、饮酒的天时地利这些基本的规则几乎没有发生太大的变化。袁宏道的《觞政》总有十六章内容,包括对酒宴参与者的行为、风姿的规范,对饮酒的时间、仪式、形象的规范,历来的酒徒与酒事,对违反酒令酒律者的惩罚方式的总结,对酒具、酒的品类、饮酒环境、下酒之物、助酒之物的规范等等,可以说是极为详尽、无所不包,而且非常严格。这是一个很有趣的现象:袁宏道作为公安派"性灵说"的代表,在文学理论上是提倡"不拘格套",但对于酒律却有很详细的规范。

袁宏道《觞政》之外,记叙饮酒规则的酒书还有很多。简略者如明代吴彬撰写的《酒政六则》,分饮人、饮地、饮候、饮趣、饮禁、饮阑六个方面,百余字,便将文人饮酒的态度囊括其中;又有清代讷斋道人的《酒人觞政》、沈中楹的《觞政》、程弘毅的《酒警》、张苍的《彷园酒评》,直到俞敦培的《酒令丛钞》,林林总总,不一而足。其规矩之多、内容至繁琐细致,倘若真有痴人胶柱鼓瑟、按图索骥起来,对照着这样的规矩喝酒,恐怕那不是饮酒,而是自讨苦吃了。

其实细观酒书,梳理而下,由周至汉,政府酒令居多;魏晋一代直至唐朝,文人颂酒德者甚多;宋代有朱肱《北山酒经》系统论述制曲酿酒之法,林洪《山家清事》写酒具,何剡《酒尔雅》释酒之义,窦苹《酒谱》总括酒人酒事,是对历代与酒相关故事的细化记述,属于文人笔记的范畴;到了明清一代,则多有分析饮酒之道的觞政酒律之书、分析饮酒利弊的药食功用之书,饮酒逐渐世俗化、功利化,也逐渐规范化了,这种规范化与周代仪礼性的规范不同,是一种民间自发的、逐渐形成的规范,因而更加根深蒂固。明清酒书中对历代酒书及酒之掌故的追本溯源,可谓十分详尽,袁宏道《觞政》中特地列出一段说:

"凡《六经》、《语》、《孟》所言饮式,皆酒经也。其下则汝阳王《甘露经》、《酒谱》、王绩《酒经》,刘炫《酒孝经》,《贞元饮略》,窦子野《酒谱》、朱翼中《酒经》，李保《续北山酒经》，胡氏《醉乡小略》，皇甫崧《醉乡日月》，侯白《酒律》，诸饮流所著记传赋诵等为内典。《蒙庄》、《离骚》、《史》、《汉》、《南北史》、《古今逸史》、《世说》、《颜氏家训》，陶靖节、李、杜、白香山、苏玉局、陆放翁诸集为外典。诗余则柳舍人、辛稼轩等，乐府则董解元、王实甫、马东篱、高则诚等，传奇则《水浒传》、《金瓶梅》等为逸典。"

袁宏道对这些典籍的评价是："不熟此典者，保面瓮肠，非饮徒也。"饮酒而需懂酒的文化，否则便不是合格的酒徒，这是典型的明清一代文人的特质：既可以说这种行为不免太过古板无趣，但也可以从中看出一些文脉的传承。但凡古老的文化发展到一定程度，多半都有这样利弊参半的结果，但如何取其有利有趣、除其弊病僵化，则功在当下了。吾辈酒人勉乎哉！

女　儿　酒

酒人，奄十人、女酒三十人、奚三百人。

——《周礼·天官冢宰》

历史上因酒留名的男子多矣，因酒留名的女子却寥寥无几。唐代颇负盛名的鱼玄机有诗说"旦夕醉吟身，相思又此春"，但她的诗名并不如她的情事那般彰显；"贵妃醉酒"固然是一出精彩的折子戏，但后世文人对杨贵妃的悲剧到底带着几分毁誉参半的态度。唯有易安居士能独全其名，她留下的五十多首词、十几首诗歌中竟有一半以上关于饮酒，人生的悲欢离合中都少不了与酒相伴。至明代以后，礼教愈兴，诗酒风流的"女才子"几乎只能是在《镜花缘》、《红楼梦》这样的小说中，或是在"秦淮八艳"这样的歌姬中才能留存了。

女人与酒的关系，通常被认为是有些微妙的。这种微妙来源于酒本身的特性。俗语说，"酒能乱性"，是说饮酒会改变一个人的性情，喝完酒之后与清醒时判若两人者比比皆是。而在古代对女性的要求中，端庄贤淑、举止得当可以说是最重要也是最基本的要求，饮酒的结果则与这个要求恰好相反。且看明清小说中写不贤良的水性杨花女子，"几杯酒下肚，面若桃花"，接下来情节多半是"酒是色媒人"，就会发生一些不那么符合礼法教化的事情了。这种对女人饮酒的偏见，一边倒地将"食色，性也"的欲望责任丢给女性承担。

很少有人会想到，古代的酿酒师通常都是女人。最早的时候，民间酿酒是很少的，酒主要是作为国家祭祀礼仪的用品；再后来，酒通常是帝王用于犒赏臣下的礼物,故而酿酒在很长一段时间内都主要是国家性的行为。在《周礼》中记载官职安排的内容中明确规定了,酿酒的是"奄"(太监),"女酒"(女性担任的酒官),"奚"(女奴),基本上是以女性为主。仔细考据来说,这应当是上古母系氏族的遗风,在古代酿酒和养蚕、缫丝、织布一类行为类似,相比于农耕和战争而言是轻体力活,因此交由女性负责。

关于酒的创造者有许多说法,其中比较常见的一种是说"仪狄造酒"。《战国策》中说"昔者,帝女令仪狄作酒而美",有考证说仪狄即是一位酿酒的女官,这个说法与《周礼》的官职可能有着传承关系。在周礼崩坏后,女性酿酒的职责依旧保留了下来:在春秋战国时期,越王勾践被吴国大败而归、卧薪尝胆的时候,他的夫人则亲自带着婢女舂米谷、酿美酒,用来犒赏为国尽忠的战士。女官酿酒的历史记载可以一直延续到北魏:北魏承袭了《周礼》的名称,将酿酒的女官分为"女酒"、"女飨"、"女食"和"奚官",但不再有地位上的区分,都相当于五品官员的职位,只是主职负责酿酒时不同的工作而已。此后的历史文献中不再常见酿酒女官的说法。随着酿酒不再是官方的行为,酒也越来越普及到市井生活中,但女酿酒师直到明代还比比皆是;至今,许多西南少数民族地区的酿酒师还是由女性承担的。

除了酿酒之外,卖酒者也经常是女子。平民女子当垆卖酒是非常正常的经营,明清小说中尤其是描写市井生活的《三言二拍》中时常写到卖酒的女性。如果向上追溯,最迟在汉代女性沽酒已经是常态了;几乎可以说,女子沽酒的历史几乎和民间酒肆的历史是一样古老的。《史记·高祖本纪》中写刘邦年轻时不务正业,每日在酒肆中喝酒,"常从王媪、武负贳酒,醉卧,武负、王媪见其上常有龙,怪之。"刘邦常常去喝酒的两家酒肆,都是女老板在当垆卖酒。最著名的酒肆女老板当然是为爱情私奔的卓文君,《史记·司马相如列传》中曰:"相如与俱之临邛,尽卖其车骑,买一酒舍酤酒,而令文君当垆,相如身自著犊鼻裈与保庸杂作,涤器于市中。"卓文君不比王媪这样的平民女子,作为世家贵族小姐在市集上抛头露面、当垆卖酒,的确有些没面子,故而她的父亲最终实在看不下去,资助她与司马相如成家立业的本钱。

除了酒店的女老板以外,售卖员自然是美女最有优势,酒客多为男性,本就"异性相吸",何况年轻貌美呢!古今中外,销售这个职业中颜值永远是硬通货。那些爱美的诗人们早就注意到了:白居易说:"十千方得斗,二八正当垆。"陆龟蒙说:"锦里多佳人,当垆自沽酒。"李太白说:"正见当垆女,红妆二八年。"既然给诗人们留下这么美好的印象,可见此项营销策略是无比成功的。既然有了美女营销的成功基础,不妨再发展一步,于是有了异域风情的女子卖酒。随着商业的流通发展,在南朝的时候,酒肆中就出现了卖酒的异域姑娘:南朝徐陵有"卓女红妆期此夜,胡姬酤酒谁论价"。试想一个男人走入酒庐,迎出来沽酒的是一个年轻貌美的异域女子,那谁又好意思讨价还价呢!酒虽然不便宜,但"附加值"高,自然可以生意兴旺。

在酒肆最为兴盛、市集高度发达的唐代,酒肆里沽酒的通常都是带有异域风采的胡人姑娘,故而唐人诗歌中多歌咏"胡姬":辛延年有《羽林郎》诗云"胡姬年十五,春日独当垆";李白的《少年行》更说"落花踏尽游何处,笑入胡姬酒肆中。"还有"胡姬貌如花,当垆笑春风。"有如此秀色,诗仙必定喝得开开心心。更有甚者"胡姬若拟邀他宿,挂却金鞭系紫骝",这喝酒都喝到床上去了,可见唐风之开放。这一点常为后人诗歌化用,宋人周邦彦有"解春衣贳酒城南陌,频醉卧胡姬侧",明代李攀龙则有"辗然一笑别我去,春花落尽胡姬楼",宋明两代未必如同唐代一样有胡姬当垆卖酒,但是这个意象却传承了下来,成了卖酒姑娘的代称。

除了酿酒与沽酒以外,女儿与酒倒也还有一个温馨的故事。在过去江南有一个风俗,大户人家生了女儿,就会在桂花树下埋几坛好酒,直到女子出嫁那天才拿出来,大宴宾客。女孩子长到十六七岁、好酒埋了十六七年,都是最动人的时候。女儿披上了红嫁妆,酒坛也扎上了红花,这种酒,就叫"女儿红"。不过在现代社会中,酿酒、沽酒不再是女性的职责,饮酒也成为姑娘们平日随意可有的消遣。快节奏的生活使人们来不及享用"等待"的滋味,婚宴上的酒比的也不再是"用心",而是"价格",如此一来"女儿红"似乎也不必是婚宴上常见的佳酿。就这样,女子与酒的故事仿佛已经揭过了旧的篇章,进入夜色朦胧后鸡尾酒色彩绚丽的世界中去了。

交 杯 酒

朝蒸同心羹，暮庖比目鲜。把用合卺酳，受以连理盘。

——嵇含《伉俪诗》

合卺之礼，是从西周时期开始、历经数千年存续至今的婚俗礼仪。最初的时候，人们只是将一个匏瓜一剖两半、形成两个可以用来盛酒的瓢，留下两个瓢的瓜蒂使其相连不断。举行婚礼的新郎和新娘用这个相连的瓢饮酒，象征着合二为一、永不分离的祝福。这样的习俗久而久之，就成了后来人们常说的合欢酒、交杯酒。

最早的《礼记·昏义》中规定婚礼的仪式说："先俟于门外，妇至，婿揖妇以入，共牢而食，合卺而酳，所以合体同尊卑，以亲之也。"是说嫁娶的时候，女子新入家门，丈夫要在门口向她作揖行礼，然后一起用一个碗吃饭、喝交杯酒，象征着两个人从此尊卑与共，相亲相爱成为亲人。从婚礼的礼仪规定可以看出，此时的女子社会地位尚未沦落到明清时期的人身附属地位，夫妻双方，大体还是"同尊卑"的。

至于为什么以匏瓜作为合卺之礼的信物，后人追溯本源考证说："婚礼合卺同用匏，谓之丞豆，今作卺。用卺有二义：匏苦不可食，用之以饮，喻夫妇当同辛苦也；匏八音之一，笙竽用之，喻音韵调和，即如琴瑟之好合也。"所以以匏盛酒，大约取的便是同甘共苦、琴瑟和谐的祝福之意。后世又将葫芦延续出"福禄"的寓意，无非都是取个吉祥的彩头。

因为匏瓜在合卺之礼中所扮演的重要作用，《诗经》中《邶风·匏有苦叶》便用匏来代指女子对未婚夫的等待。"匏有苦叶,济有深涉。深则厉,浅则揭……士如归妻,迨冰未泮……人涉卬否,卬须我友。"一只匏瓜浮在水面上,而女子正在等待着良人渡河来迎娶她。破开匏瓜便可以成合卺之礼,这样深远的期许隐没在羞涩的期待里,隐没在沉浮于水面的匏瓜里。

到了汉代魏晋时期,由于粮食生产的增多和酿造技术的成熟,饮酒相较于先秦更为普遍,也更平民化,嫁娶时饮合卺酒的习俗也更为常见。今日尚可见的许多文物中,便有很多连在一起的两只杯子,被称为"合卺杯"。不过如果当真使用这种杯子喝酒,恐怕是不方便的——杯子总得倾斜才能倒出酒来,而连在一起的杯子到底该向哪边倾斜呢?只能是略作示意而已,所以这样的"合卺杯",应当是礼仪的象征意义大于实际的可行性的。在魏晋南北朝时期,人们在婚嫁中对"合卺杯"十分重视,西晋嵇含的《伉俪诗》有"挹用合卺酳"的说法,而南朝鲍照的《合欢诗》里所说的"饮共连理杯",大约也正是这样结构对称、相互烧铸在一起的"合卺杯"。

这种寓意吉祥却不甚实用的酒杯,到了宋代的时候,便逐渐被取缔了。政和元年(1111),宋徽宗颁布《政和五礼新仪》,决定将传统的"合卺杯"取缔,改用平常的酒器来夫妻共饮。但既然是寻常酒器,两个酒杯各自分离,却着实不符合婚嫁时讨的口彩,因此宋代人想了一个办法:将两个酒杯用彩带结成的同心结连在一起,然后相互交错,手持酒杯为对方饮酒,这个方法记载在《东京梦华录·娶妇》里。据说喝完交杯酒之后,还要把酒杯扔在地上作为占卜用,如果一只朝上、一只朝下,则意味着天覆地载、阴阳和谐,是大吉。相比于破成两半的匏瓜所代表的"同尊卑",宋代女子的地位已经逐渐发生了下滑。也有考据引用《太平广记》中记载唐代即有交杯酒这种礼仪的,不过根据唐代流传下来的"百鸟朝凤纹蚌形杯"的模样,这种交杯酒还是采用"合卺杯",只不过制作更为精致了,两边都有开小口可以饮用而已。

宋代以双杯互相敬酒的习俗，因为相较于"合卺杯"更为方便，便一直流传了下来，成为婚嫁中必不可少的礼仪，有时候甚至作为婚嫁的代称。《红楼梦》里有一处写到袭人病了，麝月一个人坐在灯下看屋子，宝玉见她无聊，便为她梳头、同她说话解闷。梳头本是女孩子比较亲密的举动，顿时令瞥见此景的晴雯吃了醋，撂下一句"交杯盏儿还没吃，就上了头了！"所谓吃交杯盏，便是明媒正娶的意思。

若论最有趣的交杯酒，还要数《西游记》里唐僧被迫喝的那一杯。那金鼻白毛老鼠精化作一个女子，用绣花鞋分散了孙悟空的注意力，偷了唐僧去洞里成亲。那妖精挽着唐僧说给他办了一杯酒小酌一番，用的是"特命山头上取阴阳交媾的净水"。行文写那妖精极为美艳动人："那妖精露尖尖之玉指，捧晃晃之金杯，满斟美酒，递与唐僧，口里叫道：长老哥哥妙人，请一杯交欢酒儿。"唐僧不敢不从，只得祈求上天保佑这是一杯素酒——果然是葡萄酿的素酒。奇怪的是，就算素酒没破荤戒，但是和尚饮交杯酒，难道就不算破戒吗？仔细想来，在女儿国，虽然没说唐僧同女王饮的是交杯酒，不过也算是口头上订了婚约，吃了定亲酒；出城撒手便走，岂不又犯了诓戒吗？当然，无论是喝交杯酒还是与女儿国国王的婚约，唐僧都是情非得已的被迫行为，也就不能拿苛刻的清规戒律来要求了，虽然大多数看官都认为在女儿国是唐僧唯一一次动了"凡情"。

圣僧有圣僧的情愫，妖怪有妖怪的痴念。爱慕金圣宫娘娘的妖怪金毛犼，虽然因为娘娘身上一件紫霞披风始终不能近身，却一直恭敬对待金圣宫娘娘；偶尔一日娘娘愿意给他一个好脸色，同他喝一杯交杯酒，便开心得喜不自胜。"那娘娘擎杯，这妖王也以一杯奉上，二人穿换了酒杯。"穿换酒杯的饮法，大概就和我们现在的饮交杯酒并无二致了。孙悟空为了达到迷惑妖怪的目的，则在旁边添油加醋："大王与娘娘今夜才递交杯盏，请各饮干，穿个双喜杯儿。"这妖王虽然不是人类,却对金圣宫娘娘礼遇有加、十分敬爱,肯将自己性命攸关的宝物也交给她保管,仿佛倒是动了真情的"赤诚之心"。

今日婚礼程序中,交杯酒仍然是必不可少的一环。不过,交杯酒已经不局限在夫妻之间了。酒桌上为了表达感情的不一般,同性之间也往往用"交杯酒"的方式来呈现,两人各举一杯,穿臂对饮。这种演变,差不多等同于,原本含蓄的东方人弃握手之礼,而改拥抱之礼,都是为了用更亲近的方式表达更浓烈的情感,也是时代之风的一种体现。

祝 劝 酒

春日宴,绿酒一杯歌一遍。

——冯延巳《春日宴·长命女》

《诗经·小雅·南有嘉鱼》中说:"君子有酒,嘉宾式燕以乐。"在《诗经》的时代,独酌尚未形成风气,酒几乎可以说是专属于宴会的,甚至有"无酒不成席"的说法。酒与宴会的关系其实也是逐渐发展而来的。《左传》中说"酒以成礼",是说酒的目的主要是完成"礼"而不是为了给宴会助兴,这与我们现代宴会中饮酒的目的显然是很不相同的。往上追溯,《周书·酒诰》中所说"祀兹酒",是严格地规定只允许在祭祀场合饮酒;但是规定总是越来越宽松的,故而祭祀场合才允许饮酒逐渐演变成了祭祀后的宴会上可以饮酒,再进而成为各类宴会上都可以饮酒了。

《诗经》中与饮酒有关的诗歌有六十二首,其中绝大多数都在"小雅"中,是贵族宴会时的雅乐;像《豳风·七月》这样的国风里也有写饮酒的,但是较少,而且饮酒的行为也多半发生在宴会上:"八月剥枣,十月获稻,为此春酒,以介眉寿……跻彼公堂,称彼兕觥,万寿无疆。"毛诗序中虽然说这首诗是暗指陈王王室,但后世多对此说法有所质疑,故而这里的宴饮不妨作为一般的富贵人家年终的聚饮来理解。而《小雅·鹿鸣》中则有:"我有旨酒,以燕乐嘉宾之心。"无论是《七月》中以酒祝寿还是《鹿鸣》中以酒取悦宾客,宴会饮酒的原因逐渐从礼制转变为兴味,转变为一种自发的有趣的行为。当然这并不是说后世宴会饮酒取乐就是对周礼的颠覆,毕竟《周易》中也有"我有好爵,吾与尔靡之"的说法,这是说有好酒希望与朋友同饮。

宴会上不仅有酒、有喝酒的礼仪,还有一件很重要的事情,就是有祝酒词。祝酒词最开始大约就是源于祭酒礼仪的祭文唱词,比较典型的有《小雅·宾之初筵》,这首贵族的雅乐完整地唱诵了宾客宴饮从开始到结束的全过程,除了助兴之外,也有提醒宾客不要太过沉湎饮酒、避免失去应有的仪态。当然并非所有的祝酒词都带有劝诫的意味,很多只是单纯助兴,例如《小雅·桑扈》便是一首非常典型的庆贺类的祝酒词,词中说"君子乐胥,受天之祜",正是说君子宴饮的快乐,是受到上天祝福的。

祝酒词的变化与酒在宴会上功能的变化是相关的。雅歌因为基本还需要符合礼仪,故而可以说是比较庄重的祝酒词,或者说是比较正式的祝酒词,因而有祝颂、有劝诫,以礼乐为主,以宴饮为辅。但是随着时间的推移,宴饮与酒的关系越来越亲密,而与礼仪的关系则越来越疏远,很多时候宴饮中饮酒的行为仅仅体现出一种聚会的快乐罢了。汉高祖刘邦打下天下之后,便回到沛县,邀请父老乡亲们前来聚会饮酒,席间唱《大风歌》道:"大风起兮云飞扬,威加海内兮归故乡,安得猛士兮守四方!"可以说既是祝酒词,也是个人情感的表达。类同的还有曹操的《短歌行》,虽然处处化用《小雅·鹿鸣》,但"对酒当歌,人生几何"的感慨与"何以解忧,唯有杜康"的叹息,早已不拘泥于《诗经》时代祝酒词的礼乐,而上升到人生的哲思与情怀。

与祝酒相似又有不同的,便是劝酒了。要理解劝酒,便需要理解"无酒不成席"的这个说法,已经从古老的礼仪要求逐渐转变为一种友情的体现。《周诰》中劝说非礼仪不要饮酒,以免误事;《小雅》中劝说饮酒应当有节制、符合礼仪,避免丧失形象。然而汉魏以来,饮酒逐渐从贵族的礼仪发展为寻常百姓有机会在宴席上享用的佳肴,而饮酒后的失态也逐渐从失仪转变为潇洒风流、不拘一格。到了魏晋南北朝的时候,饮酒几乎和名士风流等同了起来,不仅有竹林七贤的飘逸故事,更有"坦腹东床"的风流佳话,饮酒本身即展现出一种"无甚所谓"的态度,进而展现出不拘小节的真实与放旷。朋友间聚会劝饮不仅不再是不合礼仪的,反而成了一种志趣相同、意趣高远的体现。既然如此,中规中矩、符合礼仪的祝酒词自然逐渐被淘汰,各式各样的劝酒词应运而生。

所谓劝酒,自然是请对方喝酒;喝酒固然是终极目的,但劝酒的过程也不失为一种审美的享受。以游戏劝酒的,例如曲水流觞,杯中酒停在谁面前谁便饮酒;击鼓传花也是类似的。也有以酒令罚酒的,能答上酒令便饮一杯,答不上便多罚几杯。更多的,还是以劝酒词劝酒,李白那首著名的《将进酒》实际上是沿用乐府古题创作的,本来乐府中《将进酒》这个题目,就是为了请人喝一大杯酒,是在饮酒的时候歌唱的。正因如此,李白诗中才有"将进酒,杯莫停,与君歌一曲,请君为我倾耳听"的说法,大约是在他即席创作这首诗的时候,请大家继续喝酒,不要停下来,要保持宴饮的兴致。

也有另一种劝酒词,并非在兴致勃发的宴会上,而是在送别的长亭中。最著名的毋庸置疑是千古传唱的《阳关三叠》:"渭城朝雨浥轻尘,客舍青青柳色新。劝君更尽一杯酒,西出阳关无故人。"其情真挚凄切,声声迭唱,更体现出恋恋不舍的友情。以情劝酒,也可以说是劝酒的佳话了。劝酒词中比较奇特的,也有自己劝酒的,即独酌的时候作的劝酒词,晏殊的"一曲新词酒一杯"可以算得上是个中翘楚。劝酒词中印象最深者莫过于韦庄的"劝君今夜须沉醉,尊前莫话明朝事。珍重主人心,酒深情亦深。"简直是今日"感情深一口闷"的鼻祖。

然而劝酒的方法并非只有劝酒词,劝酒词毕竟是从祝酒词演变而来,还保留着"雅"的风格态度;而劝酒方法中,古往今来,恶俗者亦不少。《水浒传》里鲁智深与李忠共饮,看见对方喝酒小家子气不够利索,立刻吹胡子瞪眼睛的,自然是粗人行径;三国刘表据说饮酒时身边放一根针,谁不肯饮便去用针扎谁,可以说是讨厌得有些好笑。最最可怕的莫过于有钱有权有势者仗势欺人、强迫饮酒。西晋的石崇仗着自己权势财富举世无双,宴饮时时常令美人执酒壶劝酒,客人如果不饮酒便杀掉美人,客人如果不忍心看到这一幕,便不得不受其强迫勉强饮酒。偏生碰上一个比他还轴的王敦,眼睁睁看着石崇斩了三个美人,偏偏就不喝酒。如此劝饮,劝酒者与饮酒者都成为赌气和负担,可以说早已违背了劝酒和饮酒之道,真正是"恶紫夺朱"了。

端 午 酒

喝雄黄酒，用酒和的雄黄在孩子的额头上画一个王字，这是很多地方都有的。

——汪曾祺《端午的鸭蛋》

传统观念里端午节的习俗起源于对投江自尽的三闾大夫屈原的怀念与祭祀，后来从《荆楚岁时记》得知，五月初五是由古时荆楚地区祭祀水神的习俗进而发展来的，自屈原投水之后，水神的祭祀便和对屈原的纪念重合了起来，屈原成了人格化的水神，故而包粽子投入水中、飞舟竞渡、饮菖蒲酒或者雄黄酒、扎五色丝线这些祭祀水神的活动，就都与纪念屈原有了联系。

近来提到雄黄酒，最多听到的便是雄黄酒的雄黄含砷化物，有毒性，不应饮用，是应当合理摒弃的旧民俗。在尚未分析出雄黄的化学成分之前，雄黄酒在端午节还是占据着重要地位的，从沈从文笔下的湘西，到汪曾祺笔下的江南，都提到了端午的雄黄酒，以及用雄黄酒在小孩子额头上画个"王"字，以期百毒不侵的习俗。

饮雄黄酒的习俗，于明清两代最为盛行，是取雄黄能驱逐恶物、避"五毒"的药用。《黄帝九鼎神丹经诀校释》上说："雄黄，味苦而甘，平寒有毒，鼠瘘、疽疮痔……杀精物、恶鬼、邪气、百虫毒，胜五兵……炼食之，轻身神仙。"古代中医通常是巫医并举，因此雄黄既有预防疾病的作用，又有避鬼求仙的期待。在明清两代的小说中常常见到端午饮雄黄酒的场景，《金瓶梅》中写春梅"在西书院花亭上置了一桌酒席，和孙二娘、陈敬济吃雄黄酒"，就是在端午节的时候。清代富察敦崇在记录当时民风的《燕京岁时记》曰："每至端阳，自初一日起，取雄黄合酒洒之，用涂小儿领及鼻耳间，以避毒物。"这和沈从文、汪曾祺笔下的端午节差不多。

最著名的端午节雄黄酒乌龙事件莫过于《白蛇传》中白娘子喝了雄黄酒，现出蛇身原形吓死许仙的故事，这是由好几个民间故事逐渐流传合并而来的。在明清有两个较为著名的成文篇章，一是明代冯梦龙《警世恒言》里的小说故事"白娘子永镇雷峰塔"，一是清代方成培的戏剧《雷峰塔·端阳》，内容相似，都是写白娘子虽然修炼成人，但因为蛇最怕雄黄酒，因此还是现出了原形。雄黄酒克制蛇精的想象来源于人们认为以蛇为首的"五毒"最怕雄黄，事实证明，雄黄酒如果不用来饮用，而是撒在房屋墙角的话，确实能够起到一定的避除毒虫蛇蝎的效果。

但在明清两代之前，端午饮雄黄酒的习俗并没有那么普遍；最早的时候人们在端午节引用的并非雄黄酒，而是一种叫"菖蒲酒"的药酒。其实在清代许多提到端午雄黄酒的诗文中，还是能看到菖蒲酒的影子，民谣《清代北京竹枝词》中说"樱桃桑椹与菖蒲，更买雄黄酒一壶"，便提到了菖蒲，即当时人还有在端午节购买菖蒲的习惯。明代谢肇淛《五杂俎》中载"饮菖蒲酒也……而又以雄黄入酒饮之"，似乎是从饮菖蒲酒转变为雄黄酒的过程。而潘荣陛记录北京当时风土人情的《帝京岁时纪胜》中也说道："午前，细切蒲根，伴以雄黄，曝而浸酒。饮余则涂抹儿童面颊耳鼻，并挥洒床帐间，以避虫毒。"这里虽然是说雄黄酒的制作方法，但实际上可以说是菖蒲酒和雄黄酒的合体；另外此处也提到了除了饮用之外，雄黄酒还可以用来涂抹在小孩子身上、洒在床帐上，大约和现在的六神花露水有异曲同工之用。

在明代以前，端午节的时令节酒主要是菖蒲酒。据说饮菖蒲酒起源于汉代，但从诗文记载中来看，唐宋之时风气尤盛。《警世通言》

中"陈可常端阳仙化"一章就是写南宋落地秀才陈可常在端午节得道成仙的故事，这个故事一度被认为是宋代话本，实际上是明代人写宋代故事，不过故事中的历史还原度比较高罢了。其中陈可常升仙之前做过一首《菩萨蛮》，其中道："包中香黍分边角，彩丝剪就交绒索。樽俎泛菖蒲，年年五月初。"说的就是宋代时端午节饮菖蒲酒的民俗了。

饮菖蒲酒的原因和后来明清时饮雄黄酒的原因一样，都是为了在"恶月避毒"。古人时常认为单数相重合的日月有某种象征意义，《红楼梦》里巧姐生在七月七日，便被认为"生日不好"，要借贫苦人家刘姥姥起个名字来压一下。端午节在农历五月五日，时值仲夏，本来就是气温回暖、蛇虫出动、病菌开始滋生的时候，即使现在依旧是传染病的高发期。早在东汉时期，人们就开始注意到这一现象，《荆楚岁时记》中就直接将五月定为"恶月"了，而五月五日自然就成了"恶月恶日"，要格外注意。《本草纲目》中说"菖蒲酒，治三十六风，一十二痹，通血脉，治骨痿，久服耳目聪明"。菖蒲酒的效用不知是否真有如此神奇，不过现在端午节南方人还有在门口插菖蒲，与北方插艾蒿的习惯大抵相同，皆因其气味有独特的芬芳，而且可以避驱蚊虫。

菖蒲酒和雄黄酒略有不同的是，雄黄酒主要作为民俗的节日饮酒和避秽除虫的药酒，而菖蒲酒还有祭祀、祈福甚至延寿的寓意。唐代褚朝阳的《五丝》中说"越人传楚俗，截竹竞萦丝……但夸端午节，谁荐屈原祠。把酒时伸奠，汨罗空远而。"这里"把酒"说的就是菖蒲酒。殷尧藩《端午日》中的"不效艾符趋习俗，但祈蒲酒话升平"，也是说菖蒲酒有祈福的寓意。到了宋朝的时候，菖蒲酒的祈福和祭祀则逐渐发展为延寿的期待。苏轼尤其钟爱菖蒲酒，诗词中都经常提到以菖蒲酒祝寿。"万寿菖蒲酒，千金琥珀杯"和"共献菖蒲酒，君王寿万春"都是应制所作的节令诗歌，两首都以菖蒲酒为祝寿之酒。当然，除了祝寿以外，端午饮菖蒲酒也不失为一种雅趣，因此在《少年游

·端午赠黄守徐君猷》中苏轼写自己出游道："兰条荐浴,菖花酿酒,
天气尚清和。好将沉醉酬佳节,十分酒,十分歌。"既然有现代科学能
证明雄黄酒已经不再适宜饮用了,不妨索性复古一把,再以菖蒲酒为
端午的节酒,可乎?

重 阳 酒

天边树若荠，江畔洲如月。何当载酒来，共醉重阳节。

——孟浩然《秋登兰山寄张五》

重阳节在近年仿佛愈加成为一个地位尴尬的传统节日。时近佳节，铺天盖地的保健品广告提示年轻人反省平日对长辈缺乏关心的疏漏，并提出以礼品来作为弥补措施。关于老人的节日，年轻人并不享有假期，而不再从事工作的老人对节日火热的气氛并没有浓厚的兴趣，福利也仅限某些当天免费开放的景点。重阳节的家宴成了酒店竞相推广的套餐活动，而节日的气氛依旧显得有几分寥落，远不及将巧克力、玫瑰花捆绑到情人节而获得的商业上的成功。

旧日的重阳节并非如此。《西京杂记》中记西汉时人们"九月九日，佩茱萸，食蓬饵，饮菊花酒，令人长寿"。重阳节因为与祈求长寿有关，进而发展为与长者相关的节日，但在这一日参与节日庆祝的当然并不仅仅是老人。重阳节的登高应当是全家扶老携幼的乐事，王维那首著名的《九月九日忆山东兄弟》中道："独在异乡为异客，每逢佳节倍思亲。遥知兄弟登高处，遍插茱萸少一人。"可见他年少时在家乡与兄弟游玩时，每年重阳都有登高望远、采茱萸佩戴的活动，故而在数十年后独在异乡的时节，他依旧怀念儿时与兄弟欢聚的岁月。

重阳登高的习俗，大约是因为秋日天高气爽，适宜望远；既然登山游玩，便少不了"酿泉为酒，泉香而酒洌；山肴野蔌，杂然而前陈"的野宴了。重阳酒多半是菊花酒，一方面是天干物燥，菊花益于清热消火;另一方面也是因为秋日正是菊花遍地开放的时候,玩赏菊花的同时饮菊花酒,不失为一件风雅的事情。在秋日,菊与酒似乎总是分不开的。陶潜独坐饮酒时写下"采菊东篱下,悠然见南山",名士风流之外更有一种清高的自喻。某次重阳,正巧家中无酒,陶渊明便独自把玩菊花,正巧遇上江州刺史王弘遣人为他送酒,留下白衣送酒的佳话。朋友之交,甚至不需要对坐对饮,只需要在合适的时候心有灵犀,便能够相互理解,更能惺惺相惜。

　　不过重阳赏菊饮酒并不意味着一定要像陶渊明那样超脱,白居易在家中坐看"茅屋老妻良酿酒,东篱黄菊任开花",家中菊花随意开放,白头偕老的妻子采菊花酿酒,就这简简单单的画面,正当得起"岁月静好"的欢欣,怡然自得中是对生活的体味与欢喜。就是旷达放纵如青莲居士,也于九日登山时追慕陶渊明:"为无杯中物,遂偶本州牧。因招白衣人,笑酌黄花菊",感叹自己"我来不得意,虚过重阳时"。凡俗事物何必关心,与朋友共醉重阳,才是旧日秋天不可错过的重要时节。这种诗、酒、菊相伴的重阳习俗一直持续到有旧体诗歌最后的美好时光:《红楼梦》中诗社初结,众人在大观园中饮酒赏菊,作十二首与菊花相关的诗歌,新巧而不落前人窠臼,正是大观园最为兴盛丰饶的岁月。

　　重阳有菊花而没有酒,兴味便少了一半;而有酒无菊,则简直是不可想象的了。重阳无菊,通常都预示着一种悲怆无望的心境:飒飒秋风、万物凋零的时候,唯一生机勃勃的菊花却无迹可寻。杜甫历经离丧,于重阳节作《九日》道:"重阳独酌杯中酒,抱病起登江上台。竹叶于人既无分,菊花从此不须开。"重阳有酒无菊,便是一番萧条景象。无独有偶,后来杜荀鹤也同样在重阳日写道:"一为重阳上古台,乱时谁见菊花开。"从中唐到晚唐,连昔日兴盛四海的帝国都逐渐走向颓唐,重阳的菊花仿佛也在风霜中消失了光彩。

　　菊花对于秋日而言不仅是一种景色,更是一种生命的寓意:秋日是丰收的季节,但百花都已经凋落,唯有菊花不合时宜、欣欣向荣地盛开着。菊花的这种特性,不仅让它并立于梅、兰、竹三者之间被称为"四君子",更时常被文人墨客引作自身景况的暗喻。《春秋运斗枢》说:"酒之言乳也,所以柔身扶老也。"在以粮食酿造的酒十分珍贵的年代,酒本身是滋润身体、帮助老人的佳品,因此酒与菊共同构成了重阳节不可或缺的部分。菊花酿酒是否清冽甘口、纾解烦闷,并不仅仅在于菊花药性清凉,更在于它人生的况味:平淡、简单、历经风霜而依旧清丽。孟浩然在《过故人庄》中描述了一个简单温馨的场景:"故人具鸡黍,邀我至田家。绿树村边合,青山郭外斜。开轩面场圃,把酒话桑麻。待到重阳日,还来就菊花。"

与朋友在重阳的相逢未必是多么惊心动魄的大事,然而话说回来,人生中除了生死哪一件不是闲事。重阳日一起来看菊花,一起喝点酒,便是一个再次见面的好理由。当我们把生活塞得太满的时候,每一件事情都追逐着明确的目的,却忘记了最根本也是最简单的目的:生活本身即是值得欣赏和体味的。不同的人将酒喝出了不同的风格,有仁人志士的家国情怀,有文人骚客的伤春悲秋。其中有一种酒最能打动我心,就是丰收的时节,一个村子的人聚在一起欢庆丰收,敬天祭地,东拉西扯闲话家常,孩子们穿梭期间追逐打闹,这样的时节必然是在秋季,必然有满地的菊花映衬,一切显得淳朴自然、生机勃勃,在欢声笑语中必然是"家家扶得醉人归"。

朱肱《北山酒经》中有菊花酒的做法:"九月,取菊花曝干,揉碎,入米馈中,蒸,令熟,酝酒如地黄法。"所谓"地黄法"就是一斗米、一斤地黄,将地黄捣碎与米拌在一起,蒸熟后装入瓮中发酵。按书中所说,将地黄换做菊花,应该就可以酿出菊花酒。菊花是中国的本土花卉,栽培历史悠久。唐代杨炯说菊花"含天地之精气";《农桑辑要》则说菊花"不与百花同盛衰,是以通仙灵也";《神农本草经》说菊花有"轻身、耐老、延年"之功效。这或许是将菊花嫁接到重阳的更隐秘的逻辑:通神通灵,延年益寿。

　　人们总将秋日联想到年长者,不仅是因为时光的流逝,更因为在这流逝的时光中历经风霜而依旧灼灼生长的生命。杜牧于中年被任命池州刺史,走马上任时已度过人生四十二年的时光。时至重阳,他与朋友携一壶酒登山游玩,望着漫山秋色、满江秋影道:"尘世难逢开口笑,菊花须插满头归。但将酩酊酬佳节,不作登临恨落晖。"人世间需要经历多少岁月才能知道"尘世难逢开口笑"的辛酸,但这种辛酸并不会成为"恨落晖"的悲凉。人生应当在能欢笑的时候尽情欢笑,能体味乐趣的时候尽情感受欢乐,因为生也有涯,历经风霜的人生更应该穿越俗世变得豁达。

屠 苏 酒

> 爆竹声中一岁除,春风送暖入屠苏。千门万户曈曈日,总把新桃换旧符。
>
> ——王安石《元日》

公历元旦称"新年",是名副其实地从公元这一年跨越到了公元下一年;但对于中国人而言,"过年"、"新年"这样的称呼,却依旧主要属于农历年。虽然中国幅员辽阔民俗众多,南北东西庆祝过年的方式和内容都有不同,但阖家团聚、一起吃年夜饭、喝年酒的习俗,却几乎是没有差别的。

不过近年来每至岁末,总听人叹息年味单薄。旧日生活困难,每到过年时才能见到肉菜,因而那份期盼格外真切;现在想吃什么、想玩什么,根本不需要特殊的节日或者理由,仿佛平日生活水平提高了,反而显得过年的时候缺乏特殊的庆贺感。"杀猪宰羊"、"大鱼大肉"这样的宴席硬菜早已不那么昂贵难得,正因如此,一些虽然未必昂贵难得,但在传统文化中带有"年味"情怀的事物便逐渐重新受到重视,例如年酒中的屠苏酒。

屠苏酒的"屠苏"二字具体是指什么,不独现代人弄不清楚,就连古人都已经众说纷纭。明代的郎瑛曾嘲笑有人望文生义,把"屠苏"生拆硬解为"屠绝鬼气,苏醒人魂",可见当时很多人已经不清楚"屠苏"的本意了,故而胡乱拆解字面意思以图吉利。比较严肃的考证通常认为屠苏是一种阔叶草,用来编织房屋屋顶的,屠苏酒就是在这种草屋里炮制的药酒。其实王安石的《元日》中说"春风送暖入屠苏"，这里"屠苏"作屠苏酒或者草庵房屋来说都是说得通的。相对完整的解释可以参照唐代韩鄂在《岁华纪丽》中对"屠苏"的注解，说"俗说屠苏乃草庵之名，昔有人居草庵之中，每岁除夜遗闾里一药贴，令囊浸井中，至元日取水，置于酒樽，阖家饮之，不病瘟疫，今人得其方而不知其人姓名，但曰屠苏而已。"在唐代的时候，人们相传屠苏酒的来历还是比较符合"屠苏"二字的本意的，不过连韩鄂也说是"俗说"而已。也有传说此人即是孙思邈，并没有什么过硬的证据。基本上可以认为，屠苏酒的创始人已经难以考证，但作为一种习俗，人们通常将药包浸泡在水中，再用浸泡过药包的水酿酒，希望可以避除一年的邪秽灾病。

屠苏酒的制法大多是作为药方记载在《肘后备急方》、《本草纲目》、《备急千金要方》、《小品方》之类的医书中，但各书中的配方并不完全一致，其目的都是为了预防瘟疫。古代时瘟疫是大事，换季之际恰是容易滋生疾病的时候，所以饮一杯"保健酒"预防疾病倒是顺理成章。药方中多是一些比较通用的原料，例如大黄、桔梗、白术、桂枝、花椒暖性一类，在腊月中饮用，即使不能起到防止瘟疫的奇效，至少能够暖身活血。中医理论中，高明的医术不是"治病"而是治"未病"，本质就是预防，这与屠苏酒的本意是一脉相承的。乃至传到邻国日本、韩国，也都最早记录在当地的医书中，例如韩国医官编纂的《简易辟瘟方》和日本现存最早的医书《医心方》。民间相传屠苏酒的创始者，或曰华佗，或曰孙思邈，也正是因为屠苏酒最早是作为药酒的，创始人自然容易被附会为杏林中人。

饮屠苏酒的习惯最早可以追溯到南北朝时期，宗懔的《荆楚岁时记》中说："正月一日，是三元之日也……于是长幼悉正衣冠，以次拜贺，进椒柏酒，饮桃汤，进屠苏酒、胶牙饧，下五辛盘。"这是正月元日的习俗，这一习俗绵延一千多年，到清代依旧如此，《红楼梦》第五十三回"宁国府除夕祭宗祠,荣国府元宵开夜宴"中写元月一日合家团聚,"……俱行过了礼。左右设下交椅,然后又按长幼挨次归坐受礼……摆上合欢宴来。男东女西归坐,献屠苏酒,合欢汤,吉祥果,如意糕。"也是记载了先要按长幼顺序行礼,然后献上屠苏酒并糖果糕饼,其内容和礼节顺序可以说和梁代的记载相差无几。在这里的屠苏酒与其说是药用价值,不如说和合欢汤、吉祥果、如意糕一样,主要是为了在节日里讨个吉祥如意的彩头。

同样是在《红楼梦》五十三回,腊月二十九,宝琴进了"贾氏宗祠",看到"抱厦前面悬一九龙金匾,写道:'星辉辅弼。'乃先皇御笔。两边一副对联……也是御笔。……俱是御笔。"书写"御笔"的清代帝王们在除夕夜照例要举行开笔仪式,其中的程序之一便是将"屠苏酒"注入乾隆皇帝参与设计、象征着江山社稷太平永固的"金瓯永固杯"中。杯子有贵贱,饮酒的目的也不尽相同,然而在这一刻,在饮一杯屠苏酒的习俗传承中实现了君民一致、尊卑无别。

一家老小按座次排了长幼顺序之后,饮屠苏酒的规矩又和其他饮酒的规矩都不相同。按理说宴席有酒,自然是长辈上座,晚辈斟酒,饮酒顺序也要遵从由长至幼的规则。而饮屠苏酒却恰好是年幼者先饮,年长者后饮,因为"岁饮屠苏,先幼后长,为幼者贺岁,长者祝寿"。这是说过年对于小孩子而言是值得庆贺的事情,因为又长大了一岁,所以要早早饮屠苏酒庆贺又长大一岁;对于年长者,则希望延缓时光的脚步,慢一点老去,因此晚一点饮屠苏酒,象征着能够获得长寿。顾况《岁日作》中提到"手把屠苏让少年",苏辙《除日》中说:"年年最后饮屠苏,不觉年来七十余",郑望之《除夕》中言"儿孙次第饮屠苏",都可见唐宋时期人们不仅普遍要在过年的时候饮屠苏酒,而且顺序都是年幼者先饮的。在团年守岁的时候,孩子们往往很欣喜自己长大了一岁,明明尚未及生日,便迫不及待地要将七岁变作八岁、九岁说成十岁了;但年长者却往往带着微笑看着孩子们,并不提自己的年龄,只希望时间可以慢下来。

由于除夕和元日饮屠苏已经成为一种约定俗成的习惯,因而在诗文中,往往有直接用"屠苏"来代替除夕或元日的。文天祥《除夜》中说:"无复屠苏梦,挑灯夜未央",毛滂《玉楼春·己卯元日》中的"一年滴尽莲花漏,碧井酴酥沈冻酒",乃至近代董必武先生《元旦口占》中"举杯互敬屠苏酒",都是这种习俗的体现。可惜在古代流传广泛而又长久的屠苏酒,现代却几乎完全失传了,反而在日本和韩国的习俗中保留了下来。自从屠苏酒在古代传至日本和韩国之后便一直作为两国的民俗,日本直到现在还有新年家家必备屠苏酒的习惯,韩国则在近年致力于对传统屠苏酒的保护和开发。尽管屠苏酒未必能有古方相传"岁旦辟疫气,不染瘟疫及伤寒"这样的功效,但它所蕴含的"年味"却正是现代人所向往的。